ARCHITEKTUR
DES MITTELALTERS

ARCHITEKTUR DES MITTELALTERS

Herausgegeben von
Hartmut Hofrichter

Zweite, verbesserte Auflage

vieweg

Die Deutsche Bibliothek – CIP-Einheitsaufnahme

Architektur des Mittelalters. – 2., verb. Aufl. /
hrsg. von Hartmut Hofrichter. – Braunschweig; Wiesbaden:
Vieweg, 1993

ISBN 978-3-528-18682-1 ISBN 978-3-322-83217-7 (eBook)
DOI 10.1007/978-3-322-83217-7

NE: Hofrichter, Hartmut [Hrsg.]

Prof. Dr.-Ing. Dr.-Ing. h.c. Martin Grassnick war bis 1982 Ordinarius für Baugeschichte und Entwerfen an der Universität Kaiserslautern und 30 Jahre im Nebenamt Dombaumeister von Xanten.

Prof. Dr.-Ing. habil. Hartmut Hofrichter ist Ordinarius für Baugeschichte/ Geschichte des Städtebaus/Denkmalpflege an der Universität Kaiserslautern und war bis 1982 Leiter des Landesamtes für Denkmalpflege Rheinland-Pfalz.

Dieses Werk erschien in 1. Auflage 1982 als Band 2
der „Materialien zur Baugeschichte“,
begründet und herausgegeben von Martin Grassnick

2., verbesserte Auflage 1993

Ursprünglich erschienen bei Friedr. Vieweg & Sohn Velagsgesellschaft mbH, Braunschweg/ Wiesbaden, 1993

Der Verlag Vieweg ist ein Unternehmen der Verlagsgruppe Bertelsmann International.

Umschlagentwurf: Peter Neitzke, Zürich

Inhalt

Vorwort des Herausgebers

Als 1982 im Rahmen der *Materialien zur Baugeschichte* die erste Auflage des Bandes *Mittelalter* erschien, war es das erklärte Ziel des damaligen Herausgebers, eine Übersicht über einzelne Kulturbereiche und -epochen anhand wesentlich scheinender Leitlinien zu vermitteln, das Interesse für architekturgeschichtliche Fragestellungen und ihre Rahmenbedingungen zu wecken und das visuelle Gedächtnis direkt oder indirekt mit Architektur befaßter Leser anzusprechen, ja es sogar zu schulen. Diese Absichten bestehen auch bei der zweiten verbesserten und ergänzten Auflage.

Das große Interesse an einer baldmöglichen Neuauflage ließ eine vollständige, weil allzu aufwendige Neubearbeitung etwa der Zeichnungen nicht zu. Umfangreichere Verbesserungen und Ergänzungen wurden jedoch dort vorgenommen, wo dies zwingend und technisch problemlos möglich war. Archäologischen Untersuchungen zu verdankende neue Erkenntnisse, die zwangsläufig auch zu neuen Fragestellungen führen müssen, konnten zwar in nur begrenztem Umfang eingearbeitet werden, doch scheint dies unter dem Aspekt des bisher recht lückenhaften und nicht flächendeckenden Kenntnisstandes vorerst vertretbar, wenngleich es andererseits auch eine sehr reizvolle Aufgabe sein kann, sich mit den Ursprüngen bestimmter Bautypen und der sich mit ihnen verbindenden Diskussion von Grundsatzfragen intensiver zu befassen.

Übersichten unterliegen allzu leicht der Gefahr eines manchmal voreiligen Verallgemeinerns: Sie reduzieren notwendigerweise die Komplexität von Entstehungs- und Veränderungsprozessen wie deren Ergebnisse; die Auswahl ihrer Beispiele scheint mitunter unausgewogen oder sogar einseitig. Dies um so mehr, wenn ergänzende und relativierende Anmerkungen als wesentlicher Teil eines wissenschaftlichen Apparats fehlen. Trotzdem haben sie ihren in der Praxis unbestrittenen Wert, können sie doch eine - zugegebenermaßen vergleichsweise grob gerasterte - Ausgangsbasis oder eine Orientierungshilfe für eine anzustrebende eigene kritische Auseinandersetzung mit zu vertiefenden Einzelthemen bilden.

Die Zeichnung steht im Mittelpunkt des Bandes; sie ist vereinfachende Interpretation gebauter Wirklichkeit, reduziert die Fülle geschichtlicher und baugeschichtlicher Aussagen auf für wesentlich Gehaltenes, macht das Dargestellte für den „Einsteiger“ lesbar und ermöglicht ihm vielleicht erst durch die visuell nachvollziehbare Erkennbarkeit von Zusammenhängen die Annäherung an ein schwierig scheinendes, weil häufig in der Fülle von Aussagen erstickendes Thema. Fotos und Originalplänen wird im allgemeinen neben ihrem vielseitigeren Informationsgehalt größere Objektivität als Um- oder Überzeichnungen beigemessen; ob sie darum aber grundsätzliche Entwicklungsschritte, die sie markieren, wirklich veranschaulichen können, mag mitunter zu bezweifeln sein.

Die überwiegende Zahl der Zeichnungen besteht aus Lageplänen, Grundrissen und Schnitten. Zum Teil wurde aus Gründen besserer Vermittelbarkeit räumlicher Vorstellungen auf isometrische Rekonstruktionen zurückgegriffen, über deren Einzelheiten in der Regel ebenso wie etwa über die Interpretation von Skizzen und Idealplänen gestritten werden kann.

Bei der Vielzahl der Zeichnungen wurde den jeweiligen Verfertigern trotz der Abstimmung von Grundinformationen ein notwendiger Darstellungsfreiraum gelassen. Die Zeichnungsbeispiele bestimmter Entwicklungen sind im Einzelfall sicher austauschbar und vermitteln dann eher einen anregenden Ein- als einen seinen Namen verdienenden Überblick.

Festgehalten wurde bei der vorliegenden Auflage am bewährten System der den Textrand begleitenden Zeichnungsverweise. Das auf neueren Stand gebrachte Literaturverzeichnis ist vorrangig als Anregung für die vertiefende Beschäftigung mit angesprochenen Themen und Architekturbeispielen gedacht, enthält jedoch lediglich eine Titelauswahl.

Die Um- bzw. Überzeichnungen (in Klammern die auf den jeweiligen Blättern vorhandenen Namenskürzel) stammen von R. Adami (RA), B. Biegel (BB), A. Böhrend (BÖ), H. Fickers (FI), W. Fillibeck (WF), K. Fischer (KF), G. Forstner (GF), M. Fromm (FM), M. Gundlach (GU), H. Hofrichter (HO), M. Jung (JU), E. Kolibius (KO), U. Kühn (UK), S. Mäntynen (SM), K. Mautschke (MA), H. Metzger (HM), W. Meyer (ME), C. Nega (CN), A. Peter (AP), A. Pirmin (PI), G. Reker (GR), M. Schäfer/W. Stoll (SS), A. Schmid (AS), H. Schu (HS), D. Teich (DT), I. Trumm (TR) und H.-U. Weicker (WE).

Danken möchte ich allen, die durch ihre Kritik an der ersten auch zur Verbesserung der zweiten Auflage des Bandes *Mittelalter* beigetragen haben; insbesondere Dipl.-Ing. Martin Sommer, Kaiserslautern, gab nicht nur eine Reihe von Hinweisen, sondern machte konkrete Überarbeitungsvorschläge für einzelne Kapitel bzw. Themenbereiche.

Zu Dank verpflichtet fühle ich mich gegenüber dem Erstherausgeber, Herrn Prof. Dr.-Ing. Dr.-Ing. h.c. Martin Grassnick, der die *Materialien zur Baugeschichte* begründete und die Edition der Folgeauflagen dem Unterzeichner übertrug: eine Aufgabe, die dieser nicht bedenkenlos und ohne Vorbehalt übernahm, denn die Darstellung eines konkreten Architekturbeispiels mit detaillierter Analyse und Einbeziehung vielfältiger und differenzierter Rahmenbedingungen kann die Notwendigkeit permanenter Rückorientierung mit dem Ziel auch kritischerer Distanz gegenüber gegenwärtigen Entwicklungen nicht nur schlaglichtartig, sondern oft sogar intensiver verdeutlichen als eine Abfolge recht allgemein gehaltener Informationen. Doch bin ich der Auffassung, daß das eine das andere nicht entbehrlich macht, sondern vielmehr durchaus ergänzen kann. Bestehende Informationsmöglichkeiten besagen nur vergleichsweise selten etwas über deren tatsächliche Akzeptanz.

Ein besonderer Dank gilt dem Verlag, der die vorliegende Neuauflage durch sein großes Entgegenkommen und seine Geduld bei den Umarbeitungen und Ergänzungen förderte und ihr bei dieser Gelegenheit ein handlicheres und in mehrfacher Hinsicht praktikableres Format gab, überdies der Ergänzung um ein die Orientierung wesentlich erleichterndes Register zustimmte.

Auf längere Sicht zu wünschen ist eine weitergehende Neubearbeitung mit der Möglichkeit einer dann sicher angemesseneren Gewichtung von Themenschwerpunkten und der Wiedergabe generell auf aktuellen Forschungsergebnissen basierender und in ihrem Informationsgehalt möglichst gleichrangiger Zeichnungen.

Kaiserslautern, im Frühjahr 1993 *Hartmut Hofrichter*

Allgemeine Einführung

Vorbemerkungen

Das Christentum als wichtigste architekturbestimmende Kraft des Mittelalters kann solange keine wirklichen künstlerischen Traditionen entwickeln, wie die Kirche - im Römischen Imperium bis zum Mailänder Edikt von 313 - im Untergrund zu leben hat. Doch auch danach, bis etwa zum Jahre 1000, müssen die meisten der im Zusammenhang mit der Bildung derartiger Traditionen sich stellenden Fragen wegen mangelnder baulicher und schriftlicher Urkunden unbeantwortet bleiben. Allein der Vergleich uns namentlich bekannter Klosteranlagen vorkarolingischer und karolingischer Zeit mit den erhaltenen bzw. einigermaßen sicher rekonstruierbaren Anlagen, der das Verhältnis 80:1 ergibt, deutet die Fragwürdigkeit des Bodens an, auf dem Zusammenhänge herzustellen suchende Hypothesen sich bewegen müssen.

Die Vielfalt romanischer Bauideen und ihre bisweilen mögliche regionale Eingrenzung läßt einerseits auf einen betonten Individualismus unterschiedlicher Ursache schließen, andererseits jedoch auch auf einen größeren Konservativismus, der seine Ursprünge vielleicht in der Tatsache hat, daß zur damaligen Zeit in der Regel viele kleinere „Schulen" existieren, in denen in erster Linie eine auf das Handwerkliche ausgerichtete Ausbildung vermittelt wird.

Mit dem um 1820 von dem französischen Kunsthistoriker de Gerville erstmals auf die Kunst übertragenen und von Arcisse de Caumont bekanntgemachten Begriff „romanisch", der bis dahin lediglich für die Sprachen romanischer Länder Gültigkeit gehabt hat, wird vorrangig auf den Ursprung dieser Kunst, auf ihr römisches Erbe, abgehoben, weniger auf das von ihr geschaffene und bewirkte Neue. Camille Enlart charakterisiert die romanische Kunst als ein „Produkt der von einem neuen Geist beseelten römischen Tradition". Daß der Begriff „Romanik" erstmals in Frankreich auf die Kunst übertragen wird, nimmt insofern nicht wunder, als zum einen die französische Kunstwissenschaft sich am frühesten mit den Hintergründen ihres eigenen architektonischen Erbes auseinandergesetzt hat und zum anderen gerade auf französischem Boden beide Kulturepochen direkt miteinander vergleichbare Zeugnisse hinterlassen haben, Zeugnisse, die überdies ihren direkten Zusammenhang in keiner Weise leugnen.

Am unmittelbarsten allerdings wird das römische Erbe der christlichen Kunst trotz großer Wissens- und Verständnislücken in der unmittelbar an die Antike anknüpfenden, der frühchristlichen Zeit spürbar.

Am weitesten von frühchristlichem Gedankengut entfernt sich die Gotik: ein Faktum, das schon in der von Vasari, dem „Vater der Kunstgeschichte", im 16. Jh. geprägten und abwertend gemeinten Bezeichnung dieses Stils seinen Ausdruck findet.

Bauherr – Architekt – Bauhandwerker

Im Sakralbau bedeutendster Auftraggeber ist die Kirche. Erst in spätgotischer Zeit treten an ihre Stelle bisweilen die Bürgerschaft oder eine einflußreiche Zunft.

Die heute verwendete Berufsbezeichnung „Architekt", vereinzelt auch noch „Baumeister", entspricht nicht derjenigen des Mittelalters. Ein Baumeister war z.B. sowohl für den Entwurf als auch für die praktische Bauausführung verantwortlich. Erst mit dem ausgehenden Mittelalter tritt die Architektenpersönlichkeit stärker als bisher aus ihrer Anonymität, und erst in dieser Zeit rekrutieren sich im Bereich des Sakralbaues die Baumeister in der Regel aus dem Laienstand, während dies im Profanbau schon von jeher – von Ausnahmen abgesehen und unter Berücksichtigung des Zunftwesens – der Fall gewesen sein dürfte.

Gegen Ende des 12. Jh.s werden nachweislich bei auftretenden Bauschäden oder vor Beginn eines in seiner Konstruktion gewagt erscheinenden Bauwerkes Gutachten bedeutender Architekturpersönlichkeiten angefordert (vgl. die Kathedrale von Canterbury).

Baumaterial und Bautechnik / Bauteile und Baugefüge

In bezug auf die verwendeten Baumaterialien ergeben sich gegenüber der Antike keine wirklich gravierenden Änderungen. Lediglich der im Gebiet nördlich der Alpen beheimatete Holzbau verdiente – wäre die Forschungslage aufgrund der Vergänglichkeit des Materials nicht so schlecht – besondere Aufmerksamkeit und erklärt, warum vor allem in den nichtrömischen Gebieten Steinkonstruktionen zunächst zögernd und nicht immer mit dem notwendigen Verständnis übernommen werden.

Der Fortschritt der Technik wird gerade auf dem Gebiet des Gewölbebaues deutlich, auf dem insbesondere die Byzantiner nicht nur an die römische Tradition anknüpfen, sondern sie durchaus konstruktiv weiterentwickeln können (vgl. Konstantinopel, Hagia Sophia). Große Leistungen auf dem Gebiete des Gewölbebaues vollbringt auch das Mittelalter in hochromanischer Zeit im Norden mit der Überwölbung der Mittelschiffe von Kirchengroßbauten wie Cluny III und Speyer II durch Tonnen- und Kreuzgratgewölbe. Höchstleistungen, vergleichbar dem Prinzip der Kräfteableitung bei der Hagia Sophia und ihrer Massenauflösung, erreicht vor allem die Gotik, der es bei einer gänzlich anderen Raumkonzeption gelingt, mit ihren Gewölben den Eindruck von Schwerelosigkeit zu vermitteln, dies zudem unter weitestgehender Ausnutzung der auch für die Gestaltung mitentscheidenden Möglichkeiten eines strukturellen Gerüstes.

Der Baubetrieb steht in direkter Abhängigkeit von der jeweiligen Bautechnik, dem „Mauer-Massenbau", wie er etwa für die karolingisch-ottonische Zeit typisch ist, dem Quaderbau z.B. salisch-staufischer Zeit oder dem „Steinmetz-Gliederbau" z.B. gotischer Zeit.

1 Werkzeuge und fachliche Voraussetzungen bei Handwerkern und Baumeistern bleiben in Romanik wie Gotik weitgehend gleich; allerdings bedingen die Großbauten, insbesondere die Kathedralen gotischer Zeit, die Entwicklung und den Einsatz rationellerer Arbeitsmethoden und -geräte (u.a. Einsatz von Haspel und

Tretrad), vor allem den sich hieraus als Forderung stellenden Aufbau lange bestehender Bauhütten und deren Bindung an bestimmte Pläne und Regeln.

Daß der mittelalterliche Baubetrieb keineswegs, wie manchmal angenommen,
ohne technische Hilfsmittel funktionierte, veranschaulichen zeitgenössische Dar-
stellungen von Baustellen, so die Errichtung eines Fachwerkgebäudes aus dem
2 Stundenbuch des Herzogs von Bedford (1433) oder die weit früheren Skizzen
von hölzernen Maschinen, die sich im Bauhüttenbuch des Villard de Honnecourt
(Anfang 13. Jh.) finden, so etwa von Hebemaschinen, mechanischen Sägen, Ma-
schinen zum Absägen von Pfählen unter Wasser oder von Stützwerken zum Wie-
deraufbau eines sich seitwärts neigenden Fachwerkgebäudes.

Im Sakralbau sind – abgesehen von der früheren Entwicklung sowie, eingeschränkt, landschafts- und materialbedingt – der Maurer und der Steinmetz gegenüber dem Zimmermann von vorrangiger Bedeutung. Im Profanbau gilt diese Aussage jedoch nur für den Wehrbau, während z.B. im Gebiet nördlich der Alpen und gerade im schon aus wirtschaftlichen Gründen meist das Holzfachwerk bevorzugenden Wohnbau dem Zimmermann der entscheidende Arbeitsanteil zufällt.

Die Steinbearbeitung, die vor allem in der staufischen Epoche eine großartige
Vervollkommnung erreicht, erfolgt zu fast allen Zeiten nach ähnlichen Prinzipien,
doch ändern sich die Feinbearbeitung und generell die Behandlung der Sichtflä-
chen. Hinzu kommen Randschlag, Bossierung, Einarbeitung von Spiegeln, Stein-
metzzeichen (bei denen z.B. im 13. Jh. ein Übergang vom individuellen zum
systemgebundenen Zeichen festzustellen ist und die vorwiegend der Abrechnung
dienten), Setzmarken usw.: Aus der Beobachtung derartiger Details ergeben sich
3 mithin Anhaltspunkte für eine Datierung der Bauten. Das Vorrichten der Steine
erfolgt mit dem Grobhammer. Zweitwichtigste mittelalterliche Werkzeuge sind
die Doppelspitze bzw. Spitzflächen. Eine weitere Bearbeitung kann mit dem Krö-
nel oder mit meißelartigen Werkzeugen erfolgen, so dem Spitz- und Schlageisen,
wobei jedoch bei letzterem der Einsatz eines zweiten Werkzeugs, des Klöpfels,
erforderlich wird. Das Flächen geschieht häufig mit einem Flächhammer, der
gerade oder gezahnte Schneiden haben kann.

Zum Hochziehen größerer Quader oder anderer Werkstücke konnte man sich des „Wolfs", einer Aufhängevorrichtung mit schwalbenschwanzförmiger Eisenverkeilung in einem sich nach unten verbreiternden Loch, oder der gerade Anfang des 13. Jh.s eingesetzten „Hebezange" bedienen, die nach dem Scherenprinzip funktionierte. Sie machte Löcher in der Sicht- und der ihr entsprechenden Innenfläche des Steins erforderlich, wollte man diesen nicht unnötigerweise noch einmal vor dem Versetzen drehen.

4 Neben der bautechnisch allen Anforderungen gerecht werdenden Ausbildung des Mauerverbandes und den hierzu verwendeten Baumaterialien kommt eine wichtige Rolle den Bogenkonstruktionen zu, die sich als Vorstufe des Gewölbebaues verstehen und deren Formen zu einem wesentlichen Teil stilcharakterisierend sein können. Schon die Differenzierung nach den drei Grundgruppen „einfache Kreisbögen", „zusammengesetzte Kreisbögen" und „nicht aus dem Kreis gebildete Bögen (Ellipse, Parabel)" deutet die Vielfalt der Gestaltungsmöglichkeiten an. Zusätzlich wichtige Aussagen läßt die von der Spannweite und dem verwendeten Material abhängige Konstruktion zu. So gibt es echte und falsche

5 Bögen. Der falsche Bogen wird in der Regel als Bogensturz konstruiert oder aus vorkragenden horizontalen Steinschichten gebildet. Bei echten Bögen werden entweder keilförmige Steine oder gerade Steine mit keilförmigen Fugen verwendet.

5 Der Bogenrücken kann gleichmäßig verlaufen (parallel zur Innenkrümmung), er kann in die anschließenden Horizontalschichten eingebunden oder betont steiler geführt werden. Auch die Verwendung von winklig gebrochenen Fugen und von Hakensteinen ist – zumal in erdbebengefährdeten Gebieten – keine Seltenheit.

Alle auch den Römern bekannten Gewölbetypen werden verwendet und miteinander kombiniert.

Eine wesentliche raumgestalterische wie konstruktive Aufgabe fällt bei der Überwölbung eines rechteckigen Joches der Übergangs- bzw. Vermittlungszone zwischen Aufgehendem und eigentlichem Gewölbe zu. Dies gilt vor allem bei der Überwölbung eines dem Jochgrundriß einbeschriebenen Acht- oder Sechzehnecks durch ein Klostergewölbe bzw. eine Pyramide und bei derjenigen eines einbeschriebenen Kreises durch ein Kuppelgewölbe. Die Vermittlung ist hier möglich durch übereck liegende ein- und mehrlagige Steinplatten, gemauerte Kragschichten (die unterseitig – den Raumfluß steigernd – abgearbeitet sein können) oder selbständige Gewölbe. Bei letzteren unterscheidet man Trompengewölbe, die ver-
6 mutlich iranischen Ursprungs sind, und die insbesondere für die byzantinische
Baukunst typischen Pendentifgewölbe.

Während die Trompen zahlreiche Formen aufweisen können, darunter vor allem Trichter- (Mesopotamien) und Kugeltrompe (islamische Bauten Nordafrikas), besteht das Pendentif aus einem sphärischen Dreieck, das sich als „Restfläche" zwischen dem einem Joch einbeschriebenen und dem es umschreibenden Kreis erklärt. Zahlreiche Bauten größerer Abmessung haben eine mehrschichtige Übergangszone, in der Trompen und Pendentifs in unmittelbarer Verbindung miteinander vorkommen (vgl. vor allem die Übergangszeit vom 12. zum 13. Jh.).

Auf außerordentlich hohem Stand befindet sich die hoch- und spätmittelalterliche Zimmermannskunst in den nördlichen Ländern, dies gerade auf dem Gebiet des Profanbaues und hier vor allem beim Fachwerkbau.

7 Der Grad der konstruktiven Durcharbeitung von Fachwerkgefügen wird schon daran sichtbar, daß es z.B. im Laufe der Entwicklung kaum noch Schwierigkeiten bereitet, eine giebel- und eine traufseitige Auskragung an ein und demselben Gebäude durchzuführen. Auch bei der Bemessung der Hölzer läßt sich die Umsetzung konstruktiver Erkenntnisse deutlich verfolgen: So verwendet man Normalhölzer von ca. 18 x 24 cm, die bis zu 6 m frei tragend sind, und Halbe Hölzer von ca. 10 x 20 bis 15 x 20 cm, bei denen sich der Balkenabstand, der bei Normalhölzern 80 bis 120 cm beträgt, auf 30 bis 45 cm verringert. Die Verwendung Halber Hölzer, bei der häufig die Balkenlage parallel zu First und Traufe gewählt wird, deckt sich weitgehend mit dem Verbreitungsgebiet des Pfettendaches (Nordfrankreich, linksrheinischer Raum ohne Elsaß und Pfalz).

In der Regel liegen die Balken auf den Tragwänden auf oder werden diesen mittels eines Streichbalkens auf Konsolen vorgesetzt. Übersteigt die Spannweite 6 m, so werden Kopfbänder bzw. Sattelhölzer erforderlich. Gleiche Prinzipien gelten für Pfosten mit Unterzügen. Bei außergewöhnlich hoher Belastung oder noch größerer Spannweite ist eine Verdoppelung, Verdreifachung usw. der Balken bei entsprechender Verdübelung und Verzahnung notwendig, wenn man nicht auf spezielle Deckenbinder (Sprengwerke usw.) ausweichen will.

Nicht immer eindeutig zu beantworten ist die Frage, ob der Stein- den Holzbau beeinflußt oder, umgekehrt, der Holz- den Steinbau inspiriert hat. Erkennbar werden derartige Zusammenhänge bei der Betrachtung der in Norwegen erhaltenen mittelalterlichen Holzkirchen, der sogenannten Stabkirchen, unter denen
8 die Kirche von Borgund – um 1150 entstanden – die älteste eines vergrößerten Grundtyps darstellt. Dieser Bau mit eingeschnürter Apsis und Umgang beeindruckt durch seine Höhenstreckung, durch die Kreuzform und die höhengestaffelten, nach oben zu kleiner werdenden schindelgedeckten Verdachungen. Das strukturbetonte Innere, dessen in Holz nachgebaute Arkaden die konstruktionsbedingte Hufeisenform haben, läßt jedoch auch erahnen, daß zu Beginn der Steinarchitektur zahlreiche, ursprünglich in Holz entwickelte Formen ihrerseits auf das Material Stein übertragen worden sind.

Entscheidend zum äußeren Erscheinungsbild eines Bauwerks, insbesondere eines in mittelalterlicher und vormittelalterlicher Zeit im Ortsbild dominierenden Kirchengebäudes, trägt die im allgemeinen klimatisch bedingte Ausbildung der Dach-
9 zone bei. Während in südlichen holzarmen Ländern die raumüberdeckenden Gewölbe sichtbar belassen werden, d.h. die Innen- der Außenform entspricht, wird im Norden eine Verdachung notwendig, die einerseits den Betrachter über die tatsächliche Konstruktion und Form der Raumüberdeckung im unklaren läßt, andererseits eine andere Gestaltung des Gesamtbaukörpers zur Folge hat.

10 Über das genaue Aussehen mittelalterlicher und vormittelalterlicher Dacheindekkungen läßt sich wegen der begrenzten Haltbarkeit der meisten Eindeckungsmaterialien ein häufig nur unzureichendes Bild gewinnen.

Beliebtestes Deckungsmaterial ist der Ziegel, der die Form eines Flach- (z.B. Biberschwanz), Falz- oder Hohlziegels (z.B. Klosterdeckung) haben kann. Daneben existieren das besonders in England und im Mittelrheingebiet verbreitete Schieferdach, das Steinplattendach (Mittelmeer), das Holzbretterdach (Alpen), das Schindeldach, das Stroh- und Rieddach, das Metalldach (meist Blei oder Kupfer bei Kirchen und öffentlichen Gebäuden).

Gerade in gotischer Zeit wird dem jetzt steiler werdenden Dach und seinen Details eine sich auch dekorativ auswirkende Aufmerksamkeit zuteil (vgl. Wasserspeier und Kaminköpfe).

11 Was die übrige Ausstattung der Gebäude anbelangt, seien hier beispielhaft die Fußbodenbeläge angesprochen. Auch sie geben – wenngleich aufgrund der Fundlage und wissenschaftlichen Aufarbeitung nur lückenhaft zu dokumentieren – einen Einblick in Bautechnik und Lebensstandard damaliger Zeit sowie in das hiervon abhängige wachsende Bedürfnis nach einer im Laufe der Entwicklung sich vom Sakral- auf den Profanbau übertragenden größeren Schmuckfreude.

Für den Normalfall eines Hauses wird man einen gestampften Lehmfußboden oder Holzdielen vorauszusetzen haben. Neben Ziegeln dürften im Laufe der Entwicklung jedoch ebenso Tonplatten zur Verwendung gelangt sein. Erhalten haben sich vor allem in Kirchen, Klöstern und Burgen Tonplatten, die – unterschiedlich gefärbt – zu Mustern verlegt sind, überdies Kerbmuster enthalten, eine Engobe oder Glasur haben können und in bisweilen unterschiedlichen Abmessungen und Formen eine große Gestaltungsvielfalt ermöglichen.

Sogar Bildfliesen lassen sich in zumeist späterer Zeit nachweisen.

Unmittelbar an antike Techniken knüpfen zahlreiche Steinfußböden, insbesondere Marmorfußböden im byzantinischen und italienischen Raum, an.

Besondere Beachtung verdienen im angesprochenen Zusammenhang die in den Fußboden eingelassenen Labyrinthe gotischer Kathedralbaumeister, die nicht nur z.T. deren Namen oder Bildnisse enthalten und als kunstvolles geometrisches Spiel verstanden werden wollen, sondern eine durchaus symbolische Bedeutung haben könnten, zumal für sie die Bezeichnung „Jerusalemsweg" nicht unüblich ist.

Baudekoration

Die Baudekoration hat die Funktion der Gliederung, der Schattenbildung, des Schmuckes, des Verweises, nicht zuletzt auch pädagogische und symbolische Aufgaben.

Liefern noch in frühchristlich-frühbyzantinischer Zeit entweder antike Bauten Spolien oder ein eigener Baumarkt (dies gilt vor allem für Konstantinopel) vorgefertigte Dekorationselemente (wie etwa Kapitelle), so scheint die Situation in karolingischer Zeit - abgesehen von den wenigen erhaltenen Zeugnissen und den Versuchen von Nachschöpfungen möglicherweise anhand von Buchvorlagen
73 (vgl. den Lorscher Torbau mit seiner in den Details wenig überzeugenden Pilastergliederung des Obergeschosses) - auch nicht sehr viel anders gewesen zu sein.

Erst die Romanik, hier gerade nachzuvollziehen an lombardischen und französischen Zeugnissen, bringt ab etwa 1000 eine grundlegende Wende. Frankreich gilt überdies ebenfalls als das Ursprungsland der gotischen Bauplastik, wobei jedoch auffällt, daß diese bisweilen stark auf den Außenbau, vor allem die Fassade (vgl. z.B. die Portalzone mit ihren Gewändestatuen, die Königsgalerie und die Rose bei gotischen Kathedralen), konzentriert wird.

Verwendet man für das Kapitell romanischer Zeit häufiger antike Vorlagen - dies gilt insbesondere für das korinthische Kapitell - und orientiert man sich bei der Gestaltung der Basis vor allem am attischen Vorbild, so entfällt beim Säulenschaft fast durchweg eine in der Antike übliche leichte Schwellung in Längsrichtung (Entasis).

Die Kontinuität und die stimulierende Wirkung antiker Wanddekoration offenbart sich in zahlreichen italienischen und französischen Bauten frühchristlicher und frühmittelalterlicher Zeit. Trotz einfacher Grundform wird bei diesen Bauten die Freude an der bereits in römischer Zeit üblichen teppichartigen Flächendekoration sichtbar (vgl. das Äußere des Kölner Römerturms), die durch unterschiedliche Materialien (Ziegel, Bruch- und Werkstein), Farbe und Musterung gekennzeichnet ist.

12 Der Giebel von St. Christophe in Suèvres (10. Jh.), die Langhauswände der Kirche
13 von Cravant-les-Côteaux (Anfang 10. Jh.) und der Portalbereich der Kirche in
13 Distré können dies belegen. Die römische Kirche Sta. Balbina - in den Mauern
eines Patrizierhauses entstanden - und der Turm der Kirche S. Apollinare in

Classe lassen in ihren Gesimsausbildungen überdies das Vorbild des antiken Details erkennen.

14 Ansätze zum romanischen Bogenfries, einer Reihe von kleinen Bögen, die - konstruktiv gesehen - zur Vergrößerung des Mauerquerschnitts insbesondere unter Dachgesimsen dient, aber auch dekorativ genutzt wird, etwa in Verbindung mit Stockgesimsen oder im Innenraum, finden sich wahrscheinlich bereits zu Anfang des 5. Jh.s (z.B. Ravenna, S. Giovanni Evangelisto) und dürften in spätantiken Bauten ihren Ursprung haben.

Ob als Vorform des Bogens tatsächlich die Blendarkade in Frage kommt, ist umstritten. Vom 10. Jh. an ist seine Verbreitung auch im Norden häufig und hält sich in Verbindung mit dem Baumaterial Ziegel bis weit in das 13. Jh. Die Verwendung des Bogenfrieses erfolgt in der Regel im Zusammenhang mit der Lisene, seltener dem Pilaster. Bei schräg ansteigenden Mauern kann der Bogenfries einen entweder geraden oder schrägen Verlauf nehmen. Form und Versatztechnik lassen Rückschlüsse auf die Entstehungszeit zu (dem gemauerten Bogenfries der Frühzeit folgt ab Ende des 11. Jh.s der leichter versetzbare Platten-Bogenfries).

Zum Ornamentieren von Friesen, Archivolten u.a. bieten sich Akanthus, Palmette, Weinlaub, Flechtwerk, Schuppenband, Klötzchenmuster, Diamantierung, Kerbschnitt und ähnliche Motive an.

In der Regel erfolgt die Feinbearbeitung erst vor Ort.

In spätromanischer Zeit entwickelt sich die Dreiviertel- bzw. Vollplastik; z.T. bildet sie zum Flächig-Ornamentalen ihrer Umgebung einen reizvollen Gegensatz.

Gerade auf dem Gebiete der Bauplastik sind vor allem in der ersten Hälfte des 13. Jh.s, trotz ihrer unverkennbaren Abhängigkeit von gotischer französischer Schule, mit den Domen von Bamberg, Straßburg und Naumburg Zeugnisse von außerordentlichem künstlerischen Wert, von großem Ernst, großer Konzentration und Schlichtheit geschaffen worden.

Frühes Christentum

Kulturgeschichtlicher Überblick / Allgemeine Anmerkungen zur Architektur

Im Jahre 28 n.Chr. hält Christus seine Bergpredigt. Der christliche Missionsauftrag ist damit verkündet.

Zwischen 64 und 67 n.Chr. erleiden Paulus und Petrus in Rom unter Nero den Märtyrertod, in der Stadt, in der später der Papst als Petri Nachfolger den Alleinvertretungsanspruch der katholischen Kirche kundtun wird.

In unterirdischen Grabanlagen oder in Privathäusern treffen sich die Christen und entwickeln ihre eigene Liturgie. Erst als mit der Völkerwanderung die politische Kraft des Römischen Imperiums in Gefahr gerät, entschließt sich 313 n.Chr. Kaiser Konstantin zur Verkündung des Mailänder Edikts, das den Christen die freie Ausübung ihrer Religion zugesteht, dies jedoch wohl ebenso in der Einsicht des Staatsmannes, einen notwendigen Beitrag zur Wiederherstellung des inneren Friedens zu leisten, wie aus religiöser Motivation.

Mit der von Konstantin d.Gr. 330 durchgeführten Verlagerung der Hauptstadt des Römischen Imperiums nach Byzanz - Konstantinopel - wird eine folgenschwere Entwicklung eingeleitet, eine Entwicklung, die zur schließlichen Teilung des Reiches 395 und zu unterschiedlichen Kulturentwicklungen führt, innerhalb derer die Verselbständigung des Papsttums und die Abspaltung der orthodoxen Kirche (erstes Schisma: 484 - 519) eigentlich nur einen Teilaspekt bilden. Der Niedergang der Städte, der in der 455 erfolgenden Eroberung und Plünderung Roms durch die Vandalen sichtbaren Ausdruck findet, führt zur verstärkten Bedeutung des ländlichen Raumes, tut aber weder der Bewunderung römischer Kultur durch die Germanen Abbruch, noch schmälert er deren Wunsch nach Fortführung des universalen römischen Reichsgedankens.

Nach kurzer Zwischenherrschaft insbesondere durch die Ostgoten unter Theoderich gelingt 553 Justinian I. die Wiederherstellung der oströmischen Herrschaft über Italien, jedoch trotz deutlich verfolgten „Caesaropapismus" und Machtzuwachses nicht diejenige des römischen Imperiums. Der Schutz der Grenzen überfordert auf Dauer sowohl die militärischen als auch die wirtschaftlichen Möglichkeiten des Staates.

Baumaterial und Bautechnik / Bauteile und Baugefüge

Die ersten frühchristlichen Bauwerke sind in bezug auf ihre Konstruktionen und Formen recht zurückhaltend. Zwar werden bei Neubauten auch weiterhin die in der Spätantike üblichen Materialien verwendet, doch zeigt die Bauausführung eine meist geringe Qualität, da man schnell und billig bauen muß und sich überdies das Handwerk aufgrund der schlechten wirtschaftlichen Lage nicht mehr auf dem ehemaligen Niveau befindet. Hinzu kommt, daß den Christen zu diesem Zeitpunkt der Kult in der Kirche selbst i.a. wesentlich wichtiger gewesen sein dürfte als deren äußeres Erscheinungsbild.

Das Äußere der Bauten besteht in der Regel aus unverkleidetem Ziegelmauerwerk. Allenfalls die Eingangsfront einer Kirche macht mit Stuck oder zurückhaltenden Werksteinprofilierungen bzw. -ornamenten auf sich aufmerksam. Tür- und Fensterformen orientieren sich an römischen Vorbildern. Die Fenster werden mit dünnen Alabasterplatten, durchbrochenen Steinplatten oder Holzgittern mit relativ kleinen, den Regen abhaltenden Öffnungen geschlossen. Die Dächer bestehen aus den bei den Römern üblichen Pfettenkonstruktionen und sind mit einfachen Tonziegeln gedeckt. Sogar ein Zentralbau wie S. Stefano Rotondo in Rom wird
18 in Holz gedeckt. Normalfall einer Zentralbau-Überdeckung ist jedoch ein sich an römischen Vorbildern orientierendes Gewölbe, wie etwa bei Sta. Costanza in Rom.

Baudekoration

Der plastische Schmuck spätrömischer Zeit macht einer flächigen Dekoration Platz, die wiederum im Dienste der Kirche und ihrer Symbolik steht. In diesem Zusammenhang erlangt das Mosaik besondere Bedeutung, das in römischer Zeit überwiegend als Fußbodenschmuck verwendet worden war, nun aber - wie in der ravennatischen Grabkirche der Galla Placidia (450) - auch die Wände überzieht. Im Laufe der Entwicklung kommt es jedoch zu einer stärkeren Einbeziehung plastischen Schmucks, dies in der Regel jedoch nicht durch Nachbildung römischer Vorbilder, sondern unter Plünderung antiker Bauwerke vor allem von Säulenschäften, Kapitellen und Basen, seltener Gesimsbändern oder anderen Elementen. Diese Art von Spolienbeschaffung erklärt, warum die Steinmetzkunst zumindest im Westen des Reiches - von Ausnahmen abgesehen - für Jahrhunderte einen Tiefstand erreicht.

Sakralbau

Die Symbolik der christlichen Kirche erfährt zahlreiche Anregungen aus derjenigen der Katakomben. Aber nicht nur dies: Auch in bezug auf die Entwicklung von Kulträumen oder ihrer Einzelheiten, so insbesondere bei Memorialbauten, erinnern sich die Christen der in den Katakomben angetroffenen Raumformen (vgl. die Krypta). Diese Raumformen, generell diejenigen, die mit dem Totenkult in Verbindung stehen, ergeben wesentliche Grundlagen für den Zentralbau, der sich als Bautyp in besonderer Weise eignet für einen Coemeterialbau, als Martyrion oder als Baptisterium (zumal die Taufe den Tod des alten wie die Geburt des neuen Adam bedeutet und gerade der Taufe in der Frühzeit des Christentums eine nahezu zentrale Rolle zufällt).

Bei den römischen Katakomben, unterirdischen Bestattungsplätzen, die im 3. Jh. n.Chr. verstärkte Bedeutung erlangen, im 10. Jh. in einstweilige Vergessenheit geraten, unterscheidet man ihrer Anlage nach zwei Systeme: das Zweig-
15 und Rostsystem (vgl. Callistkatakombe).

Während beim Zweigsystem die Haupterschließung durch einen Mittelstollen erfolgt, liegen dem Rostsystem mehrere ihm parallele Gänge zugrunde.

An Grabtypen selbst kennt man das Wandgrab (loculus) und das aus der Wand nischenartig herausgehauene, zu ebener Erde gelegene Arkosol. In der Regel werden drei derartige, meist rundbogenüberdeckte Gräber zu einem eigenen, häufig überwölbten Raum zusammengefaßt. Dieser „cubiculum" genannte Raum dient der Durchführung von Grabriten und zeigt eine bisweilen reiche Ausmalung mit Symbolen oder szenischen Darstellungen christlicher Erlösung.

Auf dem Gelände der späteren Peterskirche befand sich einer der ausgedehntesten antiken Friedhöfe. Mindestens eines der einfachen Gräber des 1. Jh.s n.Chr. – im
16 Bereich der heutigen Confessio gelegen – erfreute sich besonderer Verehrung und wurde durch die Errichtung eines Memorialbaues vor der Grabnische ausgezeichnet. Konstantin d.Gr. hält es für das Grab des Apostels Petrus und macht es zum Zentrum seiner Basilika. Zunächst zu ebener Erde gelegen, wird die Stätte der Verehrung dann durch ein Ziborium überhöht und schließlich während des 9. Jh.s durch Anhebung des Kirchenfußbodens derart versenkt, daß darüber ein Altar angeordnet und das Grab selbst durch einen ringförmigen Gang, eine Ringkrypta, für die zahlreichen Pilger erschlossen werden kann.

Der Wunsch, einem verehrungswürdigen Toten besonders nahe zu sein, und der christliche Glaube an die durch Verehrung zu bewirkende Fürbitte eines derart Verehrten beim Jüngsten Gericht führen zu einem von der Kirche geförderten Reliquienkult. So kommt es, daß in einem meist unter dem Ostabschluß des Gotteshauses gelegenen Raum Märtyrer und Heilige oder Reliquien des jeweiligen Kirchenheiligen oder -gründers bestattet werden. Die ältesten dieser Gräber – „Confessio" genannt – befinden sich, wie bei St. Peter in Rom, unterhalb des Altars und entwickeln sich, wenn – wie hier geschehen – den Gläubigen durch einen Gang erschlossen, zur Krypta, die unterschiedliche Formen annehmen kann (Stollen-, Ring-, Außen-, Hallenkrypta).

23 Manchmal besitzt die Confessio einen mit dem Altar in Verbindung stehenden Schacht und ein im Altar befindliches Fensterchen, das die Kommunikation mit dem Heiligen ermöglicht. Die Confessio erübrigt sich mit fortschreitendem Mittelalter, weil man dazu übergeht, die Reliquien unmittelbar im Altar beizusetzen.

Zentralbau

Gerade bei kleineren Bauten wird früh eine Tendenz zum Zentralbau deutlich, wobei mancherorts sicherlich bereits der Bauform selbst eine Symbolik zugrunde gelegen haben wird, dies zumal dann, wenn es sich bei einem derartigen Gebäude um ein Mausoleum gehandelt hat. Solche Überlegungen mögen die noch lateinische Kreuzform des Mausoleums der Galla Placidia ebenso bestimmt haben wie die Form des griechischen Kreuzes im Untergeschoßraum des Theoderichgrabmals oder die Zwölfzahl der an die Apostel erinnernden Doppelsäulen bei einem schon bedeutend größeren Bauwerk wie dem Mausoleum der Constantia.

17 *Ravenna, Mausoleum der Galla Placidia*
(um 440/450)
Bei dem als Mausoleum für die 450 verstorbene Tochter Kaisers Theodosius I. errichteten Bau handelt es sich um ein Grundrißkreuz, bei dem der Vertikalausbildung des Durchdringungsraumes beider Kreuzarme die Funktion des Raumzusammenschlusses und der Raumsteigerung zukommt. Der durch eine Kalotte überdeckte rechteckige Raumschacht, der sich im Äußeren als zeltdachgedeckter Tambour darstellt, ist - typologisch gesehen - die Vorwegnahme des wesentlichen Bestandteils der späteren byzantinischen Kuppelbasilika. Der Innenraum, dessen Mosaiken sich in den oberen Wandabschnitten erhalten haben, zeigt - zumal mit der Aufstellung von drei Sarkophagen des 5. und 6. Jh.s in den Kreuzarmen - eine deutliche Verwandtschaft zur Ausbildung entsprechender cubicula in den antiken römischen Katakomben.

18 *Rom, Sta. Costanza*
(340 - 350)
Das von Constantia, einer Tochter Kaiser Konstantins, in Auftrag gegebene Mausoleum ist eine auf zwölf Doppelsäulen ruhende Rotunde mit Umgang und einem ihm angefügten Narthex. In diesem überwölbten Bau haben sich die Mosaiken des tonnengedeckten Umganges und diejenigen der Apsiden - als die mit zu den ältesten frühchristlicher Zeit gehörenden - erhalten. Während die Tonnenmosaiken profane spätantike Vorbilder, darunter solche des Weinbaues, aufgreifen, wird in den Apsiden Christus bei der Schlüsselübergabe an Petrus und bei der Gesetzesübergabe an die Apostel dargestellt.

19 *Ravenna, Grabmal des Theoderich*
(6. Jh.)
Das zweigeschossige, unten rundarkadenverzierte Dekagon, das ein innen kreuzförmiges Untergeschoß und ein innen rundes Obergeschoß aufweist, überdeckt eine monolithische Steinkuppel von 11 m Durchmesser.

Der für das Christentum wichtigste Memorialbau - genauer gesagt: das wichtigste Martyrion - ist die Jerusalemer Grabeskirche (Heiliggrabkirche), der Platz, an dem - unter Einbeziehung des Golgathafelsens und wie man aufgrund verschiedener Indizien annimmt - Christus gekreuzigt und begraben worden wie auferstanden sein soll.

20 *Jerusalem, Grabeskirche*
(vor 335 - 1149)
Anhaltspunkte für die ursprüngliche Gestalt der Jerusalemer Grabeskirche liefert der skiz-
21 zenhafte Plan von Arculfus, des um 670 nach Jerusalem gepilgerten Bischofs von Périgueux.
Bei einer ersten Weihe im Jahre 335 dürften die drei wichtigsten Bestandteile der Anlage, die Pilgerbasilika (Martyrion) mit der Krypta der Helena, das Bema vor dem Kalvarienberg und ein zweigeschossiger Denkmalbau über dem Grabe Christi fertiggestellt gewesen sein. Wenig später erfolgt die Errichtung einer Rotunde mit Umgang und Holzkuppel, in einem weiteren Bauabschnitt die Auswechslung dieser Kuppel durch eine konusförmige Überdeckung.

Während vor der Kreuzfahrerzeit die drei aufgeführten Hauptelemente der Anlage selbständig waren, kommt es nunmehr zu ihrer baulichen Zusammenfassung, die mit dem Weihedatum 1149 als vollendet anzusehen sein dürfte.

Die Vorbildhaftigkeit und Ausstrahlung der Jerusalemer Grabeskirche ist ungeheuer. Neben der Übernahme baulicher Details oder symbolischer Entsprechungen kommt es noch bisweilen Jahrhunderte später zu mehr oder minder direkten
21 Nachbauten, wie etwa der erst 1684 geweihten Kathedrale von Istra. Einer der bedeutendsten Folgebauten der Jerusalemer Grabeskirche ist die heute nahezu
22 völlig zerstörte Kirche St. Bénigne in Dijon. Der im wesentlichen zwischen 1001 und 1018 entstehende Bau setzt sich aus einer fünfschiffigen tonnengewölbten Emporenbasilika und einer Rotunde sowie einer beide Bauteile verbindenden Krypta zusammen und folgt damit dem dreiteiligen Jerusalemer Planschema. Die Rotunde ist dreigeschossig und wird durch zwei seitliche Treppentürme erschlossen. Der neun Türme aufweisende Bau von St. Bénigne hat nicht nur eine sehr lebendige Silhouette, sondern er lebt auch in seinem Inneren von für eine Pilgerkirche außerordentlich reizvollen Raumperspektiven, die durch die völlige Einwölbung aller Abschnitte gesteigert werden.

Doch das Jerusalemer Geschehen wiederholt sich im Christentum auch in Form des eucharistischen Mahls. Seinen Platz stellt der in jeder Kirche wenigstens einmal vorhandene feste Altar (im Gegensatz zum Portatile, dem Tragaltar) dar, der schon in der Antike eine erhöhte Opferstätte bezeichnete.

23 Der Altar besteht in der Regel aus einer steinernen Platte (Mensa) auf einem Unterbau (Stipes). Man unterscheidet im Mittelalter drei Altartypen:

1. den Kastenaltar, mit dem sich leicht eine Verbindung zu einer darunter liegenden Confessio schaffen oder in dem sich ein Hohlraum für die Unterbringung eines Reliquiengrabes vorsehen läßt;
2. den Blockaltar mit massivem, bisweilen gemauertem Unterbau;
3. den Tischaltar.

Es ist allerdings nicht so, daß die frühen Christen auf der unbedingten Neuerrichtung eines Gotteshauses bestanden hätten; häufiger dürfte man sich schon aus wirtschaftlichen Gründen mit dem Umbau vorhandener Gebäude zufriedengegeben haben, was auch den Einfluß bestimmter antiker Raum- und Dekorationsformen auf spätere Neubauten erklärt.

Nicht immer entsprechen sich – wenngleich mit anderem Sinngehalt – alte und neue Nutzung wie im Falle des Baptisteriums von S. Giovanni in fonte in Ravenna.

24 *Ravenna, Baptisterium S. Giovanni in fonte*
(Baptisterium der Orthodoxen; 5. Jh.)
Durch die Umwandlung eines römischen Thermensaales entsteht ein achteckiges, durch angeschobene Exedren erweitertes und durch Mosaiken prachtvoll dekoriertes Baptisterium mit mittigem Taufbecken und raumüberdeckender, allerdings im Äußeren verdachter Kuppel auf Pendentifs.
Hauptthema des Kuppelmosaiks bildet die Taufe Christi im Jordan. Hier wird die formale und dekorative Abhängigkeit frühchristlich-byzantinischer Architektur von spätantiker Bauauffassung wie selten greifbar.

Schwieriger gestaltet sich, wenngleich von der einstigen Nutzung her vielleicht wesentlich naheliegender, der Umbau einstiger Tempelanlagen, die – vom Bautyp her betrachtet - in den meisten Fällen allerdings dem Longitudinalbau zuzuordnen sind.

25 *Athen, ehemaliges Hagios Georgios*
(= „Theseion"; Anfang 5. Jh.)
Dieser dorische Tempel - zwischen 449 und 444 v.Chr. vermutlich als ein dem Hephaistos geweihter Kultbau errichtet - verdankt seinen guten Erhaltungszustand seinem zu Anfang des 5. Jh.s erfolgenden Umbau in eine christliche Kirche. Bei dieser Gelegenheit erfolgen die Überwölbung der Cella durch ein Tonnengewölbe, der Anbau von Pastophorien und einer Apsis im Bereich des Cellaumganges.

26 In christliche Kirchen umgewandelt werden auch andere Athener Tempel, so der Parthenon im 6. und das Erechtheion im 7. Jh.

Bisweilen erfolgen Umnutzungen wie im Falle Hagios Georgios' in Saloniki mit geradezu verblüffend geringen Baueingriffen.

27 *Thessaloniki, Hagios Georgios*
(um 400)
Der ursprünglich mit dem aus römischer Zeit stammenden Galerius-Bogen durch eine Straße verbundene Rundbau von ca. 25 m Durchmesser, der vermutlich als Mausoleum für Kaiser Galerius entstanden ist, wird um 400 durch Anfügen einer Apsis, durch Entfernung der Nischenrückwände und durch Errichtung einer zusätzlichen Außenschale zu einem zweigeschossigen christlichen Kultbau mit basilikalem Querschnitt umgewandelt.

28 *Köln, St. Gereon*
(zweite Hälfte 4. Jh. und zweite Hälfte 11. Jh.)
Deutlich auf antikes Erbe geht hier ein im letzten Drittel des 4. Jh.s errichteter elliptischer, von Nischen gesäumter Bau mit zu rekonstruierendem Atrium, Vorhalle und Apsis zurück. Erst im 11. Jh. kommt es zur Anfügung eines die Apsis ersetzenden Langchors über dreischiffiger Krypta. Der um 590 von Gregor von Tours erwähnte Bau, der auf einem Friedhof im Nordwesten der Stadt und außerhalb ihrer Mauern errichtet worden ist und dem Grundriß antiker Mausoleen folgt, dürfte, da sich in ihm kein Heiligengrab gefunden hat, als Gedächtniskirche für Märtyrer, wahrscheinlich die legendären 40 Soldaten der Thebäischen Legion, zu interpretieren sein. Der alte Name „ad aureos sanctos" bezog sich offensichtlich auf die im Inneren vorhandenen Goldmosaiken. Der Name „St. Gereon" ist seit dem beginnenden 8. Jh. überliefert, die Zugehörigkeit eines Stifts bzw. Klosters sogar erst für das 9. Jh. nachgewiesen.

Longitudinalbau

Beim Longitudinalbau von kleineren Abmessungen hat, wie aus den wenigen erhaltenen Zeugnissen geschlossen werden muß, der Wohnbau einen entscheidenden Einfluß zumindest auf den Typ der sogenannten Hauskirche gehabt, bei größeren - ihm entsprechend - der Palastbau und als wichtigster Prototyp die Basilika, die sich bereits in der römischen Antike als Markt, Gerichts- und Versammlungsraum hervorragend bewährt hatte.

Während die Hauskirche in Dura Europos aus dem Umbau eines Wohnhauses und der Trierer Dom aus der Veränderung eines römischen Palastes hervorgegangen sind, läßt sich in Qirqbize ein Kirchenneubau nicht völlig ausschließen, selbst wenn er sich in seinem ersten Stadium äußerlich kaum von der regionalen Profanarchitektur abgehoben haben dürfte.

29 *Dura Europos, Hauskirche*
(nach 231 - 232)
Diese in einer römischen Grenzbefestigung am Euphrat stehende Hauskirche - ein ursprünglich wohl ausschließliches, aber zumindest etwa zehn Jahre nach seiner Erbauung als kleine Kirche genutztes Wohngebäude - verdankt ihren Erhalt (vergleichbar der be-
29 nachbarten Synagoge) ihrer bei einem Partherangriff notwendig werdenden Zuschüttung (das Gebäude liegt unmittelbar an der Stadtmauer). Der auf jedes auffällige Äußere und jede Repräsentation verzichtende Bau, der wie die Synagoge dem Hofhaustyp angehört, ist eine reine Nutzarchitektur, bei der dem Kultus durch einen größeren Versammlungsraum mit Podium für die Bischofskathedra im Süden und weitere Nebenräume für Taufe und Firmung (ausgewiesen durch Wandmalereien) im Norden Genüge getan wird.
Man muß sich die christlichen Kultbauten damaliger Zeit in zumindest weiten Teilen des Reiches und außerhalb der großen Städte ähnlich wie hier vorstellen.

30 *Trier, Dom St. Peter*
(ab ca. 326)
Die Anfang des 4. Jh.s unter Kaiser Konstantin entstehende Doppelkirchenanlage stellt durch Zwischenbauten wie das nachweislich vorhandene Baptisterium voneinander getrennte, parallel zueinanderliegende Basiliken mit vorgelagerten Atrien dar. Aus diesen Anfängen erwuchs - bedingt durch mehrere Umbauten und unter Auflassung der Vorhöfe - die Baugruppe des heutigen Domes und der Liebfrauenkirche.

31 *Qirqbize, Hauskirche*
32 (Anfang 4. Jh.)
Wie Dura Europos zählt die in Syrien gelegene jüngere Kirche von Qirqbize, die wahrscheinlich Anfang des 4. Jh.s durch Umbau eines Wohnhauses des 3. Jh.s entstanden ist, zum Typ der sogenannten Hauskirchen, ist jedoch im Gegensatz zu ihm wie die Landvillen der zugehörigen Ansiedlung von bescheidener Größe und in sauberer Steinquadertechnik errichtet. Neben einer sich im Äußeren gleichartig darstellenden Landvilla gelegen, zeigt sie ebenso einen Vorhof, eine quergelagerte Vorhalle und einen satteldachgedeckten Hauptbaukörper. Sie ist jedoch im Inneren nicht zweigeschossig, sondern als eingeschossiger Saal ausgebildet.
In der Folgezeit wird in Anpassung an die sich offensichtlich wandelnde Liturgie das Innere mehrfach verändert: Zunächst befand sich eine nur einstufige Tribüne (ein „Bema"), die volle Raumbreite einnehmend, im Osten des Gebäudes und könnte einen Presbytersitz aufgenommen haben (Zustand: Anfang 4. Jh.), dann wird dieser Bereich durch den Einzug eines Schwibbogens als Triumphbogen besonders betont und dürfte als Altarstandort genutzt worden sein, während der Vorsteher einen neuen, erhöhten und mit steinernem Sessel ausgestatteten Platz inmitten der Gemeinde erhielt (Zustand Mitte 4. Jh.). Schließlich (Anfang 5. Jh.) wurde das Ostbema um eine zweite Stufe erhöht und durch Schranken mit Säulenunterteilung und Architrav vom Gemeinderaum noch deutlicher abgetrennt.

Der römische Tempel, der in der Regel keine Fenster hat, versteht sich als Wohnort der Götter. Der Altar, an dem geopfert wird, befindet sich notwendigerweise vor dem Tempel. Im Gegensatz hierzu stellt das Christentum den Altar als den Ort des sich wiederholenden Heilgeschehens in den Chor der Kirche, d.h. an denjenigen Platz, an dem in der römischen Basilika der Richterstuhl gestanden hatte.

Das Wohnhaus Gottes wird somit zum Schauplatz des gemeinsam zu feiernden Meßopfers.

Daß sich der basilikale Kirchenbau innerhalb kurzer Zeit durchsetzt und den Zentralbau zurücktreten läßt, hängt damit zusammen, daß der longitudinale Raum dem Ablauf der Liturgie als einziger gerecht wird. Im Zentrum des liturgischen Geschehens kommt es im Laufe der Entwicklung zum Einschub eines querliegenden Baukörpers, der den Gesamtgrundriß zum Kreuz ergänzt und ihm auf diese Weise eine zusätzliche, an Christi Opfertod erinnernde Bedeutung verleiht.

Daß bei einem Gotteshaus Einzelformen des Palastbaues Einfluß gewinnen - so etwa die Exedra als Platz der Gemeindevorsteher und später als Platz des Altars - ist eine notwendige Folgerung eben dieser liturgischen Entwicklung und führt schließlich auch zur prachtvollen Ausschmückung der Gebäude selbst.

Bei der in Rom errichteten Kirche Sta. Maria in Cosmedin erfolgt bereits eine durch Pfeiler markierte rituelle Gliederung des Bauwerks in die drei Bereiche: Presbyterium, Sängerchor und Gemeinderaum (oratorium populi).

Der Bau monumentaler Kirchen setzt allgemein erst mit den konstantinischen Stiftungen in Rom, in Konstantinopel und im Heiligen Land ein. Der Typus der voll ausgebildeten Basilika begegnet uns nahezu schlagartig in den ersten römischen Bauten S. Giovanni in Laterano (313) und St. Peter.

33 *Rom, St. Peter*
(324 - 349)
Nirgendwo wird die Notwendigkeit eines Querhauses so deutlich wie bei St. Peter, einem Bauwerk, in dem sich bei entwickelter Liturgie und vergrößerter Priesterzahl der in diesem Gebäudeabschnitt zur Verfügung stehende Raum als nicht ausreichend erweist.
Die der im 16. Jh. abgebrochenen Kirche vorgelagerte Treppe hebt das Bauwerk nach Art eines römischen Podiumtempels aus dem Bereich des Alltäglichen. Der Eingang zum Atrium steht in Verbindung mit einigen Nebenräumen, die teilweise die Funktion einer Türhüterwohnung haben. Ein der Kirche vorgeschaltetes Atrium, das an das römische Wohnhaus bzw. seine Verbindung mit dem griechischen Peristyl erinnert, dient dem Aufenthalt der noch Ungetauften, doch an der christlichen Religion Interessierten. Der mittige Brunnen ist als Sinnbild notwendiger geistiger Reinigung zu interpretieren (das Atrium, das gegen Ende des 1. Jh.s zeitweilig außer Mode gerät, ist vornehmlich seit hochromanischer Zeit unter der Bezeichnung „Paradies" bekannt geworden). Mit dem Atrium beginnt gewissermaßen die auch baulich ausgedrückte kirchliche Hierarchie, die sich von derjenigen des Urchristentums inzwischen recht weit entfernt hat. Die Vorhalle, die - wie hier - einen Flügel des Atriums bildet, ist der Standort der Pilger, Katechumenen und fortgeschrittenen Büßer. Das bei St. Peter fünfschiffige Langhaus, das die Straße zum Heil wie - in Anlehnung an die Offenbarung des Johannes - das Himmlische Jerusalem symbolisieren kann, bildet den Gemeinderaum. Auf der Evangelienseite (Norden bzw. linke Altarseite) sind die Männer, auf der Epistelseite (Süden bzw. rechte Altarseite) die Frauen plaziert. Den Abschluß des Mittelschiffs markiert ein Triumphbogen, an den sich - wie hier - ein Querhaus anschließen kann, welches den Priestern und Diakonen vorbehalten bleibt. Eine bei St. Peter unmittelbar hinter dem Querhaus angeordnete Apsis schließt - axial angeordnet und um zwei bis drei Stufen erhöht - den Raum ab. In diesem Bauabschnitt befinden sich die Kathedra, der Bischofsstuhl, dem Rund folgende, nach hinten ansteigende Priesterbänke und ein durch ein Ziborium, einen Baldachin, geschützter wie betonter Altar.

34 *Rom, S. Clemente*
(4. und 11./12.Jh.)
Über einem Haus, in dem vermutlich während des 3. Jh.s n.Chr. ein Mithrasheiligtum eingerichtet worden war, kommt es während des ausgehenden 4. Jh.s zum Bau einer Basilika, die 1084 einem Normannenüberfall zum Opfer fällt. Ende des 11./Anfang des 12. Jh.s wird an gleicher Stelle ein ähnlicher, jedoch bescheidenerer Bau auf gestiegenem Niveau errichtet.
Diese Oberkirche entspricht in ihrer Raumfolge den Prinzipien des frühchristlichen Gotteshauses. Der mit Marmorintarsien geschmückte Fußboden des sich in Rundbogenarkaden öffnenden Mittelschiffs gehört zu den schönsten seiner Art.
Die Form des Sängerchors ist die ursprüngliche (seine Steinplatten stammen aus der ersten Hälfte des 5. Jh.s). Die mit Mosaiken des beginnenden 13. Jh.s geschmückte Apsis zeigt ein Tabernakel über einem Altar mit Reliquien des Heiligen Clemens, den Bischofsstuhl sowie die diesen flankierenden Bänke für das Kapitel.

Vom unmittelbaren frühchristlich-römischen Vorbild in starkem Maße abweichende Anlagen stellen einige koptische Kirchen dar, welche den basilikalen Gemeinderaum mit einem aus der römischen Architektur geläufigen trikonchen Ostabschluß verbinden, eine Architekturlösung, die in Europa zwar seit römischer Zeit bekannt, bei Großbauten aber erst seit der Romanik intensiver zur Anwendung gekommen zu sein scheint (vgl. St. Maria im Kapitol, Köln).

18 *Sohag, Deir-el-Abiad, Weißes Kloster*
(um 440)
Dieses koptische Kloster weist ein der Kirche angefügtes hohes trikonches Sanktuarium auf, das durch eine doppelgeschossige Reihe von Säulen und Nischen gegliedert wird und eine mittenüberhöhende Kuppel auf Trompen enthält. Zum Schiff der Kirche wird der Trikonchos durch einen riegelartigen späteren Einbau abgeschlossen. Im Norden des Sanktuariums befindet sich ein Abgang zur Krypta, im Süden ein überwölbter Taufraum. Narthex, Brunnen und ein langgestreckter Raum im Süden (ehemaliges Refektorium?) schließen sich mit der Kirche zu einem kompakten, durch eine hohe Mauer abgegrenzten Block zusammen, der durch eine zweigeschossige Fensterreihung und ein Hohlkehlengesims gegliedert wird, abgeböscht ist und in keiner Weise seine äußere Ähnlichkeit mit einem ägyptischen Tempel negiert.

Bis zum 9. Jh. überwiegt beim Basilikaquerschnitt im Verhältnis zur Höhe die Breitenausdehnung des Mittelschiffes. Die Mittelschiffwände öffnen sich aus Gründen besserer Kommunikation in weiten, auf Säulen ruhenden Arkaden zu den Seitenschiffen. Das gerade Gebälk, wie es in der griechischen Architektur ausschließlich Verwendung findet, läßt sich nur in der Anfangszeit der Entwicklung beobachten und wird recht bald durch die Arkade verdrängt. Die Wandzone darüber, hinter der sich das Pultdach der Seitenschiffe verbirgt, bleibt geschlossen und wird entweder bemalt oder mosaiziert. Oberen Abschluß der Mittelschiffswand bildet ein Fensterband, das in seinem Rhythmus teilweise unabhängig von dem der unteren Arkaden ist. Als oberen Raumabschluß hat man sich - auch im Querhaus - einen offenen Dachstuhl oder - seltener - eine untergehängte Holzdecke vorzustellen.

Es fällt auf, daß die frühchristlichen Baumeister beim Longitudinalbau i.a. die schweren römischen Gußgewölbe nicht übernehmen, sondern stattdessen untersichtig offene Dachstühle verwenden, die wegen ihres wesentlich geringeren Gewichts auch nur relativ geringe Wandstärken (vgl. S. Stefano Rotondo) erfordern.

Die Apsis wird als einziger Raumabschnitt mit einer ausgemalten bzw. mosaizierten Halbkuppel überwölbt.

Die Empore ist ein häufig im Ostteil des Römischen Reiches vorkommender Bestandteil der Sakralarchitektur.

Der Kirchturm spielt in frühchristlicher Zeit eigentlich nur in Syrien eine Rolle.
Seine Entstehungsgeschichte ist ungeklärt, doch steht zu vermuten, daß er zu-
nächst - wenn er nicht, wie an manchen syrischen Bauten nachzuweisen, als
Treppen- oder Beobachtungsturm gedient hat - symbolische Aufgaben erfüllte.
37 Auffällt - abgesehen von der Doppelturmfassade (vgl. Ruweha, Bizzos-Kirche) -
die in Syrien wie an den wesentlich späteren italienischen Türmen zu beobach-
tende Freistellung.

Byzanz

Kulturgeschichtlicher Überblick/ Allgemeine Anmerkungen zur Architektur

Die byzantinische Baukunst entwickelt sich aus der spätantiken/frühchristlichen Architektur, übernimmt jedoch auch zahlreiche Anregungen aus dem ehedem hellenistischen Kulturkreis, darunter insbesondere solche aus Kleinasien und Spanien.

Gerade in beiden genannten Landschaften trifft man auf außerordentlich frühe Beispiele sowohl des Basilika- als auch des Zentralbautyps.

In bezug auf die architektonische Entwicklung lassen sich drei Phasen unterscheiden:

1. eine frühbyzantinische, die vom 6. bis 8. Jh. reicht und ihren Höhepunkt unter Justinian I. (527 - 565) hat;
2. eine mittelbyzantinische, die das 9. bis 12. Jh. umfaßt und gerade unter Basileios II. (976 - 1025) aufgrund erneuter Expansion des Reiches und erneuten Wohlstandes zu einer weiteren Blüte gelangt;
3. eine spätbyzantinische, die sich bis in das 15. Jh. fortsetzt und in Konstantinopel mit dem 1453 erfolgenden Einmarsch osmanischer Truppen endet.

Die letzte Kulturepoche ist allerdings durch keine überragenden baulichen Leistungen oder durch eine Entwicklung neuer Bautypen gekennzeichnet, sondern vielmehr durch eine Vielzahl kleinerer, aber dafür um so reicher geschmückter, häufig aber nicht mehr so qualitätvoller Bauten wie in den vorhergegangenen beiden Entwicklungsphasen geprägt. Grund für diese entwicklungsgeschichtliche Stagnation sind zum einen das Reich im Inneren erschütternde Unruhen und Machtkämpfe, zum anderen seine Bedrohung von außen insbesondere durch Araber und Kreuzfahrer im Verbund mit italienischen Seestädten (vgl. insbesondere den 4. Kreuzzug, der 1204 zur Plünderung Konstantinopels und zur Errichtung eines lateinischen Kaisertums führte).

Baumaterial und Bautechnik / Bauteile und Baugefüge

Während in Syrien, im kleinasiatischen Hinterland, in Armenien und den östlichen Ländern des byzantinischen Reiches der Haustein vorherrscht, ist im Westen die Verbindung von Ziegel und Werkstein die Regel.

Eindeutig römische Tradition läßt der Fachwerkmauerbau erkennen, wie er sich etwa in Qirqbize oder an den Klosterbauten von Qalaat Seman (5. Jh.) wiederfindet.

Die Ziegel Konstantinopels sind quadratisch mit 35 bis 38 cm Kantenlänge und etwas großformatiger als die römischen. Im Gegensatz zum römischen Mauerwerk handelt es sich beim byzantinischen Mauerkern nicht um einen homogenen Gußkern, sondern um einen bisweilen inhomogenen Schuttkern, der durch Binderschichten - meist in Form durchgehender Ziegellagen - mit den Außenschalen „verklammert" wird (Stadtmauer von Konstantinopel). Die Mörtelfugen sind in der Regel stärker als die Ziegelschichten ausgebildet. Der Mörtel enthält, neben Kalk und Sand, eine Beimengung von Ziegelsplitt und Kieseln etc.

Für den Wölbbau gelangen fast ausschließlich Ziegel zur Anwendung. Gewölbezwickel sind oft mit Amphoren gemauert. Ziel des Wölbens ist es u.a., beim Mauern ohne Einrüstung (meist aufgrund von Holzmangel) auszukommen und das Gewicht des Gewölbes möglichst gering zu halten (bisweilen sind Tuffsteinbrocken dem Mörtel beigesetzt). Schon hieraus erklären sich die im allgemeinen nicht sehr großen Einwölbungen, bei denen zum Teil durch schwalbenschwanzförmiges, verkeilendes und wohl meist freihändiges Ausmauern der Schalen unter Verwendung von schnell abbindendem Mörtel der Bedarf an Bauholz auf ein Minimum reduziert werden kann.

Die im Äußeren häufig roh belassenen Mauern, bei denen während der mittel- und spätbyzantinischen Zeit in den westlichen Provinzen die dekorativen Möglichkeiten des Wechsels von Ziegel und Werkstein - oft unter Verwendung breiter Fugen - erkannt und vielfältig entwickelt werden, bilden einen für den Mitteleuropäer besonders eindrucksvollen Gegensatz zur Pracht des zugehörigen Innenraumes. Gerade seit dem 14. Jh. wird die Ziegelornamentik aufwendiger. Auch kommt es zur Ausführung von Kästelmauerwerk (Mauerwerk aus von Ziegeln dekorativ gefaßten Hausteinen) mit betonter Fugenausbildung.

Nicht selten wird das Innere von Mosaik und Marmorplatten inkrustiert. Diese Art der Dekoration ist zwar recht vielfarbig, in der Regel aber flächig.

In einzelnen Regionen finden sich - wegen dort verfügbaren Materials - ausschließlich Bruchsteinbauten oder Bauten, bei denen lediglich die Wölbungen (s.o.) in Ziegeln gemauert sind.

Baudekoration

Die Schlichtheit früher Bauten weicht im Laufe der Entwicklung einer prunkvolleren Gestaltung, innerhalb derer - wie erwähnt - der inneren Inkrustation der Räume durch Mosaik und Platten eine vorrangige Rolle zufällt, wie dies etwa Hagios Demetrios in Thessaloniki dokumentiert.

Wichtigen dekorativen Ansatzpunkt bildet das Kapitell, Grundlage vieler byzantinischer Kapitelle wiederum das korinthische, bei dem sich die Blätter - bedingt durch eine entsprechende Bohrtechnik spitzenartig wirkend - vom Grundkörper lösen. An Formen existieren insbesondere das Prisma-, Korb- und das Faltenkapitell. Neben einem Zweizonenkapitell wird auch ein Doppelkapitell entwickelt, bei welchem man dem eigentlichen Kapitell ein als Gelenk fungierendes kurzes
46 Kämpferkapitell aufsetzt (vgl. S. Vitale in Ravenna).

Bei der übrigen Bauornamentik, die nicht mehr nur zur optischen Hervorhebung der Architekturgliederung dient, sondern auch der Flächengestaltung von Wänden, Brüstungsplatten u. dgl., sind als Hauptmotive neben dem Akanthus das Weinlaub, der Eierstab und das Flechtband zu nennen.

Das in der Antike als reiner Fußbodenschmuck verwendete Mosaik erfährt eine Verwendung auch als Innenwandschmuck und hinterläßt - so etwa in den byzantinischen Bauten Ravennas - den Eindruck eines Bildteppichs.

Sakralbau

Longitudinalbau

35 Verkörpern Bauten wie Hagios Demetrios in Thessaloniki (zweite Hälfte 5. Jh.) und das zum Exarchat Ravenna gehörende S. Apollinare Nuovo (ab 490) den entwickelten Basilikatyp, so das Grab der Galla Placidia (um 425) und das Baptisterium der Orthodoxen (450) - beide in Ravenna gelegen - die Grundformen des byzantinischen Zentralbaues.

36 *Ravenna, S. Apollinare in Classe*
(535 - 549)
Unter den für die byzantinische Kunst typischen Basilikabauten kommt dem von S. Apollinare in Classe insofern eine besondere Bedeutung zu, als sich in Konstantinopel selbst kein Beispiel einer Basilika erhalten hat, außerdem der Mosaikschmuck im Chor der Kirche als einziger seinen Originalzustand bewahrt hat. Die Säulenschäfte und Kapitelle des in seinem Eindruck imponierenden Langhauses scheinen byzantinischer Import zu sein.

37 *Ruweha, Bizzos-Kirche*
(6. Jh.)
Die Bizzos-Kirche - in einem eigenen Bezirk gelegen - weist drei für viele syrische Kirchen dieser und späterer Zeit typische Merkmale auf:

1. sie ist eine dreischiffige Pfeilerbasilika mit durch Schwibbögen miteinander verbundenen Pfeilerpaaren;
2. sie hat ein dreiteiliges Bema mit außenseitig geradem Ostabschluß und zwei flankierenden - als Sakristei und Märtyrerkapelle dienenden - Nebenräumen;
3. sie zeigt einen offenen Narthex zwischen zwei seitenschiffbreiten Türmen, d.h. eine Frühform der in Europa erst wesentlich später beheimateten Doppelturmfassade.

Zentralbau

Eine dominierende Rolle spielt der Kreuzgedanke, dem gerade im Zentralbau mit betonter Mitte Rechnung getragen wird. Gregor von Nyssa beschreibt in einem um 380 abgefaßten Brief ein von ihm in Auftrag gegebenes Martyrion, für das er genaue Material-, Maß- und Kostenangaben mitteilt.

Die Kreuzform ergibt sich aus der Funktion des Bauwerkes als einer an Christi Opfertod erinnernden Märtyrerkirche. Wen nimmt es daher wunder, wenn auch
38 einem späteren Bau, der ab etwa 490 errichteten Pilgerkirche von Qalaat Seman,
39 dem Kloster Simeons Stylites d.Ä. bei Aleppo, die Kreuzform zugrunde liegt, hier in die erstaunlichen Gesamtabmessungen von ca. 88 bzw. 100 m für die jeweiligen Kreuzachsen übersetzt. Im zentralen Oktogon (ca. 27 m Durchmesser), das ehedem möglicherweise offen war, befand sich die Säule, auf welcher der Heilige († 459) rund 30 Jahre seines Lebens in strenger Askese verbracht hatte.

Vergleicht man ein Gebäude wie dieses mit einer frühchristlichen Kirche des Westens, so fällt die im Gegensatz zu den dortigen schlichten Ziegelbauten stehende kostspielige Hausteintechnik auf. Allerdings werden Ziegelbauten auch hier an Plätzen aufgeführt, bei denen es an Haustein mangelt. Hinzu kommt, daß nahezu alle Arten von Gewölben Verwendung finden. Das Fortbestehen römischer Tradition ist offenkundig.

Großen Einfluß nicht nur auf die byzantinische Baukunst übt das Zeitalter Justinians I. (527 - 565) aus. Das unter seiner Herrschaft entstehende architektonische Hauptwerk ist die Hagia Sophia in Konstantinopel, die den Prozeß des von der römischen Architektur ausgehenden byzantinischen Geschmackswandels abschließt. Doch bis zu diesem Zeitpunkt müssen noch zahlreiche, nicht immer erfreuliche Erfahrungen gesammelt werden. Zur Zeit Konstantins, die durch einen hastigen Aufbau gekennzeichnet wird, kommt es zum Einsturz einer Reihe von Gebäuden.

40 *Bethlehem, Geburtskirche*
(vor 333 und Ende 5./Anfang 6. Jh.)
Neben der Grab- und der Auferstehungsstätte Christi in Jerusalem ist der Geburtsplatz Jesu, die Bethlehemer Geburtsgrotte, die bedeutendste christliche Kultstätte und erfordert einen dieser Auszeichnung gerecht werdenden Memorialbau. Die unter Konstantin errichtete dreiteilige, durch Grabungen nachgewiesene axial-symmetrische Baugruppe besteht aus Atrium, fünfschiffiger Basilika und wahrscheinlich holzgedecktem Oktogon über der für die Pilger oberseitig aufgebrochenen Geburtsgrotte selbst. Dieser Bau weicht in frühbyzantinischer Zeit einem die Grundfläche vergrößernden und das Oktogon durch einen Trikonchos (nach ägyptischem Vorbild? Vgl. Sohag) ersetzenden Neubau, bei dem allerdings eine überhöhende Mitte fehlt, so daß sich Mittel- und Querschiff lediglich schneiden.

41 *Konstantinopel, Hagios Sergios und Bacchos*
42 (527 - 536)
Das vor der Sophienkirche begonnene Gotteshaus wird oft als ihr Vorläufer und Vorbild in Anspruch genommen. In bezug auf bauliche Details und die Vergitterung des Zentralraumes mag dies seine Richtigkeit haben, nicht aber in bezug auf das eigentliche - völlig neuartige - Konstruktionssystem. Die Unregelmäßigkeit des aus wechselnden Schichten von Ziegeln und Werkstein bestehenden Außenbaues, dem in der byzantinischen Architektur nicht derselbe hohe Stellenwert wie im Abendland beigemessen wird, erklärt sich wahrscheinlich aus der Rücksichtnahme auf vorhandene Baukörper, denn die Kirche entsteht im Palastbereich des Hormisdas und war ehedem eingebaut.
Der heute durch die Ausmalung osmanischer Zeit verfremdete und seiner Mosaiken wie Marmorinkrustationen beraubte Innenraum, ein einem zweigeschossigen Rechteck eingeschriebenes Achteck mit in den Diagonalen ausbuchtenden Exedren, wird von einer sechzehnseitigen Lamellenkuppel überdeckt. Zwischen den winkelförmigen Pfeilern des Kernbaues sitzen - leicht zurückspringend - zweigeschossige Säulenarchitekturen mit kräftigem unterem Architrav und oberen Arkaden. Lediglich die Altarapsis öffnet sich in voller Höhe zum Kuppelraum. Der sparsam durchfensterte Kuppelfuß wird im Außenbau als kurzer Tambour hochgeführt.

Ein mit Hagios Sergios und Bacchos verwandtes Bauwerk hat sich auf italienischem Boden mit dem Bau der im ehemaligen Exarchat Ravenna gelegenen Kirche S. Vitale in Ravenna erhalten.

41 *Ravenna, S. Vitale*

43 (547 geweiht)

Mit diesem Bau, der eines seiner Vorbilder im Goldenen Saal des Konstantinopeler Kai-
46 serpalastes hat, wird nicht nur ein Gotteshaus gebaut, sondern byzantinische Kultur demonstriert, gelingt es doch erst 540 dem Feldherrn Belisar, Ravenna wieder den Ostgoten zu entreißen und damit die Voraussetzungen für den Weiterbau von S. Vitale zu schaffen.

Der Grundriß besteht aus einem anders als bei Hagios Sergios und Bacchos ausschließlich in Exedren ausschwingenden Kernbau, um den sich ein zweigeschossiger Achteckbau legt. Im Gegensatz zur Konstantinopeler Kirche tritt im Äußeren die den Kern überdeckende Kuppel nicht als solche in Erscheinung, sondern wird in einen polygonalen Tambour mit Pyramidendach integriert. Das schlichte Ziegelsteinäußere bildet einen um so wirkungsvolleren Gegensatz zu der kostbaren Ausstattung des Inneren. Die durch die Mosaizierung des Inneren erreichte Brechnung der Raumkanten, die eine mystifizierende Stimmung verbreitet, entspricht nicht nur der Form der Exedren, die zahlreiche die Raumgrenzen verunklärende Durchblicke schafft; sie kehrt überdies auch in der gerundet-plastischen Form der zum Teil von Pflanzenflechtwerk überzogenen Korbkapitelle wieder.

47 *Konstantinopel, Hagia Sophia*

48 (532 - 537)

Die Hagia Sophia ist eine Verbindung von Längs- und Zentralbau. Eines der Vorbilder für diesen Bau wird in den kaiserlichen Audienzsälen zu finden sein, dies unter anderem auch deshalb, weil die römischen Cäsaren als Götter verehrt wurden. Noch der in Rusafa im 6. Jh. erbaute Audienzsaal Al-Mundirs, den wir von der Bauform her für eine Kirche halten würden, verweist auf eine direkte Verwandtschaft zwischen Kirchen- und Palastbau. Desgleichen legen dies authentische Quellen, vor allem die Zeugnisse des Geschichtsschreibers Prokop - zwischen 553 und 555 entstanden -, nahe.

Wie sehr die Hagia Sophia von Justinian als Prestigebau gesehen wird, geht daraus hervor, daß die weitaus überwiegende Zahl der zu seiner Zeit errichteten Kirchen Basiliken sind. Von den etwa 70 im 5./6. Jh. in Palästina gebauten Gotteshäusern ist kein einziges ein Zentralbau.

Die Hagia Sophia, die als die größte bauliche Leistung byzantinischer Baukunst anzusprechen ist, als eine Leistung, die den Kuppelbau späterer Zeit - insbesondere denjenigen der Osmanen - maßgeblich beeinflußt hat, basiert auf dem Grundgedanken, die Basilika mit einer Monumentalkuppel zu verbinden.

Baumeister sind zwei Griechen: Anthemios von Tralles und Isidor von Milet. Erstaunen macht die mit fünfeinhalb Jahren in Anbetracht der Größenordnung enorm kurze Bauzeit, möglicherweise wohl Mitursache für den bereits 558 erfolgenden Einsturz der Kuppel. Ihre Wiedererrichtung (Neuweihe: 562) erfolgt mit 20 bzw. 25 Fuß, d.h. etwa 6,20 bzw. 7,70 m, Überhöhung und steht - allen Erdbeben zum Trotz - bis heute. Zwar besitzen die Byzantiner zu dieser Zeit bereits zahlreiche Erfahrungen im Kuppelbau, doch waren - abgesehen vom römischen Pantheon - noch niemals Kuppelkonstruktionen dieser Größenordnung (rund 31 m Durchmesser, d.h. 100 Fuß) aufgeführt worden. Die Einmaligkeit dieser Leistung läßt sich allein daran ermessen, daß innerhalb des Byzantinischen Reiches niemals mehr auch nur eine Kirche von der halben Größe der Hagia Sophia errichtet wird. Hinzu kommt, daß ihre Kuppel nicht auf einem Zylinder sitzt, sondern - bedingt durch ihre 40 Fenster am Kuppelfuß - sozusagen in der Luft schwebt, daß sie überdies als Pendentifkuppel einem Grundrißquadrat einbeschrieben ist. In Längsrichtung erfolgt die Abstützung der Zentralkuppel durch angeschobene Viertelkugeln, die wiederum durch ein System dritter Ordnung abgestrebt werden, in Querrichtung durch mächtige Strebepfeiler mit dazwischen angeordneten Tonnen, wie sie auch die Maxentiusbasilika in Rom aufweist. Um allerdings den Langhauscharakter zu betonen, wird der Kuppel-

raum von den Tonnenräumen durch eingestellte Säulenreihen optisch abgeschirmt, doch nicht getrennt. Gerade die Transparenz der Wände gehört zu den wesentlichen Neuerungen und zur architektonischen Leistung des Bauwerkes, zu einer Leistung, die auch von den Baumeistern der gotischen Kathedralen nicht übertroffen werden kann. Grundprinzip des komplizierten Architekturgefüges ist, nicht nur die ungeheuren statischen Kräfte in ein Gleichgewicht zu bringen, sondern gleichzeitig die Baumassen nicht als solche in Erscheinung treten zu lassen und den Eindruck von Schwerelosigkeit zu vermitteln: Die Kuppel wird durch eine Lichtzone optisch zum Schweben gebracht, bewirkt jedoch in konstruktiver Hinsicht eine enorme Vergrößerung der vorhandenen Probleme.
Der gewaltigen baumeisterlichen Leistung angemessen ist die verschwenderische Ausstattung des Inneren mit Mosaiken, Porphyr- und Marmorplatten.
Wenn auch Krönung justinianischer Architektur, bildet doch die Hagia Sophia nur einen Teil des gewaltigen Bauprogramms dieser Zeit. Prokop zählt 32 weitere auf Justinian zurückgehende Kirchenbauten auf, darunter eine Reihe von Großbauten, überdies sechs Krankenhäuser und andere öffentliche wie private Unternehmungen.

49 *Ephesos, Kirche Johannes' des Theologen*
(565 vollendet)
Der auf die nicht mehr existierende Konstantinopeler Apostelkirche und – wie diese – auf Justinian zurückgehende Bau der Johanneskirche von Ephesos läßt sich im Gegensatz zu seinem Vorbild trotz eingreifender Zerstörung weitgehend exakt rekonstruieren. Der Grundriß hat die Form eines von fünf Kuppeln überdeckten lateinischen Kreuzes, dessen zentrale Kuppel sich über dem Felsengrab Johannes' des Theologen anstelle eines kleineren ehemaligen, im Grundriß kreuzförmigen Memorialbaues des 5. Jh.s erhob. Die aufgrund der Unterkonstruktion vermutlich gleichgestalteten Kuppeln ruhten auf Pendentifs und waren durch breite Gurtbögen voneinander getrennt. Das Kuppelkreuz wird – gewissermaßen in Form eines Raummantels – von einer in beiden Geschossen tonnengewölbten Empore umgeben und durch Säulenarkaden optisch von ihr abgetrennt.

Die bauliche Entwicklung nachjustinianischer Zeit, die in Byzanz selbst mit der 1453 erfolgenden Eroberung Konstantinopels durch die Osmanen weitgehend zum Erliegen kommt, jedoch in den einzelnen, vom Balkan bis zum Kaukasus reichenden Provinzen und Einflußgebieten des Reiches fortdauert und hier einen bisweilen von der „Norm" abweichenden Verlauf nimmt, kann im folgenden nur angedeutet werden.

Wird noch in frühbyzantinischer Zeit (6. – 8. Jh.) das Bemühen spürbar, die Grundideen von Longitudinal- und Zentralbau zu einer neuen Raumvorstellung zu verschmelzen, so tritt vor allem in mittelbyzantinischer Zeit (9. – 12. Jh.; 1204: Eroberung Konstantinopels durch die Kreuzfahrer) die Kuppelbasilika zugunsten der Kreuzkuppelkirche zurück, eines Bautyps, bei dem im Zentrum eines Rechteckes eine von vier Stützen getragene Tambourkuppel auf Pendentifs ruht. Die vier kuppelbegrenzenden Rechteckseiten leiten in vier dem Außenrechteck einbeschriebene und sich zum Kreuz ergänzende Tonnen über, die sich im Außenbau schon deswegen deutlich markieren, weil die Eckkompartimente des Grundrißrechtecks niedriger gehalten sind.

Dieser Bautyp, der ein dreiteiliges Sanktuarium bzw. Bema im Osten hat, d.h. einen von zwei Pastophorien (gottesdienstlich genutzten Nebenräumen) flankierten und später durch eine Bilderwand, eine Ikonostasis, von der übrigen Kirche abgetrennten Altarraum, und eine westliche Vorhalle, den Narthex, ist zwar schon vor dem 9. Jh. bekannt, erlangt aber erst mit dem Bau der „Nea", der nicht mehr erhaltenen Palastkirche von Basileios I. (867 – 886) in Konstantinopel, eine fast schlagartig einsetzende und für die byzantinische Sakralbaukunst kommender Jahrhunderte maßgebende Bedeutung. Der in seinen Abmessungen meist recht bescheidene und wenig monumentale Bautyp findet in einer Vielzahl voneinander differierender Lösungen in sämtlichen orthodoxen Ländern Verbreitung, so auch in Italien und auf der Balkanhalbinsel. Starke Ähnlichkeit mit der Baustruktur der „Nea" weisen die italienischen Bauten von Stilo und Rossano auf.

50 *Stilo, La Cattolica*
(11. Jh. ?)
Der im weiteren Sinne zum Typ Kreuzkuppelkirche und im engeren wegen der Anordnung seiner fünf Kuppeln zum Quincunx-Typ (vgl. die Anordnung der Fünfzahl beim Würfel) zählende italienische Bau, dessen Mittelkuppel durch ein Tonnenkreuz hervorgehoben wird, schließt sich eng an ostbyzantinische Vorbilder an, weicht allerdings vor allem im Fehlen des Chorjoches und der seitlichen Pastophorien von diesen ab.
S. Marco in Rossano weist die gleiche Raumstruktur und gleichartige Tamborkuppeln auf, hat jedoch an Stelle der bei Stilo vorhandenen Säulen Pfeiler.

51 Das Äußere vieler in ihren Abmessungen bescheidenen Kreuzkuppelkirchen ist einfach gehalten und lebt vom dekorativ-polychromen Wechsel der Materialien Werkstein und Ziegel, so auch die nachträglich durch eine Seitenkapelle wie eine Vorhalle erweiterte Athener Kapnikarea-Kirche (drittes Viertel 11. Jh.).

51 Während bei diesem Bau das mittige Tonnenkreuz voll ausgeprägt im Äußeren zutage tritt, schließen sich jedoch die östlichen Eckräume – wohl aus Platzgründen – mit den Pastophorien zu einer weitgehend homogenen Raumeinheit zusammen.

Neben der Vielzahl der Kreuzkuppelkirchen nimmt sich diejenige der im Äußeren ähnlichen Bauten des sogenannten Achtstützentyps verschwindend gering aus. Zu diesem Typ, bei dem die zentrale Kuppel nicht auf den im byzantinischen Raum üblichen Pendentifs, sondern auf Trompen ruht, gehören die griechischen Bauten von Hosios Lukas und Daphni.

52 *Hosios Lukas, Katholikon*
(um 1040)
Das Katholikon, das an einen etwa 20 Jahre älteren Kirchenbau angefügt wird, zeigt – hauptsächlich im Aufriß zutage tretende – kreuzförmige Erweiterungen des zentralen Kuppelraumes. Beim Zentralraum erfolgt der Übergang vom Quadrat des Unterbaues zum Rund der Kuppel über ein Achteck, zu dem Trompen vermitteln. Den Übergang vom Achteck zum Kuppelrund dagegen übernehmen Pendentifs. Weniger wegen dieser Konstruktion als vielmehr wegen der überwiegend aus der Erbauungszeit stammenden Wand- und Gewölbeinkrustation hat die Kirche ihre heutige Bedeutung: Wird der untere Raumabschnitt durch die geometrische Gestaltung betonende Marmorplatten verkleidet, so zeigt der obere Raumabschnitt ein weichere Übergänge schaffendes, wenngleich architekturkonformes Mosaik, das in seinem Programm die himmlische Hierarchie darstellt.

53 *Daphni, Klosterkirche*
(zweite Hälfte 11. Jh.)
Die Kirche kann in ihrem Aufbau als eine weitgehende Wiederholung des Katholikons von Hosios Lukas angesehen werden, doch tritt bereits im Rauminneren die Kreuzform stärker in den Vordergrund, weil die Abschrankung des Zentralraumes fehlt, überdies die Gesamtgestaltung weitaus starrer, jedoch in ihrer Struktur verständlicher wirkt.

Neben dem für kleinere Bauten geeigneten Kuppelsaal, der gerade auf dem Balkan eine recht weite Verbreitung gefunden hat, gehört der Trikonchos zu den häufigeren Bautypen mittelbyzantinischer Architektur. Eine bedeutende Vertreterin dieses Typs ist das aus dem Anfang des 11. Jh.s stammende Katholikon des Athos-
54 klosters Megiste Lavra. Doch folgt auch auf dem Athos das vielfach von Nebenkirchen und -kapellen begleitete Katholikon in der Regel dem Kreuzkuppeltyp und zeichnet sich nicht selten durch eine malerische Addition von Kuppeln und einen doppelten Narthex aus.

Wie vielfältig die byzantinische Sakralarchitektur trotz bisweilen gleichartigen Bautyps sein kann, verdeutlichen vor allem die durch einen ausgeprägten Individualismus und durch eine bisweilen eigenständige Entwicklung gekennzeichneten Kaukasusländer Armenien und Georgien, deren Bauten sich in der Regel z.B. nicht die im allgemeinen zu beobachtende weitgehende Schmucklosigkeit byzantinischer Außenarchitektur zu eigen machen.

55 *Ssamtawissi, Kirche*
(1030 vollendet)
Die hervorragend erhaltene und mit Bauschmuck überzogene, in Georgien gelegene Kirche erstaunt durch ihre in dieser Zeit für Europa ungewöhnliche Höhenstreckung und durch die Technik ihrer Steinbearbeitung. Die Ornamente zeigen Ähnlichkeiten mit Vorlagen byzantinischer wie persischer Kultur, sind aber in zahlreichen Motiven sowie in ihrer Komposition als eigenschöpferische bauplastische Leistungen zu bezeichnen.

Klosteranlagen

Das sich im 4. Jh. im Morgenland entwickelnde Klosterleben verläuft in anderen, meist weniger strengen Bahnen als das im Abendland, kommt es doch hier - trotz gleichen Ursprungs und trotz der für beide Bereiche grundlegenden Regeln Basilius' d.Gr. (um 330 - 379) - nur selten zur Ausbildung eines Klaustrum im eigentlichen Sinne des Wortes, da einerseits der Einsiedleraskese, andererseits dem öffentlichen Dienst insbesondere an Pilgern vorrangiges Interesse entgegengebracht werden.

Obgleich der Kreuzgang - aus dem antiken Peristyl hervorgegangen - im Osten vorgebildet ist, spielt er hier im abendländischen Sinne eine nur geringe Rolle. Selten gehen die Systeme von Klosteranlagen auch späterer Zeit über das entwicklungsgeschichtliche Anfangsstadium hinaus. Häufig werden sie geprägt durch einen Hof um die Hauptkirche, durch ein ausgedehntes, bisweilen in Kirchennähe gelegenes Refektorium, nicht selten durch eine Reihe von Zusatzkapellen und eine der Topographie angepaßte, der zumindest kurzfristigen Verteidigung dienende turmbewehrte Ringmauer.

Die sich ab dem 10. Jh. zu einer der bedeutendsten Klosterprovinzen mit im 15. Jh. bis zu 40 Großanlagen entwickelnde Halbinsel des Berges Athos weist als Normaltypus eines orthodoxen Klosters die rechteckige, bisweilen geländebedingt
54 unregelmäßige, randbebaute Anlage mit im Hof freigestellter Ordenskirche, dem Katholikon, auf.

Profanbau

Die überragenden Leistungen auf dem Gebiete des Sakralbaues sind jedoch nicht denkbar ohne entsprechende Materialkenntnisse und die Entwicklung besonderer Technologien auch auf dem Gebiet des Profanbaues.

Allgemeiner Wohnbau

Über den Wohnbau dieser Zeit wissen wir verhältnismäßig wenig. Erhalten haben sich, da aus Haustein bestehend und nicht als Steinbruch benutzt, zahlreiche Beispiele von Häusern im Nordsyrischen Kalksteinmassiv und im Haurân-Gebiet (südlich von Damaskus).

Grundbestandteil des Gehöftes ist das Haus mit vorgelagertem, ummauerten Hof oder der zwei- oder dreiseitig umbaute Hof mit Wohn-, Stall- und Vorratsräumen. Den Wohnräumen ist in der Regel eine überdeckte Terrasse vorgelagert, die bei Zweigeschossigkeit auch der Erschließung der oberen Räume dient.

Der städtische Miethausbau, wie er z.B. in Ephesos nachgewiesen werden konnte, scheint zumindest teilweise römischen Vorbildern gefolgt zu sein.

Eine wirkliche Übersicht, zumal eine solche über die Entwicklungsgeschichte byzantinischen Wohnbaues, ist schon aufgrund der lückenhaften Forschungslage und regionaler Besonderheiten derzeit kaum zu erhalten.

Palastbau

Über das Erscheinungsbild byzantinischer Palastbauten vermitteln uns - abgesehen von wenigen Resten aufgehenden Mauerwerks - nur Archäologie und literarische Quellen Kenntnis. Die meisten der uns bekannten Anlagen (z.B. der Palast des Praepositus Antiochos in Konstantinopel, Anfang des 5. Jh.s errichtet, mit zentralem, durch Exedren erweiterten Sechseckbau) folgen in ihrem Schema im wesentlichen demjenigen spätantiker Vorbilder.

Relativ gut erhalten hat sich der aus justianischer Zeit stammende, 561 - 564 datierte, syrische Palast von Kasr ibn-Wardan, zu dem überdies eine Kirche und eine Kaserne zur Stationierung der Schutztruppe gehören. Der zweigeschossige Palast, der einen zentralen Tetrakonchos als vermutlichen Thronsaal enthält, besteht, wie die übrigen Bauten, aus Ziegeln und Haustein, wobei die Gewölbe ausschließlich aus Ziegeln hergestellt wurden.

Wehrbau

Gerade Justinian errichtet großartige Wehebauten, die das Römische Reich gegen Angriffe von außen dauerhaft und wirkungsvoll schützen sollen. Er baut Wasserleitungen, Zisternen, lenkt Flüsse um und kann sich dabei auf einen Stab von Mitarbeitern stützen, die ohne Zweifel als die besten der damaligen Welt zu bezeichnen sind.

56 Zu den großartigen, teilweise erhaltenen Bauten gehören die Befestigungsanlagen
57 Konstantinopels, insbesondere die unter Theodosius II. (408 – 450) entstehenden,
vom Blachernenpalast ausgehenden und den konstantinischen Stadtgrundriß aus-

weitenden Mauern, die, als Doppelmauern mit dazwischenliegendem Zwinger ausgebildet, in ihrem Aufbau aus einem Wechsel von Werkstein und Ziegel-Binderschichten sowie einem Geröllkern bestehen.

Ingenieurbau

Unter den Bauten der Wasserversorgung sind die nach römischem Vorbild aufgeführten, manchmal mehr als 50 km langen Aquädukte, wie sie sich noch in Resten oder in der Trassenführung beim Netz der Außenwerke von Konstantinopel nachweisen lassen, und die z.T. aus justinianischer Zeit stammenden riesigen Zisternen wie die „Zisterne der 1001 Säulen" in der Stadt selbst zu nennen. Im Gegensatz zu den zwei übereinandergebauten Brücken des Mu'allak Kemer (= aufgehängter Brückenbogen) mit Spitzbögen bis zu über 16 m Spannweite, die sich inzwischen allerdings als nicht justinianisch, sondern als Konstruktion Sinans aus der Mitte des 16. Jh.s erwiesen haben) handelt es sich bei der gedeckten „Zisterne der 1001 Säulen" um ein ausgedehntes Bauwerk, bei dem zwei Säulenreihen von insgesamt mehr als 12 m Höhe übereinandergestellt und gegeneinander durch Hölzer versteift und durch Klammern und Knotensteine miteinander verbunden sind. Die Überdeckung der Zisternen erfolgt - sofern es sich nicht um offene Zisternen für Nutzwasser handelt - in der Regel und wie auch beim genannten Beispiel durch ziegelgemauerte Kreuzgewölbe.

Es versteht sich von selbst, daß im Byzantinischen Reich die römische Tradition des Straßenbaues und, damit zusammenhängend, auch die des Brückenbaues weitergepflegt wird, zumal es häufig darum geht, innerhalb kurzer Zeit Truppen bei entsprechenden Feindeinbrüchen in die entlegenen Provinzen des Reiches zu entsenden.

Merowingische / Karolingische Zeit

Kulturgeschichtlicher Überblick/ Allgemeine Anmerkungen zur Architektur

Nach der Völkerwanderung und der von etwa 500 bis 750 dauernden Herrschaft der Merowinger – 751 erlangen die als Hausmeier der Merowinger fungierenden Karolinger die Königswürde und treten überdies als Schutzherren des Papstes auf – kommt es in höfischen und klerikalen Kreisen zu einer bewußten Anknüpfung an die orientalisierte Spätantike und zur Schaffung entscheidender Voraussetzungen mittelalterlicher Kunst.

58 Unter der Völkerwanderung im uns betreffenden engeren Sinne versteht man die mit dem Hunneneinfall 375 n.Chr. einsetzende verstärkte Wanderung vorwiegend germanischer Völker nach West- und Südeuropa. Ist der die Entwicklung für lange Zeit aufhaltende Limes spätestens 260 überrannt, so markiert der 406 erfolgende Abzug der römischen Rheinlegionen den rapiden und unaufhaltsamen Zerfall des Imperiums. Westgermanische Stämme, wie die Franken, Langobarden und Angelsachsen, übernehmen die Herrschaft und gründen eigene, die Geschichte des Mittelalters bestimmende Staaten.

Der Zeitraum zwischen dem Untergang des Römischen Reiches und dem Jahr 1000 wird weder durch eine insbesondere zu Anfang einheitliche Entwicklung geprägt, noch darf von einer nach heutigem Wissensstand kontinuierlichen Stilbildung gesprochen werden. Politische und kulturgeschichtlich wichtige Impulse lassen sich vor allem unter den Merowingern, unter Karl d.Gr. und unter den Ottonen feststellen.

In der zweiten Hälfte des 7. Jh.s war es wegen der Zerrüttung des Merowingerreiches zu einem Absinken der Bautätigkeit gekommen. Das Ausprobieren verschiedener Bauformen und -typen, das die frühe Entwicklung gekennzeichnet hatte, ist daher auch für die karolingische Zeit die durchaus verständliche Folgerung eines Neubeginns. Neben uns bekannten Bautypen, wie dem Zentral- und dem Longitudinalbau, sind folgende Neuerungen als für die karolingische Epoche kennzeichnend anzusehen: das Westwerk als vermutlich eigene Schöpfung, der Stützenwechsel und eine durchaus lebendige Bauornamentik.

Die karolingische Architektur setzt eine politische Konsolidierung des Abendlandes voraus. Bedeutendste Persönlichkeit ist Karl d.Gr. (768 – 814), der dieser Epoche seinen Namen gibt. Ihm gelingt es, die Herrschaft der Langobarden in Italien zu brechen und das Christentum bei den Sachsen und in weiten Landstrichen östlich des Rheins zu verbreiten. 800 wird er in Rom durch Papst Leo III. mit der Formel „Romanum gubernans imperium" zum Römischen Kaiser gekrönt. Mit dieser Krönung erhebt Karl d.Gr. jedoch nicht nur den Anspruch auf die Nachfolge der römischen Cäsaren, sondern verbindet mit ihr ein kulturpolitisches Programm, das auch von den Ottonen weiterverfolgt wird und Grundlage einer Reichskunst bildet. Wichtigstes Band allerdings dürften das Christentum, die Organisation der Kirche und die lateinische Kirchensprache gewesen sein.

Entscheidendste Voraussetzung für die Schaffung eines Reiches und seiner Baukultur bildet die Seßhaftwerdung der Germanen.

Selbst wenn die Zahl der erhaltenen bzw. durch die Ärchäologie nachgewiesenen Bauten aus dem Zeitraum um 450 und 1000 gering erscheint, so darf doch hieraus nicht geschlossen werden, daß die Bautätigkeit nur minimal war oder enge Kontakte zu anderen Kulturkreisen nicht bestanden hätten. Gerade die Einflüsse des von den Germanenstürmen verschonten Oströmischen und späteren Byzantinischen Reiches müssen als stark und wohl auch als kontinuierlich angenommen werden.

Da die Kirche als wesentliche einigende Kraft verstanden wird, ist es eine Selbstverständlichkeit, daß dem Kirchenbau gegenüber dem Profanbau eine Vorrangstellung eingeräumt wird. Die wesentlichen Konstruktionen und Formen des späteren romanischen Stils sind in karolingischer Zeit zumindest im Ansatz vorhanden. Der Anteil germanischer und slawischer Völker am Schöpfungs- und Entwicklungsprozeß abendländisch-mittelalterlicher Kultur ist umstritten, doch gerade beim Holzbau und im Profanbereich als groß zu vermuten. Zumindest regional bedeutsamen Einfluß hat überdies die arabische Baukultur.

Sakralbau

Die Beschränkung in der Anwendung überkommener Baukonstruktionen und -formen im Sakralbau ist auffallend, so daß vielerorts von weitgehenden Neuschöpfungen gesprochen werden kann. Eine Ausnahme bildet der Typ der Säulenbasilika, dessen Gestaltung sich zugunsten klarerer additiver Ablesbarkeit und kubischer Formen wandelt.

Aus merowingischer Zeit (450 – 750 n.Chr.) sind nur wenige Kirchengrundrisse von ein- bis dreischiffigen Stein- und Holzbauten überliefert. Bei der Mehrzahl dieser Kirchen handelt es sich um sogenannte Wandelkirchen, d.h. um Gotteshäuser, die über Jahrhunderte hinweg den jeweiligen Zeiterfordernissen angepaßt worden sind (vgl. die aus einer nach 383 entstehenden Märtyrerzelle und in mehreren Schritten hervorgegangene gotische Stiftskirche von Xanten mit allein zwei karolingischen Vorläuferbauten).

Longitudinalbau der Merowingerzeit

Ein Großteil merowingischer Longitudinalbauten (z.B. Brenz) wird aus Holz errichtet: ein Faktum, das – wie erwähnt – in erster Linie für unsere geringe Kenntnis von damaliger Baukunst verantwortlich zu machen ist!

Vienne, St. Pierre
(5. Jh.)
Der mehrmals durch die Araber zerstörte Bau hat kein Querhaus. Im 9. Jh. werden seinen Innenwänden Arkaden vorgelegt, die möglicherweise dazu dienten, eine bereits im 10. Jh. wieder entfernte Empore zu tragen.

59 *Poitiers, St. Jean-Baptiste*
(wohl 7. Jh.)
Die rechteckige, im 11. Jh. durch eine Vorhalle erweiterte Kirche, die von kleineren und niedrigeren Nebenräumen flankiert wird und ursprünglich eine kreuzförmige Anlage darstellte, war lange Zeit als aus einem Bau des 4. Jh.s hervorgegangen angesehen worden. Untersuchungen ergaben jedoch, daß lediglich Spolien dieser Zeit bei einem Neubau wahrscheinlich des 7. Jh.s wiederverwendet worden sind. Das Äußere des vormaligen Baptisteriums ist mit Ausnahme nachträglich eingebrochener Rundfenster nicht verändert. Es zeigt die auf Wirkung bedachte Weiterführung bzw. Nachbildung spätantiker Vorbilder. Auffällt, daß die obere Wandzone des Hauptbaukörpers nahezu in der Fläche verschwindende Schmuckpilaster unter einem kräftigen Konsolfries aufweist. Aus Terrakotta hergestellte Dekorationselemente setzen gezielte Farbakzente.

Jouarre, St. Paul, Nordkrypta
(Ende 7./Anfang 8. Jh.)
Die hinter einer Kirche des 15. Jh.s gelegene ältere der hier vorhandenen beiden Rechteckkrypten, die vor Anhebung des Kirchenniveaus möglicherweise den Chorabschluß gebildet haben könnte (Probleme ergeben sich allerdings bei der Rekonstruktion der Überwölbung) und erst durch Grabungen des 19. Jh.s entdeckt worden ist, hat zwar in romanischer Zeit Veränderungen erfahren, doch blieben Westwand und Marmorsäulen des Raumes vom Ende des 7./Anfang des 8. Jh.s erhalten. Die Innenansicht der Westwand zeigt einen technisch aufwendigen dreizonigen Aufbau, wie er ähnlich auch an gallo-römischen Bauten vorkommt: unten Quader, mittig opus reticulatum, oben eine Achteckplattenverkleidung, deren Zwickel durch Kleinquadrate ausgefüllt werden. Die Säulen, die wahrscheinlich ein Tonnengewölbe über einem Architrav getragen haben, gelten als antike Spolien. Ihre antikisierenden Marmorkapitelle werden als Fabrikate des 7. Jh.s aus einer Steinmetzwerkstatt der Pyrenäenregion angesehen und geben damit wertvolle Hinweise auf eine damals bestehende Vorfertigung.

Zentralbau der Merowingerzeit

Ein Zehneckbau ist für Toulouse bezeugt. Das Baptisterium von Venasque (6./7. Jh.) hat eine äußere Kreuz- und eine innere Vierpaßform; eine Mischung zwischen Zentral- und Langhausbau stellt die tonnenüberwölbte Krypta von St. Laurent in Grenoble dar. Doch gibt es auch in anderen Regionen, so auf der iberischen Halbinsel vor der im Jahre 711 eingeleiteten arabischen Invasion, eine eigene, durch die Westgoten bestimmte Zentralbautradition, die durch die Kreuzform des Grundrisses und eine meist volumetrische Klarheit des Außenbaues geprägt wird, wie sie auch die eigenwillige, um 660 erbaute Kirche S. Fructuoso
66 de Montelios bei Braga mit ihren im Inneren hufeisenförmigen und säulenumstellten Ostarmen aufweist.

Die Zellenhaftigkeit dieses und ähnlicher Bauwerke setzt sich in der Bautradition der asturischen Könige (718 – 1032), so in der vermutlichen Pfalzkapelle Sta. Cristina de Lena aus der zweiten Hälfte des 9. Jh.s, fort.

Zentralbau der Karolingerzeit

Hauptwerk der Epoche ist der Zentralbau der Aachener Pfalzkapelle, errichtet von Karl d.Gr. als Teil einer monumentalen Pfalzanlage anstelle eines väterlichen Hofgutes in der Nähe bereits von den Römern genutzter schwefelhaltiger Heilquellen.

60 *Aachen, Pfalzkapelle*
61 (um 790 - 805)
62 Zwar weist der überlieferte Baumeistername „Odo von Metz" auf einen Germanen hin, doch zeigt der Bau typolgische Verwandtschaft zu S. Vitale in Ravenna, einem byzantinischen Bau. Im Gegensatz allerdings zu S. Vitale, dessen Grundriß aus einem Acht- um ein Achteck besteht, legt sich bei Aachen ein Acht- um ein Sechzehneck. Während der Mittelraum in Aachen von einem achtseitigen Klostergewölbe (der Gewölbeschub wird über eiserne Ringanker in den Wänden abgefangen, im Gewölbe selbst liegt ein Holzanker) überdeckt wird, zeigt die Empore zur Raummitte hin ansteigende Tonnen, das Untergeschoß Kreuzgewölbe. Die Emporenarkaden werden durch eine doppelgeschossige Stellung von aus Italien als Spolien hierhergebrachten Säulen (vgl. die Kaiserkrönung Karls im Jahr 800 in Rom und den daraus resultierenden politisch-propagandistischen Anspruch) mit dem inneren Raumschacht verbunden. Die einzelnen Raumabschnitte addieren sich zu einem geschlossenen Ganzen und sind in sich selbständig. Ihr „Ineinanderfließen" wie bei S. Vitale, hier überdies gefördert durch die andere Wandbehandlung, wird nicht angestrebt: eine deutliche Vorwegnahme des additiven romanischen, aber auch für westgotische Kirchenbauten charakteristischen Raumprinzips! Die Innenwände in Aachen scheinen ehedem verputzt und zunächst schmucklos geblieben zu sein. Ein älteres Kuppelmosaik - die 24 Ältesten, das Lamm anbetend, darstellend - wurde Anfang des 18. Jh.s beseitigt und Ende des 19. erneuert. Im Außenbau haben sich Reste eines glatten Verputzes und einer rötlichen Schlämme gefunden.

63 *Fulda, St. Michael*
(820 - 822)
Der runde mit Krypta versehene Zentralbau, dessen oberer Teil sich nicht erhalten hat, steht in der Nachfolge antiker Grabbauten und muß als die wohl älteste nachweisbare Heiliggrab-Nachbildung auf deutschem Boden bezeichnet werden.
Ober- und Unterbau entsprechen sich grundrißlich. In der Krypta wird der als Beinhaus genutzte, eine Mittelsäule mit wuchtigem ionischen Kapitell enthaltende Zentralraum von vier im Grundriß kreuzförmig angelegten Durchgängen erschlossen.

Die antik-frühchristliche Tradition des Zentralbaues schreibt sich nicht nur in karolingischer Zeit fort, sondern bleibt noch weit darüber hinaus lebendig, wie z.B. die archaisch aussehende, möglicherweise auf einen Vorgängerbau zurück-
64 reichende Rotunde der um 1000 zu datierenden Marienkapelle auf der Würzburger Festung dokumentiert. Der Bau, der im Inneren halbkreisförmige Nischen und einen im Grundriß eingezogenen kuppelgedeckten Tambour hat, wird im Äußeren durch Lisenen und einen gemauerten Rundbogenfries gegliedert. An die eigentliche Rotunde schiebt sich eine rechteckige, mit Apsis versehene Krypta, die in einem nicht mehr erhaltenen darüberliegenden Chor eine bauliche Entsprechung gehabt haben dürfte.

65 *Germigny-des-Prés, ehemalige Palastkapelle*
(um 800)
Dieses nach einer gefälschten Inschrift dem Jahre 806 zugeschriebene und wegen einer weitgehenden Wiederherstellung des 19. Jh.s kaum noch mit Gewißheit zu rekonstruierende, ehemalig zu einer Landvilla gehörige Oratorium Bischofs Theodulf von Orléans, eines am Hofe Karls d.Gr. tätigen Prälaten, besteht aus einem Konchenquadrat mit vier Rechteckstützen und einem über Dach gezogenen einbeschriebenen tonnengewölbten Kreuz, über das sich ein quadratischer, vermutlich zeltdachgedeckter, der Raumbelichtung dienender Mittelturm setzte. Die ausgeschiedenen Eckquadrate sind kuppelüberdeckt. Das ehedem im Inneren mosaikdekorierte Bauwerk geht wahrscheinlich auf byzantinische Vorbilder - wenngleich wohl durch westgotischen Einfluß vermittelt - zurück.

Benevent, Sta. Sofia
(Fertigstellung 762)
Dieser Bau mit seinen z.T. sternförmig verlaufenden Außenwänden und versetzten Dreieckskappen gibt Zeugnis von bis zum Bizarren reichenden Möglichkeiten der antike Vorbilder umiterpretierenden Zentralarchitektur ihrer Zeit. Die überwiegende Zahl karolingischer Sakralbauten folgt jedoch dem Langhausschema.

Longitudinalbau der Karolingerzeit

Neben verhältnismäßig kleinen Longitudinalbauten entstehen einige Großbauten von Schule machender Bedeutung.

67 *Centula, St. Riquier*
(790 - 799)
Die bei Abbéville im heutigen Frankreich gelegene Kirche wird durch Angilbert, den Schwiegersohn Karls d.Gr., an Stelle eines aus dem 7. Jh. stammenden Benediktinerklosters errichtet. Sie besteht aus dem Paradies, dem Westwerk als neuer Bauform, dem Langhaus, dem Transept mit nunmehr ausgeschiedener Vierung (das Langhaus durchschneidendem Querhaus) und dem Chor. Das im Grundriß dreigeteilte Westwerk, das durch zusätzliche Treppentürme erschlossen wird und Vorhalle wie Emporenhalle aufnimmt, bildet in seiner Architektur eine bewußte Entsprechung zum Querhaus (vgl. in diesem Zusammenhang die karolingischen Doppelchoranlagen) und weist die Kirche als eindeutigen Gruppenbau aus. Vorbilder für die Anlage derartiger Westwerke sind unbekannt. Gleichfalls nicht vollständig geklärt ist ihre - vermutlich vielseitige - Zweckbestimmung. Es steht fest, daß sie, wie die Westchöre - man betrachte in diesem Zusam-
72 menhang gerade die Kirche des um 820 entstandenen St. Gallener Planes -, integrale Bestandteile einer dem Gesamtbau unterlegten symbolischen Aussage und eines liturgischen Zusammenhanges bilden. Die Annahme, der Westchor sei dem Kaiser als dem Be-
68 schützer der Kirche vorbehalten geblieben (Theorie von der hochgelegten Aula regia), ist nicht zu belegen, dafür jedoch, wie im Falle Corveys, die Nutzung des Obergeschosses als Platz des Engelschores, wozu auch der Hinweis auf den Michaels- und Gabrielsturm im St. Gallener Plan und die Idee von der porta coeli mit vorgeschaltetem Hof passen würde.
Doch nicht nur in bezug auf die bauliche Ausgestaltung des westlichen Kirchenabschlusses legt die karolingische Zeit Wert, auch der Krypta und der mit ihr in ursächlichem Zusammenhang stehenden Bauform des Chores mißt sie besonderes Gewicht bei.

69 *Steinbach, Einhardbasilika*
(nach 821 - um 827)
Dieser vom Kanzler Karl d.Gr. errichtete Bau steht, im Gegensatz zu anderen Bauten der Epoche, noch weitgehend aufrecht und zeigt ein klar ausgebildetes Maßsystem, bei dem die Wände und Raumkörper einander zugeordnet werden: Eine Entwicklung ist eingeleitet, in deren Verlauf sich der Gesamtraum in aufeinander bezogene einzelne Raumzellen gliedern wird. Der Zahl der oberen Altäre entspricht die Anordnung der Altäre der darunterliegenden als Dreifachkreuz gestalteten Stollenkrypta.

70 *Grand-Lieu (Déas), St. Philbert*
(814 - 847)
Nachdem die Mönche von Noirmoutier, einer Insel vor der französischen Westküste, vor den heranrückenden Normannen mit den Reliquien ihres Kirchenpatrons in das auf dem Festland gelegene Déas flüchten, entwickelt sich eine Pilgerfahrt, für welche die Mönche ihre neue Kirche in der Folgezeit umbauen und erweitern. An Stelle des alten Sanktuariums entsteht ein rechteckiger Chor mit angeschobener Apsis und einem darunterliegenden Raum, in dem der Sarkophag des heiligen Philbert aufgestellt wird. Da dieser Raum und seine seitlichen Zugänge zu ebener Erde liegen, wird der Chorfußboden angehoben. Um nun weitere Altäre aufstellen und einen besseren Grabzugang ermöglichen zu können, kommt es zum Bau zusätzlicher Kapellen, schließlich zur Herausbildung einer eigenen Wegeführung, die unabhängig von den in der Kirche stattfindenden Gottesdiensten ist. Viele bedeutende französische Kirchen, so auch St. Germain in Auxerre (850 - 859), zeigen die gleiche Chor- bzw. Kryptaausbildung, die unter der Bezeichnung „apse échelon" (Staffelchor) bekanntgeworden ist.

Zu den bekanntesten Doppelchoranlagen der karolingischen Epoche zählen der Dom in Fulda und St. Georg in Reichenau-Oberzell.

Fulda, Dom
(Bau I: 744; Bau II: 791 - 819)
Die Saalkirche, die in einem zweiten Bauabschnitt zur Doppelchoranlage mit Transept erweitert wird, greift römische Vorbilder auf.

71 *Reichenau-Oberzell, St Georg*
(nach 830)
Diese auf der Insel Reichenau gelegene Kirche gehört zu den karolingischen Doppelchoranlagen, weist eine abgeschnürte Vierung und im Gegensatz zu den Pfeilern der Einhardbasilika Säulen auf.

Der Westchor ist als Märtyrergrabstätte eines zweiten Titelheiligen denkbar. Daß sich in der Doppelchörigkeit das Prinzip weltlicher und geistlicher Macht (Kaiser- und Papsttum) ausdrückt, kann nicht belegt werden. Der Platz des Kaisers ist nicht der Westchor, sondern in der Regel derjenige auf der Epistelseite vor dem Lettner.

Die Bauform der Doppelchoranlagen geht, wie die hierin vorgenommene Bestattung von Patronen, auf das frühchristliche Nordafrika zurück.

Im Gegensatz zum Westwerk hat sich der Westchor nie zu einer beherrschenden Baugestalt entwickelt. Er verliert sich als Baubestandteil mit Ausgang der romanischen Zeit.

Klosteranlagen

Die erste Hälfte des 7. Jh.s ist die Zeit, in der sich festgefügte Klosterschemata nachweisen lassen (vgl. die Stiftung des Klosters Fontanella im Jahre 648 mit 300 Mönchen): Die Mönche schlafen in einem gemeinsamen Dormitorium, das wegen des bei Tag und Nacht erfolgenden Stundengebets in der Nähe des Kirchenchores angeordnet wird; der Kapitelsaal befindet sich im Erdgeschoß des Ostflügels, das Refektorium im Südflügel; zwischen Refektorium und auf der Ecke anzulegenden Vorratsräumen (Belieferung) werden die Küche und ein beheizter Krankenraum eingerichtet.

Wichtige Auskünfte auch über das profane Baugeschehen vermittelt uns neben den Resten einiger Pfalzbauten ein in der St. Gallener Bibliothek aufgefundener, möglicherweise um 820 auf der Reichenau - unter Einfluß des Aachener Hofes
72 - entstandener Idealklosterplan, der nicht nur die Lage und Form der Gebäude angibt, sondern überdies genaue Hinweise auf ihre jeweilige Funktion. Der Plan zeigt eine Reihe von Profanbauten, die sowohl als Holzfachwerkbauten wie auch als Steinbauten ausgeführt werden, überdies auch die für die jeweiligen Funktionen der Gebäude wichtigen Innenausstattungen. So weist der doppelchörige Kirchenbau mehrere Altäre und Schrankenunterteilungen auf, die heutige Vorstellungen von damaliger Liturgie und damaligem Sakralinnenraum revidieren: Dieser Raum diente nicht so sehr zur Aufnahme großer Gläubigenzahlen als vielmehr der Prozession zwischen wichtigen liturgischen, durch Altäre markierten Plätzen, wie dies am Beispiel der gebauten karolingischen Kirche von Centula zu verdeutlichen ist.

Profanbau

Deutlicher allerdings als im St. Gallener Klosterplan wird die profane karolingische Steinarchitektur an der wohl nach 774 und spätestens um 830 entstandenen
73 Lorscher Torhalle, einem Bauwerk, dessen äußere mosaikartige Steinplattendekoration kostbar wie unantik wirkt. Ihr zweigeschossiger Aufbau und dreiarkadiger Durchgang greifen die Idee des römischen Triumph- und Stadttores wie des Westbaues von Alt-St. Peter in Rom auf. Die im Obergeschoß verwendeten Leistengiebel auf kannelierten Pilastern erinnern an frühchristliche Sarkophaggliederungen.

Von einigen Pfalzanlagen, in denen die Ideen spätrömischer Kaiserpaläste fortlebten und in denen Karl d.Gr. während seiner Bereisungen des Landes residierte, so etwa der Paderborner und der Ingelheimer, haben sich Reste, vor allem der in der Regel eingeschossigen Säle, erhalten. Offensichtlich sind die meisten Pfalzen erst ab spätkarolingischer Zeit befestigt worden.

60 *Aachen, Kaiserpfalz*
74 (Baubeginn vor oder um 800)
Die Pfalz in Aachen ist in ihrer Anlage am besten bekannt und dokumentiert, wobei im Hinblick auf die Gesamtplanung die Pfalzkapelle wegen ihrer Ostung Ausgangspunkt gewesen sein dürfte. Parallel zu ihr wurde im Norden die Aula regia (Königshalle; in Teilen im heutigen Rathaus enthalten), ein mit Konchen versehener Saalbau errichtet, der in vielem an die „Basilika" Konstantins in Trier erinnert, und bei dem ein Treppenturm

den Zugang zu einer offenen Galerie und zum Dachbereich ermöglichte. Kapelle und Königshalle standen über einen langen, von einem Querbau (Torbau mit oberer Gerichtshalle?) unterbrochenen Gang miteinander in Verbindung. Südlich des Saalbauturmes schloß ein zweigeschossiger Anbau an, der im Obergeschoß kaiserliche Privaträume beherbergt haben könnte. Der Kapelle selbst war ein Atrium vorgeschaltet, seitlich an sie schlossen größere rechteckige Annexbauten an. Bei den übrigen aufgefundenen Grundrißfragmenten ist eine zeitliche wie funktionale Zuordnung schwierig.

75 Die Rekonstruktion eines um 810 errichteten asturischen Palastes, des Palastes
Alfons' II. in Oviedo, zeigt vor allem im Grundriß der Camara Santa große Ähn-
76 lichkeit mit dem in der Nachbarschaft gelegenen späteren – nachträglich in eine
Kirche umgewandelten – Bau der Könige von Asturien, mit Sta. Maria de Naranco.

Dieser Bau, die sogenannte Königshalle, geht in seinem Formenrepertoire von wie gedrechselt wirkenden Säulen, von Strebepfeilern, Archivolten und mit seiner raumüberdeckenden Tonne auf römische Vorbilder zurück.

Die Erforschung karolingischer Burganlagen steckt noch in den Anfängen: Burg Roßtal bei Fürth, gedeutet als karolingisch-ottonische „Mittelpunktsburg", ist eine stark befestigte Anlage mit einer Innenbebauung aus Holzpfostenhäusern, Burg Broich bei Mülheim an der Ruhr, eine vollständig in Stein gemauerte Rundburg aus der zweiten Hälfte des 9. Jh.s, eine relativ kleine, kaum verteidigungsfähige Anlage mit einem von Mauern umgebenen Hof. Westlich von ihr werden die zugehörigen Wirtschaftsbauten angenommen. Von den insgesamt sechs Gebäuden der Burg fällt ein größeres, nordsüdlich ausgerichtetes in der Mitte auf, das den Hof in zwei Bereiche gliedert: Es enthält einen Saal mit Feuerstelle. Ihm südlich vorgeschaltet ist ein etwa mittig im Hof gelegener zweigeschossiger Bau mit nachzuweisendem ehemaligen Balkon: Anlaß, in ihm einen zeichenhaften Repräsentationsbau in Art der Lorscher Torvorhalle und in dem größeren Bau generell einen Palas zu vermuten. Im 11. und 12. Jh. werden die Vorhalle umgebaut und dieser Umbau turmartig erhöht. In einer späteren Bauphase erfolgt schließlich – unter nochmaliger Höhensteigerung – seine runde Ummantelung.

Schon ein Vergleich merowingischer und karolingischer Befestigungen bietet ein vielfältiges Bild: Neben Holz-Erde-Konstruktionen, wie bei der Anfang des 9. Jh.s entstandenen Hammaburg in Hamburg oder der Burg Roßtal, bei der die Feldseite eine nachträglich durch eine Mörtelmauer verstärkte Trockenmauer hatte, lassen sich Mörtel- und Steinmauern nachweisen. Anstelle der noch Ende des 7. Jh.s auf der Büraburg bei Fritzlar entstandenen Mörtelmauer wird im 8. Jh. eine Steinmauer errichtet, schließlich diese wiederum durch eine Vormauerung verstärkt.

Der Holzbau dieser Zeit läßt noch keine eindeutigen geographischen Gruppierungen zu, doch hat die Archäologie eine Reihe von Siedlungsplätzen wenigstens teilergraben. Auch wenn bisher noch keine zusammenhängende Beurteilung möglich ist, wird doch erkennbar, daß in der Regel Gehöfte wohl aus mehreren Gebäuden z.T. recht unterschiedlicher Größe, Struktur und Funktion bestanden. In Gladbach bei Neuwied konnte im Zuge des Bimsabbaus eine spätmerowingische Siedlung teilergraben werden, bei der sowohl die Pfosten- als auch die Firstsäulenbauweise nebeneinander bestanden und bei der Gebäude von 7 x 12 bis 15 m Länge zutage traten, desgleichen als Speicher zu interpretierende kleinere Pfostenhäuser und Grubenhütten, genutzt als Vorrats- und z.T. als Webhäuser.

Auch im westfälischen Warendorf, einer karolingischen Siedlung, war die Situation ähnlich. Hier konnten Gehöftanlagen von bis zu 15 Einzelgebäuden und großen „Hallen" mit äußeren Schrägstreben als offensichtliche Hauptgebäude ergraben werden. Überdies zeigte sich eine gesellschaftliche Differenzierung durch das gleichzeitige Vorhandensein kleinerer, aber ähnlicher Anlagen.

Die archäologische Untersuchung von Kirchheim bei München, einer Siedlung des 7. bis 8. Jh.s, bestätigt - bei aller Unterschiedlichkeit in der Bauweise - das bisher gewonnene Bild recht komplexer und in ihrer Architektur differenzierter Gehöftanlagen.

Romanik

Kulturgeschichtlicher Überblick / Allgemeine Anmerkungen zur Architektur

Die Romanik, deren Beginn etwa um das Jahr 1000 angesetzt werden kann, bedeutet die Festigung bzw. Festschreibung durch Mischung antiker, orientalischer, fränkischer und anderer Elemente zustande gekommener Strukturen, die in Frankreich um 1140, in Deutschland während der ersten Hälfte des 13. Jh.s durch die sich ausbreitende Gotik einer entscheidenden Veränderung unterworfen werden.

Das christliche Mittelalter erachtet den Sakralbau als höchste ihm gestellte architektonische Aufgabe: zum einen die Kathedralen als Zeichen bischöflicher Repräsentanz und die Pfarrkirchen als Zeichen von Glaube und Bürgerstolz der Gemeinden, zum anderen die am Rande der Stadt und in der Abgeschiedenheit errichteten Klosterbauten, die erst in gotischer Zeit in die Stadt hineingebaut werden. Insbesondere Klöster verkörpern - baulich betrachtet - eine Mischung sakraler und profaner Formen und bilden einen Organismus, der demjenigen einer Stadtanlage nicht ganz unähnlich ist. Die Führungsschicht in Kirche und Staat gehört dem Adelsstand an.

Im Sakralbau bilden Krypta, ausgeschiedene Vierung, Wölbung, von letztgenannten beiden abhängiges gebundenes System und additive Konzeption des Gruppenbaues die Grundlage der Entwicklung, die an Reichtum zunimmt und um Steigerung von Plastizität und ornamentaler Gestaltung bemüht ist.

Die Entwicklung, die man wegen sich ändernder Charakteristika in Früh-, Hoch- und Spätromanik gliedert, verläuft in den verschiedenen Regionen Europas nach unterschiedlichen Kriterien. So ist die Raumform bei gleichen Stilformen in Deutschland eine andere als in Frankreich. Diese entwicklungsgeschichtliche Diskrepanz hängt nicht unwesentlich mit der in Frankreich über lange Zeit fortbestehenden römischen Bautradition zusammen.

Der Kirchenbau greift auf zahlreiche Elemente karolingischer Zeit zurück, so das Westwerk, das uns in nunmehr reduzierter Form begegnet, die Zwei- und Dreiturmfassade, die unterschiedlichen Chorlösungen.

In Nordafrika und in Deutschland setzt mit der zweiten Hälfte des 10. Jh.s eine straffe Organisation des kreuzförmigen Grundrisses unter Betonung der Vierung und mit dem Bestreben einer Einwölbung auch des Gemeinderaumes ein. Parallel hierzu verläuft die Entwicklung der Raumhülle. Die Mauern werden mit zahlreicheren, ihre Tiefe sichtbar machenden Öffnungen versehen, durch Arkaden gegliedert und mehrschichtig gestaltet, ohne daß bereits in diesem Stadium von

95 einer Wandauflösung wie in gotischer Zeit gesprochen werden könnte (vgl. Pisa, Baptisterium des 12./13. Jh.s).

Bauherr – Architekt – Bauhandwerker

Hauptauftraggeberin ist die Kirche. Wenngleich der Architekt mit Ausnahme von Großbauten meist anonym bleibt, ist seine Rolle, besonders in der Spätzeit der Entwicklungsphase, hervorgehoben. Zeitgenössische Quellen setzen ihn, der nicht mehr nur – als Parlier – primus inter pares ist, in Analogie zur Weltschöpfung Gottes mit dem „Weltbaumeister" gleich. Er ist damit nicht nur Techniker, sondern in hohem Maße Teilhaber an geistigen Schöpfungsprozessen.

Eine besondere Rolle spielt die bauliche Realisierung symbolischer Beziehungen und Wechselbeziehungen, darunter insbesondere die Vorstellung vom Himmlischen Jerusalem als der ewigen Kirche und dem Gotteshaus als Versinnbildlichung der Gottesstadt.

In der Regel stammen die Baumeisterpersönlichkeiten größerer Bauten aus dem geistlichen Stand (Bischof Benno von Osnabrück, Bischof Bernward von Hildesheim u.a.). Diesen Architekten stehen Magister – der magister fabricae als Leiter des Baubetriebes und der magister ludza als Leiter der Steinmetzhütte – mit ihren Mitarbeitern, den operarii, zur Seite, so der cementarius (Steinmetz), der latonius (Maurer) und tignarius (Zimmermann). Diese Fachhandwerker sind in der Regel Klostermitglieder (Laienbrüder). Die Bauern leisten Hilfs- und Spanndienste und liefern in bestimmten Regionen das dort benötigte Ziegelmaterial. Erst mit Übergang zur Gotik kommt es zur Bildung fester Bauhütten.

Auch die wenigen größeren steinernen Profanbauten werden im allgemeinen durch die gleichen Ausführenden errichtet.

Über die Bemessungsgrundlagen romanischer Zeit, aus denen sich unter Umständen Rückschlüsse auf Proportionsverhältnisse ziehen ließen, wissen wir nur außerordentlich wenig. Mit Sicherheit haben geometrische Grundfiguren als Planungshilfsmittel eine nicht unerhebliche Rolle gespielt; andererseits können wir über deren symbolische Bedeutung mit Sicherheit nur selten eine klare Aussage machen. Die Zahl 3 kann die göttliche Dreieinigkeit verkörpern, die Zahl 4 die von Gott geschaffene Welt (vier Weltgegenden, vier Himmelsrichtungen, vier Jahreszeiten), die Zahl 5 eine den bösen Geistern, die Zahl 7 eine den guten Geistern zugeordnete Zahl bedeuten. Da 3 x 4 = 12 ist und die 12 für Vollkommenheit steht, ist es nur verständlich, wenn Triangulatur und Quadratur ein besonderer Stellenwert eingeräumt wird (vgl. gleichseitiges Dreieck und Quadrat als Planfiguren).

Als konkrete Maßeinheit gelangen der römische Fuß (ca. 30 cm), der langobardische Fuß (ca. 28 – 29 cm) bzw. der eineinhalbfache langobardische Fuß (32 – 34 cm) zur Anwendung.

Baumaterial und Bautechnik / Bauteile und Baugefüge

Römische und byzantinische Tradition ist auch hier nachweisbar, wenngleich mit erheblicher Einbuße, so daß es im Grunde genommen eines erneuten Lernprozesses bedarf. Das einfache Bruchsteinmauerwerk des 10. Jh.s entwickelt sich zum technisch perfekten Hausteinverband staufischer Zeit. Während zunächst die Bruchsteine in einem satten Mörtelbett verlegt werden, kommt es im Laufe der Zeit zu einem Zurückdrängen des Fugenanteils, ja sogar zum Preßfugenversatz, und zur Verwendung größerer Steinformate. Die Mauerblöcke werden gegen Ende des 10. Jh.s zunächst an der Schauseite, dann rundherum - unter Feinbearbeitung der Sichtfläche - behauen. Die Mauerkonstruktion ist in der Regel zwei- bzw. dreischalig, d.h. der zwischen zwei Werksteinschalen sitzende Mauerwerkskern wird mit dem bei der Steinbearbeitung abfallenden Material aufgefüllt und vermörtelt: ein Verfahren, das sich schon aus wirtschaftlichen Gründen anbietet. Die Oberflächenbearbeitung der Steine ist außerordentlich vielfältig und gibt darüber hinaus Anhaltspunkte über die Entstehungsgeschichte und Veränderungen eines Gebäudes.

Neben dem Bruchstein- und dem weitverbreiteten hammerrechten Handquadermauerwerk gibt es eine Reihe unterschiedlicher Quader, so den Quader mit rechteckiger, grob abgespitzter Sichtfläche, den Bossenquader, dessen Sichtflächen roh belassen, grob zugerichtet oder z.B. kissenförmig, als Rustika oder in Facettenform (Diamantierung) bearbeitet, mit oder ohne Randschlag ausgebildet sein können, und den mit Randschlag versehenen Quader mit flächig zurückgearbeiteter Bosse.

Beim aufgehenden Mauerwerk läßt sich - abgesehen von regionalen Bindungen - ein weitgehendes Zurückdrängen des Ziegelmauerwerkes beobachten. In der Regel werden auch bei Pfeiler- oder Säulenreihen recht tiefe Streifenfundamente verwendet. Bei Turmbauten finden sich demgegenüber Plattenfundamente. Die romanische Wölbtechnik knüpft an die römische an. Formal betrachtet kommt es zu keinen wesentlichen Neuerungen, allerdings zu Fortschritten in bezug auf die hierbei angewendete Hausteintechnik. Schon sehr früh werden Krypta und Seitenschiffe, d.h. kleinere Räume, eingewölbt. Die Überwölbung von Mittelschiffen erfolgt erst in späterer Zeit (Speyer II unter Heinrich IV. um 1100). Bis dahin ist die Raumüberdeckung entweder die Flachdecke oder der offene Dachstuhl (Italien).

Die Dächer werden - wie bereits dargestellt - i.a. mit Blei, Schiefer, Ziegeln oder Steinplatten (Alpenländer) gedeckt.

Die Formen romanischer Gewölbe sind: die Tonne (z.B. Burgund), das Kreuz-, Kreuzgrat- und das spätere Kreuzrippengewölbe, das Klostergewölbe, die Kuppel (Italien, Apulien).

Wenn die Überwölbung der Kirchenmittelschiffe erst relativ spät erfolgt, so ist dies keineswegs mit technischem Unvermögen zu erklären, zeigen doch frühe Bauten, wie die Aachener Pfalzkapelle (Klostergewölbe) und St. Bénigne in Dijon (Kuppel), bereits Großgewölbe. Hauptgrund für die zögernde Anwendung von Gewölben im Mittelschiff dürfte das basilikale System selbst gewesen sein (vgl. das daraus resultierende Belichtungsproblem).

Die entscheidende Entwicklung leiten die ausgeschiedene Vierung und ein durch sie vorgegebener, für den Gesamtraum verbindlicher Modul ein. Formal vorbereitet wird die Jocheinteilung des Mittelschiffes durch die Dienste und durch die sie verbindenden und den Raum insgesamt miteinander verklammernden Gurtbögen.

Das System des aus Rundbogentonnen gebildeten romanischen Kreuzgewölbes als der in sich abgeschlossenen orthogonal ausgerichteten und seine Selbständigkeit betonenden Raumüberdeckung ist abhängig von der Grundform des Quadrats oder eines nicht sehr stark davon abweichenden Rechtecks. Das Hauptproblem der Wölbung selbst besteht weniger im Einkappen der Joche als in einer möglichst unkomplizierten und wenig aufwendigen Ableitung der Schubkräfte auf die Stützkonstruktion, die im wesentlichen aus relativ stark dimensionierten und gering durchfensterten Wandscheiben besteht. Man erkennt jedoch sehr schnell, daß sich das Problem des Schubes dadurch eingrenzen läßt, daß man den Stich zum Scheitel bogenförmig ausbildet und überhöht, schließlich die Kappen aufwölbt, d.h. bust, wodurch nicht nur die aus dem Gewölbe resultierenden Horizontalkräfte reduziert werden, sondern darüber hinaus ein bei kleineren Gewölben freihändiges Einwölben der Kappen ermöglicht wird.

Weicht der Grundriß des Kreuzgewölbes vom Quadrat ab, so wird der Bogen der schmalseitigen Tonne angehoben, d.h. gestelzt. Die Übergangsform zur quer-
162 rechteckigen, spitzbogigen Mittelschiffseinwölbung gotischer Zeit, der durchgehenden Travée, bildet das sechsteilige Gewölbe, bei dem das quadratische oder fast quadratische Joch zusätzlich durch eine Querrippe derart unterteilt wird, daß sich auf den Obergadenseiten jeweils zwei Schildbögen pro Joch ergeben. Ideale Voraussetzungen zur Lösung der meisten Gewölbeprobleme liefert der Spitzbogen, der in gotischer Zeit einen Siegeszug antritt und überdies - in Verbindung mit einem eigenen Strebesystem zur Ableitung des Gewölbeschubes - eine Auflösung der Mauermassen zugunsten größerer Raumfreiheit und zugunsten einer betonten Raumstruktur zuläßt.

Baudekoration

Ansatzpunkte für die sich um 1000 wiederbelebende Baudekoration bieten Architekturgliederungen wie Gesimse, Lisenen und Pilaster, Öffnungen wie Portale und Fenster oder Teile von ihnen (vgl. insbesondere das Tympanon mit der häufigen Darstellung des Jüngsten Gerichts), Basen und Kapitelle, in Deutschland überdies die Chorschranken des Kircheninneren.

Frankreich erlebt gegen Ende des 11. Jh.s eine regelrechte Wiedergeburt des Kapitells. Bildet zunächst das antike korinthische Kapitell die Grundform, so kommt es doch schon bald zur Eigenschöpfung von Pflanzen- und Figurenkapitellen, nicht zuletzt zu den sogenannten erzählenden Kapitellen. Gerade die Kapitelle mittelalterlicher französischer und spanischer Kreuzgänge liefern beredte Beispiele für den hier gegebenen individuellen Spielraum und die schier unerschöpfliche, durch Fabeln und Mythen angereicherte Phantasie damaliger Bildhauer.

Eine in Deutschland um 1000 entstehende Eigenschöpfung ist auch das Würfelkapitell, das uns als dekorationsloser, streng architektonischer Körper in frühen
97 Bauten wie St. Michael in Hildesheim und Limburg a.d.H. begegnet.

Wird in Deutschland meist nur der Portalbereich gestalterisch betont, so entstehen in Frankreich bereits in der ersten Hälfte des 12. Jh.s ganze Dekorationsfassaden (vgl. die um die Mitte des Jahrhunderts gebaute Kirche Notre-Dame-la-Grande in Poitiers, bei der Arkadenreihen und Bogenfriese mit figürlichem Schmuck gefüllt werden und der tektonische Zusammenhang nur unzureichend gewahrt wird!).

Die Oberflächengestaltung, die „Haut" eines Bauwerks war im Mittelalter sehr differenziert und läßt sich heute in Umfang und konkretem Zusammenhang oft nicht mehr nachvollziehen. Während das Bauinnere manchmal vollständig mit Wand- und Deckenmalereien überzogen war, bildeten Putz und Farbe am Äußeren in den meisten Fällen weniger die Trägerschicht für Wandmalerei als vielmehr ein eigenständiges Gestaltungsmittel. Hierbei konnten eine Färbelung oder eine andere Farbgestaltung unmittelbar auf dem Steinmaterial erfolgen, oder es wurde auf eine zusätzliche Bearbeitung der Oberfläche ganz verzichtet (wie beim Bossenquadermauerwerk staufischer Zeit als Normalfall anzunehmen) bzw. es gelangten unterschiedliche und unterschiedlich gefärbte Materialien (z.B. Ziegel und Werkstein) zum Einsatz. Die Absicht einer Bauveredelung ist offensichtlich bei der Verwendung von Dekorationsgestein (bei Steininkrustationen wie an der karolingischen Torhalle in Lorsch oder den Bauten der Protorenaissance des 11. - 13. Jh.s in der Toskana).

Weite Verbreitung hatte im Hoch- und Spätmittelalter der Pietra-rasa-Verputz, ein Verputz, der durch Glattstrich des überquellenden Fugenmörtels entsteht, die Steinköpfe sichtbar läßt (pietra rasa = abgeschabter Stein) und der Strukturierung des Mauerwerks dient. Er könnte jedoch sogar bei Vorhandensein von Kellenzügen (Ritzfugen) als Haftbrücke für den eigentlichen Verputz gedient haben: eine Möglichkeit, die bei farbiger Fassung der Kellenzüge oder bei gar plastisch aufgetragenen Mörtelfugen dagegen meist auszuschließen ist.

Kratzputze, gerade zwischen dem 15. und 17. Jh. sehr geschätzt, lassen sich in Florenz seit dem 14. Jh. nachweisen.

Im Mittelalter weit verbreitet war auch die Quader- und Fugenmalerei. Sie brauchte sich nicht zwingend an den Fugenverlauf der Steine zu halten, während dies bei den mit der Kelle hergestellten Ritzfugen beinahe den Normalfall darstellte.

Seit merowingischer und karolingischer Zeit bis in das 13. Jh. ist manchmal ein Rot-Weiß-Farbwechsel (als Anstrich oder Materialwechsel) anzutreffen, dies vor allem bei Herrschaftsarchitektur. Gerade dem Purpurrot von Bauten - so fanden sich Spuren eines roten Außenanstrichs z.B. an der Aachener Pfalzkapelle und den Domen in Speyer und Mainz - dürfte eine auch symbolische Bedeutung zugekommen sein.

Für die Zeit um 1000 häufen sich Hinweise auf eine Weißfassung von Bauten. Größten Reichtum und größte Vielfalt an mittelalterlicher Farbe scheinen die Kirchenbauten der staufischen Epoche an Mittel- und Niederrhein aufgewiesen zu haben.

Allgemein wurde das Steinmaterial einer Architekturgliederung (d.h. von Fenster- und Türrahmen, Pilastern, Lisenen, Gesimsen, Eckquaderungen etc.) sorgfältiger und feiner bearbeitet als das sonstige Mauerwerk. Anzunehmen ist, daß hammerrechtes Hand- bzw. Kleinquadermauerwerk wohl mindestens geschlämmt und roher Bruchstein meist verputzt waren, wie dies besonders für Gewölbe gilt.

Sakralbau

In bezug auf den Grundrißtyp kommt der – anfangs zumindest in der Regel flachgedeckten – Basilika eine eindeutige Vorrangstellung zu. In der Frühphase der Entwicklung lassen sich vier wichtige Neuerungen feststellen:

1. der Stützenwechsel;
2. die Betonung der grundrißlichen Kreuzform (das Kreuz als Symbol für Christi Opfertod);
3. die Einbringung von Schwibbögen als einer Vorstufe der Jocheinteilung;
4. die Empore, die aus funktionalen, teils statischen, teils gestalterischen Gründen (neue Möglichkeit der Mittelschiff-Wandgestaltung) Bedeutung erlangt.

Bei den Stützelementen tritt der Pfeiler neben die Säule. Die Säule reduziert sich vielfach zum Dienst, d.h. wird schlanker, höher und Bestandteil von Wand bzw. Pfeiler.

Wesentlich zum Erscheinungsbild romanischer Sakralbauten trägt die formale Ausbildung ihres West- und ihres Ostabschlusses bei, zu deren Lösung vielfältige Möglichkeiten bestehen.

Haben Anlagen wie das mit offener Westvorhalle versehene, aus dem 12. Jh.
122 stammende Maursmünster im Elsaß, das große Ähnlichkeit mit karolingischen Westwerken zeigt, Dreiturmfassaden, so bilden Bauten wie Jumièges (um 1070), Tournus (ab etwa 950) und St. Etienne in Caen (11./12. Jh.) Zweiturmfassaden aus.

Gerade bei kleineren Bauten findet der Einzelturm Verbreitung, als Chor-, Vierungs- oder Westturm in unmittelbarer Verbindung mit dem Gotteshaus oder als frei stehender Baukörper neben ihm, wie in Irland oder Italien.

Bei den Turmgrundrissen überwiegt die Rechteckform, doch es gibt auch polygonale und runde Formen. Im Laufe der Entwicklung kommt es sogar zur Kombination der unterschiedlichen Formen miteinander.

Betrachtet man den Turmaufriß in seiner baugeschichtlichen Entwicklung, so steht an erster Stelle das ungegliederte Bauwerk, das in der nächsten Stufe eine geschoßweise erfolgende Teilung durch Lisenen und Bogenfriese erfährt.

Die Türme haben unterschiedliche, ihre Form mitbestimmende Funktionen: Sie können als Glockenträger und zur Verteidigung dienen, den Zugang zum Kirchendach oder zu Emporen ermöglichen, den Innenraum nach oben hin öffnen, eine symbolische Bedeutung haben usw.

Hauptansatzpunkt für die Gestaltung des Ostabschlusses einer Kirche bildet neben dem Chor die ausgeschiedene Vierung, die – wie erwähnt – im Laufe der Entwicklung Grundmodul für die Jocheinteilung des gesamten Bauwerkes, für das gebundene System, abgibt. Die Einwölbung der Kirche, die im allgemeinen mit dem 11. Jh. in größerem Umfang beginnt, setzt sich aus konstruktiven Gründen zuletzt im Mittelschiff durch.

Die ausgeschiedene Vierung führt zur Betonung des Vierungsturmes im Gruppenbau. Dieser Turm bedeutet eigentlich ein räumlich beschränktes Festhalten am Zentralraumgedanken und könnte seine Vorbilder in den frühen Kreuzkuppelkirchen orientalischer Prägung haben, wie sie sich in karolingischen Bauten,
65 so etwa in Germigny-des-Prés, wiedererkennen lassen.

Es fällt auf, daß schon in einem frühen Stadium die Chorapsis aus dem Grundriß herausgeschoben wird, um den Altarraum zu vergrößern. Die Chorausbildung selbst ist recht vielfältig: Sie reicht vom platten Schluß über die angeschobene Apsis, den Staffelchor (La Charité-sur-Loire) und viele Sonderformen bis hin zum Chorumgang mit Kapellenkranz (Paray-le-Monial). Die Häufung der Kapellen, die diese Entwicklung begünstigt, erklärt sich aus liturgisch-funktionalen Notwendigkeiten.

In formal oft unmittelbarem Zusammenhang mit der Ausbildung der Chöre stehen die Krypten, die sich, aus kleinen Stollenanlagen und zunächst vom oberen Chorgrundriß weitgehend unabhängig, zu säulen- und pfeilergetragenen Hallenkrypten entwickeln, die – wie Maria Laach – die Apsis zur Vergrößerung ihrer Grundfläche und zur besseren Belichtung einbeziehen.

78 Bei Staffel-, Kleeblatt- oder Umgangschören (vgl. Tournus) entspricht in der Regel die untere der oberen Grundrißform. In Deutschland sind die Krypten im allgemeinen über Treppen von den Seitenschiffen oder den Seiten des Mittelschiffs zugänglich; in Italien, aber nicht nur dort, führt – bei höher liegendem Chor – häufig eine breite Treppe vom Mittelschiff nach unten.

Viele Krypten – insbesondere solche bei Kirchen in Hanglage – befinden sich nur teilweise im Erdreich. Einen Sondertyp bildet die der Frühzeit zuzurechnende Form der Außenkrypta (vgl. Stablo).

Betrachtet man den Innenraum einer romanischen Basilika, so bilden hier die Hochschiffwände den größten Flächenanteil. Ihre Gliederung ist in erster Linie Ergebnis der Konstruktion, der Decken- bzw. Gewölbe- und Dachlast, der Seitenschiffanschlüsse, aber auch der Mittelschiffbelichtung selbst.

Zuweilen treten an die Stelle echter Emporen sogenannte Scheinemporen. Aus der Emporenzone entwickelt sich im Bereich der Pultdachanschlüsse – als zweites Geschoß – das Triforium, eine Art arkadendurchbrochener Laufgang, der – unterhalb der Obergadenfensterzone angeordnet – auch der Zugänglichmachung hochgelegener Bauabschnitte diente, in Italien, am Oberrhein und in Norddeutschland aber weitgehend unbekannt ist.

Die Bedeutung der Wand steigt mit der Hinwendung zur Jocheinteilung der Kirche. Erste Ansätze zur Jocheinteilung finden sich in Burgund und in der Normandie während der ersten Hälfte des 11. Jh.s. Der vierteilige Wandaufbau – Arkade/Empore/Triforium/Obergaden – entspricht in seiner geschoßweisen Anordnung dem additiven Grundaufbau der Kirche selbst.

Frankreich

Die gemeinsamen romanischen Stilmerkmale kristallisieren sich am reinsten und am frühesten in Frankreich und Deutschland heraus. Die Entwicklung der übrigen europäischen Länder ist – trotz ihrer jeweiligen Eigenentwicklung – von beiden abhängig.

Während Sachsen – bedingt durch die ottonische Dynastie – politisch auf die Ausbreitung romanischen Gedankengutes einwirkt, kommt Burgund das Verdienst zu, durch religiöse Reformen für eine lebendige Erneuerung auf geistigem und geistlichem Gebiet gesorgt zu haben. Eine Einflußnahme drückt sich in der

Entwicklung unterschiedlicher Bauformen aus: So gelingt in Niedersachsen die Organisation des gebundenen Systems, während an der Loire und in Burgund der Staffel- und der Umgangschor herausgebildet werden.

Durch ihren Kontakt zu Burgund bereitet die Normandie das Gelände für eine neue Wandgliederung und für die Wölbung vor. Trotz wachsender Zentralgewalt entwickelt sich im französischen Sakralbau eine Reihe selbständiger Kunstlandschaften. Die im Süden des Landes geborenen geistigen Reformideen, ihnen voran diejenigen der Cluniazenser und Zisterzienser, gipfeln in weit über die Landesgrenzen hinaus wirkenden geistigen Impulsen. So erklärt es sich, daß im Süden Frankreichs zahlreiche Bauideen eher als im Norden auftreten.

Schon in der ersten Hälfte des 11. Jh.s bestehen in Frankreich zwei unterschiedliche Kirchenbautypen: die tonnengewölbte Basilika im Süden und die weiträumige, mit gegliederten Hochschiffwänden versehene – wenngleich ungewölbte – Basilika im Norden.

Burgund

Zwei architekturgeschichtlich bedeutende Chorformen werden in dieser Kunstlandschaft entwickelt bzw. so weiterentwickelt, daß sie von hier aus Schule machen: der Staffelchor (= Choeur Bénédictine; Cluny II) und der bis in die gotische Zeit hinein bestimmend bleibende und gerade hier einen Siegeszug antretende Chor mit Umgang und Kapellenkranz (Tournus).

77 *Cluny, St. Pierre-le-Vieux*
(= Cluny II; um 955 – um 1000)
Der 963 oder sogar kurz vorher vollendeten, nur im Grundriß bekannten Kirche, die den uns von St. Philbert-de-Grand-Lieu geläufigen Staffelchor aufgreift, wird im allgemeinen dessen Schöpfung zugeschrieben. Unbestritten ist jedoch, daß Cluny II in seiner Chorlösung als offensichtlich schulbildend anzusprechen ist (vgl. La Charité-sur-Loire).
Der Hauptchor der Abteikirche öffnet sich mittels Arkaden zu zwei flankierenden Nebenchören, die wiederum ihrerseits von weiteren Nebenräumen begleitet werden. Da das Querhaus seitlich über die fünf genannten Räume hinausragt und sich an den Ostseiten beider Arme eine Apsidiole anschließt, bietet sich die Ostpartie der Kirche als ein lebendig zurückgestaffelter Baukörper. Da sich überdies – architektonisch hervorgehoben – alle Altäre auf der Ostseite der Kirche konzentrieren, bedeutet dies Betonung der Kirche als Richtungs- und Wegebau.

78 *Tournus, St. Philibert*
(950 – 1120)
Die Kirche ist wichtig unter anderem wegen ihres Beitrages zur Gewölbetechnik und weist einige Lösungen auf, die das Suchen nach einer dem Grundriß adäquaten Raumüberdeckung dokumentieren. So bestehen die Kryptengewölbe aus nach römischer Tradition hergestelltem Mörtelguß, die Gewölbe im Obergeschoß der Vorkirche aus einer Mitteltonne und seitlichen Halbtonnen, so sind beim Mittelschiff quergestellte Tonnen verwendet, um die durch den Gewölbedruck bedingten Schubkräfte auf die Außenwände zu vermeiden und gleichzeitig eine bessere Durchfensterung der Obergaden zu ermöglichen.

Konstruktiv wesentliche Unterschiede bestehen im frühromanischen Sakralbau Burgunds nicht. Das Mittelschiff wird von einer Längstonne überspannt, die Seitenschiffe erhalten Kreuzgratgewölbe. Ab der Mitte des 11. Jh.s werden die quadratischen bzw. rechteckigen Vierungstürme zum Kirchenschiff nicht mehr durch eine flache Holzdecke, sondern durch ein Klostergewölbe auf Trompen „unterfangen". Gegen Ende des 11. Jh.s setzt ein verstärktes Bemühen ein, die Hochschiffwände zu gliedern, den Raum zu rhythmisieren. Die Tonne erhält die statisch günstigere Spitzbogenform. In der Hochromanik, in der es durch Thomas von Aquin u.a. zu einer geistigen Neubesinnung kommt, in deren Folge die Ordensreformen und die Kreuzzüge eine ungeahnte Bedeutung erlangen, erfährt auch das Bauen neue Anregungen und eine bisweilen euphorische Steigerung, die sich in gewaltigen Abmessungen von Klöstern und Wallfahrtskirchen widerspiegelt. Herausragendstes Beispiel für den derart sich darstellenden Erneuerungswillen ist die Hauptkirche der französischen Benediktiner, Cluny III.

79 *Cluny III*
80 (1088 - 1133)
Dieser nur teilweise erhaltene, in seiner Zeit Schule machende Bau wird unter Abt Hugo von Semur und den Baumeistern Gauzon und Hézelon begonnen. Die gewaltige Ausdehnung des Bauwerkes erklärt sich aus seiner Anlehnung an den Bau von Pilgerkirchen entlang der großen Wallfahrtsstraßen (vgl. Santiago di Compostela). 187 m lang, hat die Kirche fünf Schiffe, zwei Querhäuser, einen Umgangschor mit Radialkapellen und eine spitzbogige Längstonne über dem Mittelschiff.
Der Wandaufbau ist dreigeschossig und zeigt deutlich Ansätze zur Ausbildung eines Triforiums.
Der heutige Ruinenzustand erklärt sich als Folge der Französischen Revolution. Erst 1823 wurden die Abbrucharbeiten eingestellt.

Die ungeheure Ausstrahlung von Cluny III demonstriert in anschaulicher Weise
81 die Kathedrale von Canterbury, die, 1070 - 1077 vollendet, bereits 1097 - 1130 eine bedeutende Vergrößerung nach ihrem Vorbild (vgl. die beiden Querhäuser) erfährt.

82 Auch das von Cluny III beeinflußte und zeitlich recht frühe St. Etienne in Nevers (1083 - 1097) bezeugt in eindrucksvoller Weise den Reifegrad burgundischer Architektur. Es treten nicht nur typische Merkmale wie Transept, Chorumgang mit Kapellenkranz und eine Längstonne im Mittelschiff auf; den Bau kennzeichnen überdies seine schlanken Proportionen, seine den Raum streckenden, sich in Gurtbögen fortsetzenden Dienste und die feine Steinbearbeitung.

Abweichend von dem ersten sich in Burgund darstellenden Kirchentyp, bildet der Nordwesten der Region einen anderen Typ heraus, der durch eine betontere Räumlichkeit, durch eine tektonische Struktur in Form von Diensten und Gurten sowie durch einen zweigeschossigen Wandaufbau charakterisiert wird.

Vézelay, Ste. Madeleine
(um 1100 - um 1140)
Die an einer Pilgerstraße nach Santiago die Compostela gelegene Kirche wurde in Querschiff und Chor während der gotischen Zeit erneuert. Dienste und auf sie Bezug nehmende Gurte gliedern den Raum in querrechteckige kreuzgratgewölbte Joche mit gestelzten Schildbögen. Die zweigeschossige Hochschiffwand unterteilt ein durchlaufendes Bandgesims.

Besonderes Gewicht kommt bei den romanischen Bauten Burgunds der außerordentlich reichhaltigen und vielfältigen Bauplastik zu. Gerade in der Spätromanik zeigt sich der Hang zum Reichtum und zur Verkomplizierung der Baudekoration, wenn auch in der Regel an dem tradierten Grundschema der Kirche selbst festgehalten wird.

Der Typus der Pilgerkirche

Entlang der als Kommunikationswege anzusprechenden Pilgerstraßen nach Santiago die Compostela entwickeln sich - verstärkt ab Mitte des 11. Jh.s. einsetzend und gefördert durch die Reconquista und die Cluniazenser - in Abständen von Tagesmärschen Herbergen mit Schlafsälen, Kapellen und sonstigen Einrichtungen, desgleichen aber auch einige Kirchengroßbauten mit gemeinsamen Merkmalen, wie ausgedehntem Lang- und Querhaus, Empore, Gewölben und imponierendem Äußeren. Die meisten dieser Bauten sind drei-, St. Martin in Tours und St. Sernin in Toulouse sogar fünfschiffig.

83 *Toulouse, St. Sernin*
(1095 - 1135)
Fünfschiffig entspricht die Kirche in Anlage und Größe dem allerdings nur dreischiffigen Vorbild von Santiago di Compostela, einem Bautyp, der wie bei anderen Pilgergroßbauten enge Verwandtschaft zum Typ der in der Auvergne beheimateten Emporenhalle erkennen läßt. Das kapellenbesetzte Querhaus ist dreischiffig und bildet in Verbindung mit dem hochragenden Vierungsturm und dem Chorumgang mit Kapellenkranz eine überaus wirkungsvolle Silhouette.

Auvergne

Kennzeichen von sechs Großbauten dieser Landschaft, dem Typus Hallenkirche
84 mit Empore zuzurechnen, sind Chorumgang mit Kapellenkranz und der sogenannte auvergnatische Querriegel, ein über dem Querhaus gestuft aufsteigender und von einem in der Regel achteckigen, steilen Vierungsturm bekrönter Baukörper. Alle Bauten - darunter Orcival, Issoire, St. Nectaire - gehören der Diözese Clermont-Ferrand und dem 12. Jh. an.

Loire

Bereits in karolingischer Zeit entfaltet der Loire-Raum eine große Bauaktivität, an die nach den normannischen Raubzügen im 10. Jh. angeknüpft wird. Dies zeigen z.B. Bauten wie die Kirchen von St. Généroux, Autrèche und Cravant. Auch einer der großartigsten Neubauten des 11. Jh.s, die Abtei von Fleury, übernimmt karolingische Tradition, während spätere Gotteshäuser, so La Charité-sur-Loire und St. Etienne in Nevers, verstärkt cluniazensischem Einfluß unterliegen.

85 *St. Benoît-sur-Loire, Abteikirche*
(um 1071 - um 1130)
St. Benoît-sur-Loire, die einstige Abtei von Fleury, die durch die von Monte Cassino hierher gebrachten Gebeine des heiligen Benedikt Berühmtheit erlangte und sich zu einem Pilgerzentrum entwickelte, lehnt sich mit ihrem urtümlich anmutenden Westbau, der -

ehedem dreigeschossig - unten als Durchgangshalle, oben als später eingerichtete Martinskapelle dient, an karolingische Vorbilder an. Das von gotischen Rippengewölben überdeckte Mittelschiff wird als ursprünglich flachgedeckt anzunehmen sein. Dem niedriger als das Mittelschiff ausgebildeten Querhaus folgen ein langgestreckter Mönchschor mit Umgang und eine von zwei kleineren Rechtecktürmen flankierte, kapellenbesetzte Apsis.

Normandie

Die Verbindungen dieser Kunstlandschaft sind zu Burgund teilweise unmittelbar (vgl. Abt Wilhelm von Volpiano, der Anfang des 11. Jh.s St. Bénigne in Dijon und anschließend die Abteikirche von Bernay in der Normandie errichtet).

Die frühen normannischen Bauten zeigen den für diese Zeit typischen flächigen äußeren Wandaufbau und sind flach gedeckt. Die Hochschiffwände erfahren - bedingt durch den Einbau von Emporen und auf die Jocheinteilung hinführende Mauervorlagen - eine Auflockerung. Im 12. Jh. erfolgen die konsequente Einführung des gebundenen Systems und die Einwölbung der Mittelschiffjoche durch Kreuzrippengewölbe.

86 *Jumièges, Notre-Dame*
(1037 - 1067)
Das als ältester teilerhaltener Bau des normannischen Systems geltende Jumièges zeigt sämtliche der genannten Besonderheiten. Da die Seitenschiffgewölbe keinen genau quadratischen Grundriß haben, behilft man sich mit fallenden Scheitellinien.
Mit Jumièges setzt die Zerlegung der Mauer - Grundvoraussetzung für die spätere Gotik - ein. Die klare Jochtrennung des Mittelschiffs wird durch bis auf Gesimshöhe emporgeführte Dienste markiert. Über den Arkaden des Querhauses ist ein Laufgang eingefügt. Die nur wenig später erbaute Kirche Ste. Trinité in Caen (1062 - 1072) übernimmt diese Neuerung bereits im Langhaus.
Jumièges hat die älteste im aufgehenden Mauerwerk weitestgehend aus der Erbauungszeit stammende Doppelturmfassade Europas.

Ursprünglich waren Notre-Dame in Jumièges und Ste. Trinité in Caen auf die Flachdecke bzw. einen offenen Dachstuhl angelegt. Bei Jumièges besteht zudem die Wahrscheinlichkeit einer ehemaligen Verklammerung der Obergadenwände durch Schwibbögen nach jedem seitlichen Doppeljoch.

Das Hauptanliegen hochromanischer Zeit ist die mit der Wandgliederung konform gehende Einwölbung, erster gewölbter Bau des normannischen Festlandes die Klosterkirche von Lessay, bei der Chor und vielleicht auch das Querhaus (?) 1098 eingewölbt sind. Die Plastizität der Mittelschiffwände nimmt auf die kräftigen Gewölberippen (Kreuzgurte) Bezug. Ein Blendtriforium und ein vor den Obergaden angeordneter Laufgang, welche die Dicke der Wand („mur épais") Ende des 11. Jh.s verdeutlichen, umziehen den gesamten Innenraum und schließen ihn zu einer Einheit zusammen - Grundvoraussetzung wiederum des späteren gotischen Innenraumes.

Während in der Normandie in der zweiten Hälfte des 12. Jh.s die Bautätigkeit nachläßt, kommt es in der Picardie und in der Ile de France zu einer Fortführung normannischer Tradition, in Landschaften, in denen somit das Terrain für die gotische Entwicklung vorbereitet ist.

Kronland

Das Kronland umfaßt die Ile de France, die Champagne, Franzien und die Picardie. In der Frühromanik gehören diese Landschaften zum Verbreitungsgebiet der flachgedeckten Basilika.

Reims, St. Remi
(1005 - 1049)
Größte, ehedem flachgedeckte Basilika dieses Typs ist die Ende des 12. Jh.s eingewölbte Basilika St. Remi in Reims, die eine Empore und auch sonst zahlreiche Verbindungen mit normannischen Bauten (wie Jumièges) aufweist, allerdings Pfeilervorlagen hat und damit wesentlich konservativer wirkt. Der spätere Umgangschor mit Kapellenkranz geht auf denjenigen des kurz zuvor begonnenen von St. Martin in Tours zurück.

In der zweiten Hälfte des 12. Jh.s ist im Kronland ein verstärkter Trend zur Überwölbung des Mittelschiffs zu beobachten. Das Vorbild liefert die Normandie. Die Regel ist das sechsteilige, rundstabprofilierte Kreuzrippengewölbe, doch auch vierteilige Gewölbe treten auf. Konsequent wird aus der normannischen Wandgliederung ein System von Diensten entwickelt. Als Besonderheit dieser Landschaft sind der viergeschossige Wandaufbau und die Doppelturmfassade anzusehen.

Poitou

Besonders charakteristisch für dieses wie die angrenzenden Gebiete ist die bis in das 12. Jh. verbreitete Hallenkirche, dem in Südwestfrankreich und Westspanien vorherrschenden Bautyp. Im Poitou wird sie durch eine oft blendarkadengegliederte und reich dekorierte Außenfassade und einen infolge der nur über die Seitenschiffe, Chor und Westwand zu belichtenden und daher düsteren Innenraum gekennzeichnet. Die Schiffe haben annähernd gleiche Höhe und liegen meist unter einem durchgehenden Dach, doch gibt es auch Bauten, bei denen - z.B. bedingt durch größere Höhenunterschiede zwischen Mittel- und Seitenschiffgewölbe bzw. allzu große Mittelschiffbreite - sich ein niedriger Absatz in der Dachzone als sinnvoll erweist. In diesem Falle spricht man von einer Stufenhalle oder Pseu-
83 dobasilika (vgl. St. Sernin in Toulouse, dem Hauptort des Languedoc).

Regelfall bildet die Längstonnenüberwölbung des Mittelschiffs, wobei festzustellen ist, daß gegen Ende des 11. Jh.s die gurtunterlegte Tonne, die eine Jochunterteilung des Raumes ermöglicht, größere Verbreitung findet. Weitaus seltener anzutreffen ist die Überdeckung des Mittelschiffs durch schwibbogengetragene Klostergewölbe. Die Seitenwände weisen häufig massige Strebepfeiler zur Übernahme der Schubkräfte auf.

St. Savin-sur-Gartempe
(1060 - 1160)
Der im wesentlichen der Hochromanik zuzurechnende Bau zeigt im Mittelschiff eine nicht unterteilte Längstonne, in den Seitenschiffen dagegen Kreuzgratgewölbe, so daß er wegen seines Querschnitts eine „Stufenhalle" bzw. „Pseudobasilika" darstellt. Die Tonne ruht auf einem schmalen Gesimsband. Die zeitliche Entwicklung des Baues läßt sich an der Form seiner Säulen ablesen: Während für die Frühzeit der kreisförmige Grundriß typisch ist, wird die Spätform durch den Vierpaß gekennzeichnet.

Poitiers, Notre-Dame-la-Grande
(1060 - 1150)
Die Gliederung der das dreischiffige Innere verleugnenden Fassade erfolgt durch horizontale Schichtung (keine Achsentsprechung der Arkadenreihen). Die Ecken werden durch kraftvolle, bündelpfeilerartig gestaltete Türmchen gefaßt.

Aquitanien

Wegen der Holzarmut dieser Landschaft, in der dem Département Dordogne eine besondere Rolle zufällt, kommt es schon recht früh zur Einwölbung der Kirchen, hier allerdings mittels der Kuppel. Hauptbautyp ist die Saalkirche, die von einer Folge von auf Trompen bzw. Pendentifs ruhenden Kuppeln überdeckt wird. Die Wände sind ungewöhnlich dick ausgebildet, in der Regel zweigeschossig gegliedert und in nur geringem Maße durchfenstert. Die Dachbekrönung der Türme, deren Form je nach Grundriß eine Pyramide oder ein Kegel ist, werden durch schuppenartige Steinplatten gedeckt. Rund 60 Kirchen dieses Kuppeltyps haben sich in Südwestfrankreich erhalten, doch ist er auch in Apulien (z.B. Molfetta) und in Spanien (z.B. Salamanca) wie an anderen Plätzen verbreitet. Dem Material gerecht werdende ähnliche Bautechniken und eine wider manche Erwartung gute Kommunikation während der romanischen Zeit werden an räumlich entfernten Plätzen zur Entstehung einer ähnlichen Bauform beigetragen haben.

87 *Périgueux, St. Etienne*
(11./12. Jh.)
Von dem ehemalig als Kathedrale fungierenden und zu dieser Zeit vierkuppeligen Bau haben sich lediglich Ostteile und zwei Pendentifkuppeln erhalten.

Périgueux, Kathedrale St. Front
(um 1125 - um 1150)
Östlich einer wesentlich älteren Kirche gebaut, bildet St. Front in seinem Grundriß ein von fünf Kuppeln überdecktes griechisches Kreuz. Die Kuppeln ruhen auf im unteren Teil kreuzförmig ausgehöhlten Pfeilern, die sich in vier Einzelpfeiler teilen. Vermittlungsform vom Grundrißquadrat zum Kuppelrund stellt das Pendentif dar. Auffallend ist die stereometrische Klarheit insbesondere des Innenraums, die sich durch in der Zeit von 1852 bis 1901 erfolgte Ergänzungen unter Paul Abadie verstärkt hat.
Urtypus dieses Bauwerks wie der etwas älteren Kirche S. Marco in Venedig und ihrer Nachfolgerin, der Basilica del Santo in Padua, dürfte die nicht mehr erhaltene Apostelkirche Justinians in Konstantinopel gewesen sein.

In der Spätphase der Romanik verschmilzt der Typ der poitevenischen Hallenkirche mit demjenigen der aquitanischen Kuppelkirche. Spitzbogige Fenster sorgen für eine größere Ausleuchtung des Innenraumes.

Kirchen unter maurischem Einfluß

Wurde bereits auf die Pilgerstraßen nach Santiago di Compostela als Kommunikationswege hingewiesen, so darf die Blickrichtung nicht nur einseitig von Norden nach Süden verlaufen, auch zahlreiche Einflußmöglichkeiten in umgekehrter Richtung, so gerade solche des maurischen Spanien auf Frankreich, sind feststellbar.

Hauptbeispiel eines derartigen Einflusses, der weit über das übliche Maß an baulichen Details, insbesondere dekorativer Art (z.B. Zacken- und Hufeisenbogen, mehrfarbige Wandinkrustationen) hinausgeht, ist die Kathedrale von Le Puy.

88 *Le Puy, Kathedrale Notre-Dame*
(11. Jh. und zweite Hälfte 12. Jh.)
Die an einer der zwei südlichen Pilgerstraßen nach Santiago di Compostela gelegene Kirche hat einen einfachen kreuzförmigen Grundriß und nutzt das steil abfallende Gelände für eine unter das im 12. Jh. erweiterte Langhaus geschobene Vorhalle. Die vier westlichen der insgesamt sechs Langhausjoche zeigen mit ihren auf Trompen ruhenden kuppelartigen Domikalgewölben deutlich den sich ebenfalls in der Bauplastik bestätigenden maurischen Einfluß.

Italien

Erst relativ spät erhält Italien Anschluß an die zur damaligen Zeit fortschrittlichen Bauideen Frankreichs und Deutschlands. Doch auch zu diesem Zeitpunkt spielen weniger die Reformen der Cluniazenser und Zisterzienser die ausschlaggebende Rolle als vielmehr im Norden der wirtschaftliche Aufschwung der dortigen Städte, im Süden die Herrschaft der Normannen. Nur langsam löst sich Italien von antik-frühchristlichen Bauformen. Hauptbauaufgabe ist jedoch nicht die Kloster- bzw. Pilgerkirche, sondern die städtische Pfarrkirche, Hauptbautyp für lange Zeit die flachgedeckte Basilika. In der Lombardei werden allerdings einige Bauten gewölbt; ähnliches gilt für den normannischen Teil des Landes, in dem die byzantinische Kuppelkirche eine ausschlaggebende Rolle spielt.

Bedingt durch die Nähe zu Deutschland wie durch die Zugehörigkeit zum Reich, wirkt sich die Baukunst der Lombardei konstruktiv und formal auf die Architektur nördlich der Alpen aus. Schon recht früh nimmt die Lombardei als einzige italienische Kulturlandschaft das Kreuzgewölbe in ihr Formenrepertoire auf.

Como, S. Abondio
(1015 - 1095)
Der fünfschiffige Bau ist ein typisches Beispiel für die lombardische Wandgliederung aus Lisenen, Bogenfriesen und Fensterrahmungen, wie sie sich auch in weiten Teilen Deutschlands verbreitet.

Pisa, Dom
(1063 - 1121)
Im 12. und 13. Jh. noch einmal um drei Joche nach Westen verlängert, gehört das seiner filigranhaft wirkenden Inkrustation wegen in der Toskana eine Besonderheit bildende Gotteshaus zum Typ der fünfschiffigen Emporenbasilika auf lateinischem Kreuz. Die Durchkreuzung des Langhauses mittels eines dreischiffigen Querhauses wird durch eine kräftige Kuppel markiert.

89 *Torcello, Kathedrale Sta. Maria Assunta und Sta. Fosca*
(7. und 11. Jh.)
Vor Venedigs Aufstieg Bischofssitz, zeigt Torcello neben der überwiegend im 11. Jh. erneuerten Kathedrale des 7. Jh.s, einer dreischiffigen Säulenbasilika mit Ikonostasis, Wand- und Fußbodenmosaiken aus der Erneuerungszeit, einen von einem offenen Umgang umgebenen Zentralbau, die Kirche Sta. Fosca, die sich – um 1000 entstanden – als Kreuzkuppelbau eng an byzantinische Vorbilder anlehnt. Zusammen mit der Kathedrale, dem

frei stehenden Campanile des 9. Jh.s und den weiteren, nur teilerhaltenen Baulichkeiten bildet sie eine typisch italienisch anmutende Architekturgruppe von besonderer Plastizität und Ursprünglichkeit.

90 *Venedig, S. Marco*
(ab 1063)
Der als Ausnahme unter den italienischen Kirchen zu betrachtende Kuppelbau erhält ab 1204, dem Jahr der Eroberung Konstantinopels durch den Dogen Dandalo, seine Mosaizierung im byzantinischen Stil.
Der Grundriß ist ein lateinisches Kreuz. Wie bei St. Front in Périgueux wird auch hier der Mauerschwere der Pfeiler durch deren Aushöhlung entgegengewirkt. Allerdings ist der Raumeindruck doch wesentlich anders: Wirkt St. Front additiv, geometrisch und aufgrund der Wiederherstellung im 19. Jh. etwas allzu nüchtern, so zeigt sich in S. Marco das Bemühen der Raumverschleifung deutlich. Dieser Eindruck wird zum einen durch das Abrunden der Raumkanten, zum anderen durch die Mosaizierung des Raumes selbst erreicht.

91 *Monte Cassino, Abteikirche*
(Desideriusbau: ab 1066)
Das 529 vom heiligen Benedikt gegründete und mehrmals zerstörte Kloster erfährt in der zweiten Hälfte des 10. Jh.s eine neue Blüte. Unter Abt Desiderius, der Handwerker und Künstler aus verschiedenen Ländern, insbesondere aus Konstantinopel, anwirbt, kommt es zu einem Kirchenneubau, der das Schema von Alt-St. Peter vereinfacht und aus einer T-förmigen, dreischiffigen und vierungslosen Basilika mit drei Apsiden und einem Glockenturm im Nordosten des Atriums besteht. Propyläen und Vorhalle verwenden bereits den möglicherweise auf orientalischen Einfluß (vgl. die ägyptischen Moscheen) zurückgehenden Spitzbogen, der ebenfalls beim 1088 begonnenen dritten Bau des Benediktinerklosters Cluny Eingang findet.

Auch die nach dem großen Erdbeben von 1117 einsetzende Hochromanik, in der das Wölben in Frankreich und Deutschland ein im Kirchenbau beherrschendes Thema ist, hat in Italien nichts Gleichartiges gezeitigt: Gewölbe sind etwa bis zur Mitte des 12. Jh.s. recht selten; doch werden Schwibbögen verwendet. Auch das gebundene System - wenngleich unter Verwendung der Flachdecke - breitet sich, teilweise sogar mit Stützenwechsel, aus. Ähnliches gilt für den Wandaufbau, der sich nunmehr - bedingt durch französischen Einfluß - in Schichten gliedert. Andererseits kommt es in Regionen wie der Toskana zur Herausbildung eines eigenen Dekorationsstiles, der sich in starkem Maße an antiken Vorbildern orientiert, in dieser Hinsicht die Renaissance vorwegnimmt und daher von der Kunstwissenschaft als Protorenaissance bezeichnet wird. Kennzeichen der Bauten dieser Stilrichtung ist die Verwendung antiker Kapitellvorbilder, antiker Gesimsprofile, Ädikulen usw., aber auch die farbige Inkrustation der Außenhaut.

Florenz, S. Miniato al Monte
(1014 - 1207)
Die Säulenbasilika, die mit ihren korinthischen Kapitellen und dem offenen Dachstuhl den Eindruck eines frühchristlichen Bauwerkes macht, weist sich durch den Wechsel von Rund- und Vierpaßstützen wie sein jochbezogenes Schwibbogensystem als wesentlich späterer Bau aus. Inneres wie Äußeres sind mit prachtvoller Einlegearbeit überzogen.

92 *Florenz, Baptisterium S. Giovanni*
(Wandinkrustation: 1150 - 1180)
Wegen seiner Funktion als Zentralbau verständlich, weist dieser Bau als einer der reinsten Vertreter toskanischer Protorenissance ein in seinem Hell-Dunkel-Relief und in der Verwendung antiker Motive (vgl. den Wechsel von Ädikulaformen) auf die Architektur bezogenes strenges Gliederungssystem auf.

93 *Mailand, S. Ambrogio*
(9. Jh. - um 1200)
Bei diesem mit Paradies versehenen Ziegelbau werden Haupt- und Seitenschiffe durch ein geschlossenes Satteldach zusammengefaßt. Während der Querschnitt wie eine auvergnatische Emporenhalle wirkt, mutet der Grundriß im Vergleich zu französischen oder deutschen Bauten gleicher Zeit rückständig an. Im Vergleich allerdings zu italienischen Kirchen muß die 1198 erfolgende Einwölbung als Besonderheit hervorgehoben werden.

94 *Parma, Kathedrale Sta. Maria*
(Ende 12. Jh.)
Der im 9. Jh. gegründete, aber gegen Ende des 12. Jh.s erneuerte Bau hat eine mittels drei Galerien verzierte tiefenwirksame, jedoch die Dreischiffigkeit des Innenraumes negierende Fassade mit unitalienisch angeschobenen Flankierungstürmen. Dem kreuzförmigen Ostbau wurden galeriegeschmückte Apsiden derart angefügt, daß sich hier ein kleeblattförmiger Grundriß und der Eindruck von betonter Zentralität ergeben: eine Wirkung, die durch die hochgelegte, dem gleichen Grundprinzip folgende Hallenkrypta verstärkt wird.

95 *Pisa, Baptisterium*
(1153 - 14. Jh.)
Der in weißem Marmor inkrustierte Rundbau von ca. 35 m Innendurchmesser ist Bestandteil einer sich aus Dom, freistehendem Campanile und Camposanto (enger, von Säulenhallen umgebener Friedhof) zusammensetzenden Baugruppe. Er enthält ein mittiges Taufbecken, hat eine umlaufende Galerie und eine über dieser nach innen versetzte Überdeckung in Form eines wahrscheinlich die Jerusalemer Grabrotunde der Kreuzfahrerzeit nachempfindenden Kegelstumpfes.
Das Äußere des dreigeschossigen Unterbaues wird unten durch rundbogige Blendarkaden, darüber durch eine gotische Maßwerkgalerie und schließlich durch eine Fensterreihe, zusätzliche Fensterrosetten und Spitzgiebel geprägt.

Wenn auch Italien in bezug auf den romanischen Gewölbebau - abgesehen von den Kuppelkonstruktionen des Südens - kaum einen Beitrag zur Gesamtentwicklung Europas geleistet hat, so darf doch nicht die große Fülle regional ausgeprägter Bautypen und Dekorationsformen, die sich noch einmal in der Hochromanik zu neuer Blüte entfaltet, verkannt werden.

Deutschland

Da sich das deutsche Königtum, seit der Zeit Karls d.Gr. fest mit dem römischen Kaisertum verbunden, in einer anhaltenden Auseinandersetzung mit dem Papsttum befindet, kommt es - im Gegensatz zur französischen Entwicklung - zu einer grundlegenden Schwächung der Zentralgewalt auf deutschem Boden. Dies wiederum hat zur Folge, daß sich kein einheitlicher romanischer Baustil entfaltet, sondern sich statt dessen einzelne Kunstlandschaften herausbilden.

Eine besondere Rolle in der Verbreitung von Bautradition fällt den sich - retrospektiv gesehen - u.a. insbesondere der Kolonisationstätigkeit widmenden Orden zu, die überdies auch volkswirtschaftliche Grundlagen schaffen, die in späterer Zeit dem Bürger zugute kommen werden.

Träger von Kultur und Bildung und Wahrnehmerin sozialer Aufgaben ist die Kirche, innerhalb derer der Adel die führenden Positionen innehält. Erst gegen Ende der romanischen Zeit greifen Städte und Bürger als politische Kräfte stärker in das Geschehen ein.

Gerade die sächsischen Herrscher (919 - 1024) sind es, die mit der Einigung der Germanenstämme die Voraussetzung einer eigenen baukünstlerischen Entwicklung in Deutschland ermöglichen.

Hauptgefahr ist die Bedrohung des Landes durch die jährlichen, über die Flußmündungen vorgetragenen Einfälle der Normannen im Norden und die der Magyaren im Südosten. Eine Beruhigung der Situation tritt ein, als es Otto I. auf dem Lechfeld bei Augsburg 955 gelingt, die Ungarn vernichtend zu schlagen. Im Zuge der nun einsetzenden Ostkolonisierung, in deren Verlauf Bischöfe in den Rang von Reichsfürsten aufsteigen, kommt insbesondere der Baukunst als Teil der zu verbreitenden christlichen Ideologie eine maßgebende Bedeutung zu. Diese Aussage gilt notwendigerweise vorrangig für Kirchen- und Klosterbauten.

Es lassen sich drei Hauptregionen mit einer weitgehend eigenständigen Bauentwicklung feststellen:

1. Sachsen und Niedersachsen als Stammland der Ottonen;
2. der Niederrhein einschließlich des Maasgebietes;
3. der Oberrhein.

Das letzte Viertel des 11. Jh.s, das zusammenfällt mit dem Beginn der Hochromanik, ist durch eine besondere religiöse Aktivität und eine hierdurch mitbedingte Änderung des politischen Kräfteverhältnisses gekennzeichnet. Kirchliche Reformbestrebungen, ihnen voran die der Zisterzienser, bekämpfen Mißstände der „ottonischen Reichskirche", darunter insbesondere die Wahrnehmung weltlicher Aufgaben durch Bischöfe und Äbte.

Im Wormser Konkordat von 1122 wird der sich zuungunsten des Kaisers wendende, die Unabhängigkeitsbestrebungen der Fürsten stärkende Investiturstreit vorläufig beendet, um unter Friedrich II. und Innozenz II. mit bis dahin nicht gekannter Härte neu zu entbrennen. Das englische und französische Königtum erstarken, und auch die deutschen Territorialfürsten bauen ihre Position auf Kosten der Zentralgewalt aus. Schließlich kommt es zur Königswahl durch die Kurfürsten. In Frankreich entsteht und verbreitet sich die Scholastik. Bereits 1150 gründet sich in ihrer Folge die Pariser Universität. Die Kreuzzüge tragen wesentlich zu einem regen Kultur- und Handelsaustausch zwischen Orient und Okzident bei, doch auch das Abendland selbst gerät in Bewegung: Es kommt zur Wiederbelebung bzw. Neueinrichtung zahlreicher Wallfahrten, unter denen die nach Santiago di Compostela die erste Stelle einnimmt.

Was die Architektur anbelangt, so gewinnt gerade ihre durch den Heiligenkult geförderte Verbindung mit der Bauplastik eine bis dahin kaum gekannte Bedeutung. Das nun endgültig mittels des gebundenen Systems durchgebildete gewölbte Mittelschiffsjoch beherrscht den Kirchenraum und trägt in entscheidendem Maße zur Vereinheitlichung des Raumganzen bei. In Verbindung mit der gewölbten Basilika lassen sich Versuche feststellen, die Wandscheibe stärker zu gliedern, sie plastisch zu gestalten, die statischen Kräfte über ein Pfeilerskelett abzutragen.

Während sich in Deutschland - abgesehen von Ausnahmen - die ab etwa 1150 beginnende und bis etwa Mitte des 13. Jh.s andauernde spätromanische Stilphase durchsetzt, steht im französischen Norden die Frühgotik in voller Entwicklung.

Die spätromanische Entwicklung in Deutschland ist gekennzeichnet durch einen Hang zu komplizierteren Baukörpern und -formen, durch Reichtum, Vielfalt, Mischung, durch einen Trend z.B. zu polygonalen und runden Formen, zu teilweise fast barock wirkenden Raumauffassungen und Dekorationen: Anzeichen dafür, daß man die derzeit verfügbaren technischen wie gestalterischen Möglichkeiten kennt und beherrscht.

a) Frühromanik

Unter den Ottonen, unter deren Herrschaft eine erneute Festigung des Reiches und eine Blüte von Kultur und Wissenschaft, darunter auch der Baukunst, festzustellen ist, kommt es zur Herausbildung entwicklungsgeschichtlich bedeutsamer Kunstlandschaften. In Frankreich sind vor allem Burgund und die Normandie, in Deutschland das Rheingebiet und Niedersachsen zu nennen.

61 Der Longitudinalbau behält trotz zahlreicher in dieser Zeit errichteter Zentralbauten seine absolute Vorrangstellung bei. Auch wenn als Beginn der romanischen Entwicklung in Deutschland im allgemeinen etwa das Jahr 1000 angesetzt wird, muß doch festgestellt werden, daß in der auf die karolingische folgenden sogenannten vorromanischen Zeit für die Romanik richtungsweisende Entwicklungen eingeleitet werden.

Sächsisches/niedersächsisches Gebiet

Bereits ein früher ottonischer Bau, die Quedlinburger Grabkirche Heinrichs I. (919 - 936), die im 12. Jh. der dort entstandenen Stiftskirche St. Servatius als Krypta einverleibt wird, weist eine wichtige Neuerung auf: den einfachen Stützenwechsel (Pfeiler - Säule - Pfeiler).

Die in ihrem klaren Aufbau sowie in ihrer Massenkomposition beeindruckendste Kirche frühromanischer Zeit ist die von Bischof Bernward gegründete Kirche St. Michael in Hildesheim.

96 *Gernrode, St. Cyriakus*
(um 960 begonnen)
Die als früheste erhaltene ottonische Basilika geltende Nonnenstiftskirche ist - abgesehen von ihrem aus dem 12. Jh. stammenden Westchor und den Galerieeinbauten im Querhaus - ohne größere Veränderungen auf uns gekommen.
Der dreischiffige flachgedeckte Baukörper hat einen durch eine hochliegende Krypta gestreckten Ostchor, eine Empore (die ehedem um die Westseite der Kirche herumgeführt war) und zeigt einfachen Stützenwechsel.

97 *Hildesheim, St. Michael*
98 (1010 - 1033)
Die doppelchörige Anlage hat zwei Querhäuser, ausgeschiedene Vierungen (die frühesten noch erhaltenen) und den für die Baukunst dieses Raumes typisch werdenden sächsischen Stützenwechsel (Pfeiler - Säule - Säule - Pfeiler), überdies als romanische Eigenschöpfung geltende Würfelkapitelle. Die Durchkreuzungen des Langhauses und der Querhäuser werden im Außenbau durch Vierungstürme hervorgehoben.
Der nur in seiner Krypta gewölbte, ansonsten flachgedeckte Bau erweist sich als additiv konzipierter Gruppenbau von außerordentlicher Klarheit und Strenge.

99 *Hersfeld, Klosterkirche*
(um 1037 - 1144)
Der auf mindestens zwei karolingische Vorgängerkirchen folgende - weitgehend aus salischer Zeit stammende - Neubau ist eine flachgedeckte Säulenbasilika mit weit ausladendem, auf der Ostseite von je einer Apside besetztem, in der Vierung nicht ausgeschiedenem Querhaus, tiefem Mönchschor, daruntersitzender Krypta und außen eingeschnürter Halbrundapsis.
Der ausgedehnte Bau imponiert durch sein einfaches, im Apsisbereich durch hochgelegene Blendnischen und durch einen Westbau gegliedertes Äußeres. Der wegen eines Einsturzes erst im 12. Jh. vollendete Westbau besteht aus einer bemerkenswerten Verbindung von Doppelturmfassade, Eingangshalle und hochgelegenem Westchor.

Niederrhein-Maas-Gebiet

Im Rhein-Maas-Raum setzt sich ein anderer Stützenwechsel als im niedersächsischen Raum durch: der sogenannte rheinische Stützenwechsel, bei dem je ein Pfeiler mit einer Säule alterniert und jeweils zwei Pfeiler durch einen Blendbogen zusammengefaßt werden.

Zahlreiche karolingische Bauformen werden wiederbelebt, so das Westwerk, wie
100 bei St. Pantaleon in Köln (964 - 980), einem vom Kölner Erzbischof und Bruder
Ottos I. errichteten Bau mit zwei Querhäusern, so der auf das Aachener Vorbild
61 zurückgreifende oktogonale Zentralturm, wie bei der Essener Stiftskirche (zwischen 1039 und 1058).

101 *Nivelles, Ste. Gertrude*
(1046 geweiht)
Dem der heutigen Kirche zugrunde liegenden Bau des 11. Jh.s, einer Pfeilerbasilika mit zwei Chören und zwei Querschiffen, gehen mehrere, stets den Grundriß erweiternde Vorgängerbauten voraus, deren ältester nachweisbarer bereits um die Mitte des 7. Jh.s datiert werden kann.

Süsteren, St. Amelberga
(um 1060)
Die ehemalige Damenstiftskirche, eine kreuzförmige flachgedeckte Basilika, zeigt rheinischen Stützenwechsel und erweist sich mit ihrer Außenkrypta und dem Nischentriforium im Chor als ein Folgebau der Essen-Werdener Bautengruppe, insbesondere des Essener Münsters.

102 *Trier, Dom*

103 (Umbauten und Erweiterungen seit Ende des 10. Jh.s, seit ca. 1030, vor 1121 und später) Im Trierer Dom verschmilzt ein zunächst unter den Kaisern Valentinian und Gratian in der zweiten Hälfte des 4. Jh.s und dann unter Bischof Nicetius Mitte des 6. Jh.s wiederhergestellter spätantiker Quadratbau von rund 40 m Kantenlänge vor allem mit einem 1037 unter Erzbischof Poppo von Babenberg begonnenen West- und dem ihm wesentlich später folgenden heutigen Ostbau.

Bestanden die monolithen und etwa 12,5 m hohen vier Freisäulen des Valentinian-Gratianbaus, die einen zentralen Zwölfeckbau (Memorie oder Reliquiar für die Tunika Christi?) umgaben und – miteinander wie mit den Außenwänden durch Schwibbögen verbunden – eine wohl flache Holzdecke trugen, aus Odenwälder Granit, so ersetzt sie Nicetius nach ihrer Zerstörung durch Kalkstein-Säulenschäfte eines heidnischen Tempels. Ende des 10. Jh.s werden – wohl wegen statischer Probleme – diese Säulen kreuzförmig ummantelt und leiten in Folge eine entscheidende Raumveränderung ein: so bereits unter Poppo den Umbau der römischen Kernanlage, der in Verbindung steht mit der Errichtung einer grundrißlich an die östlichen Vierungspfeiler anschließenden „Mittelkrypta".

Der Westbau, der mit einem Lang- und einem Kurzjoch an den römischen Kernbau anschließt und die Öffnung seiner bisherigen westlichen Außenwand bewirkt, erinnert mit seinen Blendarkaden, Lisenen und Bogenfriesen, Galerien und sonstigen Gliederungen an lombardische Vorbilder; doch haben ebenso am Ort befindliche römische Bauten wie die Porta Nigra und die Kaiserthermen (vgl. z.B. deren Ostabschluß) die Form- und Dekorationsfindung beeinflußt. Die nachträglich eingebaute Westkrypta muß vor 1121, dem Weihedatum des Nikolausaltars darüber, fertiggestellt gewesen sein.

Der neue, nicht mehr zu dieser Phase gehörende, erst nach der Mitte des 12. Jh.s begonnene und 1196 geweihte Ostchor (im Grundriß ein halbes Zehneck mit Rippenüberwölbung und mit im Winkel zum römischen Bau sitzenden Flankentürmen, die sich zum Dominneren in viergeschossigen Arkaden öffnen) folgt dem Vorbild des Chors der Kathedrale von Verdun.

Für 1217 sind Arbeiten am Mittelschiffgewölbe (einem Rippengewölbe) der ursprünglich flachgedeckten Halle von 16 m Mittelschiffbreite bezeugt: Voraussetzung hierzu war ein stützendes Längsbogen- und Querbogensystem (überwiegend unter Anwendung bereits des Spitzbogens und unter Herausnahme bzw. Veränderung der vorherigen Schwibbögen). Die Längsbögen weisen Rundbogenöffnungen auf, die in den Dachraum reichen, also zur Erbauungszeit (der heutige „Querhausaufsatz" stammt erst aus der Barockzeit) kein direktes Licht erhielten: Eine querschifflose, nur aus ihren besonderen spätrömischen Ursprüngen verständliche frühgotische Pseudobasilika war entstanden!

Allerdings gibt es auch Bauten, welche die Idee des longitudinalen Gemeinderaumes mit der eines Chor-Zentralbaues verbinden, so die Kölner Trikonchos-
104 anlage von St. Maria im Kapitol (geweiht 1049), die sich wahrscheinlich am Vorbild der Geburtskirche in Bethlehem orientiert, mit Sicherheit aber an ihrem römischen Vorgängerbau, einem dreizelligen kapitolinischen Tempel, und eine eigene niederrheinische Bautradition einleitet.

Oberrhein-Gebiet

Nachdem 1024 das sächsische Herrscherhaus erlischt und die Königswürde an die fränkischen Salier übergeht, verlagert sich der Schwerpunkt baulicher Tätigkeit an den Oberrhein. Der durch die lombardischen Städte aus Eigeninteresse geförderte Investiturstreit führt zu einer Steigerung päpstlicher und zu einer Minderung kaiserlicher Macht: eine Entwicklung, die mit Subordination des Kaisers unter Gregor VII. ihr vorläufiges Ende findet.

Limburg a.d.H. und Speyer I bilden beredte und monumentale Zeugnisse der frühen Kaisermacht, während im späten 11. Jh. stärker die von Cluny und Cîteaux reformierte Kirchenbaukunst, so in Form der bescheidenere Bauten bevorzugenden Hirsauer Bauschule, in den Vordergrund tritt.

105 *Limburg a.d.H., Klosterkirche*
106 (ca. 1030 - 1042)
Der erste salische Großbau, nahezu gleichzeitig mit Speyer I errichtet an der Stelle der nach ihrer Vertreibung aus Worms 1002 durch Bischof Burchard als Stammburg der Salier anzusprechenden Limburg, gehört sehr wahrscheinlich zum Typ der Säulenbasilika mit Querhaus. Der platte Chorschluß deutet auf den Einfluß von Cluny II; allerdings müssen die seitlich des Chores liegenden Kryptazugänge, die kleine Chornebenräume darüber ermöglichen, als eine typisch deutsche Lösung angesprochen werden. Der Hauptbau - einschließlich der Seitenschiffe und des Altarhauses - war flachgedeckt; Vorhalle und Krypta werden gewölbt. Die Gliederung des Baukörpers, bei dem erstmalig in der Region ein System von Lisenen und Rundbogenfriesen in den oberen äußeren Wandpartien zur Anwendung kommt, ist von betonter Schlichtheit und großer Systematik. Auffällt die im Gegensatz zu Bauten wie St. Michael in Hildesheim stehende Längenstreckung des Baukörpers. Hervorzuheben das doppelschichtige, durch Blendbögen auf Pilastern gebildete Wandsystem des Altarhausinneren.
Der 1504 im Landshuter Erbfolgekrieg geplünderte und in Brand gesetzte Bau war im Äußeren wohl komplett verputzt, wohingegen im Inneren Pfeiler und Architekturgliederungen aus Quaderschichtmauerwerk keinen Verputz, vielleicht aber eine Schlämme zeigten. Die ursprüngliche Gestalt des mit Empore versehenen Westbaues (Doppel- oder Dreiturmfassade) ist nicht geklärt. Gleiches gilt für den möglicherweise nach älterer Abbildung polygonalen Vierungsturm (unterseitig offen oder geschlossen?).

107 *Speyer, Dom I*
(ca. 1030 - 1061)
Der von Konrad II. begonnene und von Heinrich III. fortgeführte Bau erfährt 1061 eine erste Weihe.
Mit Ausnahme von Krypta und Chor flachgedeckt, war er ursprünglich mit kürzerem Langhaus geplant. Im Äußeren stellt sich der Dom als sowohl im Osten als auch im Westen in den Baumassen betonter Gruppenbau dar. Vierung und westliche Vorhalle werden durch Treppentürme flankiert. Die weitläufige Hallenkrypta, die mit Kreuzgratgewölben eingedeckt ist, hat eine für die damalige Zeit ungewöhnliche Raumhöhe. Auch die Seitenschiffe des Gotteshauses enthalten Kreuzgratgewölbe, wohingegen das Mittelschiff vorerst flachgedeckt und die Wände durch Blendbögen gegliedert werden.
Speyer I, von dem sich neben der Krypta lediglich die östlichen Pfeilerpaare und die südliche Außenwand erhalten haben, weist zur Zeit der Erbauung zwölf Hochschiffwandtragende Arkaden mit die Obergadenfenster rahmenden Diensten und sie verbindenden Bögen auf. Ein heute nicht mehr vorhandenes Horizontalgesims trennt die Arkaden- vor der Obergadenzone.
Wesentliches Ziel der folgenden Baumaßnahmen ist die Einwölbung auch des Mittelschiffs.

In bezug auf die bauliche Weiterentwicklung und zumal im Hinblick auf die fortschrittliche Kirchenarchitektur etwa von Speyer II bedeutet der im Oberrhein-Gebiet gegen Ende des 11. Jh.s an Einfluß gewinnende Hirsauer Reformorden, der sich – seinerseits unter Einfluß der gorzisch-lothringischen Reform – auch im Bauen große Einfachheit und Klarheit auferlegt, ein retardierendes Moment oder ein zumindest nicht besonders förderliches, weil auf den Ausgangspunkt christlicher Mission und an ihrer tradierten Einfachheit orientiert. Bauliche Probleme wie das Einwölben der Kirchenmittelschiffe oder eine reichere Wandgliederung sind von geringem Interesse. Wenngleich im südwestdeutschen Raum beheimatet, wirken sich die allgemein auf den cluniazensischen Regeln fußenden Ideen Hirsaus über die „Tochtergründungen" (meist Anschluß bereits bestehender Klöster an die Reformbewegung) auf den gesamten deutschen Raum aus und dokumentieren in ihrer konservativen Gesinnung, welche Ziele des frühen Christentums wiederbeleben will, eine stärkere Ausgerichtetheit auf liturgische und kultische Erfordernisse sowie eine gewisse Protesthaltung gegen die zunehmende, auch im Bauen zum Ausdruck kommende Weltzugewandtheit der Zeit.

Kennzeichen der hirsauischen Sakralarchitektur sind

1. die strenge, auf dem Grundquadrat aufbauende Kreuzbildung des Grundrisses;
2. die Anordnung der Chorkapellen an den Querschiffarmen;
3. das Fehlen der Krypta, das eine Niveauangleichung im Kirchenschiff bedingt;
4. die Einführung des „Chorus minor", eines abgegrenzten eigenen Teilraums vor der Vierung für die Nichtsänger („Chorus maior" – als gleichfalls abgetrennter Vierungsbereich – für die Sänger);
5. die westliche Vorkirche mit vorgeschalteter Vorhalle und darüber angeordneter Empore zwischen zwei Türmen;
6. die ungegliederten Hochschiffwände auf Säulenarkaden;
7. die flache Eindeckung der Schiffe;
8. die häufige (z.T. mit Schachbrettmuster verzierte) Rechteckrahmung von Arkaden;
9. die Bevorzugung von Säulen mit Würfelkapitellen.

108 *Hirsau, St. Aurelius*
(1060 – 1071)
Als die erste der beiden Kirchen des Mutterklosters begonnen wird, sind die Kenntnisse cluniazensischen Reformgutes noch relativ gering. Erst mit Abt Wilhelm, der 1069 von Regensburg nach Hirsau berufen wird, tritt eine – sich allerdings kaum noch auf den Bau der Kirche auswirkende – Wende ein. Noch enger gestalten sich die Beziehungen zu Cluny 1077/1078, als Abt Bernhard von Marseille ein Jahr in Hirsau weilt und für die Vermittlung des neuen Gedankengutes wirbt. Doch trotz cluniazensischer Reform werden von Cluny II und III nur einige Grundideen übernommen – so etwa die Chororganisation; im übrigen entsprechen die Hirsauer Bauten, weil im allgemeinen schlicht bleibend, eher den cluniazensischen Reformideen als Cluny selbst.

Hirsau, St. Peter und Paul
(1082 – 1091)
Stärker als die Aureliuskirche zeigt der unter Abt Wilhelm errichtete zweite Hirsauer Bau, St. Peter und Paul, der wie viele hirsauische Klöster direkt dem Papst unterstellt wurde, die Verbindung zu Cluny. Der auch hier vorhandene platte Schluß – bei dreizelligem Chor – ist allerdings nicht nur für Cluny II typisch, sondern tritt ebenso bereits in Limburg a.d.H. und wesentlich später an zahlreichen Kirchen des alemannischen Raumes auf.

Die meisten der hirsauischen Tochtergründungen begnügen sich mit dem einfacheren, bei St. Aurelius sichtbaren Kirchenschema, so das thüringische Paulinzella, das sich 1107 der Hirsauer Reform anschloß und nach 1124 eine Vorkirche mit Doppelturmfassade erhielt.

St. Peter und Paul in Hirsau entstehen in einer Zeit, in der die Überwölbungen großer Mittelschiffe wie in Speyer II und Cluny III vorbereitet bzw. durchgeführt werden und in der sich in der Normandie die Kreuzrippe durchsetzt. Der Beitrag der als Begriff umstrittenen „hirsauischen Bauschule" liegt jedoch auf einem anderen Gebiet, dem der soliden handwerklichen Ausführung, die sich durch eine besondere Qualität unter anderem des Quaderbaues auszeichnet und weitergetragen wird durch einen engeren hierfür ausgebildeten Handwerkerstab. Überdies läßt die Baukunst der Hirsauer einen erstmals auf breiter Basis erkennbaren Einfluß französischer Architektur erkennen, wie er von nun an bis in die Neuzeit oft zu beobachten ist.

Daß es jedoch schon vor einer möglichen Einflußnahme des Hirsauer Reformordens recht streng und archaisch wirkende Bauten gerade im Oberrhein-Gebiet gibt, also die Zielsetzungen der Hirsauer keineswegs auf unvorbereiteten Boden fallen und damit auch in vielen Fällen nicht so ohne weiteres in der Retrospektive der Baugeschichte faßbar sein können, beweisen zahlreiche Bauten unter anderem des Elsaß.

109 *Epfig, St. Margaretha*
(erstes Viertel 11. Jh.)
Auf lateinischem Kreuz errichtet, doch mit breiterem Langhaus als die drei an den quadratischen Vierungsturm gesetzten tonnengewölbten und in sich gleich großen östlichen Arme, nähert sich die auf einem Friedhof gelegene, nachträglich durch einen Umgang erweiterte Kirche einem Zentralbau.

b) Hochromanik

Auch in dieser Zeit bestehen mehrere Bautypen nebeneinander: beim Longitudinalbau die gewölbte und flachgedeckte Saalkirche, beim Zentralbau nahezu alle bis dahin bekannten Bautypen. Auch Bauten, bei denen sich Zentral- und Längstendenz die Waage halten, werden errichtet.

In der Regel sind es große Einzelpersönlichkeiten, die sich für die Verbreitung von Bauideen und für die für deren Verwirklichung notwendige Beschaffung von Mitteln einsetzen, so der Kölner Erzbischof Bruno, ein Bruder Ottos I., am Niederrhein und in Lothringen, so Heinrich II. in Regensburg und Bamberg, Konrad II. am Oberrhein, Heinrich III. in Goslar.

Mit Beginn des 12. Jh.s läßt sich eine betonte „Zweigleisigkeit" in der Raumüberdeckung feststellen; denn im Norden und Süden hält man trotz der sich beispielsweise am Rhein verbreitenden Wölbtechnik an der Flachdecke fest, und dies in einer Zeit, als in nördlichen Landschaften Frankreichs bereits in gotischem Stil gebaut wird.

In Deutschland bleibt die Grundrißform des lateinischen Kreuzes die meistangewendete. Die Seitenschiffjoche haben etwa die halbe Breite des Mittelschiffjoches.

110 *Hildesheim, St. Godehard*
(1133 - 1172)
Die Doppelchörigkeit des Bauwerkes und die beiden Westtürme verweisen auf eine ältere Tradition.
Der Ostchor hat einen Umgang mit Radialkapellen: eine Neuerung, die wohl ebenso wie der oktogonale Vierungsturm auf Bischof Bernhard zurückgeht, der sich 1131 in Reims aufgehalten hat.
Die flachgedeckte, sich im übrigen an St. Michael orientierende Kirche folgt dem gebundenen System, zeigt sächsischen Stützenwechsel und eine ungewöhnliche Steilheit des Mittelschiffs.
Die Wandgliederung wirkt flach und erfährt auch im französischen Chor mit seiner Teilung durch schlanke Säulen und Bogenfriese kaum eine plastische Steigerung.

Die Mehrzahl der Sakralbauten in Niedersachsen, Westfalen, im Rhein-Maas-Gebiet und in Bayern und Schwaben bleibt bis weit in das 12., bisweilen bis in das 13. Jh. hinein bei der Flachdecke. Die erste Großwölbung auf deutschem Boden erfolgt mit Speyer II.

Doppelchoranlagen kommen aus der Mode (Ausnahme: St. Godehard in Hildesheim).

Im Gegensatz zu Frankreich erfreut sich in einzelnen Landschaften die Einturmfassade großer Beliebtheit und bisweilen monumentaler Gestaltung.

Speyer, Dom II
(um 1081 - 1106)
Der nur notdürftig fertiggestellte Bau I war 1061 geweiht worden. Um 1081 nimmt Heinrich IV. die wegen der Unterspülung der Chorpartie durch den Rhein erforderlich gewordenen Bauarbeiten wieder auf. Der Umfang der Wiederherstellung kommt einem Neubau gleich. Die Gesamtdisposition wird bis auf eine Erweiterung von Apsis und Querhaus und die Einwölbung auch des Mittelschiffes beibehalten. Das Altarhaus, das bereits in Bau I von einer Tonne gedeckt war, wird nunmehr auch im Äußeren mit einer Blendgliederung versehen, die der der Mittelschiffwände entspricht.
Zwischen 1097 und 1106 (Heinrich IV.) werden die Mittelschiffgewölbe - nach vorheriger Veränderung der Hochschiffwände durch Zusammenfassung von je zwei Wandfeldern zu einem Joch - eingezogen. Durch den Wechsel unverändert belassener und jochbetonender, nun verstärkter Wandvorlagen entsteht eine rhythmische Wandgliederung, die in Verbindung mit den Gewölben ein gebundenes System ergibt, das in vergleichbarer Klarheit und von gleicher, schulbildender Bedeutung bis dahin nirgendwo erreicht worden ist. So stellt diese Mittelschiffeinwölbung über dem 134 m langen und im Mittelschiff erhöhten Bauwerk einerseits eine Dokumentation der Macht salischen Kaisertums und den Höhepunkt der Frühromanik dar, andererseits jedoch erfolgt mit ihr der Übergang in die Hochromanik.
Die Gewölbe dieser Bauperiode haben sich allerdings nicht erhalten, sondern fallen einem Brand von 1159 zum Opfer. Es ist anzunehmen, daß sie im Gegensatz zu ihren Erneuerungen keine Kappenstiche, sondern horizontale Scheitel gehabt haben. Als ihr Baumeister gilt Otto von Bamberg.

111 *Mainz, Dom*
(um 975 - 1036, 1081 - 1137 und später)
Ein erster, um 975 unter Erzbischof Willigis begonnener Bau brennt 1009 ab und wird unter diesem und seinem Nachfolger Bardo bis 1036 wiederhergestellt. Von diesem Bau haben sich die östlichen Treppentürme, das Langhausfundament und die nördliche Gie-

belwand des Westquerhauses (wegen hier erfolgten Anbaus der 1137 geweihten Gothardkapelle) erhalten.
Ein weiterer Brand 1081 macht eine bis 1137 andauernde Wiederherstellung des Doms erforderlich. Aus dieser Phase stammen seine heutige Ostpartie und sein Mittelschiff.
1183 weist das Gebäude schwere (möglicherweise durch einen Brand von 1137 mitverursachte?) Beschädigungen auf, die zu seiner Wiederherstellung und zur Erneuerung der Seitenschiffaußenwände und Langhausgewölbe, in Folge auch zum Neubau des Westquerhauses und Westchors führen.
Der Willigis-Bardo-Dom hatte ein breites dreischiffiges Langhaus. Auffällt die extreme Ausdehnung seines Westquerhauses von ca. vier Quadratjochen, die Mainz ebenso wie der Dom zu Fulda aufweist und die möglicherweise auf das beiden gemeinsame Vorbild des Petersdomes in Rom zurückzuführen ist, zumal der Erzbischof von Mainz „Primas Germaniae" war.
Die Ähnlichkeit des in der zweiten Bauphase nach dem Brand von 1081 weitgehend erneuerten Mainzer Ostchors mit Speyer erklärt sich durch die Förderung seines Wiederaufbaus durch Kaiser Heinrich IV. Besondere Merkmale dieses Chors sind Blendbogengliederung der Apsis und aufgesetzte Zwerggalerie mit Quertonnen, desgleichen im Giebel darüber fünf ansteigende Nischen (vielleicht für die Aufstellung von Heiligenfiguren?) sowie der unmittelbare Anschluß des Kuppelturms an die Apsis.
Der Wandaufbau des Langhauses erfolgt - in Vorbereitung der Wölbung und entsprechend dem gebundenen System - nach Speyerer Vorbild, doch mit Veränderungen: Jeder zweite Pfeiler erhält einen Dienst; die Blendbögen enden im Gegensatz zu Speyer bereits unter den Fenstern, so daß diese paarweise zusammengezogen werden können. Diese Gewölbe stürzen jedoch aufgrund ihres zu hohen Gewichts noch vor 1200 ein. Neue Rippengewölbe und leicht spitzbogige Gurte werden eingebaut.
War das Westquerhaus des Willigis-Bardo-Doms flachgedeckt, so wird es im dritten, der Spätromanik bzw. dem Übergangsstil zuzurechnenden Bauabschnitt - wohl zwischen etwa 1200 und 1239 -, unter gleichzeitiger Verkürzung auf etwa drei Grundrißquadrate, überwölbt und erhält eine Vierungskuppel auf achteckigem Grundriß über Kugeltrompen. An den Innenecken der Vierung vorhandene Dienste lassen die Vermutung zu, daß ehedem eine andere Überdeckung der Vierung - in Form eines Kreuzrippengewölbes? - geplant gewesen sein könnte.
Der trikonche Westchor hat dreiseitig geschlossene Arme. Während sein zentrales Quadrat in Entsprechung zum Langhaus Birnstabrippen aufweist, zeigen die Konchen Plattenrippen und werden durch Gurte von ihm abgesetzt. Zwischen den Konchen angeordnete Türme auf achteckigem Grundriß sind bis zur Höhe der Zwerggalerie massiv gemauert. Ihnen entsprechen kräftige Strebepfeiler der Apsiden. Das mittlere Gewölbejoch wird als eigener Baukörper über die Konchendächer geführt und von einem Kreuzdach mit Radfenstern in den Giebeln überdeckt. Nordfranzösischer Einfluß ist jedoch nicht nur bei der Behandlung der Baukörper und -konstruktionen anzunehmen, sondern auch in der Dekoration, in der sich - unter Aufgreifen von Vorbildern des Trierer Domostchors - dortige (französisch beeinflußte) mit rheinischen Elementen überlagerten.

112 *Maria Laach, Abteikirche*
113 (1093 - 1156 [Weihe] - ca. 1220)
Wie die Dome in Speyer und Mainz ist auch Maria Laach zunächst als Flachdeckbau konzipiert gewesen, so daß nicht auszuschließen ist, daß seine Gewölbe aus der Zeit kurz vor 1220 stammen könnten. Sein Ostchor wurde erst nach 1170 ausgebaut.
Statt eines gebundenen Systems finden wir in Maria Laach bereits das möglicherweise auf französischen Einfluß zurückgehende System der durchgehenden Travée, bei der jedem nunmehr rechteckigen Mittelschiffjoch je ein Seitenschiffjoch entspricht. Allerdings

hat das Mittelschiffjoch nicht die für die französische Hochgotik typische schmalrechteckige, sondern eine nicht sehr stark vom Quadrat abweichende Grundrißform. Da überdies - wie zeitlich in diesem Raum nicht anders denkbar - Rundbögen verwendet werden, führt dies zur Stelzung der Wandbögen, einer formal nicht voll befriedigenden Lösung. Der Raumeindruck wird wesentlich mitbestimmt durch die nach Osten zunehmende Tiefe der Gewölbejoche.
Im Äußeren erweist sich die doppelchörige Kirche als additiv komponierter Gruppenbau, der durch zahlreiche Einzelformen wie ein System von horizontalen und vertikalen Gliederungen zusammengeschlossen wird.

Ungeachtet der vielleicht früheren Zeitstellung der Gewölbe der zunächst als Flachdeckbasilika geplanten Kirche von Maria Laach bleibt bis zur Mitte des 12. Jh.s der Gewölbebau in Deutschland eine relativ vereinzelte Erscheinung.
Fest steht, daß erst um oder nach 1150 der Gewölbebau im Rheinland und in Westfalen die Vorherrschaft erringen kann. In anderen Regionen, so im Maas-Gebiet, in Norddeutschland und in den Alpenländern setzt dieser Gesinnungswandel erst um oder sogar erst nach 1200 ein.

c) Spätromanik

Auffallend ist die Neigung, die Fläche - wo möglich - zu gliedern, die Wand auch in ihrer Stärke erlebbar zu machen, sie plastisch zu gliedern. Durch Blenden, Nischen, Säulen, Pilaster, Lisenen, Gesimse, Fenster, Türen, Galerien, Triforien, Laufgänge etc. wird die Wand in Schichten zerlegt. Nicht nur verschwindet die Flachdecke im Mittelschiff, auch einfache Gewölbe - insbesondere die Tonne - werden gemieden. An die Stelle der Grate tritt nun die Rippe mit komplizierter werdenden Profilierungen. Auch die Schlußsteine erfahren eine dekorative Betonung. Nahezu überall setzt sich die technisch perfektere Busung der Gewölbekappen durch. In einzelnen Landschaften bilden sich Gewölbesonderformen heraus, so in Westfalen das des der Kuppel nahekommenden Domikalgewölbes (z.B. Münster, Dom).
Weitere Kennzeichen der Sakralarchitektur dieser Stilphase sind Zacken- und Kleeblattbögen, Verkröpfungen von Gesimsen, spitze Giebel, das rheinische Rautendach, eine zunehmende Rippenzahl, bisweilen hängende Schlußsteine, eine starke Farbigkeit der Architektur.
Trotz konservativer Grundauffassung sind an vielen Bauten durchaus „progressive" Einzelmotive vorhanden, wie z.B. der polygonal geschlossene Westchor des Wormser Domes mit seinem ursprünglich in die benachbarten Polygonseiten übergreifenden Radfenster und den drei rahmenden Fensterrosen beweist.

Niederrhein-Maas-Gebiet

Dieses Gebiet durchläuft wie das Gebiet des Oberrheins eine überaus vielfältige und fruchtbare spätromanische Entwicklungsphase.

114 *Nivelles, Ste. Gertrude*
(Westbau: um 1170)
Die Damenstiftskirche erhält in spätromanischer Zeit einen hochragenden Westbau, der - wie Maria Laach - an den Typus des um die Mitte des 11. Jh.s entstandenen Trierer Domwestbaues anknüpft. Dieser Baukörper bildet mit seinen einzelnen Elementen wie

Westchor, Querbau und flankierenden Treppentürmen eine außerordentlich monumentale und gerade in Verbindung mit den beiden vorhandenen Querhäusern wirkungsvolle Erscheinung.

115 *Klosterrath, ehemalige Augustiner-Abteikirche*
(1106 - 1224)
Die kreuzförmige, dreischiffige Gewölbebasilika, deren kleeblattförmige Krypta Anfang des 12. Jh.s entstand, weist eine ungewöhnliche Langhaus-Gestalt auf: Je ein Mittelschiffjoch des ansonsten gebundenen Systems wechselt mit einem, das die Seitenschiffe querhausartig erweitert. Diese Erweiterungen stellen sich als eine um 1140 und vermutlich in Anlehnung an die Utrechter Marienkirche erfolgende Bauveränderung dar, die sich wohl als Anpassung an nunmehr vielfältigere als auch lichtere Raumvorstellungen begreift.

Zu den frühesten Neuschöpfungen dieser Stilstufe gehören die in Köln gelegene
117 ehemalige Abteikirche Groß St. Martin (nach 1150?) und die bereits 1151 erstmals
118 geweihte Doppelkapelle in Schwarzrheindorf, die um 1170 nach Westen erweitert und in ihrem Vierungsturm aufgestockt wird. Groß St. Martin, das eine dominierende Rolle in der Rheinsilhouette der Stadt spielt, steigert die am Niederrhein beheimatete Trikonchosidee – hier wird das Chorkleeblatt mit einem machtvoll in die Höhe getriebenen Vierungsturm kombiniert –, wohingegen dem Langhaus eine fast zweitrangige Rolle zufällt. Die Verklammerung von Trikonchos und Turm erfolgt nicht nur durch eine entsprechende Architekturgliederung, etwa in Form der umlaufenden Galerie, sondern in besonderem Maße durch ihre die Vierungsturmecken fassenden Treppentürmchen. Die Mehrschichtigkeit der Außenwand entspricht der inneren Wandbehandlung: Laufgänge und Nischen verdeutlichen die Wandtiefe. Die hier vorhandene Gliederung wird auch von
116 dem ab etwa 1200 errichteten Chor der Kölner Apostelkirche übernommen und kennzeichnet zahlreiche andere Bauten des Rheingebietes, so auch den Westchor des Mainzer Domes und die gleichfalls einen Trikonchos darstellende Anlage von St. Quirin in Neuß, bei der die Einzelformen bereits barockisierende Elemente aufweisen.

119 In Limburg a.d.L., einer 1235 geweihten Kirche, die den rheinischen Bauten (vgl.
120 ihre Rautenhelme) zuzurechnen ist, wird in den oberen Bauabschnitten besonders des Inneren gotischer Einfluß ablesbar; das hier vorhandene Wand- und Wölb-
174 system richtet sich nach dem Vorbild der Kathedrale von Laon.

Oberrhein-Gebiet

121 *Murbach, ehemalige Abteikirche St. Leodegar*
(um 1145 - um 1155)
Bei der nur in den Ostteilen erhaltenen Anlage wird das hirsauische Grundschema zum einen um zwei Chortürme über den letzten Seitenschiffeldern vor dem Querhaus erweitert, zum anderen durch ein zwischen Langhaus und Westfassade geschaltetes Atrium.

122 *Maursmünster, ehemalige Abteikirche*
(Westbau: ab ca. 1150)
Der zumindest in seinem unteren Abschnitt um 1150 begonnene Westbau der kreuzförmigen Gewölbebasilika öffnet sich in einer mittigen dreibogigen Vorhalle und ist in sich dreigeteilt. Alle drei Bauabschnitte enden in Giebeln, wobei sich über den flankierenden höheren Treppenturmgiebeln achteckige fensterlose Türmchen erheben. Sie rahmen einen

im Grundriß zurücksitzenden rechteckigen Mittelturm mit in Blenden gefaßten Arkaden. Trotz in dekorativer Hinsicht differenzierter Details und additiv wirkender Einzelkörper ergibt sich ein außerordentlich homogener und kraftvoller Gesamteindruck.

123 *Worms, Dom St. Peter*
(Anfang 11. Jh. - um 1200)
Der Wormser Dom, unter dessen Fußboden in etwa 1,5 m Tiefe Mauerreste in römischer Technik nachgewiesen werden konnten, gehört - abgesehen vom Sockel der Ostteile, dem unteren Teil der Westtürme und einigen wenigen anderen Resten, die unter Bischof Burchard zwischen 1000 und 1018 (Schlußweihe) entstanden - überwiegend dem Zeitraum von ca. 1130 bis 1181 an. Schon im 11. Jh. als Doppelchoranlage geplant, folgt der Bau dem Schema der Gewölbebasilika mit gebundenem System. Das Äußere wird von einem Ost-Querschiff und je zwei hochragenden Rundtürmen seitlich der Chöre sowie von zwei Achtecktürmen beherrscht, wobei der östliche über dem Querhaus, der westliche (errichtet unter Bischof Konrad II. von Sternberg, † 1192) über dem Vorjoch zwischen den Chorflankentürmen sitzt. Infolge seiner kurzen Bauzeit kann der Dom trotz seiner Detailvielfalt als der einheitlichste der drei rheinischen Kaiserdome bezeichnet werden und dürfte als schulbildend für Bauten der Umgebung wie des Elsaß anzusprechen sein.
Zu den bedeutendsten Leistungen des Bauwerkes wie generell der Spätromanik zählt der im Grundriß polygonale Westchor mit seinen drei Kreisfenstern, insbesondere seiner im Durchmesser übergroßen mittleren Radfensterkonstruktion: Er bildet, wiewohl 1902 - 1906 aus statischen Gründen abgetragen und leicht verändert wiederaufgebaut, zusammen mit den hier vorhandenen drei Türmen, eine ebenso kraftvolle wie dynamische Einheit.

124 *Otterberg, ehemalige Zisterzienserklosterkirche*
(ca. 1168 - 1254)
Die kreuzförmige Gewölbebasilika folgt dem gebundenen System. Den Querhausarmen gliedern sich nicht mehr vorhandene außen gerade geschlossene Nebenkapellen an; das Chorjoch erweitert sich in einer eingezogenen dreiseitigen Apsis, die sich zu ehedem vorhandenen drei niedrigeren Nebenkapellen mit plattem Schluß öffnete: eine Kompromißlösung zwischen dem älteren platten Chorschluß von Zisterzienserbauten wie Eberbach und dem moderneren französischen Chorumgang, dessen Idee auch mit der inneren Querverbindung der Seitenschiffkapellen aufgegriffen wird.
Die Kreuzrippengewölbe zeigen starke Busung.
Die Tradition des oberrheinischen Massenbaues geht an dieser Kirche eine Synthese ein zwischen strenger Zisterzienserarchitektur und in der Spätphase bei den Einzelformen und bei der Proportion des Raumes einfließenden gotischen Gestaltungsprinzipien. So wird der lagerhafte Westbau durch eine hochliegende Blendnische mit Rose betont.

Basel, Münster
(1185 - 1235)
Transparenz der Wand und damit zur Gotik führende Raumauflösung kennzeichnen den Ostchor des Münsters, der Teil einer dreischiffigen Emporenbasilika im gebundenen System ist (die vier gegeneinander versetzt angeordneten Chorgeschosse haben leider in gotischer Zeit einen empfindlichen Eingriff erfahren).

Westfalen

Hatte Westfalen in den ersten beiden Stilphasen der Romanik kaum Anteil an der architektonischen Entwicklung genommen, so tritt in spätromanischer Zeit ein Wandel ein, der u.a. zur Herausbildung eines eigenen Hallentyps führt. Die meisten dieser Kirchen, besonders diejenigen im Sauer- und Siegerland (z.B. Balve), sind in ihren Abmessungen bescheiden, haben starke Mauern und Pfeiler, zum Teil wechselnde Wölbungen. Neben normalen Wölbformen von Tonne und Kreuzgratgewölbe findet auch das einhüftige Gewölbe Anwendung. Die Kreuzgratgewölbe sind stark gebust und nähern sich in ihrer Form kuppelartigen Konstruktionen.

Eine überragende Stellung fällt dem 1225 – 1265 völlig umgebauten Dom in Münster zu, dessen dreischiffige, gedehnte und weite Halle von Domikalgewölben überdeckt wird. Einflüsse aquitanischer domikalgewölbter Bauten sind hier wegen auch anderer Verbindungen (z.B. mit dem Liboriuskult wie in Paderborn) durchaus naheliegend.

Besondere Ausdruckskraft kennzeichnet die massigen westfälischen Westeintürme, deren frühester monumentaler wohl der um 1068 entstandene des Paderborner
125 Domes mit seiner vielfachen Reihung kleiner Schallöffnungen sein dürfte, deren
Tradition aber gerade gegen Ende des 12. Jh.s eine Wiederbelebung, so in Form
125 des Turmes der Soester Stiftskirche St. Patroklus, erfährt. Dieser um 1200 errichtete
Turm geht eine Verbindung ein mit einer ihm vorgelagerten zweigeschossigen Halle, deren unteres Geschoß eine offene Laube, deren oberes die Rats- und Rüstkammer beherbergt: Funktionen also, die beweisen, daß sich mit dem Turmbau als solchem sowohl kirchliche als auch bürgerliche Repräsentations- und Nutzungsabsichten verbinden.

Übrige Landschaften

Die Landschaften östlich des Rheins zeigen – von Westfalen abgesehen – ein nahezu einheitliches Gepräge. Spätromanische Formen beschränken sich auf Einzelheiten; der architektonische Gesamtrahmen bleibt konservativ: Man bevorzugt die kreuzförmige Gewölbebasilika, bei der – und dies bedeutet eine gewisse Änderung – oft der Vierungsturm zugunsten von Chorflanken- und Fassadentürmen entfällt. Auch das Innere wird vereinfacht: Empore und Triforium fehlen häufig.

Der Ausweitung des Christentums nach Osten parallel verläuft auch – seit Mitte des 12. Jh.s jenseits der Elbe zu beobachten – die Verbreitung romanischer Bauformen. Die meisten der hier entstehenden Bauten sind gewölbt. In nördlichen Regionen entwickelt sich eine eigene Backsteinmauertechnik, die durch den Mangel an Naturstein bedingt ist (z.B. Altenkrempe, Schleswig-Holstein: 12. Jh.). Bei einigen dieser Bauten sind Baumeister aus südwestlichen Landschaften nachzuweisen oder zu vermuten. Bei dem während des 12. Jh.s gebauten, aber erst 1234 im Mittelschiff eingewölbten Dom von Lund sind die Namen von zwei Baumeistern überliefert. Von einem von ihnen, von Donatus, wird angenommen, daß er in Speyer, von dem anderen, von Regenerus, daß er in Mainz gearbeitet hat. Die Apsis des Domes von Lund schmückt eine Zwerggalerie eindeutig rheinischen Ursprungs.

Auch in den Ländern Ostmitteleuropas wie im Südosten Deutschlands gibt es eine Fülle romanischer Bauten, doch kommt ihnen im Sinne der architektonischen Gesamtentwicklung keine stimulierende oder gar innovative Bedeutung zu. Im Gegenteil: Diese Bauten übernehmen in der Regel mit zeitlicher Verzögerung die im Westen vorhandenen Architekturvorbilder.

Klosteranlagen

Das Grundprinzip des abendländischen Klosters, wie es der Ordo Sancti Benedicti bestimmt und wie es mit Klarheit auch im St. Gallener Klosterplan zutage tritt, kehrt in nahezu allen benediktinischen und zisterziensischen Klöstern deutlich ablesbar wieder. Alle diese Klöster bevorzugen abgelegene, für die Kontemplation geeignete Standorte und spiegeln in ihrem Grundriß auf die Grundregel „ora et labora" ausgerichtete Funktionenteilung. Die Klausur bleibt ausschließlich den Mönchen vorbehalten. Der Kreuzgang wird in der Regel schon aus Besonnungsgründen auf der Südseite der Kirche angelegt. Das im Obergeschoß angeordnete Dormitorium der Mönche steht – gerade bei den Zisterziensern wegen des mit Strenge befolgten Stundengebets – über eine Treppe mit dem Querhaus der Kirche in direkter Verbindung.

126 *Cluny*
(= Cluny II; um 995 – um 1045)
Die namentliche Zuweisung des rekonstruierten Grundrißplans erfolgt unter der Voraussetzung, daß sich, wie von J. v. Schlosser angenommen wurde, die Angaben des Ordo Farvensis tatsächlich auf Cluny II beziehen. Im übrigen jedoch kann das Schema als typisch und vorbildhaft für eine der größeren benediktinischen Anlagen um die Mitte des 11. Jh.s gelten. Auffallend ist das fortschrittlich ausgebaute System der Wasserführung (vgl. die insgesamt fünf Latrinenanlagen sowie die Vielzahl der Brunnen), das möglicherweise auf der genaueren Kenntnis maurischer Vorbilder basiert. Kennzeichnend ist auch die streng funktionale Anordnung der Räume und Höfe. So liegen im langgestreckten Bau am Pförtnerhaus das Armenhaus, Stallungen, der Konversenbau, Latrinen, im sich rechts der Kirche anschließenden Komplex Vorratsräume, Bäckerei, Küchen usw., dahinter in Verbindung mit dem Kreuzgang die eigentliche Klausur und im rückwärtigen Teil des Grundstücks das Krankenhaus.

Einige Klosteranlagen entziehen sich zumindest teilweise dem Programm und den strengen Ordensregeln. Dies gilt vor allem für Klosterburgen wie Groß-Komburg oder, verstärkt, den Mont-Saint-Michel, dessen Kegel bereits um 1100 von Bauten ummantelt ist und auf dem die 1210 erfolgende Gründung einer Bruderschaft das ritterliche Element auch baulich deutlich neben das monastische treten läßt.

127 *Groß-Komburg*
(um 1080 – um 1250)
Die wie Limburg a.d.H. an Stelle einer gräflichen Burg entstehende und auf einer Stiftung basierende Klosteranlage räumt der Kirche den beherrschenden Platz ein. Der Grundriß der Gesamtanlage zeigt drei Mauerzingel, die darauf hinweisen, daß eine mehrfache Erweiterung stattgefunden haben muß.
Über dem noch heute erhaltenen Zugangstor romanischer Zeit befindet sich eine von zwei Türmchen flankierte Michaelskapelle. Nur wenige Schritte dahinter erhebt sich ein ehedem als Beinhaus und Totenkapelle dienender Sechseckbau mit zur Kirche hindurchführender Treppenanlage.
Das eigentliche, um den Kreuzgang gruppierte Kloster liegt – entsprechend den topographischen und baulichen Verhältnissen – im Westen des Gotteshauses.

Zeigt sich in Groß-Komburg eine aufgrund der besonderen Entstehungsgeschichte zustande gekommene Mischung sakraler und profaner Bautypen und -formen, so darf doch nicht übersehen werden, daß auch bei anderen Klöstern dem Profanbau ein weitaus größerer Anteil an Bauvolumen zufiel als heute in der Regel ablesbar.

128 *Canterbury*
Der erhaltene Klosterplan Canterburys aus dem Jahre 1160 ist ein anschauliches Dokument für die Anordnung, Funktion und das Erscheinungsbild profaner Bautypen damaliger Zeit. Darüber hinaus gibt er Aufschluß über das bereits komplexe und bis in das Detail ausgeklügelte System einer klösterlichen Wasserversorgung.

Zu den interessantesten nicht-sakralen Räumlichkeiten eines Klosters rechnen neben den Dormitorien, Refektorien und den Kapitelsälen die Küchen und Wärmestuben (Calefactorien).

129 *Fontevrault, Abteiküche*
(erste Hälfte 12. Jh.)
Diese Abteiküche, die in ihrer kunstvollen Raumform kein Einzelfall war, zeigt einen recht komplizierten Aufbau, der bis auf die Kamine und andere Details an einen Sakralbau erinnert.
Einem von Apsidiolen umgebenen Achteck ist ein durch Gurte gebildetes Quadrat einbeschrieben, diesem wiederum ein Achteck, das die Basis für ein darüber befindliches zentrales Pyramidendach bildet.

129 *Maulbronn, Calefactorium*
(zweites Viertel 13. Jh.)
Die Wärmestube, in mittelalterlichen Klöstern häufig der einzige beheizbare Raum, nutzt das Prinzip der sich von der römischen Hypokaustenheizung ableitenden Luftheizung: Eine untere Heizkammer führt dem oberen Raum die Wärme über verschließbare Luftkanäle im Gewölbe zu.

Profanbau

An romanischen Profanbauten hat sich nur weniges erhalten. Manches überlebte lediglich in veränderten Grundstrukturen (vgl. insbesondere die Stadtgrundrisse) oder wurde wenigstens teilrekonstruiert. Größere zusammenhängende Bausubstanz, wie etwa bei der Stadtmauer von Avila, hat sich schon wegen erforderlich gewordenen „Modernisierungen" und umfänglicheren Reparaturen fast nirgendwo behaupten können.

Überdies bestanden bis in die frühe Neuzeit die meisten Bauten aus den vergänglichen Materialien Holz und Lehm, und die Archäologie hat erst in jüngerer Vergangenheit begonnen, sich auch für sie intensiver zu interessieren, so daß die heutigen Kenntnisse oft mangelhaft und vieldeutig sowie eine Entwicklungsübersicht z.B. über die Bautypen und ihre Konstruktionen noch nicht oder nur bedingt zu erlangen sind.

Allgemeiner Wohnbau

In romanischer Zeit bildet das Material Stein nicht nur für den Wohnbau, sondern auch für öffentliche Gebäude wohl eher die Ausnahme, doch gibt es z.B. Städte, in denen die Konzentration noch erhaltener Steinbauten auffällt.

Kenntnisse über den frühen Holzbau vermittelt die Archäologie, die selbst bei Verfall des Baumaterials, z.B. aufgrund von Bodenverfärbungen, unter entsprechenden Rahmenbedingungen in der Lage ist, einen Grundriß zu rekonstruieren, teilweise sogar wesentliche Aussagen zum Gefüge und Aufriß von Gebäuden zu machen.

Fast ausnahmslos setzt ein zunehmend umfangreicher werdender Bestand an noch in größeren Zusammenhängen erhaltener Bausubstanz zeitlich erst mit dem späten Mittelalter ein. Die ältesten Fachwerkhäuser und Blockbauten stammen aus der zweiten Hälfte des 13. Jh.s (vgl. Gotik, Kap. Allgemeiner Wohnbau), die ältesten konkret einzuordnenden Steinhäuser aus dem 12. Jh. Weitgehende Zusammenhänge z.B. in bezug auf städtebauliche Gegebenheiten und Erfordernisse lassen sich infolge häufig erfolgter Veränderungen und gravierender Eingriffe allerdings nur in den seltensten Fällen ermitteln.

So konnten in Hohenrode bei Grillenberg im Harz, einem abgegangenen mittelalterlichen Dorf, Gehöfte mit mehreren Gebäuden unterschiedlichen Typs nachgewiesen werden. Bei jüngerer Besiedlung, bei der die meisten Häuser auf Trockenmauern aufsetzten und wahrscheinlich aus Stampflehm oder Fachwerk mit Lehmgefachen (?) bestanden, waren die Wohngebäude in der Regel zweiräumig. Auch fanden sich mehrere Keller, außerdem freistehende rechteckige Speicherbauten und sogenannte „Feuerhäuser", d.h. Gebäude, die offensichtlich gewerblichen Zwecken gedient haben.

Romanische Steinhäuser haben sich in der Regel nur als Einzelbauten erhalten. Ihre Grundrisse weisen meist wenige Räume auf. Ihr Äußeres wird geprägt durch Einzelöffnungen wie durch Fenstergruppen, z.B. in Form gekuppelter Arkaden, die vor allem vom Pfalzenbau beeinflußt sind.

Eine Untersuchung erhaltener steinerner romanischer Wohnhäuser im Rheinland, einem der Schwerpunktgebiete ihrer Verbreitung, ergab, daß bis Mitte des 12. Jh.s vor allem der Adel, danach die Geistlichkeit und nach 1200 das städtische Bürgertum Auftraggeber waren, so daß im Übergang vom 12. zum 13. Jh. als von einem Wandel der stadtherrlichen zur bürgerlichen Stadt gesprochen werden könne (*Wiedenau*).

Als den drei Gruppen zuzurechnende Bautypen lassen sich vor allem feststellen:

— längsrechteckige Turmhäuser als feudale Eigenbefestigungen - wie der um 1100 zu datierende „Frankenturm" in Trier - und überwiegend dreigeschossige Wohntürme über eher quadratischem Grundriß - wie der um 1200 entstandene Turm in Friesdorf bei Bonn oder das in seinem unteren Teil nach der Mitte des 12. Jh.s entstandene „Nassauer Haus" in Nürnberg;
— längsrechteckige, meist als gehobene Immunitätsbauten anzusprechende Häuser mit ausmittiger Querwand oder Längszwischenwand, angebautem oder integriertem Treppenhaus und zwei bis drei Geschossen - wie das „Graue Haus" in Winkel oder das dendrochronologisch auf 1167 datierte Haus Langen Hecke 6 in Münstereifel;
— bürgerliche Giebelhäuser, die unmittelbar von der Straße aus zugänglich sind, auf den gehobenen Immunitätsbau zurückgehen und Vorbilder auch für spätere Kaufmannshäuser bilden - wie das „Overstolzenhaus" in Köln.

130 *Winkel, „Graues Haus"*
(frühestens um 1075, spätestens Mitte 12. Jh.)
Das Spolien des 9. bis 11. Jh.s (wohl vom auf der anderen Rheinseite gegenüberliegenden Ingelheim) verwendende und inzwischen rekonstruierte, ehedem als Immunitätsbau oder möglicherweise als Burgsitz dienende Wohngebäude ist zweigeschossig. Der Zugang zum mit Repräsentationsräumen ausgestatteten Obergeschoß erfolgte über eine Außentreppe. Ein überdies in einem kleinen westseitigen Anbau im Obergeschoß befindlicher tonnengewölbter Raum mit kreuzverziertem Türsturz wird als Hauskapelle gedeutet.

131 *Köln, „Overstolzenhaus"*
(zweites Viertel 13. Jh.)
Das den Typus des städtischen Patrizierhauses verkörpernde giebelständige Gebäude, das wegen seiner dichten Fensterreihung und weitgehenden Wandauflösung gerade seiner straßenseitigen Fassade auffällt, hat fünf Achsen, einen der Vorrats- und Lagerhaltung dienenden, ursprünglich von der Straße zugänglichen Gewölbekeller und zwei höhere untere Geschosse. Über den unteren beiden Geschossen sitzt je ein kräftiges, die Horizontalgliederung betonendes Stockgesims.
Das Gebäude, das infolge von Kriegszerstörungen nur teilerhalten und vielfach verändert wiederaufgebaut ist, weist eine durchgehende asymetrische Grundrißunterteilung der unteren drei Geschosse senkrecht zur Straße und ein Erd- und Obergeschoß verbindendes integriertes Treppenhaus auf.
Erd- und Obergeschoß hatten – wie der Befund nahelegt – eine gleichartige Grundrißstruktur, im Westen einen durchgehenden großen Raum, im Osten zwei Nebenräume mit zwischen ihnen liegendem Treppenhaus. Während der große Raum unten als Kontor, oben als Fest- oder Empfangssaal genutzt worden sein könnte, scheiden die östlichen Nebenräume wegen ihrer unteren und wohl auch oberen Arkadenverbindungen zum Westraum möglicherweise als Wohnräume aus. Diese werden in einem dahinter gelegenen eigenen Fachwerkgbäude vermutet. Wenigstens die erdgeschossigen Nebenräume im Osten waren durch Wandkamine beheizbar. Die auf der gartenseitigen Giebelwand vorhandenen Kreuzstockfenster sind eine wohl auf französisch-gotischen Einfluß zurückgehende Neuerung.
Die außerordentlich aufwendige Steinarchitektur gerade des straßenseitigen Blendgiebels ist mit seinen Doppelarkadenfenstern im Obergeschoß und im Dachbereich Ausdruck eines ungewöhnlichen bürgerlichen Sozialprestiges.

Eine die angesprochenen Funktionen des Overstolzenhauses modifizierende Interpretation könnte sich durch das 1188 errichtete „Romanische Haus" in Seligenstadt ergeben, dessen beide Geschosse keinerlei Unterteilung aufweisen. Hier öffnet sich das Erdgeschoß in zwei großen Bögen zum Hof und wird über ein Tor von der Straße erschlossen, während das Obergeschoß Fensteröffnungen in Form von Doppelarkaden nach drei Seiten aufweist, so daß die Räume in beiden Geschossen durchaus mehrfachen Nutzungen gedient haben könnten. Allerdings konnten bisher keine Spuren einer ehemaligen Treppenanlage des Hauses entdeckt werden. Vorstellbar wäre sie z.B. in Form eines inzwischen abgegangenen Anbaus an den Ostgiebel, der im Gegensatz zum repräsentativen freistehenden westlichen kein Stufengiebel ist.

Die divergierenden Interpretationsmöglichkeiten des steinernen sogenannten „Bürgerhauses" lassen erhebliche Kenntnislücken deutlich werden, überdies nur graduelle Unterschiede zum Forschungsstand des hochmittelalterlichen Holzbaus:

bisweilen Grund, den Begriff „Bürgerhaus" höchstens für die Zeit ab dem Spätmittelalter zu akzeptieren *(Meckseper)*.

Eine Sonderform städtischer Steinbauten sind die Regensburger Patriziertürme, die frühestens vom Ende des 11. Jh.s, in der Regel aus dem 12. und 13. Jh. stammen, längsrechteckigen Grundriß aufweisen, meist mit der Schmalseite zur Straße gerichtet sind, einen gewölbten, als Kapelle gedeuteten Raum im Erd- und einen Saal im Obergeschoß haben. Die Konzentration dieser Türme auf Regensburg – etwa vierzig haben sich weitgehend oder wenigstens in Teilen erhalten – wird durch die sinkende Bedeutung der Stadt im 15. und 16. Jh. erklärt, die eine Errichtung neuer Gebäude weitgehend verhindert habe.

Hinzuweisen ist auch auf Sonderformen wie die Steinwerke und Kemenaten, insbesondere im ehemaligen Herzogtum Sachsen, z.B. in Dortmund, Münster, Osnabrück und – mehrfach vorkommend – in Braunschweig, wo für das 13. Jh. in der Güldenstraße sogar drei solcher Bauten auf benachbarten Grundstücken nachzuweisen waren. Steinwerke und Kemenaten sind rechteckige bis quadratische Steinbauten mit Satteldach, haben meist zwei einräumige Geschosse, oft einen Keller und liegen im rückwärtigen Parzellenbereich. In Verbindung mit einem hölzernen Vorderhaus werden sie – sollte die Theorie stimmen, daß diese Anwesen generell Kaufleuten gehörten – als feste Speicher gedeutet, die den Waren besseren Schutz bei Brandgefahr geben sollten. Jedoch könnte die Bezeichnung „Kemenate" auch ein Hinweis darauf sein, daß es sich bei dieser angesprochenen Bautengruppe – wie auch anderenorts und im anderen Zusammenhang – ursprünglich um beheizbare Wohnbauten gehandelt hat, d.h. die Begriffe „Steinwerk" und „Kemenate" erst in neuerer Zeit alternative Anwendung fanden.

Pfalz

Die wesentlichsten Bestandteile einer Pfalz als des Wohn- und Verwaltungssitzes von Kaisern und Königen (aber auch von Bischöfen), die wegen Fehlens einer festen Residenz in der Regel nur zeitweilig aufgesucht werden, sind Palas (herrschaftlicher Wohn- und/oder Saalbau) und Kapelle. Gerade in staufischer Zeit kommt es zu einer gestalterischen Annäherung an die Burg, von der Elemente wie Ringmauer und Bergfried übernommen werden. Aber auch die Burg kann sich durch Errichtung eines repräsentativen Palas dem Aussehen einer Pfalz nähern (Wartburg, Burg Münzenberg).

Auf der Königspfalz Tilleda am Kyffhäuser, auf der die Entwicklung in der Zeit des Hauptausbaus vom 10. bis 13. Jh. archöologisch recht präzise nachgewiesen werden konnte, haben sich neben größeren Wohn- und Repräsentationsbauten und einer mehrfach veränderten Kapelle nicht nur grubenartig eingetiefte kleinere, Wirtschaftszwecken dienende Bauten in der Hauptburg, sondern eine Reihe von gewerblich genutzten Gebäuden in beiden Vorburgen gefunden. Einige der langgestreckten Gebäude konnten als Webhäuser identifiziert werden.

Es ist anzunehmen, daß sich die Situation in der weniger gut dokumentierbaren, aber historisch bedeutenderen Nachbarpfalz Werla aufgrund der sonstigen Situation ähnlich darstellte.

132 *Goslar, Kaiserpfalz*
(um 1050 und nach 1132)
Der nach einem Einsturz im Jahre 1132 wiedererrichtete Hauptbau der Kaiserpfalz, der Lieblingsresidenz Heinrichs III., stellt sich als ein zweigeschossiger Palas mit großem Saal im Obergeschoß dar. Der Saal, der holzgedeckt und zweischiffig ist, wird von einem in der Mitte sitzenden Thronraum durch je zwei querlaufende Arkadenreihen optisch abgetrennt. An die Wohnbauten, die sich südlich anschließen, fügt sich eine zweigeschossige - unten kreuzförmige, oben achteckige - dem heiligen Ulrich geweihte Palastkapelle an.

133 *Gelnhausen, Kaiserpfalz*
134 (um 1170 - um 1180)
Die als besterhaltene Pfalz staufischer Zeit geltende Anlage ist eine Wasserburg auf unregelmäßigem Grundriß. Doch überwiegen Repräsentationsabsichten die der Fortifikation, wie die Torhalle mit oberer Kapelle und die Schaufront des Palas erkennen lassen. An der einen Teil der Ringmauer bildenden Saalrückwand des Palas befindet sich ein kunstvoll gearbeiteter Kamin mit danebensitzenden flechtbandgeschmückten Zierplatten. Vorburg und außergewöhnlich großer runder Bergfried markieren sich nur in Resten bzw. Grundmauern.

Wehrbau

Zu den Wehrbauten gehören u.a. Langwälle und Landwehren zur Grenzsicherung eines Gebiets, Flucht- bzw. Volksburgen, besonders ausgebaute Militärlager, Adelsburgen, Wohntürme, Wehrkirchen, Kirchenburgen, Höhlen- und Grottenburgen, Orts- und Stadtbefestigungen und viele andere Anlagen einschließlich ihrer Zwischenformen.

Die Stadtbefestigung, die gleichzeitig Rechtsgrenze der mittelalterlichen Stadt bildete, diente vorrangig dem Schutz der Bürger und ihres Eigentums, bot aber auch die Möglichkeit der Landsicherung und konnte somit zu einem wichtigen politisch-militärischen Instrument werden.

Neben der teilweisen Weiternutzung und Reparatur, z.B. von römischen Befestigungen, ist seit spätkarolingischer Zeit ein deutlicher Trend zur Neubefestigung vor allem von Domimmunitäten festzustellen.

Zwar folgt recht bald auch diejenige von Kaufmannssiedlungen, z.B. Ende des 9. Jh.s in Mainz und um 1000 an Plätzen wie Hildesheim, Trier und Worms, doch haben sich von ihnen, wenn überhaupt, nur geringe Reste erhalten, so daß erst seit staufischer Zeit ein umfangreicherer Baubestand eine konkretere Vorstellung mittelalterlichen Wehrbaus vermittelt. Es fällt auf, daß meist nur Tortürme gebaut werden, sich die wenigen Zwischentürme auf topographische Sondersituationen beschränken, die weitgehend offenen Wehrgänge durch die Türme hindurchlaufen, diese häufig als Schalentürme ausgeführt sind (wohl vor allem, um einem Gegner darin kein Sich-Festsetzen zu ermöglichen).

An Beispielen aus dieser Zeit stammender Türme oder Mauerzüge seien lediglich der „Eiserne Turm" in Mainz, erbaut um 1240 und Anfang des 15. Jh.s aufgestockt, oder die Stadtmauer in Fritzlar mit 12 von ehedem 15 Türmen (in der zweiten Hälfte des 12. Jh.s angelegt und 1232 weitgehend erneuert) genannt, insbesondere aber die 1180 begonnene Kölner Stadtbefestigung mit 4,6 km Länge und ehedem 12 (das Himmlische Jerusalem symbolisierenden!) Toren, von denen sich vier erhalten haben und die sowohl einfache Mauertore als auch Turmtore – wie das Severinstor – und Doppelturmtore – wie das Hahnentor – darstellten.

Waren die Stadtbefestigungen an sich bereits schon die größte profane öffentliche Bauaufgabe und im Mittelalter unter ihnen die Kölner auf deutschem Boden die umfangreichste und aufwendigste, so ist doch der Mauerbering nicht isoliert und als Verteidigungslinie zu sehen, sondern als Teil eines tiefengestaffelten Bereichs, der in Verbindung mit einer Vielfalt von in ein Verteidigungskonzept einbezogener Bauten wie Kirchen und Klöster, besonders aber Gebäude des Stadtadels, der Burgmannen usw. stand.

139 Unter einer Burg versteht man eine befestigte mittelalterliche Anlage, die sowohl Wohn- als auch territorialen Herrschaftsaufgaben wie -ansprüchen dient und durch Wälle, Palisaden oder Mauern, häufig auch durch Gräben umschlossen wird.

Bei der Burg unterscheidet man je nach ihrer Lage zwei Haupttypen:

— die Höhenburg mit Rundsicht, die sich der ihrer Verteidigungskraft wesentlich zugute kommenden Topographie anpaßt und daher in der Regel einen ungleichmäßigen Umriß hat;
— die Tal- oder Wasserburg, deren Anlage, da sie keine Rücksicht auf die topographischen Verhältnisse zu nehmen hat, häufig regelmäßig ist und durch Wassergräben geschützt wird.

Die Ursprünge der mittelalterlichen Burg liegen im wesentlichen in der Fluchtburg vor- und frühgeschichtlicher Zeit, in der Anlage der meist nur leicht befestigten fränkischen Herrenhöfe und den regelmäßigen römischen Kastellen.

Auch wenn sich in karolingischer Zeit eine Zunahme des Burgenbaus nachweisen läßt (z.B. Christenberg bei Marburg und Büraberg bei Fritzlar), auch Rundwälle in der Ebene (z.B. Middelburg) und möglicherweise bereits Adelssitze in Form von Turmburgen oder Rundburgen bekannt sind, bilden sie doch im Verhältnis zur Folgezeit eine überschaubare Anzahl. Und auch trotz der 926 erlassenen Burgenordnung Heinrichs I. zur Sicherung der Ostgrenze gegen die Einfälle der Ungarn ersetzt im Burgenbau erst allmählich die Steinmauer auf breiter Ebene die bisher üblichen Erd- und Holzwerke, und kaum vor Ende des 10./Anfang des 11. Jh.s tritt die Steinburg die Nachfolge ihrer hölzernen Vorgängerin an. Schon aufgrund des vergänglichen Baumaterials sind nur unzureichende Informationen über entwicklungsgeschichtliche Zusammenhänge möglich.

Zum Typ der wikingischen Rundburgen, deren Umwallung kreisrund ist und deren innere Bebauung ein Achsenkreuz bildet, gehört das an der Westküste Seelands gelegene Trelleborg.

135 *Trelleborg, Wikingerlager*
(um 1000)

Im dänischen Trelleborg zeigt sich ein bisweilen unterschätztes, hier erstaunliches Organisationsvermögen der Germanen, das Verständnis auch für geometrische bzw. wehrbauliche Planschemata erkennen läßt. Der für eine Garnison von ca. 2000 bis 3000 Soldaten vorgesehene Platz weist im Kern einen palisadenbesetzten Wallbering mit vier Gebäudegruppen auf. Die mit Umgängen versehenen Langhäuser (ehedem mit Wänden aus Nut- und Federbrettern) sind so ausgerichtet, daß sich je vier Bauten – in Art einer Wagenburg – um einen quadratischen Hof legen. In einem vorgelagerten zweiten Mauerring sind die Gebäude radial angeordnet und bieten mit ihren Stirnseiten einem potentiellen Gegner eine nur geringe Angriffsfläche.

Eine Sonderform der Niederungsburg bildet die Motte, ein meist künstlich aufgeschütteter, zusätzlich befestigter Hügel, bei dem in der Regel der Grabenaushub dem Hügelvolumen entspricht. Sie bildet sich möglicherweise erst im 10. Jh. in Nordfrankreich heraus. Beim Husterknupp, einem spätkarolingischen Herrenhof im rheinländischen Erfttal, ist sie als „Kernmotte" für die zweite Hälfte des 10. Jh.s nachzuweisen. Ihre Entwicklung zur Hochmottenburg (bzw. Turmhügelburg), d.h. ihre Ergänzung um eine obere Palisade oder um einen zunächst hölzernen, später auch steinernen Turm, scheint in zeitlicher Verbindung zu stehen mit der Eroberung Englands durch die Normannen ab 1066 und sich gerade hier als besonders tauglich erwiesen zu haben (vgl. die Mottendarstellungen auf dem Teppich von Bayeux). Sie findet seit dem 12. Jh. ebenso in anderen Ländern Verbreitung, z.B. Schottland, Irland und Deutschland. Auch der Husterknupp, der seit spätkarolingischer Zeit kontinuierlich besiedelt war, erhält Anfang des 12. Jh.s eine Hochmotte mit bekrönendem Holzturm.

Üblicherweise stehen die meisten Hochmotten über eine Brücke mit einer Vorburg in Verbindung oder haben sich um eine Vorburg erweitert, wenn sie nicht sogar – wie beim Husterknupp – einer bereits bestehenden Siedlung ein- oder angefügt werden.

Bereits die Römer errichteten, vor allem zum Schutz von Heerstraßen, Wachtürme in Form größerer Steinbauten, die durch zusätzliche Ringmauern geschützt werden konnten. Diese „Burgi" sind häufig als Vorläufer mittelalterlicher Wohntürme oder auch Bergfriede in Anspruch genommen worden, wenngleich sich eine bauliche Kontinuität nicht nachweisen läßt. Die durch die Archäologie freigelegten frühesten Wohntürme stammen vom Ende des 9. Jh.s und aus dem 10. Jh.

Um die Mitte des 10. Jh.s wird in Doué-la-Fontaine, im Département Maine-et-Loire, ein älterer Saalbau aufgestockt und dieser durch Zusetzen vorhandener Fenster zum gestalterisch nachrangigen „Untergeschoß" umfunktioniert: eine Entwicklung zum Donjon, die auch anderenorts ähnlich zu beobachten ist.

Als eines der ältesten noch erhaltenen und in einem Zuge erbauten Donjonbeispiele gilt der in die Zeit vor 994/995 zu datierende rechteckige Wohnturm von Langeais, der westlich von Tours an der Loire von Fulk Nerra, dem Grafen von Anjou, errichtet worden ist. Als Bautyp dürfte der Donjon erst ab dem 11. Jh. – vermittelt durch die Normannen – Verbreitung auch im benachbarten England (hier als „Keep" bezeichnet), desgleichen in Italien und in den Kreuzfahrerländern gefunden haben. Als Teil einer Burg bildet er deren letzte Rückzugsmöglichkeit.

Im Gegensatz zum Bergfried beansprucht er jedoch eine größere Grundfläche, ist zum dauernden Wohnen bestimmt und mit einem meist erheblicheren fortifikatorischen Aufwand ausgestattet. Die Erschließung in der späteren Entwicklung erfolgt in der Regel durch Mauertreppen.

136 Der Donjon von Pons, entstanden gegen Ende des 12. Jh.s, gehört zu den späteren Beispielen dieses Typs.

Baut ab Mitte des 11. Jhs. vor allem der Hochadel Burgen, so tritt rund 200 Jahre später ein Wandel ein: Vor allem der Niederadel errichtet eine Fülle kleinerer

Burgen oder burgähnlicher Anlagen, die bis zum befestigten Hof oder befestigten Haus reichen.

Die größte Typenvielfalt ist jedoch in staufischer Zeit zu beobachten, in der sich – wie bereits dargestellt – bei repräsentativeren Anlagen eine Annäherung von Burg und Pfalz feststellen läßt. Dies gilt in funktionaler wie gestalterischer Hinsicht vor allem für den Palas einer Burg, wie dies sowohl die Wartburg als auch Burg Münzenberg verdeutlichen.

137 *Münzenberg, Burg*
(um 1152 – um 1174)
Die neben der in Thüringen gelegenen Wartburg wohl anschaulichste Burganlage ihrer Zeit hat ovalen Grundriß, zwei Mauerringe, zwei an den Kopfseiten des Innenringes angeordnete Rundtürme und eine dazwischenliegende beidseitige Randbebauung. An das innere, von einer Kapelle überbaute Burgtor fügt sich der Palas, ein dreigeschossiger, ehedem über Holzaußentreppen erschlossener Baukörper. Der im 2. Obergeschoß vorhandene Saal stand in direkter Verbindung mit der Herrscherempore der Burgkapelle.

Die Burgkapelle kann mit einem anderen Baukomplex, z.B. dem Palas oder der Kemenate, einem beheizbaren Wohnraum oder -bereich (häufig den Frauen vorbehalten), verbunden bzw. in diesen eingefügt und in diesem Falle im Außenbau durch das Auskragen ihres Chorschlusses kenntlich gemacht werden, oder sie bildet einen selbständigen Baukörper. Eine Sonderform der Palastkapelle stellt die Doppelkapelle mit direkter Raumverbindung von zwei übereinanderliegenden Kapellenräumen dar.

138 *Nürnberg, Kaiserburg, Kapelle*
(Anfang 13. Jh.)
Die einen älteren, aber gleichfalls aus spätstaufischer Zeit stammenden Turm als ihren Chor benutzende Burgkapelle gehört zum Typ der durch eine mittlere Deckenöffnung miteinander verbundenen Doppelkapellen. Sowohl unterer als auch oberer Raum sind kreuzgratgewölbte Hallen, wobei jedoch unten im Gegensatz zu den oben vorhandenen Säulen Pfeiler verwendet worden sind und darüber hinaus die Handhabung der Formen wesentlich schwerfälliger wirkt. Das Obergeschoß hat eine zusätzliche Westempore, die vom Palas direkt zu erreichen ist.

Eine große Rolle vor allem in den Höhenburgen spielt die Wasserversorgung, die über häufig sehr aufwendige Brunnen und Zisternen sichergestellt wird.

139 Zu den am meisten verbreiteten Burgtypen gehören die Abschnittsburg (eine in mehrere Verteidigungsabschnitte gegliederte Anlage), die ebenes bzw. hügeliges Gelände bevorzugende Kastellburg (mit regelmäßigem, von Flankierungstürmen umstelltem Grundriß), die Palasburg (in welcher der hier wehrhafte Palas die Funktion des Bergfrieds übernimmt), die ebenfalls einen Bergfried entbehrlich machende, manchmal durch Türme verstärkte Schildmauerburg, die Randhaus- oder Ringburg (letztere auf regelmäßigem Grundriß).

140 Letzte Zuflucht einer Burg kann der Bergfried bilden, der – mit einem hochgelegenen Einstieg versehen und oft im Untergeschoß ein Verlies oder Vorratsräume beherbergend – im Gegensatz zum Donjon nur in Notzeiten bewohnt wird.

Bisweilen steht dieser Bergfried in unmittelbarer baulicher Verbindung mit einer Schildmauer, dem verstärkten Teil der Ringmauer auf der Hauptangriffsseite (häufig gegenüber steigendem Gelände und von ihm durch einen künstlich angelegten Einschnitt, den Halsgraben, getrennt).

Der Burgzugang wird im allgemeinen durch eine Zugbrücke hergestellt, die als Gegengewicht- oder Schwippbrücke (Drehachse in Brückenmitte) ausgebildet ist. Größere Anlagen zeigen befestigte Brücken, d.h. kombinierte Systeme mit teilweise mehreren beweglichen Brückenbahnen, mit Brückentortürmen und wasserseitigen Sperren in Form von Gittern, Pfählen oder Ketten.

Das System der Verteidigungsanlagen entwickelt sich in gleichem Maße wie die
141 Belagerungswaffen und -maschinen, unter denen Rammböcke (Stoßbalken auf
fahrbarer Lafette), Brechschrauben (Schraubenspindeln mit eisernen Spitzen zum
Eindrücken von Toren und Mauern), schließlich auch Belagerungstürme zum Beschießen von Wehrbauten und als Ausgangsbasis für das Stürmen von Mauern und Wehrgängen zur Standardausrüstung gehören.

141 Aufschluß über die wehrtechnische Entwicklung liefern zahlreiche Einzelformen
142 eines Verteidigungsbauwerkes, insbesondere die Pechnasen, die – häufig über
dem Tor oder in Tornähe angebracht – dem Beschuß, Bewurf und Beguß des Angreifers dienen, die Fenster, die – wenn notwendig – durch Brechung der Achse beschußsicherer ausgebildet werden, die Scharten, die sich den Verteidigungswaffen wie der Angreiferrichtung anpassen, die Zinnen, bei denen im Laufe der Zeit auch dekorative Aspekte mitspielen und die bisweilen durch Läden verschlossen werden können.

Gotik

Kulturgeschichtlicher Überblick / Allgemeine Anmerkungen zur Architektur

Der Übergang von der Romanik zur Gotik vollzieht sich langsam. Deshalb spricht man auch von der Kunst dieser Phase als von einem „Übergangsstil", wobei eine eindeutige Zuordnung zu der einen oder anderen Stilepoche vielfach schwerfällt.

Die Grundanschauung der Romanik beruht der Kontinuität in der Entwicklung gemäß auf der antiken, besonders der römischen Formensprache mit einem starken Gefühl für Linie und Fläche, das sich in klar gegliederten, massiven Bauvolumina manifestiert. Dem statischen Charakter romanischer Architektur entspricht der in sich selbst ruhende und somit richtungslose Rundbogen. In diametralem Gegensatz dazu steht die Grundtendenz des gotischen Stils. Die Betonung der Vertikalen bewirkt einen Ausgleich der dem System zugrunde liegenden Kräfte, denn der Spitzbogen gibt Richtung, weil er sozusagen ins Unendliche wächst.

Doch basiert die Idee der Gotik nicht auf dem Spitzbogen. Dieser bildet nur eines ihrer Elemente. Die gotische Bauidee ist als Ausdruck eines neuen philosophisch-theologischen Weltbildes dualistischen Prinzips (gut - böse; geistig - körperlich) zu sehen. Hugo von St. Viktor († 1141) z.B. lehrt: „In der Wirklichkeit der Dinge gibt es keine Linie ohne Oberfläche und ohne Körper." Im 12. Jh. erkennt man die Erde als Kugel und gibt den Glauben an deren Scheibengestalt auf: Der Raum ist für die Gotik entdeckt. Als Folge dieses Umdenkprozesses erklärt sich die Vorliebe für die plastische Gestaltung und für die Wölbung.

In der Plastik der Antike spiegelt sich die Schönheit des menschlichen Körpers, in der Gotik die Reinheit des Geistes (Venus von Milo - Uta von Naumburg). Während in der Antike der Leitspruch galt „mens sana in corpore sano", definiert dagegen Bernhard von Clairvaux († 1153) die Auffassung seiner Zeit wie folgt: „Christus fragt nicht nach äußerer, sondern nach innerer Schönheit."

Die Macht Gottes, auch diejenige in der Natur, steht in der Gotik im Vordergrund (im 12. Jh. regt sich großes Interesse an naturwissenschaftlichen Forschungen; vgl. Albertus Magnus).

Ulrich von Straßburg befaßt sich mit Lichtmetaphysik, wie sie vor allem den lichtdurchfluteten Kathedralen zugrunde liegt. Die gotischen Einzelformen wie etwa die Kapitelle, entwickeln sich immer mehr von anaturalistischer zu naturalistischer Schönheit.

War die Romanik im Gestalten additiv, so sucht die Gotik die Vereinheitlichung der einzelnen Teile zu einem gemeinsamen Ganzen, zur Verschleifung des Raumes

198 (vgl. das Innere der Kapelle Heinrichs VII., 1503 - 1519, in der Westminster Abbey,
199 London).

Ablesbar ist die Tendenz auch an der Anordnung der romanischen (Orthogonalprinzip) und gotischen (Diagonalprinzip) Kirchenpfeiler.

Zu besonderer Bedeutung gelangt in der Gotik die allumfassende Symbolik, die Raum, Plastik und Farbe durchdringt, wobei zu Beginn dieser Entwicklung die Kunst überwiegend religiös bestimmt ist, um schließlich bei Erstarken des städtischen Bürgertums im 13. und 14. Jh. bei gleicher Symbolgestalt weltlichere Züge anzunehmen.

Bildliche Darstellung ethischer und religiöser Vorstellungen und Erwartungen wird angestrebt. In deren Folge kommt es zu einer Verfeinerung der Sitten (Poesie und Minnesang).

Zusammenfassung der gotisch-dualistischen Auffassung:
Gotisches Kunstwollen strebt kubische bildhauerische Gestaltung, unter Vermeidung der Fläche, an; es betont die im Kunstobjekt wirkenden Innen- bzw. Seelenkräfte.

Aus den vorausgegangenen Epochen werden durch die Gotik eine wachsende Naturhaftigkeit und eine christliche und schließlich daraus zu folgernde weltliche Symbolik entwickelt. Die anfangs noch mitklingende Linie wird überwunden. Die ursprünglich harten Farben werden differenzierter, so daß die Schattenbildung stärker zur Geltung gelangt. Eine neue Weltauffassung löst das Einzelne aus der Isolierung und macht es zum Teil des Ganzen, zum „totum in toto".

Befaßt man sich mit der Entstehungsgeschichte des Begriffes „Gotik", so hat man zunächst festzustellen, daß der gotische Stil kein nationaler, sondern ein die Ländergrenzen überschreitender Stil ist.

In seiner Schrift (1550) „Vite de' più eccelenti pittori, scultori ed architetti" greift Vasari den schon von Alberti/Ghiberti/Filarete (Lehre von den drei Zeitaltern der Künste) für die Gotik verwendeten Begriff „barbarisch" wieder auf und präzisiert erstmals, die Goten seien die Urheber des barbarischen Mittelalters und die Zerstörer antiker Schönheit gewesen.

Das Wort „gotisch" ist dabei also abwertend gebraucht, es soll die aufblühende Renaissance aufwertend rechtfertigen. Noch Sulzer (1720 - 1779) hält an dieser abwertenden Haltung in seiner Schrift „Allgemeine Theorie der schönen Künste" fest. Nach anfänglich anderer Einstellung (Italienische Reise) durchbricht Goethe erstmals nach seinem Besuch von Straßburg 1772 diese Auffassung vom Wert der Gotik durch die Wiedergabe seines Eindruckes vom dortigen Münster.

Die Romantiker zu Beginn des 19. Jh.s, besonders Schinkel, preisen die Gotik als den „ergreifenden Stil altdeutscher Baukunst". Muß man auch zugeben, daß viele Romantiker nur wenig wirkliches Wissen besitzen, so überrascht doch ihr weitreichendes intuitiv-einfühlendes Verständnis.

Im Gegensatz dazu vertritt der Franzose Lefèvre-Pontalis eine positivistische Auffassung, die Theorie nämlich, die Gotik leite sich einzig vom Rippengewölbe und dessen weiterer Entwicklung ab. Über diesen Irrweg gelangt die Kunst- und Baugeschichtswissenschaft zu Ende des 19. Jh.s zu der Erkenntnis, daß die Gotik eines umfassenden Verständnisses bedürfe und andere Voraussetzungen als die Antike erfordere.

Der Vergleich mit antiker Baukunst wird aufgegeben, die Gotik nun verstärkt aus ihrem geistigen Wesen heraus verstanden.

Wegbereiter dieses Neuverständnisses sind Eugène-Emmanuel Viollet-le-Duc (1814 - 1879), Franz Kugler (1808 - 1858), Dehio und Bezold (1892 - 1901 erscheint „Die kirchliche Baukunst des Abendlandes"). Im 20. Jh. sind es in Frankreich: Marcel Aubert und Henri Focillon; in Deutschland: Ernst Gall, Hans Jantzen und Hans Sedlmayr. Sie arbeiten das Wesen der Gotik als eine „Verbindung von Geist und Tat" (*Hofstätter*) heraus.

Betrachtet man den geographischen Ursprung der Gotik, so fällt auf, daß diese weitab von allem Mittelmeerischen in einem eng begrenzten Gebiet Europas entsteht, in dem es keine antiken Baureste von Belang gibt: im fränkischen Kronland um Paris, der Ile de France. Ausstrahlungen reichen bis in die Champagne und die Picardie.

Im Begriff Gotik sind im europäischen Raum Bauten mit gemeinsamen Merkmalen zusammengefaßt, die zwischen 1150 und 1550 entstehen. Allerdings gilt es, Zeitunterschiede und Verschiebungen in den verschiedenen Ländern zu beachten.

Die nahezu 400jährige Dauer der Gotik als Kulturepoche erklärt einen permanenten, sich in Konstruktion und Form auswirkenden Wandel des Stiles. Abgesehen davon bedingt die Entwicklung politischer Nationalstaaten in Europa national gefärbte gotische Stile, so daß sich die Gotik im Ergebnis vielschichtig zeigt. Als Schöpfungsbauten gotischer Architektur gelten heute in erster Linie die Abteikirche von St. Denis sowie die Kathedrale von Sens.

159 Abt Suger beginnt 1137 die Abteikirche von St. Denis bei Paris neu zu gestalten. Westfassade, Vorhalle und Chor werden von ihm neu errichtet, das karolingische Mittelschiff dagegen bleibt zunächst erhalten.

Abt Suger hat beim Bau von St. Denis wohl mit Absicht die Einzelheiten seiner Synthese gotischen Stils von weither zusammengetragen (Normandie, Burgund, Toulouser Raum). In drei Schriften, welche die Gotik als geistige Schöpfung sichtbar werden lassen, beschäftigt er sich mit seinem Neubau und spricht bewußt von einem „opus novum" im Gegensatz zu der karolingischen Basilika als vom „opus antiquum". Der innovative Anspruch erklärt sich aus der Rolle Sugers als Vorsteher der wichtigsten königlichen Abtei und persönlicher Berater des Königs in einer Zeit wachsender Bedeutung der Krone.

Der neuen, in St. Denis erstmals angewendeten Ausdruckssprache folgen die Kathedralen von Sens, Noyon, Senlis, Paris und Laon in der zweiten Hälfte des 12. Jh.s. In all diesen Bauten vollzieht sich die Frühgotik Frankreichs, dies in einer Zeit, in der in Süd- und Mittelfrankreich, in den Rheinlanden und Niedersachsen sowie in Italien die charaktervollsten romanischen Bauten entstehen.

Bauherr – Architekt – Bauhandwerker

Die Romanik hat gelernt, die wichtigsten ihrer Baustoffe – Natursteinmaterial und Holz – technisch zu beherrschen. Außer beim Wölben traten kaum statische Schwierigkeiten auf.

Die neuen Tendenzen der Gotik bringen dagegen unmittelbare technische Probleme mit sich.

Wichtig zu ihrer Lösung sind:
- Das Erkennen der technischen Probleme,
- eine perfektionierte Arbeitsorganisation,
- die Schulung entsprechender Arbeitskräfte,
- die Finanzierung der Großbaustellen.

Erkennen der technischen Probleme

Die starke Mauer romanischer Zeit weicht dem Skelettbau. Abgedeckt wird das
147 gotische Stützsystem durch leichte Gewölbeschalen, deren Technik durch die Ein-
144 führung der Rippe bewältigt wird. Gegenüber der Romanik entwickelt sich ein
gänzlich anderer Kräfteverlauf im Gesamtgebäude. Die Konstruktionen werden
kompliziert, d.h. sie funktionieren nur im Zusammenspiel.

Arbeitsorganisation

Während der wichtigste Handwerker der Romanik noch der Maurer war, geht in der Gotik die Führungsrolle auf den Steinmetz und Bildhauer über.

War die Bauführung in der Romanik mehr in die Hände der Klöster gelegt, entwickelt sich in der Gotik eine komplizierte Organisation von Bauhütten mit autonomer Verwaltung.

Wie wichtig gerade die Einrichtung einer in Form der Bauhütte bestehenden Sammel- und Vermittlungsstelle technischen Wissens ist, zeigt sich im Hinblick auf die oft erheblichen, weit über eine Generation hinausgehenden Bauzeiten (Xanten: 1263 - 1550).

Das in mittelalterlichem Latein „Ludza" oder „Luydze" geschriebene Wort hängt wahrscheinlich mit dem italienischen „Loggia" zusammen, dem Wort, das einen überdachten Freiraum bezeichnet, in dem die Steinmetze arbeiteten. Die technische Oberleitung der Hütte obliegt dem „magister lapicidae", der Laie ist und dem Handwerkerstand entstammt.

Er entwirft den Bau, richtet die Arbeitsschablonen, überwacht den Baufortschritt und legt selbst Hand an bildhauerisch besonders hervorgehobene Stücke. Er allein ist dem Bauherrn verantwortlich. Dem Werkmeister (Baumeister) unterstehen Meister, Poliere, Gesellen, Lehrlinge (Diener).

Durch Geheimhaltung ihrer Regeln schützen sich die Hütten vor Konkurrenz.

Im heutigen - übertragenen - Sinne ist der Baumeister (Werkmeister) Unternehmer und somit auch für wirtschaftliche Vorgänge auf der Baustelle zuständig. Um die gotischen Baumeister von Verwaltungsarbeit zu entlasten, werden vom Bauherrn gelegentlich neben dem Baumeister gleichberechtigt ein magister operarius oder die sogenannten procuratores (meist Kanoniker) eingesetzt. Diese übernehmen die finanziellen Angelegenheiten, auch der Hüttenmitglieder, die Vertragsgestaltungen, die Materialbeschaffung in finanzieller und lieferungsbedingter Hinsicht sowie die Disziplinargewalt.

Die Bauhütten werden von der Obrigkeit auch zu Gutachten in Bauangelegenheiten und Baustreitigkeiten herangezogen, wobei z.B. Straßburg Obergutachter im oberrheinischen Raum ist.

Die Arbeit kann sowohl im Akkord (Steinmetzzeichen als Zählzeichen) als auch im Tagelohn erfolgen (in Italien kennen die Bauherren schon das Prinzip der öffentlichen Ausschreibung). Für Baumeister gibt es Angestellten- und Beamtenverträge.

Ein Zehntel ihres Lohnes führen die Hüttenmitglieder in eine Kasse ab, die für soziale Härtefälle sowie die Weggroschen der Wandergesellen in Anspruch genommen werden kann. Es gibt außerdem eigene Kleiderordnungen, ja sogar Einschränkungen der persönlichen Freiheit. Doch dafür kann der einzelne seinerseits auf den sicheren Schutz der Gemeinschaft zählen.

Ohne die Organisation der Bauhütte sind die großen gotischen Bauwerke nicht denkbar, sie verstehen sich als Leistungen einer Gemeinschaft. Soweit in Städten nicht Zunftmeister, gleichsam als Subunternehmer, herangezogen werden, gehören zum Verband der Bauhütten neben Steinmetz und Bildhauer alle Arten von Handwerkern: Maurer und Versetzer, Zimmerleute und Säger, Dachdecker, Schmiede, Hilfskräfte.

Damit wird deutlich, daß die Hütten – vergleichbar den Zünften im städtischen Bereich – beachtliche volkswirtschaftliche Organismen darstellen.

Es gibt strenge Bauvorschriften (München: 1347; Ulm: 14. und 15. Jh.; Basel: 14. Jh.; Nürnberg, Wien, Lübeck), insbesondere beim Deutschen Orden in Preußen, der während des 14. Jh.s bereits den Bauschein einführt. Die Fertigung der Risse (Baupläne) ist unmittelbare Aufgabe des Baumeisters. Nachfolger müssen sich zur Fortführung der Pläne des Vorgängers verpflichten.

Da präzises Meßgerät fehlt, muß sich ein Baumeister, um seinen Riß in die natürliche Größe übertragen zu können, geometrischer Hilfsfiguren (Kreis, Quadrat, Dreieck) bedienen.

Wichtige zeitgenössische Dokumente, die uns Einblick in die Konstruktions- und Arbeitsweise damaliger Zeit geben, blieben uns in Form einiger Skizzenbücher
145 von Hüttenmeistern erhalten, unter denen das um 1235 entstandene eines Hüt-
157 tenmeisters aus der Picardie, das Skizzenbuch des Villard de Honnecourt, besonders weitgehende Informationen vermittelt.

Einen weiteren Einblick in das architektonische Gestalten, auch in die gotische Farbfassung, geben uns die erhalten gebliebenen Risse der Kathedralen von Köln und Straßburg.

Schulung entsprechender Arbeitskräfte

Die Ausbildung erfolgt ausschließlich entweder im Hüttenverband oder durch den jeweils zuständigen städtischen Zunftmeister, ist also nicht nur praxisbezogen, sondern eingebunden in das unmittelbare Baugeschehen. Vorformen gibt es in romanischer Zeit (1084 ist Abt Wilhelm Leiter der Hirsauer Bauschule; wichtig die umfassende Bildung Wilhelms: Er ist Theologe, Sprachlehrer, Musiker, Dichter und insbesondere Baumeister).

Für das 11. Jh. sind geistliche Bauhütten in Regensburg, Hildesheim, Speyer, Naumburg und Bamberg nachgewiesen. Die erste weltliche Hütte wird in Straßburg zu Beginn der gotischen Stilepoche um 1246 gegründet.

Oberstes Ausbildungsziel ist es, dem Lehrling deutlich zu machen, daß er zur größeren Ehre Gottes zu lernen und zu arbeiten hat (mittelalterliches Prinzip der absoluten Durchdringung von Sakralem und Profanem).

Eine Trennung - wie heute - in einen praktischen und einen theoretischen Ausbildungszweig kennt die gotische Bauhütte nicht. Das Einstellungsalter beträgt i.a. 14 Jahre. Maurer haben eine drei-, Steinmetze eine fünfjährige Lehrzeit zu absolvieren.

Will der Steinmetz Bildhauer werden, so hat er zwei weitere Jahre zu lernen. Nach der Lehrzeit werden die Diener feierlich freigesprochen und sind damit Gesellen, was mit der Verpflichtung zu mindestens einjähriger Wanderschaft verbunden ist. Erst der Geselle ist Mitglied der Bauhütte. Da die Gesellen weder schreiben noch lesen können, müssen sie sich durch Zeichen und Rituale erkennbar machen, wenn sie in eine andere Bauhütte aufgenommen werden wollen. Tüchtige, kreative Gesellen können Poliere, Meister und Werkmeister werden.

Finanzierung der Großbaustellen

Unter der in gotischer Zeit gegebenen Wirtschaftsstruktur sind vor allem die großen Kathedralbaustellen auf unsichere finanzielle Beine gestellt. Man vertraut auf Gott.

Geldquellen sind:

- Spenden der Gläubigen, vor allem von Wallfahrern (dies schließt auch „Bettelreisen" der Kleriker unter Mitführung von Reliquien der jeweiligen Kirche ein);
- Stiftungen;
- Aussetzung geistlicher Pfründen zugunsten der Fabrikkasse (gilt für begrenzte Zeit ebenso wie für die dauernde Vakanz von Stellen);
- Verkaufserlöse der Kapitel;
- Erträge aus dem Ablaßhandel, die eine große Rolle spielen.

Aus den unsicheren Einnahmen erklären sich die langen Bauzeiten. Somit sehen sich die Hütten oft gezwungen, auch an anderen Orten Aufträge zu übernehmen. Während die Entstehung der Frühgotik in Frankreich mit einer Konsolidierung der königlichen Macht einhergeht, legt der weitgehende politische und wirtschaftliche Zusammenbruch in der zweiten Hälfte des 14. Jh.s die Bautätigkeit vielerorts lahm. Um so erstaunlicher ist es, daß Baustellen wie Amiens, Köln, Mailand usw. über Generationen fortgeführt werden konnten.

Baumaterial und Bautechnik / Bauteile und Baugefüge

Stammen auch zahlreiche Konstruktionen, Formen und Dekorationen des gotischen Profanbaues vom Sakralbau ab, so sollte doch trotz des im folgenden eindeutig beim Kathedralbau liegenden Schwergewichts der Betrachtung nicht außer acht gelassen werden, daß gerade im Profanbereich je nach Bautyp, Nutzung und Landschaft und der darin vorhandenen Materialien hier aus Zeitgründen nicht behandelte eigene Konstruktionsprinzipien zu gelten haben. Am Konzept der gotischen Kathedrale als Ganzes sowie an ihren Einzelheiten wird sichtbar, daß sie ein vielfältiges, vielschichtiges, symbolhaft-geistiges Phänomen darstellt, das grundlegend neue Raumvorstellungen zu realisieren sucht.

Alle Formen der Gotik basieren auf denjenigen Frankreichs im 11. Jh. Sie sind keine spontane Erfindung der ersten gotischen Bauten wie St. Denis.

Konstruktives System der gotischen Kathedrale

Zugunsten größerer Fensterflächen erfolgt die Auflösung der starken romanischen Außenwände in Pfeiler. Die Raumhülle entwickelt sich von der „mur épais" zur „mur mince".

Zwischen die Pfeiler schieben sich diaphane Füllwände (farbige Glasfenster). Die Pfeiler werden diagonal gestellt.

Auf das Pfeilersystem senkt sich baldachinartig ein System spitzbogiger Kreuzrippengewölbe.

In der Folge entsteht - unter Aufgabe des zunächst als „Vermittlungsform" genutzten sechsteiligen Mittelschiffgewölbes - die durchgehende Travée.

Das Ergebnis dieses Konstruktionsgefüges ist eine Vereinheitlichung des Kircheninnenraumes. Die Gewölbe scheinen zu schweben. Das der Romanik eigene additive System ist dem Divisionsprinzip gewichen.

145 Dem Gewölbeschub begegnet man durch ein äußeres Strebewerk, das die Kräfte
156 auf Pfeiler mit Auflast (in Form der Fialen) überträgt. Gerade die Auflösung der Baumasse in Einzelglieder zieht erhebliche statische Probleme nach sich. So führen Unterdimensionierung und allzu große Höhenentwicklung in Beauvais zu einem teilweisen Einsturz des Chores und zu einer zusätzlichen Einstellung von Pfeilern. Mathematisch-ingenieurmäßige Kenntnisse existieren um diese Zeit nicht. Zur Dimensionierung der Bauteile stützt man sich auf empirische Werte. So entwickeln die gotischen Baumeister eine verfeinerte Beobachtungsgabe, die sie meist bei den geringsten Veränderungen in den Konstruktionselementen richtige Schlüsse auf das Materialverhalten ziehen läßt (vgl. Gewölbeformen, Aufgewichte etc.). Intuitiv setzen die gotischen Baumeister dort Masse ein, wo sie gebraucht wird.

165 Schon unmittelbar nach ihrer Entstehung bezeichnet man die Strebebögen von Chartres als „taumelnde Arkaden", ein deutlicher Hinweis auf ihre gewagte Konstruktion! Doppelte Strebewerke werden durch mittige Strebepfeiler geteilt, die ebenso wie die Fialen der Außenpfeiler Auflasten zur Reduzierung des Gewölbeschubes liefern.

Bis zu dreifachen Strebebögen kann sich das Stützsystem steigern. Außerordentlich problematisch allerdings gestaltet sich in diesem Falle die an und für sich nicht mit einfachen Mitteln zu lösende Frage der Kirchendachentwässerung.

Auch die Gewölbe lassen ein mit der Zeit zunehmendes Material- und Konstruktionsverständnis erkennen, das jedoch nicht immer zwangsläufig zur Steigerung des Raumeindrucks führt.

Anfänglich haben die gotischen Kreuzgewölbe gerade Scheitel. Bust man jedoch die Kappen, so lassen sie sich leichter freihändig, d.h. ohne Stützhilfsmittel, mauern. Die Kappenstärke beträgt im Normalfall 1/2 bis 1 Stein. Als Verband kommen Kuff oder Schwalbenschwanz zur Anwendung.

Gurte und Rippen zeigen im Laufe der Zeit Querschnittsveränderungen. So haben die Birnstäbe anfänglich eine scharfe Kante, die sich schlecht auf die Lehrbogen setzen läßt; ein ungleicher Untersichtsverlauf ist deutlich erkennbar. Deshalb führt

man bald den Steg ein. Die Gewölberippen werden geteilt, und eine immer reichere
147 Figuration entsteht - zuerst noch jochbegrenzt, später im Sinne der Raumver-
148 schleifung sich über die gesamte Gewölbeuntersicht ziehend. Im Prinzip sind zwei Gewölbetypen nach ihrer figurativen Gestaltung zu unterscheiden:

1. Sterngewölbe: Sie sind jochbegrenzt, und die Kreuzrippe ist zumindest in ihrem Ansatz erhalten.
2. Netzgewölbe: Hier überziehen, wie das Wort sagt, die Rippen wie ein Netz das Gewölbe. Es gibt keine Kreuzrippe. Die Jocheinteilung wird bald aufgegeben.

Nationale Eigenheiten entstehen (Süddeutschland; England). Die Anfängeraus-
147 tragung von Gurt, Schildbogen und Rippe zeigt, welches Können dem mittelalterlichen Steinmetzen abverlangt wird.

Das in der Romanik vorgeformte Triforium entwickelt sich am Obergaden zu großartigen Lösungen.

149 Während sich in der Entwicklung des Triforiums zunächst einzelne Bögen nebeneinandersetzen, dies zum Teil ohne Kapitelle (vgl. Dijon, St. Bénigne), kommt es in der Folge zu einer Aufgliederung in Haupt- und Nebenabteilungen durch überspannende Bögen und damit zur Übertragung des die Wand vereinheitlichenden Systems der alten und jungen Fensterpfosten (vgl. Brüssel, Ste. Gudule). Die Tendenz der Vereinheitlichung, d.h. die Einbeziehung der Triforien in die Fensterzone, verdeutlichen späte Bauten wie die Kathedrale St. Etienne in Châlons-sur-Marne (zweite Hälfte 13. Jh.).

150 Ein neues Verhältnis zum Licht, das nun auch unmittelbar unter den Gewölbe-
151 schildbögen einfällt, drückt sich in einer Fülle neuartiger Fensterlösungen aus. So kann eine Unterteilung größerer Flächen mittels alter und junger Pfosten erfolgen, und so können unterschiedliche Formen wie Schneise, Wolfsangel, Drei- und Mehrpaß, Nase und Flamboyant vorkommen. Bei der Durchgestaltung der Maßwerke selbst spielen regionale und nationale Eigenheiten eine nicht unerhebliche Rolle. Im norddeutschen Raum z.B. wird statt des ansonsten üblichen Materials Werkstein für derartige Konstruktionen ausschließlich der Ziegelstein verwendet (in Danzig bei Fenstern mit fast 20 m Höhe und unter Eisenabstrebung der Ziegelpfosten!).

Die Vielfalt der gotischen Konstruktionsmöglichkeiten wird jedoch auch an bisweilen weniger beachteten Bauteilen deutlich, so an den Dächern von teilweise erheblichen Abmessungen.

In gotischer Zeit werden zuweilen die in der Romanik üblichen einfachen Kehl-
152 balkenkonstruktionen und die Kreuzstreben zwischen den Sparren beibehalten, zuweilen aber mehrere Kehlbalkenlagen in Verbindung mit stehenden Stühlen verwendet. Daneben gibt es liegende Stühle, die einen freien Dachraum ermöglichen, aber eine besondere Verstrebung erfordern, außerdem Sprengwerke und mit von den Sparren ausgehenden Hängesäulen versehene Dachstühle. Während bereits viele französische Kathedralen Pfettendachstühle haben, gelangen diese scheinbar erst während des 15. Jh.s in Verbindung mit einer Kombination aus liegendem und stehenden Stuhl in Deutschland in Mode.

Der vom Ende des 15. Jh.s stammende und über fast 14 m frei gespannte Dach-
153 stuhl der Kathedrale von Reims setzt sich aus Bindern zusammen, die als Hän-

gewerk ausgeführt sind. Das System ist trotz der überzeugenden Grundidee aus heutiger Sicht im Detail recht aufwendig.

Gerade in England erfährt der offene Dachstuhl eine bisweilen konstruktiv wie
154 dekorativ äußerst eindrucksvolle Ausbildung. Das Hauptbeispiel ist die Westminster-Hall, bei der ein Binder von 21 m lichter Weite aus im wesentlichen drei Dreiecken und einer stützenden und die unteren Dreiecke schneidenden Spitzbogenstrebe besteht. Die Zwischenräume der aus dem Jahre 1399 stammenden Binder werden durch Stabwerk gefüllt.

Baudekoration

Neben zeitweiligem Einfluß des frühgotischen Knollenkapitells, des Tellerkapitells
155 und des profilierten Kelchkapitells erlangt vor allem das Blattkapitell eine dominierende Rolle. Es bevorzugt als Grundkörper Kelch und Korb. Auch kann es von einem rechteckigen, polygonalen oder runden Abakus bedeckt sein. In bezug auf die Blatt- und Blumendekoration kommt es zunächst zu einer Bevorzugung heimischer Pflanzenarten, später zu größerer Abstraktion und - in der Reduktionsgotik - schließlich zum gänzlichen Fortfall des Kapitells, um dadurch ein kontinuierliches Aufsteigen der Bauglieder zu ermöglichen.

Eine der typischsten Dekorationen gotischer Zeit ist das Maßwerk, ein geometrischer Schmuck zur Gliederung vorrangig von Fenstern, später auch von Wimpergen, Brüstungen u.a., ja bisweilen ganzer Wandabschnitte. Es entwickelt sich zunächst in oberer Fortsetzung des zur Teilung größerer Fenster notwendigen Stabwerks und füllt das eigentliche Bogenfeld in Form von Pässen, Blättern, Fischblasen oder aus diesen zusammengesetzten Figuren.

Wie das Maß- in Verbindung mit dem Stabwerk folgt die gesamte Bauzier der aufstrebenden Tendenz der Architektur. Dies zeigen ebenfalls die offensichtlich von Goldschmiedearbeiten inspirierten Elemente, wie Wimperge, Fialen und Kreuzblumen.

156 Unter einem Wimperg versteht man einen giebelförmigen Bauteil zur Auszeichnung von Fenstern und Portalen. Er wird durch Krabben, eine Kreuzblume und Fialen verziert und häufig von Maßwerk durchbrochen.

Die als bekrönende Zierform über Strebepfeilern oder als seitliche Begrenzung
156 von Wimpergen verwendete Fiale gehört zu den Hauptverzierungen gotischer Architektur und korrespondiert in ihrer Turmform mit dem betonten Vertikalismus der Zeit. Sie stellt eine steile, von Krabben und einer bekrönenden Kreuzblume besetzte Pyramide (Riese) dar, die auf einem meist maßwerkbesetzten Unterteil von vier- bzw. achtseitigem Grundriß (Laib) ruht.

155 Die Krabbe bzw. Kriechblume, die Kanten von Wimpergen, Türmen usw. in meist gleichmäßigen Abständen ziert, zum Teil die Form von Laubbossen annimmt und in spätgotischer Zeit recht ausladende und üppige Formen hat, bedeutet Betonung organischen Wachstums gegenüber der geometrischen Starrheit der Architekturgliederung selbst.

Den scheinbar spielerischen Umgang mit gotischen Einzelformen in Verbindung mit einer auf das statisch notwendige Gerüst reduzierten Konstruktion demonstriert eine Zeichnung aus dem Bauhüttenbuch des Villard de Honnecourt:

157 Sie stellt die Türme der Kathedrale von Laon dar, bei denen der Übergang vom Quadrat des Unterbaues zum Achteck der Oberkonstruktion in eleganter und kaum merklicher Weise durch strukturerzeugende Elemente vollzogen wird. Gerade diese Zeichnung verdeutlicht in überzeugender Weise die Homogenität der Gesamt- und der Detailgestaltung der klassischen französischen Gotik.

Ist es mit dem Werkstein ohne weiteres möglich, sich nahezu jeder vorstellbaren Form am Objekt selbst anzupassen, so treten in Verbindung mit dem Material Backstein Schwierigkeiten auf, die sich nur bedingt und über den Weg einer nach einer Art Baukastenprinzip konzipierten Vorfertigung lösen lassen. Für einfache Gliederungen genügt ein grundrißliches Abweichen beim Versatz des Ziegels, bei komplizierteren ein leichtes Verändern der Grundform vor dem Brennen; bei
158 reichen Gliederungen und schwierigen, insbesondere runden Ausbildungen dagegen wird die Herstellung eigener Formsteine bzw. Terrakottaelemente, z.B. für Friese, notwendig.

Die Entwicklung bedingt infolge zunehmender Gestaltung größere Ziegelformate, die - technisch gesehen - geringere Schwierigkeiten bereiten. Größere Bauteile, wie etwa Gewölbepfeiler, werden nach dem Baukastenprinzip zusammengesetzt. Da die Modellierung zurückhaltend zu sein hat, führt die Tendenz von vornherein zu zierlichen Einzelformen (z.B. Kleeblattbogenfries) und zu Blendgliederungen der Außenwände. Zusätzliche Akzente entstehen durch die Mitverwendung glasierter Ziegel, aber auch durch möglichen Verputz z.B. von Nischenrückwänden bei Gebäudeaußenansichten.

Sakralbau

Ein wesentlicher Unterschied zur vorhergehenden romanischen Zeit besteht darin, daß die gotische Kathedrale die romanische Auffassung vom starren, aus lastendem Material gefügten Bau aufgibt. Sie wandelt ihn zu etwas Abstrakterem, zu einem bis ins Ungewisse Aufstrebenden, indem sie glauben macht, die Materie auflösen und in einem Gliederbau verschleifen zu können.

143 Der insbesondere am Querschnitt erkennbare Unterschied in den Maßen sowie in der Konstruktion einer späten hochgotischen Kathedrale und einer romanischen Basilika läßt in einprägsamer Weise die bauliche Entwicklung dieses Zeitraumes deutlich werden.

Der Innenraum wird in Teile „dividiert", er löst sich im Gegensatz zum „additiven" romanischen Raum in ein System von Kraftlinien auf.

Die Bilder auf den romanischen Wänden werden zu diaphanen farbigen Fensterflächen zwischen dem Skelett der Konstruktion: Sie steigen gleichsam ins Unendliche auf.

Bei vergleichender Betrachtung romanischer und gotischer Architektur stellt sich ebenso die Frage nach dem Beweggrund für einen derartigen Wandel der Bauauffassung wie die Frage nach der diesem Wandel zugrunde liegenden Idee.

Die Kathedrale verkörpert ein Gemeinschaftswerk der Zeit. In Frankreich ist die enge Bindung des Königshauses an die Kirche wegen des Macht- und Mittelhintergrundes von großer Bedeutung. St. Denis bildet die Grablege, Reims die Krönungskirche der französischen Könige.

Während der französische König (als erster Philipp II. Augustus, 1180 - 1223) mit der Einigung seines Landes die Voraussetzungen für einen auch zum Bauen notwendigen materiellen Aufschwung erreicht, verhindert demgegenüber in Deutschland der Streit zwischen Kaiser und Papst eine derartige Zentralisierung und bringt das Land in weitgehende Abhängigkeit von seinen Nachbarn. Außerdem ist die Geschichte Frankreichs im Mittelalter eng mit derjenigen Englands verknüpft. Ein politisch derart stabilisierter Raum macht die Entwicklung der gotischen Kathedrale möglich. Schließlich lassen der Niedergang des Papsttums während des „babylonischen" Exils in Avignon, das Erstarken des Bürgertums gegenüber der königlichen Zentralgewalt und die große Hungersnot 1315 - 1317, gefolgt von der erbarmungslosen Pestempidemie 1340 - 1350, die Kraft und Begeisterung zum Kathedralenbau erlahmen: Angefangene Bauten bleiben unfertig liegen (Straßburg, Beauvais, Köln).

Wichtig ist aber die geistige Motivation zum Kathedralenbau. Sedlmayr nennt aufgrund mittelalterlicher Literatur die Kathedrale ein „Abbild des Himmels". Nach ihm liegt der eigentliche Sinn der Kathedrale als sichtbare Erscheinung im Transzendenten. Die Kathedrale sei einerseits eine menschliche Schöpfung, zum anderen eine Vision symbolischen Charakters. Die Offenbarung des Johannes und apokryphe Schriften zeigten die Himmelsstadt und den himmlischen Thronsaal auf. Sie setzten das Himmlische Jerusalem mit dem Abbild der Kirche gleich. Jerusalem gelte gleichsam als das neue Paradies. Auch die frühchristlich-romanische Kirche wolle Abbild des Himmlischen Jerusalem sein. Vorbild der frühchristlich-romanischen Zeit sei dagegen die römische Stadt.

Die gotische Kirche ist Sedlmayr zufolge eine „geistige" Kirche, gestützt auf die Apokalypse; sie erfordere eine neue Liturgie. Der Bau selbst erlebe seine Entmaterialisierung.

In der Romanik werde die Kirche durch die Lichtkronen in Gestalt des Himmlischen Jerusalem ausgeleuchtet. Die gotische Kathedrale dagegen leuchte aus sich heraus. Sie stelle den Himmel dar, hebe sich aus dem Irdischen heraus: In ihr habe somit auch die „Unterwelt" in Gestalt der Krypta keinen Platz mehr (letztere werde folglich im gotischen Kirchenbau aufgegeben).

Hierbei nicht berücksichtigt ist jedoch die Tatsache, daß z.B. bei einigen Mönchsorden bereits vor der Gotik auf die Errichtung von Krypten weitgehend verzichtet worden ist, u.a. bei den Hirsauern deswegen, weil sie i.a. eigene Friedhofskapellen errichteten. Diese können sogar mit dem Kapitelsaal in Verbindung stehen, wie dies erstmalig bei der Marienkapelle in Cluny 1032 realisiert worden zu sein scheint, einer Kapelle, die einen eigenständigen Baukörper neben der Kirche bildet.

In der zeitgenössischen Literatur finden sich genügend Belegstellen für das Herabschweben und die Vereinigung der unsichtbaren mit der sichtbaren Kirche, der überirdischen mit der irdischen Architektur.

Zur vielschichtigen Symbolik der gotischen Kathedrale gehören als Einheit auch Musik und Liturgie.

In der Zahlensymbolik dominiert die Zahl 8 (auch die Reichskrone war achteckig), wobei sich die Acht auf die acht Töne der Oktave bezieht.

Prim bedeutet Seligkeit. Der achte Ton ist den Greisen – ernst und angenehm – zugeordnet; mit ihm berührt sich Irdisches mit dem Jenseitigen. In den Baldachinen und Taufkirchengrundrissen kehrt die Acht wieder.

Indem das Himmlische in die Kathedrale eingeschlossen und das Kakodämonische (das den bösen Geistern Verhaftete) in die äußeren dunklen Zonen verbannt ist, scheint durch eben diese scharfe Trennung des Himmlischen vom Höllischen die Gleichung vom Abbild des Himmels und der Hölle an der gotischen Kathedrale aufzugehen.

Doch bleiben nach Sedlmayr Antinomien der Kathedrale:

So lassen sich zwei Altäre in der Achse der Kirche liturgisch wie künstlerisch nicht klären, denn im Himmel sind zwei Altäre nicht möglich.

Auch der Lettner ist Störung des künstlerischen Konzepts, denn der Himmel kann nicht geteilt werden.

Für uns läßt sich die Kathedrale nur bedingt aus zeitgenössischer Philosophie, Religion und Symbolik deuten. Keinesfalls kann man Gotik nur als einen von Spitzbogen und Rippengewölbe bestimmten Baustil erklären, geben doch, z.B. – ungeachtet anderer Zusammenhänge – allein Gläubigkeit und Mystik der Kathedrale sinnliche Gestalt durch Transformierung!

Wenn Idee und Geist primär die Architektur der gotischen Kathedrale ausmachen, so heißt dies allerdings nicht, daß keine gotische Profanbaukunst existiere. Nur brauchen wir für sie keine prinzipiell anderen Entwicklungsquellen zu suchen, weil die profanen Bauten die an der Kathedrale entwickelten Formen übernehmen und sie den Verhältnissen entsprechend anpassen. Damit werden sie aber nicht selten zur reinen Bauzier und verlieren somit ihren symbolischen Grundgehalt.

Frankreich

a) Frühgotik

Frühgotisch nennen wir die Bauten im Entstehungsgebiet der Gotik, der Ile-de-France, an denen der Baustil sich ausbildet. Häufig sind die Bauten dieses Zeitraumes – so Senlis, Noyon, Paris, Laon, Mantes – Unserer Lieben Frau geweiht.

Schon in einem der ersten Bauwerke der sich entwickelnden französischen Gotik, in St. Denis, sind, wie dargestellt, andere geistige Kräfte als in der Romanik stilbildend.

159 *St. Denis, Abteikirche*
(ab 1137)
Die 1137 – 1140 erbaute Fassade der Abteikirche folgt in ihrer grundsätzlichen Durchgestaltung der Fassade von Ste. Trinité in Caen, einem normannischen Bauwerk also. In Ste. Trinité setzen sich die Türme durch Strebepfeiler ab. Aufwärts führende Tendenzen sind ablesbar. Als neues Motiv taucht in St. Denis die Rose auf (Sonnenscheibe), als für den Norden des Landes neues Motiv auch das Figurenportal (das sich nur fragmentarisch erhalten, aber wohl in Chartres einen typologischen Nachfolger gefunden hat). Das Strebewerk ist ausgebildet.
Beginn des Chorneubaues ist der 14. Juli 1140, sein Abschluß erfolgt im Jahre 1143, die Weihe am 14. Juni 1144.

Waren die romanischen Chöre zusammengesetzt, so versteht es der Baumeister, im Chor von St. Denis ein Raumganzes zu schaffen. Fließende und schwingende Wände begrenzen den Raum.
Schlanke Säulen führen den Blick in Höhe und Tiefe. Das diaphane Lichtspiel bricht sich im Dunkel der Gewölbe.

Sens, Kathedrale St. Etienne
(ab ca. 1140)
Der Neubau der Kathedrale von Sens erfuhr erst während der Ausführung - wohl unter dem Eindruck von St. Denis - eine Planänderung, mit der Folge, daß sie „wie keine andere den Übergang zwischen Romanik und Gotik zeigt" (*von Simson*).
Dem Gesamtkonzept nach noch sehr stark der Romanik verhaftet - so hinsichtlich der Massivität ihrer Bauglieder, des additiven Raumgefüges und der Gedrungenheit der Proportionen (die Gewölbe setzten vor der Erhöhung im Jahr 1230 noch tiefer an) - beweist sie doch mit der Form des dreigeschossigen Wandaufrisses, insbesondere mit der sehr hohen Arkadenbildung ein für die Frühgotik sehr progressives Denken. Auf Emporen wird verzichtet. Dieses nach Jantzen entwicklungsgeschichtlich „verfrühte Schema" wird erst wieder in der Hochgotik aufgegriffen (vgl. Chartres). Der Grundriß war in seiner ursprünglichen Form einfach und klar strukturiert, die Jochabfolge im Inneren nicht durch ein Querhaus unterbrochen.

Senlis, Kathedrale Notre-Dame
(um 1153 - 1190)
Entsprechend der geringeren Bedeutung und Finanzkraft der Diözese Senlis hat die Kathedrale mit einer Länge von nur etwa 75 m verhältnismäßig bescheidene Dimensionen. Aufgrund besonders tiefgreifender, schon seit dem 13. Jh. einsetzender Umbauten und weitgehender Erneuerungen der oberen Partien nach einem Brand Anfang des 16. Jh.s ist der Urzustand nur bedingt rekonstruierbar. Der ursprüngliche Grundriß ohne Querhaus - das vorhandene wurde erst um die Mitte des 13. Jh.s eingefügt - mit sechsteiligen Gewölben und Stützenwechsel weist auf Sens als Vorbild hin, während der Chorumgang mit fünf Kranzkapellen als vereinfachtes Abbild der Lösung von St. Denis angesehen werden kann. Emporen in romanischen Formen übernehmen die aus den Gewölben resultierenden Schubkräfte und die Verspannung des Bauwerkes in Längsrichtung. Umstritten ist, ob ehemals vorhandene Triforien im Zuge einer Vergrößerung der Fenster weichen mußten, oder - im Sinne der Rekonstruktion nach Marcel Aubert - sie überhaupt vorhanden waren.

160 *Noyon, Kathedrale Notre-Dame*
(1160 - 1163)
Vermutlich gegen Mitte des 12. Jh.s - der Vorgängerbau war 1131 abgebrannt - wurde, beginnend mit den Chorumgangskapellen, der Neubau dieser Kathedrale in Angriff genommen. Begründer dürfte somit Abt Baudoin de Boulogne sein, der 1148 von Bernhard von Clairvaux zum Bischof von Noyon ernannt worden war.
Seit der Ausführung des Chorinnenbereiches, verbunden mit einem ersten Planwechsel, wird der Einfluß von St. Denis spürbar, so hinsichtlich der Schlankheit der Säulen, der Weite der Arkaden, der fünfteiligen Überwölbung der Kapellen. Da weder in St. Denis noch in Senlis der ursprüngliche Wandaufriß gesichert rekonstruierbar ist, kann Noyon neben der Abteikirche St. Germer-de-Fly als ältestes Beispiel der für die Frühgotik typischen viergeschossigen Wandgliederung gelten (Arkaden, Emporen, Blendtriforium, Obergaden). Die Emporen sind in diesem Fall nicht nur konstruktiv oder ästhetisch begründet, sondern dienen dem Umgang der Pilger.

Eine wesentliche Neuerung wären die vierteiligen Gewölbe, sollten sie bereits dem ursprünglichen Bauzustand zuzurechen zu sein. Ungewiß ist dies, da der durch Stützenwechsel rhythmisierte Wandaufriß noch auf projektierte sechsteilige Einwölbung hindeutet.
Im Querhaus, das halbrunde Abschlüsse nach flandrischem Vorbild besitzt (bis 1146 waren die Bistümer Noyon und Tournai in Personalunion verbunden!), wird der Wandaufbau des Chors variiert und insgesamt filigraner: Ungewöhnlich ist insbesondere die Anordnung eines Triforiumlaufgangs im zweiten Geschoß anstelle von Emporen.

161 *Paris, Kathedrale Notre-Dame*
(ab 1163)
Schon in der Dimensionierung des 1163 unter Bischof Maurice de Sully begonnenen Neubaus versucht man dem Anspruch der wichtigsten Kathedrale Frankreichs gerecht zu werden: Mit ihrer Innenlänge von 130 m stellt sie – fünfschiffig – zu ihrer Zeit den größten französischen Kirchenbau nach Cluny III dar. Dies bei sehr klarer Grundrißstruktur: Die Seitenschiffe finden ihre Fortsetzung in einem doppelten Chorumgang ohne Kranzkapellen (die vorhandenen Kapellen zwischen den Strebepfeilern sind eine jüngere Zutat), das Querhaus tritt nur wenig aus der Gebäudeflucht heraus. Trotz sechsteiliger Gewölbe wurde auf einen Stützenwechsel im Hauptschiff verzichtet.
Ungewohnt im entwicklungsgeschichtlichen Kontext ist der Aufriß der viergeschossigen Hochschiffwand. Auf geschoßgliedernde Horizontalgesimse wird weitgehend verzichtet, ebenso auf jegliche Zweischaligkeit der Wand, die stattdessen membranhaft dünn gestaltet wird; auch die Dienste wirken nur schwach akzentuierend. Anstelle von Triforiumsarkaden werden zwischen Emporen und Obergaden Rundöffnungen eingeschoben (zum Dachraum offen?). Diese Okuli mußten bereits in der ersten Hälfte des 13. Jh.s vergrößerten Obergadenfenstern weichen, wurden aber in den an die Vierung angrenzenden Jochen durch Viollet-le-Duc rekonstruiert.
Die ausgeführte Wandkonstruktion wurde nur möglich durch den von vornherein geplanten Einsatz technisch fortschrittlicher Strebewerke.
Das sehr einheitliche Gesamtkonzept des Bauwerks darf nicht über eine ganze Reihe von Unterschieden in der Gestaltung von Chor und Langhaus hinwegtäuschen, der diese Bauteile zwei unterschiedlichen Baumeistern zuweist.

162 *Laon, Kathedrale Notre-Dame*
163 (um 1160 – erste Hälfte 13. Jh.)
Etwa zeitgleich mit Notre-Dame in Paris entsteht auch in Laon auf Initiative des Bischofs Gautier de Nortagne ein Kathedralneubau. Spannungen zwischen Bürgern und Bischof wie auch Umbauten während der Ausführung ziehen bauliche Verzögerungen nach sich. So wird bereits ab 1205 der erst wenige Jahre zuvor fertiggestellte Chor durch einen Neubau von mehr als der doppelten Größe ersetzt.
Hervorgehoben durch ihre beherrschende Lage auf einem schmalen Felsrücken ist die Kathedrale auch vom Grundrißkonzept her anspruchsvoller als diejenige von Paris. Dies gilt insbesondere für das gewaltige dreischiffige Querhaus, an dessen Stirnseiten jeweils zusätzliche zweigeschossige Kapellen mit halbrunder Apsis angefügt werden. Der gerade Ostabschluß des Chores deutet auf englischen Einfluß oder auf denjenigen des Zisterzienserordens („bernhardinischer" Chor).
Die Anlage ist dreischiffig. Die Mittelschiffgewölbe zeigen sechsteiligen Grundriß. Die konventionelle, zugleich jedoch in Proportionierung und Detail perfektionierte viergeschossige Wandgliederung unterliegt einer gewissen Rhythmisierung durch den Wechsel drei- bzw. fünfteiliger Dienstbündel über achteckigen bzw. quadratischen Deckplatten der Arkadenkapitelle.

Die gleichgewichtige dreiteilige Westfassade ist als der große Wurf zu Ende der Frühgotik
157 schlechthin anzusehen (vgl. Skizzenbuch des Villard de Honnecourt) und wird z.B. noch vom Westbau des Bamberger Doms übernommen. Die sieben Türme von Laon entsprechen der Idealzahl.

b) Hochgotik

In der französischen Frühgotik hat man das Gefühl des „Noch nicht". Die volle Energie der Gotik wird erst um 1200 wirksam. In dieser Stilphase ist die dreigeschossige gegliederte Wand die Regel.

Die klassische Gotik oder die Hochgotik in Frankreich setzt ab 1194 mit Chartres ein, gefolgt ab 1212 von Reims, ab 1220 von Amiens. Den Höhepunkt mit der Erreichung der Grenzen des Möglichen stellt der 1247 begonnene Bau von Beauvais dar.

Das „Fundament" der klassischen Gotik ist die Dreiheit der Glieder: Chor, Querhaus und Langschiff gelangen zu einer Raumeinheit. Die durchgehende Travée ist durchkonstruiert, die dreiteilige Durchformung der Hochschiffwand das typische Merkmal. Die Empore wird aufgegeben.

164 *Chartres, Kathedrale Notre-Dame*
165 (nach 1194 - um 1230)
Die Bedeutung als berühmtes Marienwallfahrtsziel erklärt den raschen Wiederaufbau dieser Kathedrale (der Vorgängerbau war durch einen Brand 1194 zerstört worden) wie auch die mit 130 m Länge und 64 m Breite sehr großzügige Dimensionierung des Gebäudes. Es wirkt, auch wenn man seine recht kurze Bauzeit bedenkt, außerordentlich geschlossen, was zu anhaltenden und bisher nicht ausgeräumten Meinungsunterschieden über die Bauabfolge führte.

Der Grundriß zeigt zwei Chorumgänge und Chorkapellen. Im Aufriß findet sich eine Reihe wesentlicher Neuerungen, die für den Kathedralbau der Hochgotik kennzeichnend werden und „kanonische" Gültigkeit erlangen:

Das Wölbsystem baut auf der durchgehenden Travée auf, d.h. querrechteckige Langhausjoche werden von vierteiligen Gewölben überspannt, die Seitenschiffjoche von etwa quadratischen Gewölben gleicher Tiefe. In dem im Langhaus noch vorhandenen Stützenwechsel sieht Erlande-Brandenburg ein „ästhetisches Souvenir".

Ebenso entscheidend ist der Wegfall der Emporen. Der sich daraus ergebende dreigeschossige Wandaufbau nimmt eine völlig neuartige Proportionierung an. Das mittig angeordnete durchlaufende Triforium mit vier identischen Bögen je Joch markiert eine kräftige Horizontale. Die Obergadenfenster nehmen die gleiche lichte Höhe wie die Erdgeschoßarkaden an; sie sind nicht länger auf die Schildwände der Gewölbe beschränkt. Die plastische Durchgestaltung der Wände wird, gemessen an früheren Bauten, vereinfacht. Am Außenbau fallen die doppelten, formal noch unsicher ausgeführten Strebewerke mit dem Motiv radial angeordneter Arkaden auf („taumelnde Arkaden").

166 *Reims, Kathedrale Notre-Dame*
167 (ab 1211; Teile der Westfassade bis drittes Viertel 15. Jh.)
Die herausragende geschichtliche Bedeutung als Krönungskirche der französischen Könige kommt schon in der Größenausdehnung der Kathedrale wie auch in ihrem aufwendigen bauplastischen Schmuck zum Ausdruck. Dies und nicht zuletzt ihre besonders ausgewogene Proportionierung lassen sie zum „Inbegriff klassischer Vollkommenheit innerhalb der Gotik" (*Grodecki*) werden.

Das Grundrißkonzept ist Chartres deutlich nachempfunden. Die Querhausarme sind jedoch weniger ausladend; die Chorlösung beschränkt sich auf einen einfachen Umgang. Der Wandaufriß mit der mittlerweile verbindlichen dreigeschossigen Gliederung nimmt insgesamt steilere Proportionen als am Vorbild Chartres an. Besonders betonte und mit reichem Blattschmuck verzierte Kapitelle bilden eine deutliche Grenze zwischen der feingliedrig gestalteten Hochschiffwand und der massiven Arkadenzone. Eine Verknüpfung der kantonierten, d.h. von vier Säulen in den Achsen umstandenen Pfeiler mit den zugeordneten Dienstbündeln wird dadurch weitgehend unterbunden.
Eine entscheidende Neuerung im Bereich der Fenster ist die Einführung des Maßwerks. Die beiden Türme der Westfassade, die einzigen ausgeführten der ursprünglich projektierten sieben Türme, verraten trotz der späten Vollendung im 15. Jh. ein kontinuierliches Festhalten an den Formen des „Style rayonnant".

168 *Amiens, Kathedrale Notre-Dame*
(ab 1220)
Während durch eine Inschrift des im Fußboden eingelegten Labyrinths die Namen der ausführenden Architekten Robert de Luzarches, Thomas und Regnault de Cormont sowie das Jahr des Baubeginns 1220 bekannt sind, ist die weitere Chronologie relativ unsicher. Das Langhaus scheint jedoch 1233 fertiggestellt gewesen zu sein (zu diesem Zeitpunkt wurde hier ein provisorischer Chor eingerichtet), der Chor dürfte 1269 schon überwölbt gewesen sein. Die Gestaltung der Westfassade zog sich schleppend bis ins 15. Jh. hin.
Der Grundriß der Kathedrale folgt dem klassischen Muster von Chartres und Reims, erfährt aber eine weitere Größensteigerung: Mit einer Länge von 145 m und einer Querhausbreite von 70 m, d.h. einer überbauten Fläche von etwa 7700 m^2 stellt sie die größte Kathedrale Frankreichs dar.
Für den Wandaufriß des mit 42,50 m bis zu diesem Zeitpunkt höchsten Kathedralinnenraums wurden andere Maßverhältnisse als in Chartres oder Reims angewendet: Die Arkadenzone hat hier die gleiche Höhe wie Fenster und Triforium zusammen und wird nach oben durch eine Langhaus und Chor umziehende Blattgirlande abgeschlossen.
Im übrigen verrät der Vergleich der beiden Bauabschnitte einen deutlichen, etwa ab 1248 zu datierenden stilistischen Entwicklungssprung: Während das Langhaus den Formen der klassischen Gotik folgt, werden am Chor zunehmend die schärfer ausgeprägten, lebhafteren Formen des „Style rayonnant" bemerkbar; so durchstoßen beispielsweise außen über den Obergadenfenstern aufgesetzte Wimperge die das Dach umlaufende Balustrade. Fensterzone und Triforium werden (auch schon im Langhaus) durch bis zur Triforiumssohlbank herabgezogene Fenstermittelpfosten verschliffen; im Chor wird das Triforium schließlich durch Verglasung zur erweiterten Fensterzone. Kimpel/Suckale verweisen auf die im Chor sichtbar werdenden technischen Fortschritte, insbesondere die durchlaufende Nivellierung der Fugen von Wand und Wandvorlagen sowie den die extrem filigrane Skelettstruktur erst ermöglichenden verstärkten Einsatz von Eisenankern.

169 *Beauvais, Kathedrale St. Pierre*
(ab 1247)
Mit diesem Bau - dessen Chor der einzig vollendete Bauabschnitt bleibt - findet ein bedeutender Wandel in der Entwicklung des Kirchenbaues statt. Er ist in seinen Dimensionen derart übersteigert angelegt, daß er die Möglichkeiten des Materials und der realen Technik übersieht. Die ungenügend gestützten Gewölbe stürzen ein, mehrere Strebepfeiler zerbrechen (1284). Neue Pfeiler werden eingeschoben, die ein sechsteiliges Gewölbe erfordern (die alte Höhe wird auf 48 m reduziert). Zwar kann auf diese Weise eine vollkommene Raumverschleifung erreicht werden, doch wirkt der Wandaufriß durch die eingeschobenen Stützen überhöht (gestelzte Bogen): Es ergeben sich Obergadenfenster von 17 m Höhe!

170 *Paris, Ste. Chapelle*
(1243 - 1248)
Eigentlich bildet die Ste. Chapelle - königliche Palastkapelle - nur ein ins Große und in Stein und Glas übertragenes Reliquiar, bestimmt für die Dornenkrone und das Kreuz Christi, Passionsreliquien, die Ludwig IX. der Heilige hatte erwerben können.
Die Kapelle hat nur ein Schiff und ist zweigeschossig, wobei der obere Kirchenraum eine für die Länge von nur 36 m erstaunliche Gewölbehöhe von 20,5 m erreicht. Die völlige Auflösung der Wand, die eine grenzenlose Wirkung der Glasmalerei zuläßt, wurde nur möglich durch die umfangreiche Verwendung eiserner Zuganker (vgl. Chor von Amiens). Ebenfalls Amiens vergleichbar (und vielleicht für die dortige Lösung vorbildgebend) treten über den Fensteraußenseiten Wimperge auf (bisher nur über Türen), die durch die sich ab etwa 1230 in Frankreich ausbreitende und auch hier vorhandene Balustrade ragen. Die Fensterrose der Westwand in Formen des „Style flamboyant" ist einer Erneuerung im 15. Jh. zuzuschreiben.

Daß im Frankreich dieser Zeit jedoch nicht überall typisch gotisch und im Sinne eines Einheitsstils gebaut wird, sondern durchaus mit Bezug auf regionale Traditionen und mit reformerischem Willen, beweisen zwei als hervorragende architektonische Eigenleistungen zu bewertende Backsteinbauten des französischen Südens.

171 *Toulouse, Jakobinerkirche*
(1260 - 1292)
Die Hauptkirche der Dominikaner, die ihren Namen von der ersten Versammlungsstätte des Bettelordens nahe einer Pariser, dem heiligen Jakob geweihten Kirche ableitet, ist der bedeutendste zweischiffige Sakralbau Frankreichs.
Der im Äußeren fast scheunenartig wirkende Raum setzt sich aus einer von quadratischen Kreuzrippengewölben überdeckten Halle, einem auf eine Rundsäule zentrierten Chorjoch mit mächtigem Sterngewölbe und aus einem den Raum säumenden, im Chorbereich an Tiefe zunehmenden niedrigen Kapellenkranz zusammen. Diese „raumhaltigen" Kapellen, deren Anlage schon deshalb erforderlich wird, weil jeder Ordensgeistliche zum täglichen Zelebrieren der Messe verpflichtet ist, bilden einen wirkungsvollen gestalterischen Gegensatz zum Hochragen des Kirchenraumes und der sich in glücklicher Weise verbindenden Gewölbe von Halle und Chor.
Die dem Baukörper außenseitig vorgelegten Wandpfeiler werden durch in gleicher Flucht liegende Arkaden derart miteinander verbunden, daß die Raumumhüllung einen zweischichtigen Charakter erhält, die Fenster in Nischen zu sitzen scheinen.
Das Wesen des Bettelordens drückt sich in der Schlichtheit und Schmucklosigkeit der Gestaltung aus (so werden die Fenster durch einfaches Grauglas geschlossen), desgleichen in der Dominanz des Versammlungsraumes, der - mit mittiger Kanzel ausgestattet - in besonderem Maße der Predigt Rechnung trägt und drittens - und damit wird eine weitere Neuerung der Bettelorden deutlich - in der Tatsache, daß Priester und Laien in einem gemeinsamen Raum zusammengeschlossen werden: Die Priester bzw. Mönche des sich unmittelbar an die Kirche anschließenden Klosters halten sich im Norden, die Laien im Süden der während der Predigt als Breitraum genutzten Halle auf.

172 *Albi, Kathedrale Ste. Cécile*
173 (1282 - 1480)
Diese Kirche ist nicht so sehr Abwandlung nordfranzösischer Kathedralgotik als vielmehr Ausdruck landschaftlich-traditioneller Elemente. Ste. Cécile mutet wehrbauartig an (vgl. die südfranzösischen Wehrkirchen, die insbesondere in den Albingenserkriegen eine Rolle

spielen) und läßt Nachwirkungen des romanischen Stils erkennen. Die Kirche gehört dem Saaltyp an, hat nach innen gezogene Strebepfeiler und dazwischen sitzende Spitztonnen. Ein Triforium fehlt. Mauerflächen werden zwischen Fenstern und Pfeilern belassen. Der Turm ist mehr Donjon als Kirchturm.
Besondere Beachtung verdient der reiche Lettnereinbau mit bester spätgotischer Kleinarchitektur (1472 - 1512). Das Südportal zeigt das Motiv des Eselsrückens (um 1500).

c) Spätgotik

Daß der in den Dimensionen maßlos übersteigerte Bau von Beauvais nicht mehr vollendet wird, ist symptomatisch für die Einstellung des 14. Jh.s zum Kathedralbau. Der Schwung erlahmt - durchaus verständlich vor dem Hintergrund sich erschwerender Lebensumstände (Hundertjähriger Krieg, Pestepidemie Mitte des 14. Jh.s), die förderlich sind für mystisch gerichtete Strömungen. Der Wunsch nach privater Andacht und somit nach dafür erforderlichen kleineren Kirchenräumen tritt in den Vordergrund - dies spiegelt sich auch in dem weitverbreiteten Einbau von Kapellenreihen zwischen den Langhausstrebepfeilern wider. Neue Kathedralbauten werden nur noch in Ausnahmefällen begonnen.

Während vor allem im Nordosten des Landes die Tendenz dahin geht, den Wandaufriß durch Verzicht auf das Triforium zu vereinfachen, so etwa bei der Kirche von St. Nicolas-de-Port in Lothringen (1514 - 1541), wird in der Normandie - wenngleich in nunmehr reduzierten Dimensionen - der traditionelle dreigeschossige Aufbau beibehalten (Rouen, St. Maclou, 1436 - 1520; Chor der Abteikirche Mont-Saint-Michel, begonnen 1446).

Auffälligstes Merkmal der Architektur in der Endphase der Gotik ist ein verändertes Verständnis für den Einsatz dekorativer Formen - in dem Sinne, daß sogar ursprünglich rein funktional bedingte Architekturglieder völlig dieser Funktion enthoben und zu schmückendem Beiwerk uminterpretiert werden. Der Eindruck von Kulissenarchitektur drängt sich auf. Zugleich ist ein wachsender Realismus etwa in der Darstellung von Blattwerk und Tierfiguren zu beobachten.

Aufgrund des besonders häufig wiederkehrenden Motivs der Flamme bzw. Fischblase wurde für diese Stilepoche der Begriff „Style flamboyant" geprägt, jedoch werden auch die typischen „Rayonnant"-Formen nicht völlig aufgegeben.

Rouen, St. Maclou
(1436 - 1520)
Der Entwurf für den Neubau der Pfarrkirche St. Maclou scheint auf den königlichen Werkmeister Pierre Robin zurückzugehen und dürfte somit die Hofarchitektur seiner Zeit repräsentieren.
Im dreigeschossigen Innenraumaufriß wie auch im Grundriß (dreischiffiges, basilikales Langhaus mit begleitenden Kapellenreihen; wenig herausgehobenes Querhaus; Umgangschor mit vier Kapellen) werden die Prinzipien der Hochgotik weiterhin voll anerkannt. Der sehr kompakte Grundriß läßt jedoch schon fast an einen Zentralraum denken - ein Eindruck, der durch den zentralen Vierungsturm bei Verzicht auf Fassadentürme untermauert wird.
Besonders kennzeichnend für den Bau ist die der Westseite vorgesetzte, dreiseitig gebrochene und damit in gewisser Weise mit dem polygonalen Chor korrespondierende Vorhalle aus fünf Arkadenstellungen, über denen gewaltige, rein dekorative, maßwerkdurchbrochene Wimperge sich kulissenartig vor der Fassade hochstaffeln. Die hochliegenden,

ebenfalls maßwerkbesetzten Strebebogen ergänzen sich mit dem Hauptschiffgiebel zu einer geschlossenen Dreiecksform; der basilikale Querschnitt wird dadurch weitgehend verschleiert, wie überhaupt der gesamte Baukörper leicht und filigran durch Maßwerk umspielt wird, dem jedoch keinerlei funktionelle Bedeutung mehr zuzuweisen ist.

Deutschland

In Deutschland läßt sich die Gotik nicht oder nur sehr bedingt und damit im Gegensatz zu Frankreich in eine frühe, klassische und späte Stilphase unterteilen. Ist sie doch hier häufig von Frankreich zu einer Zeit abgeleitet, als der Stil dort bereits voll ausgebildet war. Auch das Argument, es seien bereits vor dieser Zeit Einzelelemente der Frühgotik an manchen deutschen Bauten aufgetreten, kann in diesem Zusammenhang nicht zählen, wurden doch diese Einzelelemente in der Regel ohne weitgreifendes Verständnis für den stilentscheidenden Kontext einem Bauwerk hinzugefügt.

Während sich die Gotik in Frankreich i.a. aus der Romanik heraus entwickelt hat, muß sich die übernommene Gotik in Deutschland mit einer noch starken, zum Teil bewußt konservativen Romanik (vgl. die oberrheinische Kunstlandschaft) auseinandersetzen.

Es ist daher am sinnvollsten, bei der folgenden Betrachtung gotischer Sakralbauten in Deutschland lediglich eine die Entwicklung verdeutlichende Zweiteilung vorzunehmen. So charakterisiert die erste Entwicklungsphase überwiegend eine mehr oder minder gute oder gut eingepaßte Übernahme neuer Bauideen aus Frankreich, während die zweite Entwicklungsphase vor allem durch die Weiterverarbeitung und eigenschöpferische Leistungen geprägt wird.

a) Französischer Einfluß

In wie starkem Maße noch romanische Denkgewohnheiten vorherrschen, dokumentiert ein Vergleich zwischen dem Wandaufbau der Kathedrale von Laon und
174 St. Georg in Limburg. Dieser Vergleich läßt die Vorbildhaftigkeit von Laon deutlich werden, zeigt aber andererseits in anschaulicher Weise das dem Limburger Bau zugrundeliegende, die Breitenwirkung akzentuierende romanische Proportionsbewußtsein.

In besonderem Maße kann diese Diskrepanz zwischen romanischer und gotischer Bauauffassung beim Magdeburger Dom beobachtet werden.

175 *Magdeburg, Dom*
(1209 - 1263)
Das auf französische Vorbilder zurückgehende Motiv des Chorumganges mit Kapellenkranz ist eines der frühesten Beispiele des neuen Stils auf deutschem Boden.
Zwar werden neben der Chorform selbst auch Spitzbogen und Rippengewölbe verwendet (letztere im Chor und von Säulenvorlagen gestützt), doch dominiert eine als romanisch zu bezeichnende Formenhandhabung. Die indifferente Baugesinnung spiegelt am eindrucksvollsten die Jochbehandlung bzw. Überwölbung des Langhauses.

Auch die weiteren hier aufgeführten Bauten, die - abweichend von ihren französischen Vorbildern - den Hang deutscher spätromanischer bzw. frühgotischer Baukunst zum Zentralraum veranschaulichen, machen trotz richtig angewendeter

Konstruktionsprinzipien und großartiger Raumideen deutlich, daß ihre Geisteshaltung noch nicht gotisch ist.

176 *Köln, St. Gereon, Zentralraum*
(1219 - 1227)
Der zu einem viergeschossigen hochstrebenden Dekagon ausgebaute Zentralraum behält im unteren Abschnitt den antiken Mauerkern bei, blendet ihm jedoch Runddienste vor, die in eine Rippenkuppel überleiten. Das vierte Geschoß löst sich in Maßwerkfenstern auf. Die aus der Kuppel resultierenden Schubkräfte des turmartigen Bauwerkes werden von einem von einer Zwerggalerie durchbrochenen, als Auflast wirkenden Mauerstreifen gemildert und über freistehende Strebepfeiler abgeleitet.

177 *Kobern, Matthiaskapelle*
(nach 1221)
Die innerhalb der Oberburg von Kobern als selbständiger Bau errichtete spätromanische Kapelle ist keine gewöhnliche Burgkapelle, sondern wird als sechseckiger Zentralbau für den aus Damiette stammenden Kopf des heiligen Matthias errichtet und folgt damit dem Typus der Reliquienkirche.
Das innere, aus sechs Säulengruppen gebildete Sechseck schießt als schachtartiger Tambour über den Kernbau. Eine über einem Dreiviertelkreis sich erhebende Apsis ist als Planänderung zu interpretieren. Hervorzuheben sind die fächerartigen Rippengewölbe des Inneren und die feine Dekoration des zweigeschossig gegliederten Außenbaues mit Kleeblattbogenblenden, Kleeblatt- und Rundbogenfenstern.

178 *Trier, Liebfrauenkirche*
(1227 bzw. um 1235 - um 1260)
Der Grundriß zeigt Zentralraumtendenz, nur der herausgezogene Chor neigt zum Richtungsbau. Die Fenstergestaltung in den Kreuzarmen und Kapellen setzt die Kenntnis von Reims voraus, der Grundriß die des Chores von St. Yved in Braine (Champagne), der hier - leicht verändert - gewissermaßen spiegelbildlich verdoppelt worden ist.
Die Außenwände werden innenseitig durch Fensternischen mit integriertem Laufgang gegliedert.
Der Wandaufbau hat kein Triforium und ist zweigeschossig. Baumitte bildet eine sich „aufgipfelnde" Vierung: Über einer weiten, hohen und klar strukturierten unteren Zone erhebt sich ein die Kreuzform betonendes Hochschiff, über diesem ein quadratischer Vierungsturm. Dem Aufriß liegt die Form eines gleichseitigen Dreieckes zugrunde. Die Hochfenster sind wegen der sich außenseitig anschließenden Kapellendächer in den unteren zwei Dritteln als Blendfenster ausgeführt. Eher deutscher Bauauffassung entsprechen die anstelle eines Strebesystems verwendeten Strebepfeiler.

Der Zentralbaugedanke, der in der gotischen Frühentwicklung noch bei einem relativ großen Bauwerk wie der Trierer Liebfrauenkirche zum Tragen kommt, beschränkt sich in den folgenden Jahrhunderten auf meist in den Abmessungen recht bescheidene Bauten, darunter vor allem Karner, Friedhofskirchen, Heiliggrab-Nachbildungen und Spitalkirchen. Der Ursprung der Spitalkirchen-Tradition mag in den ritterlichen Spitalorden liegen, die in besonderer Weise zahlreichen vielfältig variierten morgenländischen Vorbildern verpflichtet sind. So stellt sich
179 die Wolgaster Gertraudenkapelle (15. Jh.) als von Strebepfeilern umstandener
Zwölfeckbau mit mittlerem Rundpfeiler und aufwendigem Sterngewölbe dar. Auf
179 dem Sechseck baut die Heilig-Geist-Kirche in Bruck an der Mur (Obersteiermark;

15. Jh.) auf. Bei diesem Gotteshaus wird einem ungleichseitigen Außenbau ein gleichseitiges Sterngewölbe einbeschrieben.

Im Gegensatz zu den vorerwähnten frühgotischen Bauten bedeutet der mit dem Chor begonnene Neubau des Kölner Domes die weitgehende, in gotischem Geiste erfolgende Umsetzung französischer Bauideen.

180 *Köln, Dom*
(ab 1248)
Im 13. Jh. hatte in Deutschland eine Überbevölkerung viele Handwerker nach Frankreich getrieben. Als der Baueifer in Frankreich nachläßt, müssen diese jedoch zurückkehren (in Laon und Soissons sind viele Deutsche belegt) und importieren französische Bauformen. Köln ist mit Ausnahme der hier fehlenden herausgezogenen Chorscheitelkapelle Amiens nachgebildet. Die Grundsteinlegung erfolgt 1248 durch Konrad von Hochstaden, die Fertigstellung des wahrscheinlich wie die gesamte Kirche vom ersten Meister Gerhard geplanten Chores 1322. Eine Mauer schließt den Chor nach Westen ab. Das Bautempo verlangsamt sich. 1350 nimmt man den Westbau in Angriff. Unter Parler-Einfluß werden die beiden Süd-Seitenschiffe begonnen. 1450 erlahmt die Bautätigkeit völlig. Erst die romantisch-nationale Begeisterung des 19. Jh.s bewirkt die Vollendung (1842 - 1880). 1814 und 1816 gefundene alte Risse geben Hilfe bei der Ergänzung der umgebauten Teile.

Ist die Kathedrale wie in St. Denis oder Reims wohl zumindest teilweise als ein Sinnbild der französisch-königlichen Staatsidee interpretierbar, so verbindet sich die spätere Gotik, besonders in Deutschland, mit den Bettelordenskirchen und den Münstern städtischer Bürger.

Die Bauten in Deutschland geben sich bescheidener als die französischen Kathedralen. Den Kern einer mehr eigenständigen deutschen gotischen Kirche zeigt Marburg.

181 *Marburg, Elisabethkirche*
(ab 1235)
Am 27. Mai 1235 wird Elisabeth von Thüringen heiliggesprochen. Der Papst verkündet all denen Ablaß, die für den Bau ihrer Kirche spenden. Die Elisabethkirche wird nach der Trierer Liebfrauenkirche der erste vollständige gotische Neubau auf deutschem Boden und nimmt die später typische - in gotischer Zeit im Grunde unfranzösische - Raumform der „deutschen Sondergotik" vorweg. Bauherr ist der Deutsche Orden. Die Grundsteinlegung erfolgt am 14. August 1235, die Weihe im Jahr 1283, doch wird an den Türmen noch bis ins 14. Jh. gebaut. Ein neuer Meister aus Bamberg bringt um 1260 die Idee des Hallenraumes mit. Der Chortrikonchos deutet vielleicht nach Köln, eher aber nach Nordostfrankreich (Noyon, Soissons, Cambrai, auch Tournai) und nach Trier (wobei die dort inneren Laufgänge hier nach außen verlagert werden). Die dekorative Zurückhaltung läßt den Bau größer erscheinen, als er ist. Das vollständig entwickelte reiche französische System erfährt in Marburg eine Reduktion mit dem Ziel, die konstruktiven Glieder kraftvoll zu gestalten. Mauerzungen zwischen Fenstern und Pfeilern treten als deutsche Eigenheit auf. Im Innenraum setzt ein Verschleifen durch eine Verfeinerung der Einzelglieder ein.
Die Marburger Elisabethkirche verdeutlicht wie kaum ein zweiter Bau den Unterschied in den Prinzipien französischer und deutscher Gotik: Während die französische Gotik durch eine Auflösung der Wandfläche zugunsten der Struktur und durch eine feine Eleganz ihrer Gliederung geprägt wird, zeichnet sich die deutsche Gotik durch Zurückhaltung gegenüber der Skelettbauweise, durch Beibehaltung des Wandcharakters und eine kraftvolle tektonische Gliederung aus.

b) „Sondergotik"

Der Typ der uns mit St. Elisabeth in Marburg begegnenden Hallenkirche, bei der das oder die Seitenschiffe gleiche oder angenähert gleiche Höhe wie das Hauptschiff erhalten und bei der die Direktbelichtung eines Mittelschiffs nur von Westen möglich ist, entspricht dem gerade in spätgotischer Zeit ausgeprägten Wunsch nach Vermeidung von Monumentalität. Zielvorstellung ist der lichte und weite Raum, dessen Gewölbe auf - schon aus Belichtungsgründen wünschenswerten - schlanken Stützen ruhen und der sich in besonderer Weise als Gemeinderaum einer Stadtpfarrkirche eignet. Hauptverbreitungsgebiete innerhalb Deutschlands sind Schwaben, Franken, Hessen, Westfalen und Sachsen, wobei vor allem in Westfalen südwestfranzösischer Einfluß als sicher vorausgesetzt wird. Bereits hierdurch erklärt sich, daß der Begriff „Sondergotik" nicht ausschließlich eine Eigenschaft des Bautyps sein kann, sondern zusätzlicher Charakteristika bedarf.

Diese sind:

- die mit dem 15. Jh. beginnende Verschleifung des gesamten Kircheninnenraumes zu einer übergangslosen Einheit;
- die Reduktion der Einzelformen und -bewegungen zugunsten der Gesamtform und -bewegung des Raumes;
- der Fortfall der Strebewerke und damit der Verzicht auf eine typisch französisch-gotische Konstruktionsidee;
- die Einführung der Netzgewölbe anstelle der jochbetonenden Einzelgewölbe und damit die Aufgabe des Prinzips der Raumdivision.

182 *Schwäbisch-Gmünd, Heilig-Kreuz-Kirche*
183 (ab ca. 1315 - 1410; ab 1491)
Dieser Bau, der ursprünglich als Basilika geplant war (vgl. sein westlichstes Joch), ist die möglicherweise erste schwäbische Hallenkirche, überdies ein geeignetes Beispiel, den Gegebenheiten deutscher Sondergotik nachzugehen:

- Der Grundriß zeigt eine wannenartige Ausbildung wie Albi, der Außenbau eine auffällige Blockhaftigkeit;
- die mit oberen Maßwerkblenden gegliederte Westfassade ist zwar als Schaugiebel ausgebildet, entspricht aber in ihrer Form dem dahinterliegenden alle drei Schiffe übergreifenden Dachstuhl;
- die Vertikale deutet sich nur noch an;
- die materielle Auflösung findet ihre Grenzen;
- der 1351 begonnene Hallenchor gilt mit seinen zwischen den Strebepfeilern angeordneten pultdachgedeckten Kapellen als ein schulbildendes Werk des zuvor in Köln tätigen Heinrich Parlers, dessen Sohn Peter am Prager Domchor arbeitet und dort ähnliche Maßwerkformen verwendet.

Hofstätter spricht bei Charakterisierung des Innenraumes und seines Rhythmus' von einer „Raummelodie". Die Netzgewölbe stellen sich dar als ein spielendes Schwingen von Formen und geometrischer Mathematik, im Chor wurden sie jedoch erst nach einer Bauunterbrechung - engmaschiger - ab 1491 von Alberlin Jörg eingezogen. Der Gewölbeplan des 14. Jh.s ist unbekannt, wäre aber interessant im Hinblick darauf, daß das Polygon der Chorumgangswände nicht dem der Innenarkaden entspricht.

Dinkelsbühl, St. Georg
(ab 1448)
Die nochmalige Reduktion der deutschen Gotik wird am Beispiel der von Vater und Sohn Nikolaus Eseler erbauten Dinkelsbühler Georgskirche deutlich ablesbar (ähnlich auch Landshut, Hl. Geist, ab 1407 von Hans von Burghausen, jedoch mit Rautensterngewölben). Die gliedertrennenden Kapitelle verschwinden, die Rippen wachsen unmittelbar aus den Diensten.

184 *Soest, St. Maria zur Wiese*
(1313 - 1376)
Bei dieser querhauslosen, kurzen Kirche von 3 x 3 Jochen, deren flache Kreuzrippengewölbe sich über schlanken Säulen mit Diensten zu beachtlicher Höhe erheben, ist die Jocheinteilung beibehalten. Klarheit und Weite bestimmen den Raumeindruck.
Die mittlere der drei gestaffelten Chorapsiden hat - als 7/10-Schluß - Zentralraumtendenz. Massige, 1421 begonnene Pfeiler im Westen sollten eine - erst im 19. Jh. gebaute - Doppelturmfassade nach vereinfachtem Muster des Kölner Doms tragen.

185 *Annaberg, St. Annenkirche*
(1499 - um 1525)
Dynamisch und fast verspielt wegen ihres die Raumganzheit unterstreichenden Netzgewölbes, eines Schleifensterngewölbes von Jakob Heilmann (vorher im böhmischen Kuttenberg an der dortigen Barbarakirche tätig?), wirkt die Annaberger St. Annenkirche. Hier erwachsen die Rippen unmittelbar aus den achtteiligen Stützen, ja scheinen sich aus ihnen heraus zu drehen, um in die Blütenkonfigurationen der Gewölbescheitel einzumünden.

In Langenstein wird, noch weitergehend als im sächsischen Annaberg - im Gegensatz zum klaren und abstrakten Denken französischer Gotik und konstruktiv völlig unsinnig -, ausschließlich unter dem Aspekt des Raumverschleifens und in nahezu barocker Denkweise ein zweites Rippennetz unterlegt.

Ebenso überschreitet der in der Spätphase häufigere hängende Schlußstein (z.B. Mainz, Kreuzgang von St. Stephan, Ende 15. Jh.) die Grenze zur Spielerei.

Einzelwestturm

Der Einzelwestturm stellt eine deutsche Eigenart des gotischen Kirchenbaues dar. Zwar haben auch die deutschen spätgotischen Kirchtürme von bedeutendem Kunstgehalt ihren formalen und gestalterischen Ursprung in Frankreich, doch erlangen sie trotzdem gerade im deutschen Sprachraum eine neue künstlerisch-geistige Aussage.

Herausragende Leistungen ihrer Zeit sind die Türme von Freiburg i.Br., Ulm und Regensburg, wenn auch an letztgenannten beiden Orten erst im 19. Jh. vollendet.
Gerade die etwa zwischen 1250 und 1320 entstandene Einturmfassade von Frei-
186 burg i.Br. findet verbreitet Nachahmung und erinnert mit ihrem unteren glatten Kubus eindeutig an romanische Zentralwesttürme. Über einer zwölfeckigen Maßwerkgalerie setzt ein von großen Fenstern durchbrochenes Oktogon an, darüber ein Helm, der als reinste Verwirklichung gotischer Gliederbauweise angesprochen werden kann. Seine beständig wechselnden Paßformen wie die steilen Wimperge der Oktogonfenster lassen Straßburger Einfluß erkennen.

Der französische Turm auch des 14. Jh.s unterscheidet im allgemeinen trotz vielfach unternommener Versuche eines eleganteren Überganges zwischen Unterbau und Helm (vgl. die Westtürme von Laon) - recht klar zwischen senkrechten Mauerabschnitten und dem pyramidalen Steinhelm, der sich mehr oder minder als Dach versteht. Das Verbindungsglied zwischen französischer und deutscher Turmlösung ist der 1277 begonnene Westbau des Straßburger Münsters, ab 1284 eng mit dem Namen Erwins von Steinbachs verbunden, von dem wohl die große sechzehnblättrige Rose stammt. Der aufgefundene, vor Baubeginn vorliegende Riß B, der eine außerordentliche Feingliedrigkeit, drei Tiefenschichten und das berühmte „Harfen"-Maßwerk mit saitendünnen Stäben zeigt, überdies Ähnlichkeit mit Notre-Dame in Paris, ist farbig gefaßt und beweist, daß gotische Außenarchitektur, zumindest in den schmückenden Elementen, farbig behandelt war.

Der mehrfache Planwandel des Straßburger Westbaues läßt allerdings keinen ge-
187 schlossenen Entwurf entstehen. Auf die Ausführung eines Südturms wird ab der Plattform verzichtet. Das Oktogon des Nordturmes entwirft ab 1399 Ulrich von Ensingen, Münsterbaumeister in Ulm und Esslingen. Sein kühner Helm, 1419 - 1439 von Johannes Hültz aus Köln errichtet, ist nicht von seinem Unterbau abgetrennt, im Gegenteil: Der Turm bildet einen Gesamtorganismus, indem er sich fast unmerklich verjüngt und hierbei seinen Grundriß vom Vier- ins Achteck überleitet.

Ordenskirchen

Eine besondere Aufgabe bei der Verbreitung gotischen Gedankengutes übernehmen die Orden, hier vorrangig der Reformorden der Zisterzienser, der bei Nachlassen des hirsauischen Einflusses an Bedeutung gewinnt, und die Bettelorden der Franziskaner und Dominikaner, die sich vorwiegend der Predigt und karitativer Aufgaben annehmen, Aufgaben, die ihre Niederlassung und eine daraus erforderlich werdende Bautätigkeit gerade in den Städten nahelegen.

Zisterzienser und Bettelorden bemühen sich um eine Vereinfachung der Raumform und eine unaufwendige Architektur, innerhalb derer z.B. der Kirchturm einem hölzernen Dachreiter zu weichen hat. Während jedoch bei den Zisterziensern, bedingt durch ihre enge Beziehung zu Frankreich (vgl. das Mutterkloster Cîteaux), dem Einwölben der Kirchen, einem hohen bautechnischen Standard und einer besonderen Ausführungsqualität - unter Beibehaltung der Basilika als vorherrschender Bauform - eine erhebliche Bedeutung beigemessen wird, tendiert die Sakralbaukunst der Bettelorden dahin, das Querschiff fortfallen zu lassen, Langhaus und Chor stärker einander anzugleichen, lediglich die Überwölbung des Chors als bindend anzusehen, sich aus Gründen der zentralen Bedeutung der Predigt generell nicht für die Basilika, sondern für die Halle als Bautyp zu entscheiden.

188 *Heisterbach, ehemalige Zisterzienser-Klosterkirche*
189 (1202 - 1237)
Die 1809 bis auf das Chorhaupt abgebrochene Kirche hat eine Rundapsis mit Umgang und einen nischenartig in die außen glatte Wand eingetieften Kapellenkranz und greift hiermit Elemente der burgundischen Frühgotik auf (vgl. Umbau und Erweiterung der Abteikirche von Pontigny).

Die zweischalige Apsisumgrenzung wird durch Arkaden auf schlanken, in der Höhe verdoppelten Säulen gebildet. Das ebenfalls säulengegliederte Obergeschoß mit Laufgang leitet in ein Kapellengewölbe mit abgeplatteten Graten über.

190 *Chorin, Klosterkirche*
(1273 - 1334)
Die in der Mark Brandenburg gelegene Zisterzienserkirche, eine kreuzförmige dreischiffige Basilika mit heute nur noch in Ansätzen erkennbaren feingliedrigen Mittelschiffgewölben, besticht durch ihre schlichte, strenge und wohl gerade deswegen besonders abgewogene, ästhetische Durchgestaltung. Diese offenbart sich vor allem in der hochragenden Westfassade mit ihren drei Ziergiebeln und den flankierenden Turmhelmen sowie in der kleinmaßstäblicheren Wiederholung dieses Motivs in den Seitenschiffassaden. Der Wandkomposition liegen nicht nur das Prinzip der die gesamte Baugestaltung bestimmenden Dreiteilung und eine hervorragende Proportionierung zugrunde; in glücklicher Weise korrespondieren außerdem Blendnischen mit gleichartig ausgebildeten Fenstern und geschlossene Wandflächen mit solchen, die durch sparsame und präzise Ornamentik aufgelockert werden.

191 *Kaiserslautern, ehemalige Minoriten-Klosterkirche*
192 (ab ca. 1285)
Der sich in seinem Inneren am Typ der oberrheinischen Bettelordenskirchen orientierende - nur mit einem einzigen Seitenschiff ausgestattete - Bau ist ausschließlich im Chor eingewölbt.
Die Abknickung des Grundrisses erklärt sich aus dem entlang einer Straße verlaufenden Bauplatz, den man auf diese Weise optimal zu nutzen gedachte.
Das schlichte Äußere akzentuieren allein die Chorstrebepfeiler und eine einfache Maßwerkteilung der Fenster.

Norddeutsche Backsteingotik

Mit der vollständig aus Ziegeln errichteten Klosterkirche in Chorin ist jedoch ein weiteres Gebiet der deutschen Sondergotik angesprochen, das der Backsteingotik: ein Gebiet, auf dem es gelingt, bauliche Leistungen von eigenem Reiz und eigener Aussage zu schaffen. Die Hintergründe für die Entstehung und Ausbreitung der Backsteingotik sind:

- die Ostkolonisation,
- die Handelsausdehnung der Hanse,
- das weitgehende Fehlen von Natursteinmaterial,
- die Eigengesetzlichkeit des zur Verwendung gelangenden Ziegelsteins.

Dem Ziegel fehlt in der Regel das Spielerische, das der Haustein ermöglicht (hier Steinbildhauer-, dort Maurerkunst). Die Formen müssen in maßgerechte Teile aufgelöst werden.

Hausteingotik beruht auf dem Prinzip von Pfeilersystemen und Füllwänden, Backsteingotik auf dem Prinzip von Mauern mit Durchbrüchen.

Bis 1300 werden in Norddeutschland auch Natursteine mit herangezogen, danach gelangen sie nur noch dort, wo es die Konstruktion erfordert, zur Verwendung. Besonderen Einfluß haben zuerst die Zisterzienser und Prämonstratenser, später die Bettelorden.

Als Bautyp herrscht die Halle vor.

Die Türme - z.B. die der Lübecker Marienkirche - stellen sich als wuchtige Quader mit oft beeindruckend großen Helmen dar. Weitere Kennzeichen dieser Bauten sind: spröde rauhe Wände, im Innenraum kantige Pfeiler, häufig geweißte Wände und Gewölbe.

England

Besonders eng gestalten sich die politischen und kulturgeschichtlichen Beziehungen zwischen Frankreich und England nach der Eroberung der Insel durch die Normannen (1066 Schlacht von Hastings; vgl. den Bildteppich von Bayeux).

Daß England entwicklungsmäßig auf die Gotik vorbereitet war, legen die bereits
193 1093 in der Kathedrale von Durham eingebauten Kreuzrippengewölbe nahe. Schon hieraus wird verständlich, daß die englische Gotik als ein Seitentrieb, nicht aber als ein Ableger der französischen anzusehen ist. England zeigt von Anfang an eine eigene gotische Physiognomie. Hinzu kommt, daß alle englischen Kathedralen gleichzeitig Klöstern angeschlossen sind und damit nicht in der Enge der Stadt stehen, sondern sich wegen ausreichenden unbebauten Umlandes frei entfalten können.

Die französische gotische Kathedrale lebt vom dynamischen Prinzip, von der Gegensätzlichkeit der Bauteile. In England werden die Bauteile zusammengefaßt. Mittel hierzu sind:

- gewaltige Vierungstürme und
- 196 breitgelagerte Westfassaden.

In England geht der französische monumentale Innenraum verloren. Er wird ersetzt durch vielfältige räumliche Wirkungen.

Die englische Kathedrale zeigt die Fähigkeit vielfacher Erweiterungsmöglichkeiten. Sie hält am additiven System fest. Drei Stilepochen sind - bei fließenden Zeitgrenzen - zu unterscheiden:

- das bis etwa 1270 vorherrschende Early English (auch nach der häufig verwendeten gestelzten Spitzbogenform Lancet Style genannt),
- der mit dem späten 13. Jh. einsetzende Decorated Style,
- der sich vom ersten Drittel des 14. Jh.s an für etwa 200 Jahre ausbreitende Perpendicular Style.

a) Early English

Erstes Gebäude früher Gotik in England ist Canterbury.

Canterbury, Kathedrale
(nach 1174)
Die Kathedrale bleibt ohne Nachfolge im engeren Sinne.
Erster Baumeister ist Wilhelm von Sens, ein Franzose. Die Kathedrale zeigt noch das sechsteilige Gewölbe. Das 1186 begonnene Chichester dagegen hat bereits das vierteilige oblonge Gewölbe.

194 *Lincoln, Kathedrale*
195 (ab 1192)
Die Kathedrale besitzt – dem Struktursystem von Canterbury folgend – zwei Querhäuser und zeigt den Geschmack typisch englischer Gotik.
Der nach einem Erdbeben im Jahre 1185 zerstörte und 1192 neu begonnene Chor hat einen Umgang mit Kapellenkranz. Die durch eine akzentuierte Scheitelrippe in die Gesamtgestaltung einbezogenen Gewölbe spreizen sich mit ihren Rippen fächerförmig nach oben und erzeugen eine durchgehende Raumstruktur (häufig bestehen derartige Gewölbe späterer Bauten aus Holz). Der heutige Engelschor stammt im wesentlichen von einem Umbau der zweiten Hälfte des 13. Jh.s.

Wells, Kathedrale
(ab ca. 1200)
Der lange Chor (auch anderer englischer Kathedralen) geht auf Cluny III zurück. Die Querhäuser laden weit aus. Der tiefen Raumwirkung wird durch den Einbau eines Lettners entgegengewirkt.

197 *Salisbury, Kathedrale*
(1220 – 1266)
Senkrechte Rahmen mit gitterartiger waagerechter Unterteilung und die Vorliebe für große Fenster prägen diese Kirche, wobei, um die Maßwerkpfosten nicht zu lang werden zu lassen, waagerechte Querstäbe eingefügt werden.

Offene Dachstühle mit reichem Schnitzwerk sind besonders bei Pfarrkirchen verbreitet. Sie zeigen oft eine farbige Fassung, bisweilen sogar eine teilweise Vergoldung.

b) Decorated Style

Dieser Stil ist gekennzeichnet durch eine macht- und glanzvolle Raumentwicklung, weniger durch den Bau neuer Kathedralen. Man überarbeitet in erster Linie die vorhandenen normannischen Kirchen, die nun in modischer Weise von herrschenden Dekorationsformen überzogen werden.

Exeter, Kathedrale
(um 1270 – 1375)
Die Kathedrale ist eines der wenigen neuerrichteten Bauwerke dieser Stilepoche und leitet insbesondere mit ihren westlichen Bauabschnitten bereits in die Perpendicular-Epoche. Bautypisch sind die Fächerwölbungen mit Scheitelrippen und aufgereihten Schlußsteinen, wesentlich auch die Dekorationsformen, die einen Fluß der Raumform bewirken.

196 *Ely, Kathedrale*
(Oktogon: 1328 – 1340)
Ein Juwel des Decorated Style ist das Oktogon über der Vierung von Ely, ein Holzgewölbe von 21 m Spannweite. 8 Pfosten – 19 m lang, 1 m stark – nehmen 400 t Gewicht auf. Die Fenster werden allgemein breiter und niedriger, außerdem gegen Mitte des 14. Jh.s sogar farbig (die Lanzettfenster verschwinden). Das Maßwerk gestaltet sich zunächst nach französischem Vorbild, später nach eigenen Vorstellungen (Tudorbogen).

c) Perpendicular Style

Diese Spielart der Gotik, die gekennzeichnet ist durch einen überquellenden Reichtum an Dekorationen, durch Betonung der Vertikalen sowie eine Vergitterung der Flächen, weist die Engländer als nunmehr endgültig autonom aus.

Winchester, Kathedrale
(Langhaus: um 1370)
Das Langhaus zeigt eine große Geschlossenheit. Da die Emporen des normannischen Vorgängerbaues abgebrochen werden, fehlt dem Gebäude die sonst übliche Schwerfälligkeit. Die Raumüberdeckung erfolgt durch Sterngewölbe mit kräftigen Rippenprofilen. Die Fassade prägt ein betonter, für den Perpendicularstil charakteristischer Vertikalismus.

Canterbury, Kathedrale
(Langhaus: ab 1379)
Dem schwerfällig und teilweise wenig einheitlich wirkenden Bau des Early English wird ein neues Langhaus mit einem zweiten Querhaus angefügt, das den gesamten Altbau zum Chor des Neubaus umgestaltet. Die Hochschiffwand des Langhauses erfährt eine wesentliche Vereinfachung, dies u.a. durch Aufgabe des Triforiums.
Die Dienste steigen bis zu den Gewölben auf.
Der ab 1493 erbaute Vierungsturm „Bel Harry Tower" gibt beiden Bauabschnitten den nunmehr endgültigen optischen Halt und Zusammenschluß. Wie dieser Turm sind auch die übrigen Perpendiculartürme Englands Stumpftürme, d.h. flach gedeckte Baukörper.

198 *London, Westminster Abbey, „Kapelle Heinrichs VII."*
199 (1503 - 1519)
Der eindeutig dem Perpendicularstil zuzurechnende Bau zeigt hängende Gewölbe, deren Kräfteabtragung im wesentlichen durch Gurtbögen auf Diensten erfolgt. Die durch die Gewölbe durchgesteckten Gurtbögen verbinden in überaus geschickter Weise ihre statische mit der dekorativen Aufgabe.

Auch bei dem von einem weitgespannten Fächergewölbe überdeckten Saal der
199 Kapelle des King's College in Cambridge (1508 - 1515) verhält es sich ähnlich. Bei diesem Raum, an den sich niedrige Seitenkapellen anschließen, werden die Gewölbelasten mittels konsolengestützter Gurtbögen in die Wände übergeleitet.

Italien

Die Gotik kann im Grunde genommen in Italien, das von starker römischer Tradition und humanistischem Gedankengut bestimmt ist, kaum wirklich Fuß fassen. Nicht von ungefähr wird der abwertende Begriff „barbarisch = gotisch" in diesem Lande geprägt. Ungeachtet dessen gibt es in Italien eine stattliche Zahl gotischer Bauten. Mit ein Grund dafür, daß diese Bauten wenig bekannt sind, ist die Tatsache, daß die baugeschichtliche Erforschung dieser Epoche in Italien weitgehend noch am Anfang steht.

Entsprechend den anderen Voraussetzungen haben die Italiener ihre Gotik latinisiert und aus ihr - dies für immerhin 200 Jahre - eine Zwischenentwicklung gemacht. Gotik ist für Italien ein „modernes" Kleid.

Interessanterweise fällt die gotische Epoche in Italien mit den Jugendjahren der Nationwerdung und mit der Bildung der italienischen Nationalsprache zusammen. In diesem Zusammenhang seien die Namen Franz von Assisi (1182 - 1226),

Dante (1265 - 1321), Petrarca (1304 - 1374) und Bocaccio (1313 - 1375) genannt. Sie, die als Wegbereiter einer neuen Zeit nicht nur in die italienische Geschichte eingingen, erträumen - wenngleich in ihren Äußerungen deutlich als Vertreter ihrer Zeit identifizierbar - das Wunschbild einer möglichen späteren politischen und kulturellen Renaissance.

Viele deutsche Bauhandwerker hatten in den nordfranzösischen Bauhütten gearbeitet. Von Italienern wird Gleiches nicht berichtet. Französische Landschaften, wie Burgund und die Provence, liegen weitaus näher an Italien als die Ile de France mit ihrer klaren Ausprägung des klassischen gotischen Kathedraltyps. Ein eigenes italienisch-gotisches System hat sich nicht entwickelt. Die Kennzeichen italienisch-gotischer Architektur, wie sie ein Vergleich etwa zwischen der Kathedrale von Amiens mit dem Dom von Florenz verdeutlicht, sind:

Grundriß
- Flächenhaftigkeit
- keine reichen Choranlagen mit Umgang und Kapellenkranz
- meist gerader Chorabschluß
- Kapellenaufreihung am Querhaus

Aufbau
- kein die Baumasse auflösendes Skelettsystem, sondern Wandflächen
- keine Westturmfassaden, abgesetzte Glockentürme
- Fassaden als selbständige Prunkstücke mit Inkrustation der Oberflächen

Innenräume
- Weiträumigkeit
- Lichteinschränkung (vgl. südliche Lichtverhältnisse).

Erste Wegbereiter italienischer Gotik burgundischen Gepräges werden die Zisterzienser.

Fossanova, Abteikirche
(1187 - 1209)
Das in Latium zwischen Rom und Neapel gelegene Fossanova wird durch burgundische Bauleute begründet, wie auch der gerade Chorschluß, das Fehlen eines Turmes und die Mittelschiffüberwölbung durch eine Spitztonne vermuten lassen.
Neue gotische Impulse bringen die Anjou.
Eigene italienische „Gehversuche" macht der erste Bettelorden, derjenige der Franziskaner (1208/1209 gegründet). Hauptaufgabe des Ordens, die entsprechend gestaltete Kirchenräume in den Städten erfordert, ist die Predigt (die Zisterzienser dagegen machen das Land urbar und suchen abgelegene Klosterstandorte). Die stärkste Bautätigkeit innerhalb der italienischen Gotik läßt sich im Zeitraum zwischen 1250 und 1350 feststellen.

200 *Assisi, S. Francesco*
(1228 - 1263)
Die Grundsteinlegung erfolgt durch Gregor IX., der an diesem Tag Francesco heiligspricht. Die Weihe geschieht 1253, endgültig fertiggestellt wird der Bau jedoch erst 1263. Die Lage am Hang macht eine Unterkirche erforderlich. Der Kirchenraum ist einschiffig. Die vorhandenen Einzelformen (gebündelte Wandsäulen mit Laufgang, Maßwerk, Kapitellblattwerk) setzen Kenntnisse französischer Bauten voraus.

Viele gotische Kirchen in Italien sind nicht gewölbt, sondern mit offenem Dach-
201 stuhl versehen, so Sta. Croce in Florenz (Sta. Maria Novella - ebenfalls in Florenz - zeigt dagegen Einwölbung).

Siena, Dom
(1196 - 1380)
Diese Kirche vermittelt einen völlig anderen Bau- und Raumeindruck, als ihn die Bettelordenspredigerkirchen zeigen. Baumeister ist Niccolò Pisano. 1259 wird das Langhaus fertiggestellt. Im 14. Jh. soll eine umfangreiche Planung das Gotteshaus erweitern. Eine Pestepidemie setzt jedoch den begonnenen Arbeiten ein Ende.
Kleine Fenster und große Wandflächen mit hell-dunkler Wand- und Pfeilerbehandlung (weißer und schwarzer Marmor) prägen Innen- und Außengestaltung. Stärksten Eindruck macht die mit farbigem Marmor inkrustierte Westfassade. Die kräftigen Flankierungspfeiler sind kümmerliche Reste der französischen Doppelturmfassade. Eine ähnliche Gestaltung - besonders im Dekorativen - zeigt der 1310 wohl von Lorenzo Maitani aus Siena mit der Fassade begonnene zweite Bauabschnitt des Doms von Orvieto, der in seiner Gestaltung recht flächig wirkt, jedoch moderne Anregungen der Sakralarchitektur nördlich der Alpen, so der Straßburger Münsterfassade, aufgreift.

Bologna, S. Petronio
(1390 - 17. Jh.)
Die Weitläufigkeit dieses nie fertiggestellten Baues entbehrt der typisch nordischen Raummystik.
1388 wird ein Neubau beschlossen. Der Servitengeneral Andrea Manfredi und der Architekt Antonio di Vicenzo fertigen gemeinsam einen Plan und ein Leinwand-Gipsmodell in 1/12 Originalgröße.
1440 versiegen die Mittel. Der Bau ist nur im Mittelschiff fertiggestellt.
Die geplante Gesamtfläche beträgt das Dreifache der typischen französischen Kathedralen.
Die Strebewerke bestehen aus Mauerscheiben. Ein Chorumgang war vorgesehen. Der Bau zeigt, wie Siena, einen zweigeschossigen Wandaufriß. Noch heute besteht die Fassade aus der nicht verblendeten Ziegelrohwand.

202 *Mailand, Dom*
(1387 - 1558 - 1572 - 1858)
Hier offenbart sich nochmals nord-südlicher Dualismus. Für eine vergleichende Betrachtung kann allerdings nur der Innenraum herangezogen werden, da das Äußere allzu stark vom 19. Jh. geprägt wird. Der Bau soll die Machtfülle der Mailänder Visconti dokumentieren. Alle Nachfolger in der Mailänder Herrschaft (einschließlich Napoleon) stehen unter dem Druck, den Riesenbau vollenden zu müssen.
Betont werden muß jedoch, daß die Hauptmasse des Domes in einem Generationszeitraum von 1387 - 1418 aufgetürmt wurde. Da der Bau von S. Petronio in Bologna Absicht bleibt, wird der Mailänder Dom die größte gotische Kirche der Welt. Erstaunlich ist jedoch, daß die ganze Bautätigkeit von Hader, Ratlosigkeit und Kompromissen bestimmt wird. Immer neue Baumeister und Kommissionen - auch aus Deutschland - werden eingesetzt und fallen nach kurzer Zeit den Intrigen der hier Verantwortlichen zum Opfer (in den Akten finden sich mehr als hundert Dombaumeister verzeichnet). Hauptstreitpunkt ist die Gestaltung der Strebewerke. Obwohl Renaissancekünstler wie Bramante und Leonardo da Vinci am Hofe arbeiten, hält der Herzog auch nach 1430 an der gotischen Konzeption fest.
Die Vollendung des Domes erfolgt trotz einer achtzigköpfigen Baudeputation durch italienische Baumeister unter Leitung von Francesco di Giorgio.

Spanien

Unversöhnlich stehen sich auf spanischem Boden während der bis etwa 1250 andauernden Reconquista Christentum und Islam gegenüber. Dies führt zu einer Isolation des Landes, die verstärkt wird durch seine Halbinsellage am Rande Europas. Erst danach kann sich das Land der neuen gotischen Bauidee öffnen.

Trotz „fremdartiger Hüllen" bewahrt sich Spanien einen Kern eigener schöpferischer Kräfte (vgl. Velasquez, Murillo, Goya).

Die Zahl gotischer Kathedralen und Klöster ist in Spanien nicht groß. Erst unter Ferdinand von Kastilien und Jaime von Aragón wachsen die glanzvollen Kathedralen von Toledo und Valencia empor, während sich die Masse der Bevölkerung mit umgewidmeten Moscheen oder den Kirchen der Mozarabischen Christen zu bescheiden hat.

Die Bauleute kommen vielfach aus Frankreich, Deutschland, England und um 1500 aus den Niederlanden.

Das Tektonische der spanisch-gotischen Baukunst bleibt von maurischer Dekorationskunst überdeckt (plateresker Stil; Beispiel: die Puerta del Perdon an der Kathedrale von Sevilla). Nirgends hat sich der Klerus derart viele Vorrechte in der gotischen Kirche vorbehalten wie in Spanien. So versteht man z.B. unter „Hispanismus" folgende den Kirchenraum bestimmende Unterteilungen und Charakteristika:

- ein abgetrenntes Chorgestühl, das sich bis ins Langhaus zieht, den Gemeinderaum verengt und damit Hochaltar und Allerheiligstes aus dem Blickfeld der Gläubigen rückt;
- eine Capilla mayor im Chor, die zu den Querhausarmen abgesperrt ist (das Altarretabel kann bis zu den Gewölben aufsteigen);
- die Anordnung von Kapellen an den Langwänden der Kathedrale, im Idealfall auch an der Westseite;
- das Nichtvorhandensein einer Gegenüberstellung von Altar und Gemeinde, das zur Folge hat, daß der Klerus von der Gemeinde getrennt wird;
- die Herausbildung einer „Kirche in der Kirche" durch Capilla mayor und Chorgestühl.

Die Chorausbildung ist in Spanien uneinheitlich. Auch geht die Raumübersicht (deutsch-gotisches Prinzip) verloren. Ersatz hierfür bildet allerdings eine Dekoration von außerordentlicher Pracht.

Die Seitenschiffe werden vermehrt und höher gezogen. Die Lichtführung ist ungotisch sparsam – wohl bedingt durch die hier starke Sonneneinstrahlung. Spanisch ist auch die Vernachlässigung der Außenansichten im Gegensatz zum überladenen Innenraum.

Türme und Portale sind oft fragmentarisch geblieben. Die Kathedralen Spaniens halten am Bautyp des Kreuzganges fest.

a) Frühgotik

Anfang des 12. Jh.s findet sich beim Bau spanischer Klosteranlagen burgundisch-angevinischer Einfluß durch Cluny und Cîteaux. So zeigt der Bau von Avila in Nordspanien ein typisch burgundisches Tonnengewölbe.

Beibehalten werden in der spanischen Frühgotik:

- flache Steindächer bei geringfügiger Überhöhung des Mittelschiffes;
- Laternenbekrönung der Vierung bei sonst schwacher Lichtkonzentration (der Chor wird im wesentlichen ausschließlich von der Laterne ausgeleuchtet).

Avila, Kollegiatskirche S. Vicente
(12. - 15. Jh.)
An der Stelle errichtet, an der im 4. Jh. der heilige Vinzenz und seine beiden Schwestern den Märtyrertod erlitten hatten, wird die in romanischen Formen begonnene Basilika um 1170 in ihren drei Schiffen mit gotischen Rippengewölben, den ersten Spaniens, überdeckt.

b) Hochgotik

Auch die spanische Hochgotik ist der französischen nicht gleichzusetzen, doch zeigen sich starke Abhängigkeiten von Frankreich. Betont nationale Züge finden sich erst in der Spätphase.

Die Hochgotik wird in Spanien von zwei Richtungen bestimmt:

- von einem offenbar im 13. Jh. unmittelbaren nordfranzösischen Einfluß;
- von einem südwestfranzösischen Einfluß, der über die Pyrenäen vor allem in Katalonien wirksam wird, unter der Bezeichnung „katalanische Gotik" bekannt geworden ist und uns in seiner Originalität nahezu unvermittelt im ersten Drittel des 14. Jh.s gegenübertritt.

Beispiele nordfranzösischen Einflusses sind die Kathedralen von Burgos, León und Toledo.

Burgos, Kathedrale
(1221 - ca. 1238)
Die heutige Ausstattung ist erst gegen Ende des Mittelalters im Typus spanischer Gotik entstanden.
Der Baubeginn erfolgt 1221; 1230 sind die Ostteile fertiggestellt, etwa 1238 die übrigen Bauabschnitte.
Der Chor mit Umgang und fünfrippigen Gewölben deutet auf Rouen, das Triforium auf Bourges. Doppelte Strebewerke sind vorhanden. Eine Laterne fehlt noch (die heutige gehört dem plateresken Stil des 16. Jh.s an). Die südliche Querschiffassade des 13. Jh.s läßt französischen Einfluß erkennen. Was den Innenraum betrifft, so bietet Burgos ein schönes und typisch spanisches Beispiel verschwenderischer Dekoration auf im Grunde einfachen Mauern.

León, Kathedrale
(1205 - 1303)
Charakteristisch für ganz Spanien ist die Tatsache, daß die Querschiffe - wie hier - grundrißlich nicht gegenüber dem Langhaus vorstehen.

Toledo, Kathedrale
(1227 - 15. Jh.)
In Toledo wird das spanische Bestreben deutlich, den Grundriß in die Breite zu ziehen, weil die Lettnereinbauten, Capilla mayor und Chorgestühl, das Mittelschiff weitgehend einengen und zusätzlicher Platz für die Laien gebraucht wird.
Ältester Bauabschnitt ist der 1238 fertiggestellte Chor; ihm folgt der Ende des 14. Jh.s abgeschlossene Bau des Mittelschiffes, während der Turm erst ab etwa 1400 begonnen wird.
Die Gewölbebildung im Chor hat mit ihrem Wechsel von Rechteck- und Dreieckgewölbe ein Vorbild im Skizzenbuch des Villard de Honnecourt.
Durch die hochgezogenen inneren Seitenschiffe entfällt ein Triforium.

Beispiele katalanischer Gotik sind die Kathedralen von Gerona, Barcelona und Palma de Mallorca.

Gerona, Kathedrale
(1312 - 15. Jh.)
1316 wird ein Meister Enrique de Narbonne, also ein Südfranzose, genannt. 1346 erfolgt die Fertigstellung des Chores, nach der ein langer Stillstand der Arbeiten eintritt. Im 15. Jh. wird dem dreischiffigen Chor ein wesentlich breiteres und höheres Langhaus ohne Seitenschiffe, aber mit die Chorkapellen fortführendem Kapellenkranz vorgebaut. Emporen fehlen wie in Albi.

Barcelona, Kathedrale
(ab 1298)
Zwar liegt der Baubeginn mit dem Datum 1298 fest, doch werden die entscheidenden Bauarbeiten erst ab 1318 in Angriff genommen. Die Kirche kennzeichnen ein knappes Quer- und ein dreischiffiges Langhaus. Die Pfeilerkapellen haben - wie in Albi - Emporen.

Palma de Mallorca, Kathedrale
(1229 - 15. Jh.)
Der Chor stammt aus der Zeit 1229 - 1264, das Hauptschiff erst aus dem 14. und 15. Jh. Das gewaltige Mittelschiff hat 19 m Breite und 44 m Höhe. Haupt- und Nebenschiffe bedecken eine Fläche von 4025 m^2. Nur 14 schmucklose Pfeiler von 1,6 m Durchmesser im Abstand von 9 m tragen die Gewölbe. Das Äußere umgibt eine dichte Folge von Strebpfeilern: Die zwischen den Hauptstrebepfeilern angeordneten Kapellen werden durch je zwei weitere Strebepfeiler geringerer Höhe gestützt und optisch „abgegittert".

c) Spätgotik

Der Höhepunkt spanischer Gotik liegt im Gegensatz zu allen anderen Ländern (hier Hochgotik) am Beginn des 15. Jh.s. Im Vordergrund des architektonischen Gestaltens stehen die spanischen Landschaften Kastilien und Andalusien. Einflüsse kommen aus Burgund, Flandern und vom Niederrhein. Den geistigen Hintergrund bildet das Ende der Reconquista, das sich im Selbstgefühl einer entstehenden Nation unter den „reyes catolicos" äußert. Ohne einheitliche harmonische Verschmelzung wird die spanische Spätgotik von zwei Charakteristika gekennzeichnet: von großen Räumen mit einfachem Konstruktionsprinzip und von starker, unsystematischer Dekorationsweise, die häufig nur einzelne Architekturausschnitte erfaßt.

Die spanische spätgotische Architekturdekoration ist sehr kompliziert. Drei Spielarten gilt es zu unterscheiden:

1. estilo florido
   ein üppiger Dekorationsstil in niederländisch-französischer Manier,
2. estilo plateresco
   ein Stil, der silberschmiedeartige Formen in Stein überträgt,
3. estilo mudéjar,
   ein sehr malerisch, beinahe verträumt wirkender Stil, den im wesentlichen maurische Einflüsse speisen.

Häufig werden die drei gotischen Dekorations-Spätstile miteinander vermischt.

In der Architektur führt die Neigung zu großen Kirchenräumen zum Typ der Hallenkirche, meist jedoch zu einer Raumform, die zwischen Basilika und Halle liegt. Reine Hallen trifft man nur im Norden Spaniens an. Bis zu sieben Schiffe umfassen die Grundrisse in der Breitenausdehnung. Das Vierungsoktogon wird besonders herausgehoben. Reiche Netz- und Sterngewölbe spiegeln die Grundrisse an der Decke wider.

203 *Barcelona, Sta. Maria del Pino*
(15. Jh.)
Die Kirche, die einen weit älteren Vorgängerbau einbezieht und sich in ihrem katalanisch-gotischen System an der Kathedrale Barcelonas orientiert, ist dem Typ nach eine Saalkirche mit zwischen den Strebepfeilern sitzendem Kapellenkranz.

Sevilla, Kathedrale
(1403 - 1518)
Der Neubau stammt aus der Zeit 1403 - 1518 (Grundriß 120/75 m). Das Mittelschiff von 40 m und die Seitenschiffe von 26 m Höhe geben trotz ihrer Maße das Gefühl eines unbegrenzten horizontalen Raumes (Nachwirkung von Moscheen wie Córdoba).

Salamanca, Neue Kathedrale
(1513 - 18. Jh.)
Die mit der Alten Kathedrale einen Komplex bildende, nördlich aufgebaute Neue Kathedrale wird 1513 unter Juan Gil de Hontañon begonnen und von seinem Sohn Rodrigo Gil und anderen Baumeistern weitergeführt. 1560 findet ein erster Gottesdienst statt. Die endgültige Fertigstellung erfolgt erst 1733. Auffallend der rechteckige Gesamtgrundriß, an dem die die Seitenschiffe begleitenden Kapellen Anteil haben, das stufenförmige Langhaus, das riegelhafte Querhaus mit Vierungskuppel, die Weiträumigkeit des Innenraums, die feine Rippengliederung der Gewölbe wie auch der reiche Dekor im Isabella-Stil (der Schlußphase des Platereskenstils, eines Ende des 15. Jh.s aufkommenden Dekorationsstils, in dem sich maurische, spätgotische und Frührenaissance-Elemente verbinden), der sich vor allem an den Portalen mit ihren kompliziert zusammengesetzten Bogenformen und der extremen Feinheit ihrer Dekorelemente offenbart.

Granada, Kathedrale
(ab 1521)
Die 1521 begonnenen Hochrenaissanceformen wirken an diesem Bau wie ein der Gotik lediglich übergehängtes Gewand.

Portugal

Das Nachbarland Portugal übernimmt sowohl unmittelbar Anregungen aus Spanien als auch aus anderen europäischen Ländern.

So wird bei der Kathedrale von Coimbra (nach 1150), dem bedeutendsten Bauwerk portugiesischer Frühgotik, der Grundriß von altkastilischen, der Aufriß hingegen von auvergnatischen Vorbildern inspiriert.

Der Chor der hochgotischen Klosterkirche von Batalha (ab 1397) ist denjenigen italienischer Bettelordenskirchen verwandt. Das zweite Mausoleum in der Ostachse der Anlage gehört allerdings bereits spätgotischer Zeit an (1495 - 1529). Am geometrischen Gitterwerk der Kreuzgang-Bogenmaßwerke wird maurischer Einfluß in den stilistisch schon degenerierenden gotischen Spätformen sichtbar. Das spätgotische Kloster von Belém (um 1500 - 1522), eines der von König Emanuel gestifteten neuen Klöster, ist das wohl prachtvollste von ihnen und liegt in einer Vorstadt Lissabons. Erbaut wurde es zum Dank für die Entdeckung des Seeweges nach Indien.

Die Klosterkirche bildet eine Halle mit breitem Querhaus und geradem Chor, der schon Renaissancezüge trägt.

Hinzuweisen ist in diesem Zusammenhang auf die Tatsache, daß portugiesischer und spanischer Einfluß, wenn auch nur mit geringem Anteil an gotischen Formen, in den südamerikanischen Ländern zu verfolgen ist. Die größere Zahl der dortigen Kirchen gehört allerdings bereits dem Manierismus bzw. der Barockzeit an.

Klosteranlagen

Sie waren ursprünglich auf dem Land gelegen und befanden sich auch in den frühen Bischofsstädten in Randlage, um die Verbindung zum Umland zu gewährleisten. Mit dem Erstarken der Städte in gotischer Zeit bauen insbesondere die Bettelorden ihre Klöster in die Städte hinein, mitten unter das Volk. Wir dürfen die vielfältigen sozialen und bildungspolitischen Aufgaben, die den Klöstern damals zugemessen werden, nicht übersehen, und gleichzeitig nicht vergessen, daß sie auch Orte der Kontemplation sind.

Die Klöster enthalten folgende Sozialeinrichtungen:

- Schulen,
- Forschungsstätten,
- Archive und Bibliotheken,
- Krankenpflegestationen mit Apotheke und Kräutergarten,
- Findelhäuser und Kindergärten,
- Gasthäuser und Herbergen.

Für alle Aufgaben entwickeln sich in der Folge eigene Bautypen.

204 *Maulbronn, Zisterzienserkloster*
(ab zweite Hälfte 12. Jh.)
Ein anschauliches Beispiel einer zisterziensischen Klosteranlage bietet Maulbronn, dessen Klausurbezirk sich ungewöhnlicherweise im Norden der Kirche befindet. Zu ihm gehören in Fortsetzung des Querhauses unter anderem Kapitelsaal und Parlatorium im Erd- und das Dormitorium im Obergeschoß. Parallel dazu folgen nach Westen der Baukörper des „Herren"- bzw. Mönchrefektoriums und – wiederum von diesem abgerückt – derjenige

des die Fluchtlinie der Kirchenwestfassade aufgreifenden Laienrefektoriums. Zwischen beiden liegen bzw. lagen, an den Nordarm des Kreuzgangs angelehnt, das Calefactorium (die Wärmestube) und die Küche, unmittelbar benachbart dem Zugang zum Herrenrefektorium - und sich in den Kreuzganghof vorschiebend - das Brunnenhaus, um nur einige der wichtigsten Bauten zu nennen.
Die meisten der innerhalb der Immunitätsmauer gelegenen Wirtschaftsbauten rechnen zwar meist erst dem 16. Jh. zu, vermitteln aber einen plastischen Eindruck vom komplexen ehemaligen Funktionsgefüge einer derartigen Anlage.

Neben dem Benediktinerkloster setzt sich im Mittelalter - ausgehend vom heiligen Bruno von Köln - die Kartause als eigener Klostertyp durch, eine Anlage, welche die Lebensformen von Mönchtum und Einsiedlertum miteinander zu verbinden sucht.

Erste Anlage dieses Typs ist die 1084 bei Grenoble gegründete Grande Chartreuse, bei der die die Zellen ersetzenden Einzelhäuser der Mönche rings um den Kreuzgang aufgereiht werden. Die von Viollet-le-Duc in einem die Klosterordnung
205 widerspiegelnden Idealplan vorgestellte Kartause von Clermont zeigt die Komplexität der Funktionen, den Verzicht auf Monumentalität, doch das Bestreben nach axialer und vollständig symmetrischer Grundrißorganisation, wie sich dies eigentlich erst wieder in der Barockzeit beobachten läßt.

Die Grundlage der Entstehung des Bautyps Hospital - um nur eine der wichtigsten Sozialeinrichtungen eines Klosters zu nennen - ist die Forderung nach christlicher Nächstenliebe. Das Krankenhaus verkörpert nicht eine Klinik im heutigen Sinne,
206 sondern eine Pflegeeinrichtung, dies im seelischen und körperlichen Sinne. Wichtig ist die dort geübte Vorbereitung auf den Tod: Oft steht der Krankensaal in direkter Verbindung mit einer Kapelle.

Ende des 12./Anfang des 13. Jh.s geht die Pflege von den Bischöfen und Klöstern auch auf den Bürgerstand über. Weltberühmt ist das in Form eines Arkadenhofes
207 1443 von Nikolaus Rolin, dem Kanzler des Herzogs von Burgund, in Beaune gebaute zweigeschossige Hospiz (es erfüllte bis 1948 mit seinem alten Krankensaal die ihm gestellte Aufgabe in vorbildlicher Weise).

Profanbau

Die geistigen Intentionen der Gotik haben sich im Kathedralbau niedergeschlagen. Die profane Baukunst ist alltäglichen Aufgaben verpflichtet, sie hat den unmittelbaren Bedürfnissen der Menschen zu dienen.

Es ist vergleichsweise schwierig, Profanbauten für die romanische Zeit zu belegen. Neben Bautypen wie Burg und Kloster entwickeln sich in dieser Zeit erste Ansätze von Bürgerhäusern, Kauf- und Gerichtshallen, Rathäusern und schließlich auch wesentliche zur Stadtwerdung und -entwicklung. In der Gotik werden die Bautypen nicht nur vielfältiger, sondern haben sich bis heute in weitaus stattlicherer Zahl erhalten.

So reich die profanen Bautypen sind, die sich in der Gotik entwickeln, ihre Formen und Dekorationen stammen aus einer einzigen Quelle: aus der Sakralarchitektur.

Mit der gotischen Epoche fällt die große Zahl der Stadtgründungen im 13. Jh. zusammen, eine Entwicklung, die sich in der Geschichte nicht mehr wiederholt hat.

Städtebau

Auf städtebauliche Zusammenhänge soll hier nur kurz verwiesen werden (ausführlicher in: Stadtbaugeschichte von der Antike bis zur Neuzeit).

In gotischer Zeit ist nicht mehr so sehr der Sieg in offener Feldschlacht für die Sicherung des Friedens entscheidend als vielmehr die Verteidigung von geographisch wichtigen oder wirtschaftlich starken Plätzen, wie dies französische Stadtbeispiele belegen. Burg und Stadt liegt im Prinzip ein gleichartiges Fortifikationssystem zugrunde: der Schutz durch mehrere, Verteidigungsabschnitte bildende, nun dichter von Türmen besetzte Ringmauern und/oder Wallanlagen und bisweilen – je nach Stadtherrschaft und -funktion – ein letzter, besonders gut ausgebauter Zufluchtsort in Form einer Burg, eines Donjons, einer befestigten Kirche usw.

Den Bevölkerungszuwachs einer Stadt versucht man in der Regel durch Verdichtung der Bebauung innerhalb der Ringmauern aufzufangen: Die Gassen innerhalb der Altstadt verengen sich; lediglich die zu den Haupttoren führenden Straßen, an denen sich der Markt und die wichtigsten Bürgerbauten befinden, zeigen eine größere Breite. Wo eine derartige Verdichtung nicht mehr möglich ist, kommt es zur Anlage von Neustädten und ihrer fortifikatorischen Einbeziehung.

Dies trifft z.B. für Dinkelsbühl zu, dessen Vorstädte ab 1372 in den Mauerring einbezogen wurden: Die Kreisform der staufischen Stadt wandelt sich hierbei zu einer „Schuhform", bei welcher der geschlossene Mauerkranz abschnittsweise eine Verstärkung durch Doppelmauer und Zwinger erfährt.

Das Beispiel Dinkelsbühl zeigt, daß oft erst nach Ausbau einer Stadt oder einer ihr vorgelagerten Neustadt der Mauerverlauf festgelegt wird – eine Erklärung für die häufige Unregelmäßigkeit von Grundrissen gewachsener Städte – im Gegensatz zu neu gegründeten wie denen des Deutschen Ritterordens.

208 *Aigues-Mortes*
(nach 1240 – um 1300)
Am Meer gelegen, braucht diese dem Castrumplan folgende, fast regelmäßig zu nennende Stadtanlage keine Rücksichten auf die Topographie zu nehmen. Ihre Entstehung verdankt sie der durch Ludwig den Heiligen angeordneten Errichtung eines Kriegshafens, von dem aus der König zwei weitgehend erfolglose Kreuzzüge unternimmt. Ihr guter Erhaltungszustand resultiert aus der bereits im 14. Jh. erfolgenden Versandung des Hafens und der sich hieraus ergebenden Bedeutungslosigkeit des Platzes für die Folgezeit.
Um ein großes turmbewehrtes, vermutlich im Inneren ehedem nicht überbautes Mauerrechteck zieht sich ein heute nur zum Teil erkennbarer breiter und schützender Wassergraben. Die dem Hafen zugewandte Castrumecke wird durch einen mächtigen – wohl dem Aufenthalt des Königs dienenden – Donjon verstärkt.

209 *Carcassonne, La Cité*
(Hauptausbau: 13. Jh.)
Eine wesentlich ältere Anlage einbeziehend und im Gegensatz zu Aigues-Mortes in ihrem Umriß von den topographischen Verhältnissen bestimmt, wird die Stadt vor allem seit der 1226 erfolgenden Übernahme durch die französische Krone verstärkt, erweitert und mit einem zweiten Mauerring umgeben.
Die von mächtigen Türmen flankierte Porte Narbonnaise, die in ihrer Höhe die äußere überragende innere Mauer, das in die Mauern einbezogene Grafenschloß, ein westlich

gelegenes und mit der Stadt durch einen mauerbewehrten Gang verbundenes Vorwerk und zwei innerhalb der Stadt gelegene Brunnen machen den zunächst im Rahmen der Albigenserkriege, später als Bollwerk gegen das erstarkte Aragón ausgebauten Platz, der Sitz eines Seneschalls ist, nahezu uneinnehmbar.

Die den mittelalterlichen Zustand anstrebende und ab 1855 einsetzende, bisweilen allzu nüchtern wirkende Rekonstruktion der Festungsanlagen ist hauptsächlich das Werk Viollet-le-Ducs.

210 *Rothenburg o.d.T.*

(Erweiterung und Ausbau ab Ende 13. Jh.)

Die aus einem Burgflecken erwachsene und Anfang des 13. Jh.s an die Staufer gelangte Stadt, die der Topographie angepaßt ist, erlebt ab Mitte des 13. Jh.s und im 14. Jh. eine Blüte, die infolge Verdoppelung der Fläche zu einer Befestigung der Neustadt ab Ende des 13. Jh.s und zu Verstärkungen auch der altstädtischen Umwehrung führt. In der Folge entstehen Zwingermauern und Vorwerke (vor allem im 16. und 17. Jh.).

Die Befestigung hinterläßt auch heute noch mit ihren mehr als 40 Zwischen- und Tortürmen und ihrem arkadengestützten, gedeckten Wehrgang einen geschlossenen und anschaulichen Eindruck.

Gelten Dinkelsbühl und Rothenburg im Westen Deutschlands als die besterhaltenen Stadtbefestigungen gotischer Zeit – die aufwendigste und umfassendste besaß Nürnberg mit mehr als 120 Türmen und einem 20 m breiten Zwinger –, so sind im Osten Anlagen wie die von Tangermünde, vor allem aber von Neubrandenburg nicht nur imponierende Beispiele für wehrtechnische Modernität, sondern auch für ihren besonderen bürgerlichen Repräsentationswillen, bei dem die vielfältigen dekorativen Möglichkeiten des Backsteinbaus wirkungsvoll zum Einsatz kommen.

Neubrandenburg

(Ausbau: um 1300 – zweite Hälfte 15. Jh.)

Die nach dem sogenannten „Kolonialtypenplan“ mit Straßenraster und mittigem Marktplatz angelegte, im Umriß nahezu kreisrunde Stadt, die um die Mitte des 13. Jh.s eine Befestigung aus Erdwall, Palisade und Wassergraben erhalten hatte, wird ab Ende des Jh.s mit einer 2,3 km langen Mauer aus Feldsteinen mit Backsteinkrone umgeben. Die Verteidigung erfolgte im wesentlichen über 53 rechteckig vor die Mauer greifende „Wiekhäuser“. Vier Backstein-Tortürme des 14. und 15. Jh.s, denen Vortore innerhalb der vorgelagerten Wallanlage entsprachen, sicherten die Zugänge und haben sich zum größten Teil erhalten. Sie zeigen einen außerordentlich reichen und vielfältigen Dekor: Blendgliederungen, teilweisen Fialenbesatz und Maßwerk-Wimperge.

Eine vergleichbare, wenngleich andere künstlerische Überhöhung, die Ausdruck ist von Bürgerstolz und wirtschaftlichem Vermögen, weisen die Tore zahlreicher Städte auf, darunter das innere Osthofentor in Soest (1523 – 1526 anstelle eines älteren Vorgängers errichtet), der Uenglinger Torturm in Stendal von etwa 1440 oder das 1464 in Planung gehende Holstentor in Lübeck.

Magazine in den Städten helfen Belagerungszeiten überbrücken.

Die Wasserversorgung kann Schwierigkeiten bereiten und führt zu erheblichen Bauanlagen. Das Thema „Markt-Brunnen“ – meist entstehen Straßenbrunnen als Bautypen gotischer Städte – sei hier nur erwähnt. An den Brunnenanlagen finden gotische Formen reichliche Anwendung.

Allgemeiner Wohnbau

Auch wenn das Wohnen auf dem Land zwischen dem 5. und 15. Jh. aufgrund bisheriger archäologischer Interessen und des erst ab dieser Zeit vorhandenen dichteren Bestandes nur lückenhaft erforscht ist, zeichnet sich doch als eines der bisherigen Ergebnisse die Erkenntnis ab, daß der Übergang Stadt - Land - trotz z.T. großer sozialer Unterschiede - kein so abrupter war wie vielfach angenommen. Einerseits gab es - schon aufgrund ihrer Funktionen - städtisch orientierte Bauten auf dem Land, andererseits in der Stadt z.B. das Ackerbürgerhaus, das sozusagen das Land in die Stadt brachte. Hinzu kommt, daß noch lange - der jeweiligen Zweckbestimmung angemessen - „höher-" neben „minderwertigerer" Bauweise fortbestand.

Die bisherigen Ergebnisse der Hausforschung legen den Schluß nahe, daß die Entwicklung aller wesentlichen Hausformen und mit ihnen verbundenen Bauweisen bereits um die Mitte des 13. Jh.s abgeschlossen war. Dies gilt nicht nur für z.B. (durch dendrochronologische Untersuchungen von Hölzern) datierbare Steinbauten, sondern auch für die ältesten bisher nachgewiesenen Fachwerkbau-
211 ten, betrachtet man u.a. insbesondere die hier zu unterscheidenden Hauptkonstruktionsarten,

- den älteren Geschoßbau als durchgehenden Ständerbau mit „eingeschossenen Etagen", d.h. eingeschobenen „Zwischendecken", und
- den Stockwerksbau mit in sich abgezimmerten selbständigen und geschoßweise übereinandergestellten Gerüsten.

Beim Fachwerk wird zunächst ein hölzernes Rahmenwerk errichtet, dessen spätere Ausfachung durch ausgezäunte Lehm- oder - schließlich auch - gemauerte Ziegelwände erfolgt. Die konstruktiven Übergänge zum oft noch gleichzeitig angewendeten Bohlenständerbau sind fließend. Bereits für das 7. Jh. nachzuweisen, erlebt das Fachwerk in verschiedenen Landschaften gerade seit dem 15. und wieder seit dem 17. Jh. eine außerordentliche Blüte.

Bei einem Fachwerkgerüst werden - vereinfacht ausgedrückt und die unterschiedliche Entwicklung nicht berücksichtigend - die vertikalen Stiele bzw. Ständer im allgemeinen auf einen umlaufenden Schwellbalkenkranz aufgesetzt, der ihren Druck gleichmäßiger auf den Boden oder einen gemauerten, seit dem 12. Jh. in der Stadt üblich werdenden Sockel überträgt, während bei der Pfostenbauweise die Stützen in den Boden eingelassen oder auf ihn aufgesetzt sind. Oben wird die Fachwerkwand von einem dem Schwellbalken konstruktiv entsprechenden Rähm gehalten. Aussteifende Querverbindung zwischen den Stielen stellen die Riegel her, die auch die Größe der Wandöffnungen vorgeben und z.B. bei Fenstern aus unteren Brüstungs- und oberen Sturzriegeln bestehen. Die Diagonalversteifung erfolgt durch Schwertungen, Einzelstreben und Strebefiguren, die Versteifung der Pfosten z.B. durch Kopf- und Fußbänder. Ältere Verbindung ist die Verblattung, jüngere die Verzapfung. Jedoch kommen beide Verbindungsarten z.B. im 14. Jh. zeitgleich nebeneinander vor (vgl. Hersfelder Str. 10/12 in Alsfeld, wo eingezapfte und aufgeblattete Riegel verwendet werden).

Die bisher nachgewiesenen ältesten Fachwerkgebäude in Deutschland sind die
211 Anwesen Marktplatz 6 in Bad Wimpfen von 1265/66, Webergasse 8 in Esslingen

von 1267, Rote Straße 25 in Göttingen von 1276, Römer 2 - 6 von 1289 und Kleine Rütsche 4 von 1289/90 in Limburg a.d.L.

Zeigt das Wimpfener Haus Mischbauweise, denn sein Erdgeschoß ist gemauert und weist einen dünneren Mauerstreifen unter dem Schwellenkranz des Obergeschosses auf, der mit nachträglichen Veränderungen des Gefüges in Verbindung stehen könnte, so ist das Esslinger Gebäude ein reiner Fachwerkbau. Die straßenseitige Flucht seines Erdgeschosses wurde, offenbar infolge dichter Bebauung des zugehörigen Stadtquartiers, zurückgesetzt, der Aufbau darüber aufgestockt, doch in sich als Wandständerkonstruktion ausgebildet. Die „modernere" Stockwerkskonstruktion kam hier als Teil des Gefüges zur Anwendung. Die Wandständerkonstruktion läßt die für sie offensichtlich zeittypischen langen und kurzen, gefügestabilisierenden aufgeblatteten Schwertungen erkennen, während das Dach ein Sparrendach ist mit aussteifenden Kehlbalken und Einzelstreben zwischen Sparren und Dachbalken.

Beim Göttinger Haus handelt es sich bereits um einen Stockwerksbau mit für sich verzimmerten Geschossen, bei den genannten beiden Limburger Bauten um solche mit zweiseitigen Vorkragungen über Eck, die die Verbindung von zwei Konstruktionsformen erforderlich machten, beim Haus Kleine Rütsche überdies um ein Hallenhaus mit konstruktiv aufwendiger Hängestielfassade auf einer Giebelseite.

Der Überhang, d.h. das Vorkragen der Obergeschosse, kann unterschiedliche, z.T. sich miteinander verbindende Gründe haben:

- statische (bei z.B. beidseitig auskragenden Deckenbalken oder auch bei Durchlaufträgern können die Balken knapper dimensioniert bzw. die Deckenlast erhöht werden),
- konstruktive („Stockwerksbau": Die Geschosse werden jeweils für sich verzimmert)
- funktionale (es können von außen unproblematisch Lasten in die als Speicher genutzten Dachgeschosse hochgezogen werden),
- witterungsbedingte,
- und schließlich die Vergrößerung der Nutzfläche.

Aufgrund bisheriger Datierungen ist davon auszugehen, daß sich die wesentlichen Merkmale des niederdeutschen Dielenhauses und des oberdeutschen Mehrgeschoßhauses bereits vor der Mitte des 13. Jh.s voll entwickelt hatten. Während das niederdeutsche Haus mit seiner hohen Diele im Erdgeschoß einen Wohnbereich durch Unterteilung und Abgrenzung bildet, dies im rückwärtigen Hausbereich, ebenso im seitlichen („Kammerfächer") und - erhöht - auch vorderen, hier in Form der sogenannten „Hängekammern", setzt sich beim oberdeutschen Haus stärker der Stockwerksbau durch, um im 15. Jh. das Bild der dortigen Fachwerklandschaft zu beherrschen. Zunehmend werden hier sogar Häuser mit zwei Obergeschossen errichtet, wobei die auskragenden Deckenbalken in der Regel zusätzlich von Knaggen gestützt sein können.

Auch wenn es mit Beginn des 14. und bis in denjenigen des 16. Jh.s zu erheblichen regionalen Sonderentwicklungen kommt, zeichnet sich im mitteldeutschen Raum eine im Lauf der Entwicklung zunehmende Überlagerung nieder- und oberdeutschen Einflusses ab: So werden z.B. in hessischen Städten wie Alsfeld und Limburg die Diele mit bis zu zwei Obergeschossen verbunden, die Längswände von Erd-

und Obergeschoß bei Zweigeschossigkeit – bzw. beider Obergeschosse bei Dreigeschossigkeit – in Geschoßbauweise ausgeführt, wobei es zu einer Kombination von Quergebinden mit einer Firstsäulenkonstruktion kommen kann. Die Möglichkeiten, aber auch die statischen Probleme einer derartigen Konstruktion verdeutlicht z.B. das für längere Zeit zu einem Doppelhaus umgebaut gewesene Haus Hersfelder Straße 10/12 in Alsfeld.

212 *Alsfeld, Hersfelder Str. 10/12*
(1375)
Das für das in Hessen verbreitete mitteldeutsche Fachwerk typische Haus mit Diele und zwei Obergeschossen kombiniert die Prinzipien des Stockwerk- und Ständerbaues. Der durch Hängepfosten charakterisierte Giebelüberhang über dem Erd- und 1. Obergeschoß wird durch Kopfbänder gestützt.
Die stützenfreie Diele im vorderen Hausbereich diente zunächst als eine Art Mehrzweckraum, als Werkstatt, Verkaufsfläche und Küche. Interessant ist hier vor allem der ursprüngliche Gebäudequerschnitt, werden doch die Quergebinde mit Hilfe eines aus einer komplizierten Verschwertung gebildeten Sprengwerks so ausgelegt, daß sie die Deckenlasten auf die Längswände übertragen können. Das Sprengwerk erwies sich jedoch höchstwahrscheinlich als auf Dauer der Belastung nicht gewachsen, so daß man die Diele nachträglich durch den Einbau von Stützen dreischiffig unterteilte.

Der Steinbauweise ist bei bedeutenderen Bauten oft die Mischbauweise mit gemauerten Sockelgeschossen und Kellern vorausgegangen, oder es wurden für Sonderfunktionen eigene Steingebäude wie Saalbau oder Kemenate in eine sonst aus Holz bestehende Gesamtanlage integriert.

Noch im 12. und beginnenden 13. Jh. gehören steinerne Bürgerhäuser in manchen Regionen eher zu den Ausnahmen, während in anderen die größere Feuersicherheit ihre Errichtung offensichtlich entscheidend gefördert zu haben scheint, ja es gibt Städte und Landschaften, in denen der Stein- den Holzbau früh zurückgedrängt hat. Dies gilt z.B. für Städte wie Konstanz, Regensburg, Köln, in denen dieser Prozeß bereits im 12. und 13. Jh. einsetzte, und generell für Landschaften wie den Alpen- und Voralpenraum, für das Verbreitungsgebiet des Backsteins in Norddeutschland und – wenigstens – in Teilen Südwestdeutschlands seit dem 14. und 15. Jh. Die zunehmende regionale Verbreitung dagegen des städtischen Fachwerkbaus im 15. und 16. Jh. könnte sich als Folge einer hier vorausgegangenen wirtschaftlichen Rezession erklären.

Die Häuser des frühen und hohen Mittelalters dürften häufiger als bisher angenommen mit Walmdächern eingedeckt gewesen sein. Noch für das 13. Jh. wird eine Vielfalt von Dachformen angenommen und erst im 14. Jh. hat sich in bestimmten Regionen die Giebelstellung als Regel durchgesetzt. In zwei Landschaften dagegen hielt man z.B. durchweg an der Traufstellung des Daches fest, einmal im Gebiet von Harz und Eichsfeld, zum anderen im Süden des südwestdeutschen Sprachraumes einschließlich des größten Teils der Schweiz und des südlichen Elsaß.

Neben einer Reihe von Städten, deren Hauptdachform sich von der ihrer Umgebung aus vielfältigen, auch traditionsgebundenen Gründen unterscheiden kann (vgl. die Dominanz der Traufstellung in Nürnberg), gibt es z.B. vorwiegend giebelständige Städte wie Lübeck, in denen gerade Quartiere mit ehemaligen Buden oder Handwerkerhäusern durch ihre geschlossene Traufstellung von diesem Schema abweichen.

Die Stadt mit ihrem vergleichsweisen Wohlstand infolge von Handel und Handwerk entwickelt im Verlauf der Gotik mitunter prachtvolle, auch weiträumige Bürgerhäuser. Der Adelige bringt seine Vorstellungen von Turm und Palas mit in die Stadt. Zinnen und Maschikulis werden dabei zur „standesgemäßen" Dekoration und im Laufe der Zeit im Sinne eines gesellschaftlichen Anspruchs oder aus reiner Dekorationsfreude auch von bürgerlicher Architektur übernommen (vgl. die um 1430 errichtete Trierer Steipe, das ehemalige Fest- und Empfangsgebäude der Ratsherren, oder die Schaugiebel norddeutscher Kaufmanns- und z.T. ebenfalls Handwerkerhäuser).

Auch das Turmartige eines befestigten Landsitzes wirkt bei der Gebäudeform häufig noch nach. Im Erdgeschoß solcher Bauten können Wirtschafts- und Vorratsräume, oben Wohnung und evtl. Kapelle mit Chörlein untergebracht gewesen sein, wie dies Umbau und Aufstockung des „Nassauer Hauses" in Nürnberg während der ersten Hälfte des 15. Jh.s zu erkennen geben.

Während beim oberdeutschen Bürgerhaus (Süd- und Mitteldeutschland) die Schauseite im allgemeinen glatt gehalten und häufig bemalt ist, zeigt gerade das niederdeutsche, vom Bauernhaus beeinflußte Bürgerhaus mit hoher Diele - dies
213 vor allem in den Hansestädten, u.a. in Rostock, Stralsund, Greifswald, - eine differenzierte Fassadengestaltung. Sie wird durch reiche Giebelformen, wie Staffel-, Schild- und Pfeilergiebel, bestimmt und durch Zinnen-, Fialen- und Wimpergbesatz sowie Blendnischen und Maßwerk, meist zurückliegende Putzflächen, glasierte Ziegel usw. belebt. Die Blendgiebelform wird nicht oder nur bedingt von der jeweiligen Gebäudeform und -höhe bestimmt, vielmehr vorrangig von Repräsentationsabsichten. Bei größeren Abmessungen sind sie häufig von Maßwerk durchbrochen oder haben Windlöcher (vgl. die Rathäuser von Lübeck und Stralsund).

214 Rostock, Wokrenterstr. 40
(Ende 15. Jh.)
Das zu den wenigen erhaltenen gotischen Giebelhäusern der Stadt zählende Gebäude hatte ursprünglich eine das ganze Erdgeschoß einnehmende Diele. Darüber sitzen ein niedriges Speichergeschoß und ein durch mehrere Böden unterteiltes Dach. Ein verzierter Hausbaum, der im Grundriß in Längsrichtung etwa mittig, aber in Querrichtung versetzt angeordnet wurde, trägt die komplette innere Holzkonstruktion mittels eines Unterzuges und eines durch Kopfstreben gestützten Sattelholzes.
Im linksbündigen schmäleren Teil, wo sich zunächst nur der Herd befand, kam es im Laufe der Entwicklung zur Abtrennung einer Küche und weiterer Kammern, straßenseits zur Anlage von zwei Stuben rechts und links einer „Vorderdiele" hinter dem mittigen Hauszugang, überdies zum Einbau einer Galerie und von „Hängekammern" über den seitlichen und vorderen Räumen (ein Großteil dieser Ausbaumaßnahmen des 16. und 17. Jh.s wurde inzwischen rekonstruierend erneuert).
Der Staffelgiebel des Hauses wird durch fünf Spitzbogenblenden mit Lukenreihen gegliedert. Die mit ihm durch größere Flächigkeit kontrastierende dreiachsige Erdgeschoß- und die darüberliegende fünfachsige Zwischenzone sind weitgehend Ergebnis jüngerer Rekonstruktionen.

Die im Anwesen Wokrenterstr. 40 anzutreffende ursprüngliche Grundrißsituation und ihre Weiterentwicklung blieben nicht nur für Rostock bis in das 18. Jh. bindend, sondern sind auch in einer Reihe anderer Hansestädte, z.B. in Stralsund, als typisch anzusehen.

Die Raumaufteilung städtischer Häuser hängt - einschließlich ihrer Veränderungen - einerseits maßgeblich vom Sozialstatus der Erbauer bzw. Nutzer ab, andererseits von wirtschaftlich bestimmten, oft sehr unterschiedlichen Nutzungsanforderungen. Sie schließt in gotischer Zeit die Bude eines Kleinhandwerkers in einer norddeutschen Hansestadt ebenso ein wie ein von mehreren Besitzern oder Mietparteien bewohntes Etagenhaus z.B. in Konstanz oder Regensburg.

215 Konstanz, Etagenhaus „Zum Kindle", Zollernstr. 35
(vor 1500)
Das möglicherweise im unteren Teil aus dem 14. Jh. stammende, nachträglich aufgestockte, pultdachgedeckte Haus wird durch den Einbau von Treppen und durchgehendem Kamin mit angeschlossenen Rauchfängen noch vor 1500 in ein Mehrfamilien-Etagenhaus umgewandelt. Neben einem Keller und dem zeitweilig als Schmiede genutzten einräumigen Erdgeschoß hat es drei Obergeschosse und ein Dachgeschoß. Wenigstens zwei der Obergeschosse enthielten eine rückwärtige Wohnküche, deren Rauchfang in seiner Lage dem des Erdgeschosses entsprach, alle Obergeschosse auf der Vorderseite eine bzw. zwei Stuben. Die offene Treppe im rückwärtigen Gebäudebereich läßt diesen zu einer für heutige Vorstellungen ungewöhnlichen Durchgangs- bzw. „Kommunikations"zone werden.

Ist im allgemeinen für das Mittelalter anscheinend das Einzelhaus kennzeichnend, so spielt doch gerade in dieser Zeit die soziale Fürsorge in Form von Beginenhöfen, Reihenhäusern, „Wohngängen" und Stiftungshöfen für Alte und Arme, wie in
215 Hamburg, Bremen und Lübeck, eine ausgeprägte Rolle. Ein „Gang" besteht aus einer ein- oder zweireihigen traufständigen Bebauung von ein bzw. zwei Geschossen und meist regelmäßig organisierter Fassadengliederung entlang einer in die Grundstückstiefe führenden straßenähnlichen Erschließung, dies oft unmittelbar an ein größeres straßenseitiges Vordergebäude grenzend und über dieses zugänglich. Bei den sogenannten „Zinshäusern" handelt es sich überwiegend um von geistlichen Körperschaften, z.T. auch von den Städten selbst geförderte soziale Wohnungsbauten.

Zunft- und Gildehäuser

Zünfte sind fachgenossenschaftliche Vereinigungen von Handwerkern und anderen Gewerbetreibenden. Sie lassen sich seit dem 11. und 12. Jh. in Städten wie Worms, Mainz und Würzburg nachweisen. Die Bezeichnung „Gilde", deren Ursprung im Fränkischen Reich bis in das 8. Jh. zurückreicht, findet vor allem im norddeutschen Raum Anwendung für eine Berufs- und Interessenvereinigung von Kaufleuten, seltener von Handwerkern oder auch Bauern. Ihr Ziel ist die gegenseitige Hilfe bei Handelsfahrten wie die Regelung gemeinsamer Interessen am Heimatort (vgl. insbesondere die Hanse), während sich die Zünfte vorwiegend um Vorschriften zur Ausbildung und zur Qualitätskontrolle bemühen, desgleichen Stiftungen einrichten, um in Not geratenen Mitgliedern zu helfen. Sie erlangen weitgehende Kompetenzen in der Selbstverwaltung wie in der Fachjurisdiktion unter Vorsitz gewählter Zunftmeister: Rechte, die in eigenen Zunftrollen (vgl.

die Zunftlade) niedergelegt sind. Gegen den Widerstand der Patrizier erkämpfen sie sich oft auch einen Anteil an der Stadtherrschaft. Religiöse Zünfte und Gilden bezeichnen sich als Bruderschaften und nehmen sich in besonderer Weise karitativer Aufgaben an.

Zunft- und Gildehäuser erlangen große Bedeutung für die städtische Gesellschaft. Sie ähneln in bezug auf ihre Funktionen (Lager- und Verkaufsräume z.B. bei den Gilden, Verwaltungsbereich, Räume für gesellige Veranstaltungen), ihren Standort und ihren oft auch gestalterisch-repräsentativen Anspruch den Rathäusern.

Die ältesten erhaltenen Zunftstuben und -häuser stammen aus dem 14. Jh., z.B. das Zunfthaus der Metzger und Krämer in Konstanz (1324 erstmals genannt und 1454 - unter Errichtung eines Saals und unter Einbeziehung eines Nebengebäudes - verändert) oder die Zunftstube der Metzger im elsässischen Rufach (steinernes Erdgeschoß von 1362). In Trier hat sich das ehemalige Zunfthaus der Schreiner aus dem 15. Jh. mit gekoppelten Fenstern und Dreieckstürzen erhalten.

Bedeutsam waren die Gildehäuser der Kaufleute, darunter der Bremer Schütting (1536 - 1538 mit Festsaal, Amts- und Gasträumen anstelle eines erworbenen älteren Gebäudes und in Nachfolge eines Vorgängerbaues an anderem Platz), insbesondere diejenigen der Tuchhändler, die Gewandhäuser bzw. Tuchhallen, wie die Gewandhäuser in Leipzig (nach 1477, 1882 - 1884 erneuert, nach dem Zweiten Weltkrieg abgerissen) und Braunschweig (1303 erstmalig erwähnter, später erweiterter und 1589 - 1591 mit neuen Fassaden im Renaissancestil versehener, 1948 - 1950 erneuerter Bau) und eine Reihe flandrischer Tuchhallen.

216 *Hildesheim, Knochenhauer-Amtshaus*
(1529)
Der im Krieg zerstörte, inzwischen im Maßstab 1:1 rekonstruierte Bau, bei dem sich funktionale und repräsentative Interessen unmittelbar miteinander verbanden, galt als das vielleicht schönste deutsche Fachwerkhaus.
Der Überhang der insgesamt fünf Giebelvorkragungen betrug 2,70 m. Die überaus reiche Dekoration war Teil der nicht von ihr verdeckten Konstruktion.
Das Erdgeschoß des mit Gewölbekeller versehenen Gebäudes war nahezu 6 m hoch. Ein mehrgeschossig unterteilter Dachstuhl diente zu Lagerzwecken.

Auch Vereinigungen des Adels oder Patriziats errichteten sich Bauten vergleichbar denen der Zünfte und Gilden. Zu nennen sind z.B. das erstmals 1295 erwähnte „Haus zum Rüden" in Zürich, der vormalige in der ersten Hälfte des 14. Jh.s gegründete Artushof in Danzig oder das 1424 mit seiner Rustikafassade entstandene „Haus zur Katz" in Konstanz (heute Stadtarchiv).

Öffentliche Bauten

Die im 12./13. Jh. in großer Zahl entstehenden Städte bilden ein stolzes Stadtbürgertum heran, das sich - bis zur Entstehung des eigentlichen Bürgertums im 15./16. Jh. - mehr und mehr Freiheiten von seinen Herren ertrotzt.

Rathaus

Durch Handel und Gewerbe wohlhabend geworden, will das Stadtbürgertum dieser soziologischen Situation nicht nur durch großartige Stadtkirchen (Münster), sondern aufgrund seiner seit Ende des 12. Jh.s einsetzenden, sich aber generell mit dem 13. Jh. verbreitenden Ratsverfassung auch durch den Bau seiner Vertretung, des Rathauses, sichtbaren Ausdruck verleihen. Sind Nachrichten über Rathäuser in der Romanik noch spärlich, so haben sich aus dem 13. Jh. ihre baulichen Zeugnisse zumindest teilerhalten (so die repräsentative dreizonige Fassade des Aachener Alten Rathauses von 1267).

Zahlreiche Funktionen des Rathauses, das sich seinerseits am Typ des repräsentativen Bürgerhauses (oder auch Palas) mit Saal orientiert und in eine Häuserzeile einreiht, andererseits am Typ des Kaufhauses mit seiner weitgehenden Freistellung, bestimmen in gotischer Zeit das Raum- und Bauprogramm:

- Einen wichtigen Bauabschnitt bildet der Saal im Obergeschoß (additiv mit Stützen gebildet; hoher Gerichts-, Fest- und Tanzsaal);
- unten befindet sich eine meist offene Vorhalle (Laube) für das Nieder- und Marktgericht (dort auch Strafvollzug - Pranger - öffentlich zugänglicher Aufbewahrungsplatz für die „Maße");
- im Keller sind Verliese für diejenigen Angehörigen des Gemeinwesens untergebracht, die sich ein schweres Vergehen zuschulden haben kommen lassen;
- im Obergeschoß wird später die oft reich ausgestaltete Ratsstube eingerichtet;
- viele Rathäuser verfügen über eine Freitreppe oder einen Austritt, von denen Beschlüsse bekanntgegeben werden können;
- die Schreibstube gehört einer späteren Phase an;
- in Verbindung mit dem Handel kann oft auch eine Kaufhalle im Erdgeschoß angeordnet sein;
- Ratsuhr und Ratsglocke werden in Dachreitern untergebracht, die sich oft zu stattlichen Türmen auswachsen;
- da sich im Mittelalter geistliches und profanes Leben durchdringen, kommt es vielfach zum Einbau einer Ratskapelle.

Durch eine sich vermehrende Verwaltungstätigkeit werden die Rathäuser in der Folge räumlich ausgedehnter.

217 *Nürnberg, Rathaus*
(ab 1332)
Den ältesten Teil der Anlage bildet ein staffelgiebelgeschmückter Saalbau, der zu Beginn des 16. Jh.s in spätgotischen Formen erweitert wird. Der Saalbau ist dreigeschossig, enthält im Kellergeschoß u.a. Gefängniszellen, im Erdgeschoß teilweise dem Handel dienende Räumlichkeiten und im Obergeschoß - neben einer Ratsstube und einem weiteren Raum - den holztonnengewölbten großen Saal, den eine ehedem von einem dortigen Hof emporgeführte Treppe erschließt. Daß dieses Rathaus vornehmlich für Verwaltungszwecke genutzt werden kann, erklärt sich aus der Tatsache, daß man ein älteres Rathaus dem Handel überlassen hatte.

Bei zahlreichen Rathäusern ist nicht nur das Gebäude selbst Anlaß zu repräsentativer Gestaltung, sondern mindestens ebenso bedeutsam der davor gelegene - häufig die Funktion des Marktes übernehmende - Platz.

218 *Siena, Piazza del Campo*
(Hauptausgestaltung: 14. Jh.)
Dieser Platz, der zu den großartigsten überhaupt gehört, vermittelt mit den in ihn einmündenden Straßen und den ihn umgebenden Backsteinbauten wie in seiner geschickt

die Topographie nutzenden fächerförmigen Anlage einen noch heute nahezu mittelalterlich anmutenden Eindruck. Höhepunkt der südöstlichen Kulisse, auf welche die hellen Streifen der Pflasterung als Symbole des die Stadt regierenden Neunerrates zulaufen, bildet der in mehreren Bauperioden entstandene gotische Stadtpalast mit seinem asymmetrisch angeordneten Glockenturm von mehr als 100 m Höhe.

219 In ostdeutschen Rathäusern wie Thorn dokumentieren sich Strenge und Wucht
220 gegenüber dem dekorativen Reichtum im Westen (vgl. das Rathaus von Löwen, das schon mehr einem Reliquienschrein ähnelt).

Kaufhaus

Möglicherweise sind die ältesten literarisch überlieferten Lager- und Verkaufsstätten auf deutschem Boden die mansiones in der Nähe der karolingischen Kaiserpfalz in Aachen gewesen. Auch Kloster- und Bischofshöfe dürften nicht nur als Unterkünfte reisenden Kaufleuten zur Verfügung gestanden haben (vgl. die Bezeichnung „domus mercatoria", die im 10. Jh. für das Kloster Corvey genannt wird). Gerade die städtischen Klosterhöfe späterer Zeit dienten als Handelszentren, desgleichen Kaufmannskirchen bereits des 11. Jh.s (z.B. Erfurt). An schiffbaren Flüssen wurde - in Köln ist dies für 1259 bezeugt - das Zollrecht mit dem Stapelanspruch verknüpft, ebenso aber - wie in Speyer - mit dem Feilbietungszwang und führte zur Herausbildung eigener Bautypen, wie zu einer immer weiter sich entwickelnden Spezialisierung. Erstes in Köln für 1230 bekanntes Kaufhaus war das der Wollweber.

Weit verbreitet war die Errichtung von Lauben oder Hallen für den Kleinhandel, wobei man deren Standort auf dem Kirchhof schon im 13. Jh. teilweise als lästig empfand. Nicht selten wurden die Erdgeschosse von Rathäusern den sozial hochstehenden Tuchkaufleuten als Verkaufsfläche zur Verfügung gestellt. Hatten diese ein eigenes Gebäude, so diente in der Regel das Erdgeschoß des Rathauses dem Verkauf von Lebensmitteln und Gegenständen des täglichen Bedarfs, desgleichen der Aufstellung der Ratswaage. Für das 13. Jh. bezeugte „Höfe" als Verkaufsbereich für ein bestimmtes Gewerbe waren nicht selten Budengassen, die möglicherweise durch Tore abgeschlossen werden konnten.

Oft auch wird das Kaufhaus selbst „Waage" genannt, wenn sich in ihm die geeichte Ratswaage befand. Weitere Bezeichnungen dieses Bautyps richten sich nach den hier ausschließlich oder schwerpunktmäßig feilgebotenen Produkten, so die „Tuchhalle" (Belgien).

Das Kaufhaus besitzt in der Regel eine Toreinfahrt in eine große gewölbte Erdgeschoßhalle. Mainz z.B. hatte Stapelrecht, d.h. alle stromauf und -ab kommende Ware muß ausgeladen und einige Tage zum Verkauf feilgehalten werden.

221 Eine repräsentative Verbindung von erdgeschossiger Kaufhalle und darüber angeordnetem großflächig befenstertem Festsaal stellt der „Gürzenich" in Köln dar (1441 - 1447, nach Kriegszerstörung im Äußeren wiederhergestellt). Die Zweischiffigkeit der Grundrisse drückt sich hier überdies in parallelgeführten Dächern aus. Die der Adelsarchitektur entlehnten Zinnen und Erkertürmchen sollen den ihm beigemessenen besonderen Stellenwert des Gebäudes wie auch den Ranganspruch seiner Auftraggeber und Nutzer zum Ausdruck bringen.

Gerichtsgebäude

Nachdem bis in die zweite Hälfte des 10. Jh.s Gericht meist unter freiem Himmel bzw. unter einer Linde abgehalten worden war, scheinen seit dem 13. Jh. die Rathäuser zunehmend - so durch Nutzung des Ratssaals oder z.B. durch An- und Einbau von Lauben zur Darstellung des öffentlichen Charakters dieser Sitzungen - zum Ausübungsort der immer mehr normierten niederen Gerichtsbarkeit geworden zu sein (vgl. auch den häufig in ihrer Nähe anzutreffenden Pranger). Mit der Erlangung auch der Hochgerichtsbarkeit 1320 bildet die Stadt Nürnberg eine der wenigen Ausnahmen.

Im Lauf des Mittelalters „erwächst" u.a. aus den Rathäusern vereinzelt der Typ eines eigenständigen Gerichtsgebäudes.

Das reichste und wohl auch größte Gerichtsgebäude der Gotik steht in Rouen. Aus dieser Zeit stammen sein West- (1499 - 1508) und sein Nordflügel (1508/1509). Der mit ihnen einen Hof bildende Ostflügel ist gotisierender Nachfolgebau (19. Jh.) eines klassizistischen Vorgängers.

Börse

In Italien hat sich schon früh ein Bank- und Börsenwesen entwickelt.

In Börsen treffen sich Kaufleute regelmäßig, um miteinander bzw. über Makler mit Wertpapieren oder Waren zu handeln. Das Wort „Börse" leitet sich höchstwahrscheinlich vom Namen der niederländischen Familie „van der Buerse" ab, an deren Herberge in Brügge sich auf dem vorgelagerten Platz zu festgesetzten Zeiten Kaufleute zum Abschluß von Handelsgeschäften trafen. Seit Ende des 14. Jh.s siedelten sich hier Konsulatshäuser mehrerer italienischer Städte an. Um die Mitte des 15. Jh.s soll dieser Börsenplatz unter besonderem Marktfrieden gestanden haben.

In Flandern und in den Niederlanden werden jedoch ebenso in Handelshallen, die vorrangig Lagerhäuser sind, Börsengeschäfte abgewickelt. Auch die Lauben von Rathäusern haben häufig diesem Zweck gedient. Das wohl älteste eigenständige Börsengebäude entsteht in Antwerpen als Holzbau während des 14. Jh.s. Vorbild für eine Reihe anderer Börsen bildet die Neue Antwerpener Börse von 1531, bei der ein zweigeschossiger Baukörper mit unteren Arkaden einen offenen Hof umgibt, auf dem die Börsengeschäfte durchgeführt werden.

Wehrbau

Notwendigerweise ist der Wehrbau der jeweiligen Art der Kriegsführung angepaßt. Auch die Erfindung des Schießpulvers im 13. Jh. ändert zunächst kaum etwas am Wehrbau der gotischen Zeit. Erst die Entwicklung von Handfeuerwaffen im 14. Jh., mehr jedoch die im 15. Jh. einsetzende von Geschützen bringt den entscheidenden Wandel, der in Verbindung mit wirtschaftlichen und gesellschaftlichen Umstrukturierungsprozessen auch zum Niedergang des Rittertums führt. Der erste Geschützguß erfolgt 1422; wirksame Feuerwaffen kommen gegen Ende des 15. Jh.s auf und bedingen die Umstellung von der „vertikalen" zur „horizontalen" Verteidigung, den Ausbau von Flankierungs- und von tiefgestaffelten Verteidigungssystemen. Da in der gesamten gotischen Epoche die Belagerung und Aushungerung einer Burg oder Stadt, der Haupttypen gotischen Wehrbaues, nicht jedoch die offene Schlacht die üblichen Kriegsmethoden darstellen, kommt es nicht nur auf die gute Befestigung eines Platzes, sondern ebenso auf eine langfristig ausreichende Versorgung mit lebenswichtigen Gütern, insbesondere auf eine genügende Wasserversorgung an.

Wichtige Impulse erhält der Wehrbau durch die Kreuzzüge, die nicht nur zu immer größerer Perfektion des Kriegshandwerks und der Fortifikationssysteme führen, sondern auch zu einem wirtschaftlichen und kulturellen Austausch, von dem das Abendland in vielfältiger Weise profitiert.

Die bereits in Verbindung mit dem Städtebau angesprochenen Befestigungsringe von Städten waren eingebunden in ein System vorgelagerter Verteidigungsanlagen, wie Landwehren mit Hecken, Gräben, Wällen, Türmen etc., und Beobachtungsposten, z.B. in Form von Warttürmen.

Einen bezeichnenden Einblick in die Vielfalt gleichzeitiger Möglichkeiten damaliger Verteidigung bieten historische Abbildungen, wie ein Holzschnitt von 1547, der das Braunschweiger St. Cyriakus-Stift mit einer Befestigung aus Plankenwerk und Fachwerktürmen darstellt.

Die Stadtbefestigungen folgen in ihren technischen Einzelheiten weitgehend dem Burgenbau (Zinnen, Maschikulis, Wehrgänge, Zugbrücken, Fallgatter, Gräben, Zwinger, Türme, Tore).

Bei größeren Burg- und Stadtanlagen (s.o.) werden die Tiefe der Verteidigungslinie durch einen doppelten turmbesetzten Mauerring mit dazwischenliegendem Zwinger und damit die Verteidigungskraft erheblich erhöht. Im Inneren befindet sich meist ein größerer Hof oder Platz. Vorburgen können, wenn sie nicht überwiegend z.B. wirtschaftlichen Zwecken dienten, in Kriegszeiten mitunter als Fluchtraum für die Bevölkerung des Umlandes verwendet werden.

222 *Krak des Chevaliers*
223 (Hauptausbau: nach 1142)
Die im Süden Syriens gelegene Burg ist die vielleicht großartigste aller Kreuzfahrerburgen. Durch zwei konzentrische ovale Befestigungsringe und einen dazwischen angeordneten offenen Zwinger geschützt, wird sie durch einen nahezu völlig überdeckten, hervorragend zu verteidigenden Zugangsweg erschlossen. Die ehedem wohl lediglich randbebaute Oberburg, deren Mauerfuß dossiert ist, staffelt sich – bedingt durch mächtige Gewölbeeinbauten – in mehrere Ebenen.

In der streng geometrischen Regelmäßigkeit von Anlagen, die nach 1230, d.h. nach dem Kreuzzug Friedrichs II. (1228/1229), gebaut werden, darunter denje-
224 nigen von Augusta, Lucera und Catania, zeigt sich im Gegensatz zu seinen früheren Modernisierungen und Erweiterungen älterer Anlagen ein ausgeprägter, kaum noch zu übertreffender Ordnungs- und Gestaltungswille.

224 *Castel del Monte*
(um 1230 – 1240)
Als das herausragendste Werk, das mit ziemlicher Sicherheit die wenigstens mitplanende Hand des Kaisers erkennen läßt, gilt das wohl in den 1230er Jahren entstandene Castel del Monte, das eigentlich kein Kastell ist, sondern ein Privatbau, ein Refugium und eine zeitweilige Residenz, die Friedrich II. nie bezogen hat, die aber durch die kristalline Reinheit ihres Baukörpers wie ihre landschaftsbeherrschende Lage seinem Kaiserbild Aus-

druck verliehen haben dürfte. Die Grundform des Achtecks entsprach nicht nur Bauten wie der Pfalzkapelle in Aachen (zu der Friedrich über ihre Nachbildung in Hagenau, seiner Lieblingsresidenz auf deutschem Boden, eine besondere Beziehung hatte), sondern sie stellt eine mit präziser Gesetzmäßigkeit realisierte Vermittlungsform zwischen Quadrat und Kreis (als den symbolischen Grundformen von Diesseits und Jenseits) dar. Die Ecken des Kernbaus mit achteckigem Innenhof sind mit gleichförmigen Türmen besetzt, die ehedem um mehr als zwei Meter sein Dach überragten und den Eindruck einer Krone (der des Hohenstauferreichs, wie Gregorovius dies vergleichend ausdrückte) nahelegten. Jedes der zwei Geschosse enthält acht im Grundriß trapezförmige Räume. Bei allen ist auffälligerweise nur das einbeschriebene Grundquadrat kreuzrippengewölbt. Das Portal, von dem aus kein direkter Zugang zum Binnenhof möglich ist, stellt eine Verbindung antiker, romanischer, gotischer und islamischer Elemente dar, ist Ausdruck und Zeichen kaiserlicher Politik. Eine konkrete Ableitung der Bauform hat sich trotz Ähnlichkeiten mit antiken, mittelalterlich-europäischen und -islamischen Vorbildern als bisher unmöglich erwiesen.

Bei steigendem Wohlstand zu Ende der gotischen Epoche entwickeln sich aus den Burgen die Anfänge von Schloßanlagen, die – nach weiterem Ausbau – nicht mehr der Verteidigung dienen. Damit kann sich – und dies ist eine der wichtigsten Leistungen des Barock – mit dem Schloß der Park verbinden.

225 *Burg Eltz*
(Hauptausbau: 13. – 16. Jh.)
Die in einer Krümmung des die Mosel speisenden Eltzbaches gelegene Anlage, die – wohl niemals gewaltsam zerstört – zu den mehr zu Wohnzwecken genutzten Höhenburgen gehört, zählt seit der Mitte des 13. Jh.s, als sich die Besitzerfamilie in einzelne Linien spaltet und verschiedene Häuser der Anlage bewohnt, zu den sogenannten Ganerbenburgen.
Trotz weitgehender Wiederherstellungen im 19. und 20. Jh. hat die Burg nichts von ihrem mittelalterlichen Charakter eingebüßt und hinterläßt schon aufgrund ihrer einsamen Lage auf steilem Fels und ihrer dicht stehenden, höhengestreckten Bauten einen nachhaltigen Eindruck.

226 *Marienburg*
227 (vor 1274 – Anfang 15. Jh.)
Die in Westpreußen an der Nogat gelegene Marienburg ist Schloß der Hochmeister des Deutschen Ritterordens und wird durch die 1309 erfolgende Verlegung des Hochmeistersitzes von Venedig Ordenshaupthaus.
Den zunächst aus einem vierflügeligen Konventhaus bestehenden Bau erweitern ein in der ehemaligen Vorburg errichteter Hochmeisterpalast, spätere Zusatzbauten und eine neue Vorburg.
Dem Repräsentations- und Wohnbedürfnis der Rittergemeinschaft mit mönchischem Gelübde wird durch den Bau sterngewölbter Remter (Refektorien) und anderer aufwendiger Innenräume entsprochen. Der zu den besten Profanbauleistungen der Gotik zählende Hochmeisterpalast zeichnet sich in seinem Äußeren durch eine kräftige Wandgliederung, nach oben zunehmende Durchfensterung und Dekoration, durch eine Zinnenbekrönung und Ecktürmchen aus.

228 *Meißen, Albrechtsburg*
(ab 1471 – um 1485)
An der Stelle einer aus dem 10. Jh. stammenden Burg entsteht unter dem Baumeister Arnold von Westfalen ein fürstliches Schloß, das den topographischen Gegebenheiten

Rechnung trägt, im Äußeren bis auf die von französischen Vorbildern, insbesondere Burgunds, abstammenden Lukarnen und die in der Außenarchitektur mitwirkende Repräsentationstreppe nahezu schmucklos ist. An französischen Vorbildern orientiert aber sind vor allem die kunstvoll und kompliziert überwölbten Innenräume, in denen der Vorhangbogen im Fensterbereich eine besondere Rolle spielt. Den gestalterischen Schwerpunkt der dreigeschossigen Anlage bildet der große Saal des 1. Obergeschosses, der als zweischiffige Halle Grundmustern französischer Klosterarchitektur folgt.

229 *Urbino, Palazzo Ducale*
(ab 1444)
Die eigenartige Form des in der Renaissancezeit entstehenden Herzogspalastes erklärt sich aus der weitgehenden Wiederverwendung zweier gotischer Stadtpaläste und der besonderen topographischen Lage, die deren mittelbare Einbeziehung in die Stadtbefestigung zur Folge hatte. Als Meisterwerk der Anlage gilt der bereits der Renaissance zugehörige arkadengesäumte Ehrenhof.

Literaturverzeichnis

Adamy, R.: Architektonik des gotischen Stils, Hannover 1889.
Anderson, W.: Castles of Europe from Charlemagne to the Renaissance, London 1970.
Architektur des Mittelalters. Funktion und Gestalt (Hrsg.: *Fr. Möbius; E. Schubert*), Weimar 1984[2].
Arens, Fr.: Der Dom zu Mainz, Darmstadt 1982.
Aubert, M.: Hochgotik (= Kunst der Welt), Baden-Baden 1963.
Bachmann, E.: Kaiserburg Nürnberg (= Amtlicher Führer der Bayerischen Verwaltung der staatlichen Schlösser und Seen), München 1970.
Backes, M.: Burgen und Schlösser an Mosel und Saar, Neuwied 1964[2].
Barruol, G.: Romanik der Hoch-Provence, Würzburg 1984.
Bauch, K.: Über die Herkunft der Gotik, Freiburg i.Br. 1939.
Baudot, A. de: L'architecture. Le passé. Le présent, Paris 1916.
Baum, J.: Romanische Baukunst in Frankreich, Stuttgart 1928[2].
Behling, L.: Gestalt und Geschichte des Maßwerks, Köln/Wien 1978[2].
Behling, L.: Die Pflanzenwelt der mittelalterlichen Kathedralen, Köln/Graz 1964.
Belli D'Elia, P.: Romanisches Apulien, Würzburg 1989.
Bentmann, R.: Das „Gotische Haus" Römer 2.4.6 in Limburg. Das älteste Fachwerkhaus Deutschlands? In: Denkmalpflege in Hessen, 1, S. 15 – 27, Wiesbaden 1990.
Beseler, H.; Roggenkamp, H.: Die Michaeliskirche in Hildesheim, Berlin 1954.
Bialostocki, J.: Spätmittelalter und beginnende Neuzeit (= Propyläen Kunstgeschichte, Bd. 7), Berlin 1972.
Binding, G.: Pfalz Gelnhausen, Bonn 1965.
Binding, G.: Burg Münzenberg, Bonn 1965[2].
Binding, G.: Romanischer Baubetrieb in zeitgenössischen Darstellungen, Köln 1972.
Binding, G.: Architektonische Formenlehre, Darmstadt 1987[2].
Binding, G.: Das Dachwerk auf Kirchen im deutschen Sprachraum vom Mittelalter bis zum 18. Jahrhundert, München 1991.
Binding, G.; Mainzer, U.; Wiedenau, A.: Kleine Kunstgeschichte des deutschen Fachwerkbaus, Darmstadt 1989[4].
Binding, G.; Nußbaum, N.: Der mittelalterliche Baubetrieb nördlich der Alpen in zeitgenössischen Darstellungen, Darmstadt 1978.
Binding, G.; Untermann, M.: Kleine Kunstgeschichte der mittelalterlichen Ordensbaukunst in Deutschland, Darmstadt 1985.
Blanch, M.: Gotische Kunst in Spanien, Barcelona/Düsseldorf/Lausanne 1972.
Bock, E.: Romanische Baukunst und Plastik in Württemberg, Stuttgart 1960[2].
Bock, H.: Der Decorated Style (= Heidelberger Kunstgeschichtliche Abhandlungen, N.F., Bd. 6), Heidelberg 1962.
Böker, H.J.: Englische Sakralarchitektur des Mittelalters, Darmstadt 1984.
Böker, H.J.: Die mittelalterliche Backsteinarchitektur Norddeutschlands, Darmstadt 1988.
Bonnet-Laborderie, Ph.: Cathédrale Saint-Pierre (Beauvais), histoire et architecture, Beauvais 1978.
Braun, H.: Cathedral Architecture, London 1972.
Braun, J.: Der christliche Altar, Bd. 1, München 1924.
Braune, M.: Türme und Turmhäuser in Toscana. Untersuchungen zu den Anfängen des monumentalen Wohn- und Wehrbaus in Toscana (1000 bis 1350) (= 24. Veröffentl. d.Abt.Architektur d.Kunsthist.Instituts d.Universität Köln), Köln 1983.
Braunfels, W.: Abendländische Klosterbaukunst, Köln 1969.
Bunjes, H.; Irsch, N. u.a. (Bearb.): Die kirchlichen Denkmäler der Stadt Trier mit Ausnahme des Doms (= Kunstdenkmäler der Rheinprovinz, Bd. 13,3), Düsseldorf 1938.
Burgen der Salierzeit (Hrsg.: *H.W. Böhme*), Bde. 1 u. 2, Sigmaringen 1991.

Burmeister, W.; Hege, W.: Die Westfälischen Dome. Paderborn, Soest, Osnabrück, Minden, Münster; Berlin 1936.
Busch, H.; Adam, E.: Gotik (= Europäische Baukunst), Frankfurt a.M. 1971.
Cali, F.; Moulinier, S.: Das Gesetz der Gotik, München 1965.
Cassata, G.; Costantino, G.; Rodo, S.: Romanisches Sizilien, Würzburg 1988.
Chierici, S.: Romanische Lombardei, Würzburg 1979.
Choisy, A.: Histore de l'architecture, Bd. 2, Paris 1964.
Clasen, K.H.: Deutsche Gewölbe der Spätgotik, Berlin 1961^2.
Cobb, G.: English Cathedrals, The Forgotten Centuries. Restauration and Change from 1530 to the Present Day, London 1980.
Coenen, U.: Die spätgotischen Werkmeisterbücher in Deutschland. Untersuchung und Edition der Lehrschriften für Entwurf und Ausführung (= Beiträge zur Kunstwissenschaft, Bd. 35), München 1990.
Conant, K.-J.: A Brief Commentary on Early Mediaeval Church Architecture, Baltimore 1942.
Conant, K.-J.: Carolingian and Romanesque Architecture 800 - 1200, Middlesex (GB) 1959.
Corboz, A.: Frühes Mittelalter (= Weltkulturen und Baukunst), München 1971.
Courtens, A.: Romanische Kunst in Belgien, München 1969.
Craplet, C.B.: Auvergne Romane (= La nuit des temps, Bd. 2), Sainte-Marie de la Pierre-qui-vire (Yonne) 1962^3.
Dahm, C.: Athos, Burg der Verklärung, Offenburg 1959.
Dehio, G.; Bezold, G.: Die kirchliche Baukunst des Abendlandes, Bde. 1 - 5, Stuttgart 1892 - 1901.
Deichmann, F.W.: Ravenna, Bde. 1 u. 2, Wiesbaden 1976.
Deschamps, P.: Les Châteaux des Croisés en Terre Sainte. Le Crac des Chevaliers, Paris 1934.
Deutsche Architekturtheorie zwischen Gotik und Renaissance (Hrsg.: *Günther, H.*), Darmstadt 1988.
Dimier, M.A.; Porcher, J.: Die Kunst der Zisterzienser in Frankreich, Würzburg 1986.
Durand, G.: La cathédrale d'Amiens, Amiens 1977^3.
Durliat, M.: Romanisches Roussillon, Würzburg 1988.
Eckardt, A.; Gebhard, T. (Bearb.): Stadt und Landkreis Kaiserslautern (= Die Kunstdenkmäler von Bayern, Bd. 6,9), München 1942.
Eckstein, H.: Die romanische Architektur, Köln 1975.
Effenberger, A.: Frühchristliche Kunst und Kultur, Leipzig/München 1986.
Effmann, W.: Centula, St. Riquier (= Forschungen und Funde, Bd. 2, H. 5). Eine Untersuchung zur Geschichte der kirchlichen Baukunst in der Karolingerzeit, Münster 1912.
Egli, E.: Das Mittelalter (= Geschichte des Städtebaus, Bd. 2), Erlenbach-Zürich 1962.
Enciclopedia dell'arte antica, Bde. 1 - 7, Rom 1958 - 1966.
Erlande-Brandenburg, A.: Gotische Kunst, Freiburg i.Br. 1984.
Erlande-Brandenburg, A.: Triumph der Gotik 1260 - 1380 (= Universum der Kunst, Bd. 34), München 1988.
Essenwein, A.v.; Stiehl, O.: Der Wohnbau des Mittelalters (= Hdb.d.A., Tl. 2, Bd. 4, H. 2), Leipzig 1908^2.
Fitchen, J.: The Construction of Gothic Cathedrals. A Study of Medieval Vault Erection, Oxford 1961.
Favole, P.: Piazze d'Italia, Mailand 1972.
Fehring, G.P.; Ress. A.: Die Stadt Nürnberg (= Bayerische Kunstdenkmale 10), München 1977^2.
Fillitz, H.: Das Mittelalter I (= Propyläen Kunstgeschichte, Bd. 5), Berlin 1969.
Formigé, J.: L'abbaye royale de Saint-Denis. Recherches nouvelles, Paris 1960.
Fricke, R.: Das Bürgerhaus in Braunschweig (= Das deutsche Bürgerhaus, Bd. XX), Tübingen 1975.
Gall, E.: Die gotische Baukunst in Frankreich und Deutschland, Bd. 1, Braunschweig 1955^2.
Gassner, E.: Zur Geschichte des Städtebaus, Tle. 1 u. 2, Bonn 1972.
Germann, G.: Einführung in die Geschichte der Architekturtheorie, Darmstadt 1980.
Gimpel, J.: Les bâtisseurs de cathédrales, Bourges 1975.
Glassner, H.; Clasen, K.H.: Zehn deutsche Dome, Berlin 1939.
Glossarium artis,
Bd. 1: Burgen und feste Plätze, Tübingen 1977^2.
Bd. 2: Kirchengeräte, Kreuze und Reliquiare der christlichen Kirchen, München 1992^3.
Bd. 3: Bogen und Arkaden, Tübingen 1982^2.
Bd. 4: Paramente und Bücher der christlichen Kirchen, Tübingen 1982^2.
Bd. 5: Treppen und Rampen, München 1985^2.
Bd. 6: Gewölbe und Kuppeln, München 1988^3.
Bd. 7: Festungen, München 1990^2.
Bd. 8: Das Baudenkmal, Tübingen 1981.
Bd. 9: Städte, München u.a. 1987.

Götz, W.: Zentralbau und Zentralbautendenz in der gotischen Architektur, Berlin 1968.
Graf, G.N.; Mattoso, J.; Real, M.L.: Romanisches Portugal, Würzburg 1990.
Greischel, W.: Der Magdeburger Dom, Berlin 1929.
Grodecki, L.; Mütherich, F.; Taralon, J.; Wormald, J.: Die Zeit der Ottonen und Salier (= Universum der Kunst, Bd. 20), München 1973.
Grodecki, L.: Architektur der Gotik (= Weltgeschichte der Architektur), Stuttgart 1976
Großmann, D.: Elisabethkirche Marburg (= Große Baudenkmäler, H. 296), München/Berlin 1977.
Großmann, G.U.: Der Fachwerkbau. Das historische Fachwerkhaus, seine Entstehung, Farbgebung, Nutzung und Restaurierung, Köln 1986.
Gruber, K.: Die Gestalt der deutschen Stadt, München 1977[3].
Haeusser, J.-R.: La Cathédrale de Strasbourg, Straßburg 1973.
Hahnloser, H.R.: Villard de Honnecourt, Graz 1972[2].
Hamann, R.; Wilhelm-Kästner, K.: Die Elisabethkirche zu Marburg und ihre künstlerische Nachfolge, Bd. 1, Marburg a.d. Lahn 1924.
Hart, F.: Kunst und Technik der Wölbung, München 1965.
Hasak, M.: Der Kirchenbau des Mittelalters (= Hdb.d.A., Tl. 2, Bd. 4, H. 3), Leipzig 1913[2].
Hasak, M.: Einzelheiten des Kirchenbaues (= Hdb.d.A., Tl. 2, Bd. 4, H. 4), Leipzig 1927[2].
Hauglid, R.: Norwegische Stabkirchen, Oslo 1970.
Hauke, K.: Das Bürgerhaus in Mecklenburg und Pommern (= Das deutsche Bürgerhaus, Bd. XXII), Tübingen 1975.
Hecht, J.: Der romanische Kirchenbau des Bodenseegebietes, Bd. 1, Basel 1928.
Heidenreich, R.; Johannes, H.: Das Grabmal Theoderichs zu Ravenna, Wiesbaden 1971.
Heitz, C.: L'architecture religieuse carolingienne. Les formes et leurs fonctions, Paris 1980.
Hoffmann, W.: Hirsau und die Hirsauer Bauschule, München 1950.
Hofrichter, H. (Hrsg. u. Mitautor): Stadtbaugeschichte von der Antike bis zur Neuzeit, Braunschweig 1991[2].
Hofrichter, H.; Grassnick, M.: Deutsche historische Bürgerhäuser (= Keysers kleine Kulturgeschichte), München 1985.
Hofstätter, H.H.: Gotik (= Weltkulturen und Baukunst), München 1968.
Holtzinger, H.: Altchristliche und byzantinische Baukunst (= Hdb.d.A., Tl. 2, Bd. 3, H. 1), Leipzig 1909[2].
Jantzen, H.: Die Gotik des Abendlandes, Köln 1962.
Jetter, D.: Das europäische Hospital. Von der Spätantike bis 1800 (= DuMont Dokumente), Köln 1986.
Kähler, H.: Die Hagia Sophia, Berlin 1967.
Kautzsch, R.: Der romanische Kirchenbau im Elsaß, Freiburg i.Br. 1944.
Kimpel, D.; Suckale, R.: Die gotische Architektur in Frankreich 1130 – 1270, München 1987.
Klein, W.: Schwäbisch-Gmünd, St. Johanneskirche, Frankfurt a.M. 1928.
Koch, H.: Ausbildung der Fußboden-, Wand- und Deckenflächen (= Hdb.d.A., Tl. 3, Bd. 3, H. 3), Stuttgart 1903.
Koepf, H.: Die gotischen Planrisse der Wiener Sammlungen, Wien/Köln/Graz 1969.
Krautheimer, R.: Early Christian und Byzantine Architecture, Harmondsworth 1965.
Krautheimer, R.: Die Kirchen der Bettelorden in Deutschland, Köln 1925.
Kretzschmar, F.; Wirtler, U.: Das Bürgerhaus in Konstanz, Meersburg und Überlingen (= Das deutsche Bürgerhaus, Bd. XXV), Tübingen 1977.
Krischen, F.: Die Landmauer von Konstantinopel (= Denkmäler antiker Architektur, Bd. 6), Berlin 1938.
Kubach, H.-E.: Architektur der Romanik (= Weltgeschichte der Architektur), Stuttgart 1974.
Kubach, H.E.: Der Dom zu Speyer, Darmstadt 1988[2].
Kubach, H.E.; Haas, W. (Bearb.): Der Dom zu Speyer (= Die Kunstdenkmäler von Rheinland-Pfalz, Bd. 5), Bde. 1 – 3, München 1972.
Kubach, H.E.; Verbeek, A.: Romanische Baukunst an Rhein und Maas. Katalog der vorromanischen und romanischen Denkmäler, Bde. 1 – 4, Berlin 1976 u. 1989.
Kubach, H.E.; Verbeek, A.: Romanische Kirchen an Rhein und Maas (= Rheinischer Verein für Denkmalpflege und Landschaftsschutz, Jb. 1970/71), Neuss 1972[2].
Lassus, J.: Images de Stylites. In: Bulletin d'Études Orientales, Bd. 2, S. 67-82, Damaskus 1932.
Lassus, J.: Sanctuaires Chrétiens de Syrie, Paris 1947.
Lazarides, P.: Hosios Loukas, Athen o.J. (nach 1970).
Lefebure (Hrsg.): Saint-Etienne de Bourges, Paris 1959.
Lehmann, E.: Der frühe deutsche Kirchenbau. Die Entwicklung seiner Raumordnung bis 1080 (= Forschungen zur deutschen Kunstgeschichte, Bd. 27), Berlin 1938.
Lempertz, H.G.: Wesen der Gotik, Leipzig 1926.

Lexikon der Alten Welt, Tübingen/Zürich 1965.
Lexikon des Mittelalters (Hrsg.: *Artemis Verlag*), bisher ersch. Bde. 1 - 5, München/Zürich 1980 - 1991.
Linck, O.: Mönchtum und Klosterbauten, Stuttgart 1953.
Ludorff, A. (Bearb.): Die Bau- und Kunstdenkmäler im Kreis Soest (= Die Bau- und Kunstdenkmäler von Westfalen, Bd. 16), Münster 1905.
Mader, F. (Bearb.): Stadt Würzburg (= Die Kunstdenkmäler des Königreichs Bayern, Bd. 3, 12), München 1915.
Mâle, E.: La cathédrale d'Albi (= Les points cardinaux, Bd. 23), Sainte-Marie de la Pierre-qui-vire (Yonne) 1974.
Mango, C.: Byzantinische Architektur (= Weltgeschichte der Architektur), Stuttgart 1975.
Mark, R.: Experiments in Gothic Structure, London 1982.
Marschall, H.-G.; Slotta, R.: Romanisches Lothringen, Würzburg 1985.
Meckseper, C.: Kleine Kunstgeschichte der deutschen Stadt im Mittelalter, Darmstadt 1982.
Melas, E.: Alte Kirchen und Klöster Griechenlands (= DuMont Dokumente), Köln 1972.
Messerer, W.: Karolingische Kunst, Köln 1973.
Millingen, A. van: Byzantine Churches in Constantinople, London 1912.
Möbius, Fr.: Westwerkstudien, Jena 1968.
Möbius, Fr.u.H.; Beyer, K.G.: Ecclesia ornata. Ornament am mittelalterlichen Kirchenbau, Berlin 1972.
Moretti, I.; Stopani, R.: Romanische Toskana. Würzburg 1983.
Morris, R.: Cathedrals and Abbeys of England and Wales. The Building Church, 600 - 1540, London 1979.
Mrusek, H.-J.: Romanik. Deutsche Baukunst, Leipzig 1991[4].
Musset, L.: Romanische Normandie (Ost), Würzburg 1987.
Musset, L.: Romanische Normandie (West), Würzburg 1989.
Naredi-Rainer, P.v.: Architektur und Harmonie. Zahl, Maß und Proportion in der abendländischen Baukunst (= DuMont Dokumente), Köln 1982.
Nickel, H.L.: Byzantinische Kunst, Heidelberg 1964.
Nußbaum, N.: Deutsche Kirchenbaukunst der Gotik. Entwicklung und Bauformen (= DuMont Dokumente), Köln 1985.
Ostendorf, F.: Die deutsche Baukunst im Mittelalter, Bd. 1, Berlin 1922.
Oswald, F.; Schaefer, L.; Sennhauser, H.R.: Vorromanische Kirchenbauten. Katalog der Denkmäler bis zum Ausgang der Ottonen, München 1966 ff.
Oursel, R.: Romanisches Burgund, Würzburg 1987[2].
Oursel, R.: Romanisches Frankreich, Würzburg 1991.
Oursel, R.; Jean-Nesmy, C.: Pilgerwege nach Santiago de Compostela durch Frankreich und Spanien, Würzburg 1990.
Oursel, R.; Rouiller, J.: Romanik (= Weltkulturen und Baukunst), München 1966.
Panofsky, E.: Abbot Suger on the Abbey Church of St.-Denis and its Art Treasures, Princeton 1979[2].
Panofsky, E.: Gotische Architektur und Scholastik. Zur Analogie von Kunst, Philosophie und Theologie im Mittelalter, Köln 1989.
Die *Parler und der schöne Stil 1350 - 1400* (= Ausstellungskatalog des Schnütgen-Museums), Bde. 1 - 3, Köln 1978.
Pinder, W.: Die Kunst der deutschen Kaiserzeit bis zum Ende der staufischen Klassik, Leipzig 1940.
Piper, O.: Burgenkunde. Bauwesen und Geschichte der Burgen, München 1912[3] (verb. u. erw. Nachdr.: Frankfurt a.M. 1967).
Pobé, M.; Roubier, J.: Das gotische Frankreich, Wien/München 1964[2].
Polk, Th.E.: Saint-Denis, Noyon and the Early Gothic Choir, Frankfurt a.M. 1982.
Prache, A.: Romanik der Ile-de France. Paris und Umgebung, Würzburg 1987.
Rabaud, W.: Die Sainte-Chapelle, Paris o.J.
Rauda, W.; Delling, R.: Deutsche Rathäuser, Mainz 1958.
Rave, W.: Sint Servaas zu Maastricht und die Westwerkfrage. In: Westfalen, Hefte für Geschichte, Kunst und Volkskunde, Bd. 22, S. 49 - 75, Münster 1937.
Reallexikon zur byzantinischen Kunst (Hrsg.: *Wessel, K.; Restle, M.*), Stuttgart 1966 ff. (bisher ersch. Bde. 1 - 4).
Reallexikon zur deutschen Kunstgeschichte (Hrsg.: *Schmitt, O. u.a.*), Stuttgart 1937 ff. (bisher ersch. Bde. 1 - 8).
Recht, R.; Châtelet, A.: Ausklang des Mittelalters 1380 - 1500 (= Universum der Kunst, Bd. 35), München 1989.
Recht, R.: Das Straßburger Münster (= Große Bauten Europas, Bd. 2), Stuttgart 1971.
Renard, E. (Bearb.): Die Kunstdenkmäler des Siegkreises (= Die Kunstdenkmäler der Rheinprovinz, Bd. 5, 4), Düsseldorf 1907.

Ress, A. (Bearb.): Stadt Rothenburg o.d.T., Kirchliche Bauten (= Die Kunstdenkmäler von Bayern, Mittelfranken, Bd. 8), München 1959.
Rhein und Maas. Kunst und Kultur 800 - 1400, Bde. 1 u. 2 (= Ausstellungskatalog des Schnütgen-Museums), Köln 1972 u. 1973.
Rivoira, G.T.: Moslem Architecture, New York 1975 (= Repr.d.Ausg. London 1919).
Ronig, F.: Trier, Dom - Ausstattung (= Rheinische Kunststätten, H. 118), Neuss 1969.
Ronig, F.: Der erneuerte Dom zu Trier, Trier 1974.
Rouquette, J.M.: Romanische Provence. Rhône-Provence, Würzburg 1982.
Sanfaçon, R.: L'architecture flamboyante en France, Québec 1971.
Sauerländer, W.: Das Jahrhundert der großen Kathedralen 1140 - 1260 (= Universum der Kunst, Bd. 36), München 1990.
Sedlmayr, H.: Die Entstehung der Kathedrale, Zürich 1950 (erw. Ausg. Graz 1976²).
Schäfer, H.: Byzantinische Architektur, München 1978.
Schäfer, W.: Frankreichs gotische Kathedralen, Köln 1970 (1986⁴).
Schäfke, W.: Englische Kathedralen (= DuMont Kunst-Reiseführer), Köln 1985².
Schäfke, W.: Frankreichs gotische Kathedralen (= DuMont Kunst-Reiseführer), Köln 1986⁴.
Schippers, A.: Das Laacher Münster, Köln 1928.
Schlink, W.: Die Kathedralen Frankreichs, München 1978.
Scholke, H.: Romanische Architektur am Harz, Leipzig 1987.
Siedlungen und Landesausbau zur Salierzeit (Hrsg.: *H.W. Böhme*), Bde. 1 u. 2, Sigmaringen 1991.
Simson, O. von: Das Mittelalter II (= Propyläen-Kunstgeschichte, Bd. 6), Berlin 1972.
Slotta, R.: Romanische Architektur im lothringischen Département Meurthe-et-Moselle (= Saarbrücker Beiträge zur Altertumskunde, Bd. 20), Bonn 1976.
Sternberg, L.: Der Dom zu Limburg in der Entwicklungsgeschichte der rheinischen Kunst, Limburg 1935.
Stevens, O.: Burgkapellen im deutschen Sprachraum, phil. Diss. Köln 1978.
Stiehl, L.: Backsteinbauten in Norddeutschland und Dänemark, Stuttgart 1923.
Stierlin, H.: Die Architektur der Welt, Plan und Bauwerk, Bde. 1 u. 2, München 1977.
Swaan, W.: Die großen Kathedralen, Köln 1969.
Tchalenko, G.: Villages antiques de la Syrie du Nord, Bde. 1 - 3, Paris 1953.
Thümmler, H.: Weserbaukunst im Mittelalter, Hameln 1970.
Tillet, L.M.: Romanische Bretagne, Würzburg 1985.
Ungewitter, G.; Mohrmann, K.: Lehrbuch der gotischen Konstruktionen, Bde. 1 u. 2, Leipzig 1901 u. 1903⁴ (1859 - 1864¹).
Untermann, M.: Der Zentralbau im Mittelalter, Darmstadt 1989.
Venditti, A.: Architettura bizantina nell'Italie Meridionale, Bde. 1 u. 2, Neapel 1967.
Verbeek, A.: Kölner Kirchen. Die kirchliche Baukunst in Köln von den Anfängen bis zur Gegenwart, Köln 1987³ (Hrsg.: *G. Binding; S. Stolz*).
Viollet-le-Duc, E.: Military Architecture of the Middle Ages, West Port (Connecticut) 1977.
Volbach, W.F.; Lafontaine-Dosogne, J.: Byzanz und der christliche Osten (= Propyläen Kunstgeschichte, Bd. 3), Berlin 1968.
Volkert, W.: Adel bis Zunft. Ein Lexikon des Mittelalters, München 1991.
Wellmann, F.: Kloster Limburg an der Haardt, Diss. Karlsruhe 1953.
Werling, M.: Die Baugeschichte der ehemaligen Abteikirche Otterberg unter besonderer Berücksichtigung ihrer Steinmetzzeichen (= Beiträge zur pfälzischen Volkskunde, Bd. 3), Kaiserslautern 1986.
Wiedenau, A.: Romanischer Wohnbau im Rheinland (= 16. Veröffentl. d.Abt. Architektur d. Kunsthist. Instituts d. Universität Köln), Köln 1979.
Willemsen, C.A.; Odenthal, D.: Apulien, Land der Normannen - Land der Staufer, Köln 1966².
Winterfeld, D.v.: Der Dom zu Worms (= Die blauen Bücher), Königstein 1984.
Wolff, A.: Der Kölner Dom (= Große Bauten Europas, Bd. 6), Stuttgart 1985⁴.
Wulff, O.: Altchristliche und byzantinische Kunst (= Hdb.d.Kw.), Bde. 1 u. 2, Berlin-Neubabelsberg 1918.
Die *Zeit der Staufer* (= Ausstellungskatalog; Hrsg.: *R. Haussherr* i.A. d. Württembergischen Landesmuseums), Bde. 1 - 5, Stuttgart 1977.

Hdb.d.A. = Handbuch der Architektur
Hdb.d.Kw. = Handbuch der Kunstwissenschaft

Glossar

Ädikula	Kleiner tempelfrontähnlicher Aufbau, ursprünglich zur Unterbringung einer Statue, später auch zur Rahmung von Nischen, Fenstern und Portalen
Akanthus	Distelart; Dekorationselement griechischer und römischer Bauten, vor allem des korinthischen Kapitells
Altar	Erhöhte Opferstätte, in der Antike in der Regel frei vor dem Tempel, im Christentum Stätte des eucharistischen Mahls im Kirchenraum
Apsidiole	Kleine → Apsis, häufig Bezeichnung für eine Einzelkapelle eines → Kapellenkranzes
Apsis	Im Grundriß halbrunder oder polygonaler Abschluß eines Raumes oder Raumabschnittes, bei Kirchen meist am Chorende im Osten, seltener im Westen z.B. des → Langhauses angeordnet (vgl. → Doppelchoranlage)
Aquädukt	(Römische) Fernwasserleitung, Wasserleitungsbrücke
Architrav	Haupt- oder Tragbalken, meist über Säulen
Archivolte	Folge plastischer Bogenläufe im Gewände von Portalen; nach innen abgetreppte Gliederung von runden Stirnbögen
Arkade	Auf Pfeilern bzw. Säulen ruhender Bogen
Arkosol	Nischengrab, besonders in unterirdischen frühchristlichen Grabanlagen, bestehend aus einer Bogennische über einem mittels Steinplatte verschlossenen Grabtrog
Atrium	Zentraler Raum des altitalischen Hauses; Vorhof bei frühchristlichen Kirchen (vgl. → Paradies)
Aula	Hauptsaal eines Palastes der römischen Kaiserzeit, einer Pfalz usw.; Festsaal einer Schule oder Universität
Baptisterium	Taufkirche, -kapelle
Basilika	Langgestreckter, aus drei, fünf oder mehr Schiffen bestehender Bau, bei dem das Mittelschiff in der Regel gegenüber den Seitenschiffen überhöht ist und über Obergadenfenster direkt belichtet wird
Basis	Fuß einer Säule oder eines Pfeilers
Bema	Das um eine oder mehrere Stufen erhöhte → Presbyterium der frühchristlich-byzantinischen Kirche; in einer Synagoge erhöhte Kanzel zum Vorlesen aus der Thora-Rolle
Bergfried	Hauptturm einer Burg, der bei Belagerungen als Wohnturm und als letzte Zuflucht diente
Blendbogen	Einer geschlossenen Wand nur vorgelegter, d.h. wandgliedernder Bogen
Bogenfries	→ Fries, gebildet aus einer Reihe meist dekorativer → Blendbögen

Bogenrücken Äußere Laibung (Leibung) eines Bogens

Bossierung Rohbelassung vortretender Ansichtsflächen zu bearbeitender Steine oder deren gezielte Nachbearbeitung aus gestalterischen, meist repräsentativen Gründen; sogenannte Versatzbossen dienen dem leichteren und sichereren horizontalen und vertikalen Steintransport

Bündelpfeiler Pfeiler spätromanischer und gotischer Zeit mit rings um den Kern vorgelegten Säulen oder Diensten

Busung Eine Busung liegt vor, wenn sich der Scheitel z.B. eines Kreuzgewölbes höher als die Scheitel der zugehörigen Gurt- und Wandbögen befindet

Calefactorium Wärmestube innerhalb der Klausur eines mittelalterlichen Klosters, insbesondere der Zisterzienser

Campanile Freistehender Glockenturm von Kirchen

Canabae Einem römischen Militärlager zugeordnete Zivilsiedlung ohne Stadtrecht

Capilla mayor Durch ringsumlaufende Schranken isolierter Altarraum spanischer Kirchen

Cella Geschlossener Kernraum antiker Tempel mit Götterstatue

Chörlein Kapellenerker an Burgen, Schlössern und Bürgerbauten zur „Freistellung" des Altars

Chor Dem Klerus vorbehaltener Raum zwischen → Apsis und → Quer- bzw. → Langhaus

Chorschranken Steinerne Schranken zur Unterteilung von Laien- und Priesterraum in frühchristlichen und romanischen Kirchen, häufig bildhauerisch reich verziert

Confessio Unterirdischer Raum mit Märtyrergrab

Cubiculum Schlafraum des römischen Wohnhauses; in der → Katakombenarchitektur Grabkammer für mehrere Familienmitglieder

Dachreiter Auf einen Dachfirst aufgesetztes Türmchen

Diamantierung Ornamentierung an Baugliedern mittels nagelkopfartiger bzw. facettierter Formen

Dienst Wandsäule, die in der Regel der zumindest optischen Stützung einer Rippe dient

Domikalgewölbe Kuppelartig überhöhtes achtteiliges Gewölbe mit Diagonal- und Scheitelrippen (vgl. → Busung)

Donjon Hauptturm insbesondere französischer Burgen, doch im Gegensatz zum Bergfried zu dauerndem Wohnen eingerichtet

Doppelchoranlage Choranlage am Ost- und am Westende einer Kirche

Doppelkapelle Zwei übereinanderliegende Kapellen mit direkter Raumverbindung durch zentrale Öffnung

Doppelkirche Zwei über- oder nebeneinanderliegende Kirchenräume ohne direkte Raumverbindung

Dormitorium Schlafsaal der Mönche oder Nonnen in einem Kloster

Ehrenhof Cour d'honneur. Von Hauptbau und angrenzenden Nebenflügeln eines Schlosses gerahmter, frontseitig meist offener Hof für Aufmärsche und Empfänge

Eierstab	Ionisches → Kyma aus einer Folge eiförmiger und pfeilspitzenartiger Dekorationselemente
Empore	In einem Innenraum angeordnete tribünen- bzw. galerieartige Anlage, in Kirchen meist über Seitenschiffen und Umgängen
Emporenbasilika	→ Basilika mit einem sich in Kolonnaden oder → Arkaden zum Mittelschiff öffnenden Emporengeschoß (über seit dem Mittelalter in der Regel gewölbten Seitenschiffen)
Entasis	Schwellung des Schaftes einer griechischen Säule, doch auch in der Romanik und in der Zeit von Renaissance bis Klassizismus nicht ungewöhnliche Durchbildung des Säulenschaftes
Eselsrücken	Unten konvex, oben konkav verlaufender, d.h. geschweifter Spitzbogen
Exedra	Unterhaltungsraum im griechisch-römischen Wohnhaus; halbkreisförmige oder rechteckige Erweiterung an Säulengängen usw.; Nische; → Apsis
Fächergewölbe	Gewölbeform, bei der eine größere Anzahl von Rippen radial von einem Kämpferpunkt ausgeht
Fiale	Zierliches zugespitztes Türmchen zur Bekrönung von → Strebepfeilern und → Wimpergen, dgl. als statisch wirksame Auflast eines Strebepfeilers
Flamboyant	Sich vor allem des Fischblasenmotivs bedienende Maßwerkform der französischen Spätgotik
Fries	Horizontal verlaufendes ornamentales oder figürliches Formenband zur Um- bzw. Abgrenzung, Gliederung und Dekoration von Architekturteilen
Galerie	Nach einer Seite offener langer Gang; Verbindungsgang; Festsaal in Barockschlössern; Gemäldesammlung; Ziergalerie (Zwerg- bzw. Zwerchgalerie) usw.
Gebundenes System	Vom Vierungsquadrat ausgehendes Grundrißsystem romanischer Basiliken: Einem quadratischen oder angenähert quadratischen Mittelschiffjoch entsprechen je zwei quadratische Seitenschiffjoche
Geschoßbau	Fachwerkbauweise aus von Schwelle bis Traufe durchgehenden Ständern mit „eingeschossenen Etagen"
Gesims	Horizontales bandartiges Bauelement zur Gliederung und als oberer Wandabschluß eines Gebäudes
Gewände	Schräg geführte Laibung (Leibung) von Fenstern und Portalen bzw. deren gestufte oder profilierte Umrahmung
Gewölbe	Gekrümmter oberer Raumabschluß, in der Regel aus zwischen Widerlagern verspannten Steinen gemauert
Grat	Scharfe, sich aus dem Zusammentreffen zweier Flächen (insbesondere Dach, → Gewölbe) ergebende Kante
Hallenkirche	Mehrschiffige Anlage mit gleich hohen oder annähernd gleich hohen Schiffen
Haube	Geschweiftes Turmdach
Helm	Spitze Dachform über mehreckigem Grundriß
Hochschiff	Oberer Raumabschnitt des Mittelschiffs einer → Basilika
Höhenburg	Burganlage auf einem Hügel oder Berg

Ikonostasis	Bilderwand zwischen Gemeinderaum und Allerheiligstem in der griechisch-orthodoxen Kirche
Inkrustation	Verblendung von Wänden und Gewölben mit meist kostbarem Material (Marmor o.ä.) in Einlegearbeit
Intarsie	Einlegearbeit aus verschiedenfarbigen Hölzern
Joch	Gewölbter, in Längsrichtung gezählter Raumabschnitt zwischen den Stützen eines Bauwerks
Kämpfer	Widerlager eines Bogens oder → Gewölbes
Kalotte	Kugelabschnitt, dessen Stich geringer als der Radius ist
Kantoniert	Pfeiler oder Mauern, die an den Kanten von Halb- oder Dreiviertelsäulen gefaßt werden, bezeichnet man als kantoniert.
Kapelle	Kleinerer kirchlicher Raum mit Sonderfunktion, z.B. Taufe; auch Nebenraum von Kirchen
Kapellenkranz	Am → Chor bzw. Chorumgang radial angeordnete Kapellen
Kapitell	Ausladendes Kopfstück eines → Pilasters oder einer Säule, bestehend aus Halsring, Körper und Deckplatte (Abakus)
Kapitelsaal	Raum für die Versammlung des Konvents innerhalb der Klausur eines Klosters
Kappe	Ausschnitt der Gewölbeschale zwischen jeweils zwei Rippen bzw. Graten
Karner	Friedhofskapelle über einem Gruftraum
Kartause	Kartäuserkloster, in dem die Mönche nicht in Zellen wohnen, sondern in kleinen, entlang einem Kreuzgang aufgereihten Einzelhäusern
Katakombe	Unterirdisches Gangsystem mit Wandbestattungen, insbesondere im frühen Christentum gebräuchlich
Kathedrale	Im eigentlichen Bedeutungssinn nur Bischofskirche, später in verschiedenen Ländern Begriff für jede größere Kirche
Katholikon	Hauptkirche eines griechisch-orthodoxen Klosters
Kehlbalken	Horizontaler, hochliegender Balken zwischen einem Sparrenpaar
Klaustrum oder Klausur	Nur den Mönchen oder Nonnen vorbehaltener Teil eines Klosters
Kleeblattbogen oder Kleebogen	Bogen mit einer sich aus drei tangierenden → Pässen bildenden Bogenlinie
Klosterdeckung	Dachdeckung aus zweierlei verschieden geformten Hohlziegeln („Mönch und Nonne")
Klostergewölbe	Überwölbung polygonaler Zentralräume ohne Zwischenelemente wie → Pendentif und → Trompe, daher im Gegensatz zur → Kuppel Kehlbildung in den Wölbflächen
Königsgalerie	Reihung monumentaler Königsplastiken an der Westseite französischer Kathedralen
Konche	Halbkreisförmiger, von einer Viertelkugel überdeckter Bauteil
Krabbe	„Kriechblume": florales Ornament an den Kanten von Fialen (→ Fiale)pyramiden und → Wimpergen

Kreuz	Griechisches Kreuz: Kreuz mit gleich langen Armen; lateinisches Kreuz: Kreuz mit längerem Hauptarm; Antoniuskreuz: Kreuz in T-Form
Kreuzblume	Firstblume; in Grund- und Aufriß kreuzförmige, stilisierte Knospe oder Blume als Krönung von Türmen, → Fialen, → Wimpergen usw.
Kreuzgang	Um den Rechteckhof einer Klosterklausur herumgeführter, sich in → Arkaden öffnender Gang
Kreuzgewölbe	Aus rechtwinkliger Durchdringung zweier → Tonnengewölbe von gleicher Abmessung und Gestalt gebildete Gewölbeform
Kreuzgratgewölbe	→ Kreuzgewölbe mit betonten Graten
Kreuzkuppelkirche	Kuppelüberdeckte Kirche über dem Grundriß eines griechischen Kreuzes, das wiederum einem Quadrat einbeschrieben sein kann. Entweder ist eine Zentralkuppel vorhanden oder fünf Kuppeln ergänzen sich zu einem Kreuz bzw. markieren Mitte wie Ecken des das Kreuz fassenden Grundrißquadrats.
Kreuzrippengewölbe	→ Kreuzgewölbe mit unterlegten Gratrippen
Krypta	Tiefliegender, gewölbter Raum, in der Regel unter dem Chor oder unter dem → Querschiff einer Kirche, genutzt als Grabstelle bedeutender geistlicher und weltlicher Herrscher, desgleichen als Platz für die Zurschaustellung von Reliquien
Kuppel	Gewölbe- und Dachform, deren Mantelfläche in der Regel ein Kugelsegment ist
Kyma	Stableiste bzw. Blattwelle als Abschluß einzelner Bauelemente (dorisches Kyma: meist lediglich auf unterschnittenem Stab aufgemalte Blattgebilde; ionisches Kyma: konvexes Profil mit → Eierstab und Pfeilspitzen; lesbisches Kyma: konvex-konkaves Profil mit Herzlaub)
Labyrinth	Gebäude bzw. Anlage mit unübersichtlichem Grundriß, z.B. Irrgang eines Formalgartens; in gotischen Kathedralen im Fußboden verlegtes Motiv aus verschlungenen Linien
Langhaus	Kirchenabschnitt zwischen Fassade oder Westbau und → Vierung bzw. → Chor
Laterne	Türmchen mit Fenstern oder unverglasten Öffnungen zur Bekrönung einer → Kuppel oder Turmhaube
Laube	Ein dem Erdgeschoß eines Gebäudes vorgelagerter oder einen Teil desselben bildender, häufig gewölbter Bogengang
Laufgang	Gang, der in den oberen Abschnitten von Fassaden, Mittelschiffwänden usw. entweder in der Mauerdicke oder auf einem Mauerrücken angeordnet ist bzw. mittels Konsolen vorkragt
Lettner	Aus der → Chorschranke entwickelter Architekturbau in romanischen und gotischen Kirchen zur Trennung von Laien- und Priester- bzw. Mönchsraum, verbunden mit einem Kreuz- oder Laienaltar und einer durch Treppen erschlossenen Sängerbühne
Lisene	Flache Wandvorlage ohne → Basis und → Kapitell
Longitudinalbau	Längsgerichteter Bau im Gegensatz zum → Zentralbau
Lukarne	Architektonisch betontes Dachfenster
Martyrion	Kirche über dem Grab oder der Hinrichtungs- oder Folterstätte eines Märtyrers

Maschikuli	Ausgußöffnung für heißes Pech, Öl usw. im Boden auskragender Wehrgänge von Burgen, Stadtbefestigungen o.ä.
Maßwerk	Geometrisches Bauornament der Gotik zur Unterteilung von Fenstern und zur Gliederung von Wandflächen oder Brüstungen
Mausoleum	Im eigentlichen Sinne nur der Grabbau des Königs Mausolos von Halikarnassos, doch allgemein Bezeichnung für ein monumentales Grabmal
Mosaik	Aus kleinen bunten Steinen, Glas usw. im Mörtelbett verlegte geometrische Muster bzw. freie Darstellungen; in der Antike lediglich Verzierung von Fußboden und Wand, in frühchristlich-byzantinischer Zeit auch von Gewölben
Motte	Natürlicher, häufiger künstlich aufgeschütteter Hügel, meist in der Ebene gelegen und am Fuß von Graben und Palisade umgeben; bei einer Hochmotte oben weitere Palisade, hölzerner oder steinerner Turm (bzw. Turmhaus)
Narthex	Vorhalle frühchristlich-byzantinischer oder mittelalterlicher Kirchen
Nase	Vorspringende Spitze am Zusammenstoß zweier → Pässe des gotischen → Maßwerks; Vorsprung an der Unterseite von Dachziegeln zur Aufhängung an einer Lattung
Netzgewölbe	→ Gewölbe mit netzartig angeordneten Rippen, die die → Jochteilung vernachlässigen bzw. aufgeben
Obergaden	Hochgelegene Fensterwand im Mittelschiff einer → Basilika
Oratorium	Dem → Chor einer Kirche zugeordnete abgeschlossene Empore für besondere Würdenträger; auch Betsaal oder -raum
Palas	Wohn- und Festsaalbau einer mittelalterlichen Burg oder → Pfalz
Palmette	Ein das Palmenmotiv verwendendes Ornament
Paradies	Vorhof bei frühchristlichen oder mittelalterlichen Kirchen
Paß	Kreissegment als Teil einer → Maßwerkfigur
Pastophorien	Nebenräume beiderseits der → Apsis frühchristlich-byzantinischer Kirchen: Diakonikon und Prothesis (Ankleideraum der Priester und Aufbewahrungsraum liturgischen Geräts)
Pechnase	Erkerartige Ausgußöffnung für heißes Pech, Öl usw., häufig über Zugangstoren von befestigten Plätzen
Pendentif	Sphärisches Dreieck, das vom Grundrißquadrat zum Grundkreis einer einbeschriebenen → Kuppel überleitet
Peristyl	Den Hof eines antiken Gebäudes bzw. den Vorhof einer frühchristlichen → Basilika umgebende Säulenhalle
Pfalz	Frühmittelalterliche und mittelalterliche Residenz von Kaisern, Königen und Bischöfen
Pfeiler	Freie oder mit der Wand verbundene, viereckige, polygonale oder runde Stütze aus Mauerwerk
Pfeilerbasilika	→ Basilika, deren → Hochschiffwände von Pfeilern getragen werden
Pfettendach	Konstruktionsweise, bei der die Dachhaut durch parallel zum First laufende, auf Querwänden aufliegende Hölzer, die Pfetten, getragen wird
Pilaster	Relativ flacher Wandpfeiler mit → Basis und → Kapitell

Podiumtempel Auf einem Unterbau stehender und durch eine Zugangstreppe einseitig ausgerichteter, insbesondere bei den Etruskern und Römern vorkommender, Tempeltyp

Presbyterium Priesterraum; Raum vor der → Apsis einer Kirche

Pultdach Einfache Dachschräge, z.B. bei Seitenschiffdächern von → Basiliken

Querhaus Quer zur Hauptachse einer Kirche ausgerichteter Raumteil zwischen → Langhaus und → Chor bzw. → Apsis

Rähmbau → Stockwerksbau

Randschlag Kantenschlag, der bei der Zurichtung eines Quaders entsteht und gestalterisch genutzt werden kann

Rautendach Dachform quadratischer Bauten aus vier Rauten über vier Giebeln, besonders im Rheinland verbreitet

Rayonnant-Stil Phase der gotischen Architektur zwischen etwa 1230 und 1270, zu deren Hauptmerkmalen ausstrahlende → Maßwerkfiguren, insbesondere → Rosen, zählen

Refektorium Speisesaal eines Klosters

Remter Speisesaal einer Ordensburg

Retabel Altaraufsatz aus Stein, Stuck, Metall oder Holz. Eine Sonderentwicklung stellt der gotische Flügelaltar dar

Rippe Profilierter Gebölbebogen mit meist tragender, z.T. aber auch nur dekorativer Funktion

Rose Mit → Maßwerk verziertes Rundfenster

Rotunde → Zentralbau über kreisförmigem Grundriß

Saalkirche Einschiffige Kirche

Säulenbasilika → Basilika, deren → Obergaden von Säulen getragen werden

Säulenhalle Halle, deren schifftrennende → Arkaden auf Säulen ruhen

Säulenschaft Rumpf einer Säule, entweder monolith oder aus Trommeln bestehend und in der Regel sich nach oben verjüngend

Sanktuarium Heiligster Bereich in einem Kultbau, im christlichen Kirchenbau der → Chor mit dem Hochaltar

Sarkophag Einem Wohnhaus nachgebildeter Steinsarg

Scheidbogen Raumteile unterschiedlicher Hierarchie scheidender (trennender) Bogen, z.B. zwischen Mittel- und Seitenschiff einer Kirche

Scheitel Höchster Punkt eines Bogens bzw. → Gewölbes, bei Rippengewölben häufig durch einen Schlußstein gekennzeichnet

Schiff Beidseitig durch → Scheidbogen oder Außenwände begrenzter Raumabschnitt. Die Zählung der Schiffe erfolgt in der Bauquerachse

Schildbogen Ein → Joch zur Außenwand hin abgrenzender Gewölbebogen

Schildmauer Auf der Feindseite verstärkter Ringmauerabschnitt einer Burg

Schlußstein Häufig dekorativ hervorgehobener Stein am Bogenscheitel oder im zentralen Schnittpunkt von Gewölberippen

Schneuß oder Schneise Für das Flamboyant typische spätgotische → Maßwerkform, die der Fischblase nachgebildet ist

Schwalbenschwanz Trapezförmige Verblattung oder Verzapfung als zugfeste Verbindungsform, u.a. bei Dach- und Fachwerkkonstruktionen gebräuchlich

Schwibbogen	Frei zwischen zwei Mauern stehender, Horizontalschub aufnehmender Bogen
Sechsteiliges Gewölbe	Durch zwei Diagonal- und ein Querrippenpaar unterteiltes → Gewölbe
Setzmarke	Markierung auf Holz oder Stein, die den Einbau komplizierter oder paßgenauer Werkstücke erleichtert (→ Steinmetzzeichen)
Spitzbogen	Aus zwei Kreisabschnitten konstruierter, oben spitzer Bogen
Spolie	Wiederverwendeter Bauteil eines abgebrochenen oder teilabgebrochenen Gebäudes
Sprengwerk	Stark belastbare bzw. weitgespannte, meist hölzerne Konstruktion, bei der ein Horizontalbalken durch zwei gegeneinander gelehnte Streben gestützt wird, ggf. auch unter Einsatz eines Spannriegels zwischen den Streben
Stabwerk	Senkrechte Pfosten eines gotischen → Maßwerks
Ständerbau	→ Geschoßbau
Staffelchor	→ Chor mit symmetrisch gestuft angeordneten Apsiden (→ Apsis), z.T. unter Einbeziehung der Querhausapsiden
Steinmetzzeichen	Vorrangig der Abrechnung, aber auch als Gütezeichen dienende persönliche Signatur eines Steinmetzes, die in Form eines geometrischen oder monogrammartigen Zeichens in bearbeitete Steine eingraviert wurde
Sterngewölbe	Mit sternförmig angeordneten Rippen versehenes → Gewölbe
Stockgesims	Horizontalgesims, das die Geschoßteilung eines Bauwerks markiert
Stockwerksbau	Fachwerkkonstruktion mit in sich abgezimmerten, selbständigen und geschoßweise übereinandergestellten Gerüsten
Strebebogen	Brückenartige Verstrebung zwischen der Hochschiffwand und den → Strebepfeilern einer gotischen → Basilika zur Ableitung des Schubes der Hauptschiffgewölbe
Strebepfeiler	Der Außenwand vorgelegter Pfeiler zur Verstärkung hoher Mauern oder zum Abfangen des Gewölbeschubes
Strebewerk	Verbindung von → Strebebögen und → Strebepfeilern zu einem System
Streichbalken	Ein unmittelbar vor einer Mauer liegender Balken, bisweilen konsolengestützt und Auflager für Deckenbalken
Stuck	Mit Leimwasser gemischter Gipsmörtel zum Herstellen plastischer Innenraum- oder Fassadendekorationen
Stützenwechsel	Rhythmischer Wechsel von Säulen und Pfeilern (niedersächsischer Stützenwechsel: Säule, Säule, Pfeiler; rheinischer Stützenwechsel: Säule, Pfeiler)
Stufenhalle	→ Hallenkirche mit leicht überhöhtem, aber nicht eigens befenstertem Mittelschiff (→ Schiff); auch „Pseudobasilika"
Sturz	Horizontaler steinerner Abschluß von Tür- und Fensteröffnungen
Stutzkuppel	→ Kuppel, die einen Halbkugelausschnitt darstellt (letzterer ergibt sich durch einen das Grundrißquadrat umschreibenden, vierseitig gekappten Grundrißkreis)

Tabernakel Oft gleichbedeutend mit → Ziborium; besondere Bezeichnung für in der gotischen Architektur übliche, aus Säulen und Dach bestehende luftige Ziergehäuse mit und ohne Statuen; auch Gehäuse zur Verwahrung von Hostien

Tambour Zylindrischer oder prismatischer Unterbau einer → Kuppel, in der Regel mit Fenstern zur Belichtung des Inneren

Terrakotta Gebrannter Ton, insbesondere als Baukeramik

Therme (Römische) Badeanlage

Tonnengewölbe → Gewölbe mit halbrundem, segment- oder spitzbogigem Querschnitt

Transept Durch Schranken abgeteilter nördlicher Querhausflügel einer christlichen Kirche, auch ganzes → Querhaus

Traufe Untere Horizontalbegrenzung eines geneigten Daches

Traufenstellung Begriff für die straßenparallele Ausrichtung von Gebäudetraufen

Travée → Joch. Den Begriff „durchgehende Travée" verwendet man, wenn – wie in hochgotischer Zeit – je einem querrechteckigen Mittelschiffjoch je ein quadratisches Seitenschiffjoch entspricht

Treppengiebel oder Staffelgiebel Giebel mit abgetreppter Kontur; Konstruktion zunächst technisch bedingt, später dekorativ genutzt

Triforium Innenseitig offener Laufgang in der Mittelschiffwand spätromanischer und gotischer Kirchen, höhenmäßig zwischen den Scheidarkaden und den → Obergaden angeordnet

Trikonchos Gebäude oder Gebäudeteil mit drei im Grundriß kleeblattförmig angeordneten → Konchen

Triumphbogen Von den Römern eingeführter Ehrenbogen zur Erinnerung an einen Kaiser oder eine historische Begebenheit; im Mittelalter Bogen zwischen Mittelschiff bzw. → Vierung und dem → Chor bzw. der → Apsis einer Kirche oder Kapelle

Trompe Trichtergewölbe, in der Regel in Form eines halben, nach unten offenen Hohlkegels; häufig angewendet als Vermittlungsform zwischen unterem Quadratraum und darübersitzendem → Klostergewölbe bzw. darübersitzender → Kuppel

Tympanon Flacher Dreieckgiebel eines Tempels; oft durch eine plastische Darstellung gefülltes Bogenfeld über einem romanischen oder gotischen Portal

Umgangschor Um den → Chor als Umgang herumgeführte Fortsetzung der Seitenschiffe

Verkröpfung Herumführen von Gesimsen um Vorsprünge von Mauern, Säulen, Pfeilern usw.

Vierpaß Gotische → Maßwerkfigur aus vier einem Kreis einbeschriebenen Kreisbögen; analoge Grundrißform

Vierung Aus der Durchdringung von → Lang- und → Querhaus entstehender, in der Regel quadratischer Raumteil einer Kirche, im → „gebundenen System" Grundmaßeinheit des gesamten Baus; bei Abtrennung durch → Gurt- oder → Schwibbögen als „ausgeschiedene Vierung" bezeichnet

Volute Spiralartig sich einrollende Ornamentform

Vorhangbogen	Mit Spitzen, z.T. mit Lambrequins (Stoffbordüren-Imitat) versehener, mehrfach konkav geschwungener Bogen
Waage	Markt- und Lagerhalle
Walmdach	Sich vom Satteldach ableitende Dachform, bei der die Giebel durch schräge Dachflächen ersetzt sind
Westwerk	Im Westen einer frühmittelalterlichen Kirche angeordneter zentralbauartiger, im Grundriß dreizoniger Baukörper mit einem in der Mitte turmartig hochgezogen Raumschacht. Hier liegt über einem niedrigeren Durchgangsraum ein Altarraum, der oft Emporen enthält und sich zum → Langhaus öffnet. Die Erschließung der oberen Räume und Raumabschnitte erfolgt durch flankierende Treppentürme.
Wimperg	Giebelartiger Überbau gotischer Portale und Fenster
Zellengewölbe	Rippenloses spätgotisches → Gewölbe mit stark betonten Graten
Zeltdach	Pyramidenförmig zu einer Spitze ansteigendes Dach
Zentralbau	Mittenbetonter Baukörper ohne Richtungstendenz bzw. mit gleich langen Hauptachsen
Ziborium	Baldachinartiger Aufbau über einem Altar oder einem anderen hervorzuhebenden Platz
Zinne	Mit Maueröffnungen abwechselndes, dem Verteidiger Schutz bietendes Mauerstück als oberer Abschluß eines Wehrbaues; dekorativ eingesetzte Mauerzacke an Brüstung oder Attika
Zisterne	Ein häufig unterirdisches Sammelbecken zum Auffangen des auf Dächern und gepflasterten Hofflächen anfallenden Regenwassers
Zwerggalerie (Zwerchgalerie)	Niedrige Arkadenreihe (→ Arkade) mit Laufgang auf den Außenseiten meist romanischer Bauten
Zwinger	Raum zwischen Vor- und Hauptmauer einer Befestigung

Register

(Gebiets-, Länder-, Orts-, Personen-, Stämme- und Völkernamen in normaler, sonstige Bezeichnungen wie Sachbegriffe in kursiver Schrift)

‹ VERMESSUNG DURCH DEN ARCHITEKTEN.
SCHWARZRHEINDORF, DOPPELKAPELLE:
UNTERKAPELLE, DECKENMALEREI UM 1151

HANDWERKSZEUG:

1 MESSLATTE
2 ZIRKEL
3 RICHTSCHEIT
4 LOT
5 DOPPELSPITZE
6 SPITZFLÄCHE
7 SPITZEISEN
8 SCHLAGEISEN
9 ZAHNFLÄCHE
10 HOLZKLÖPFEL
11 MÖRTELSCHAUFEL
12 MÖRTEL-MISCHHACKE
13 AXT
14 BEIL ZUM ENTÄSTEN
15 HANDAXT
16 BREITBEIL
17 SÄGE
18 AXT UND HAMMER
19 HANDBEIL
20 AXT (BODENFUNDE)

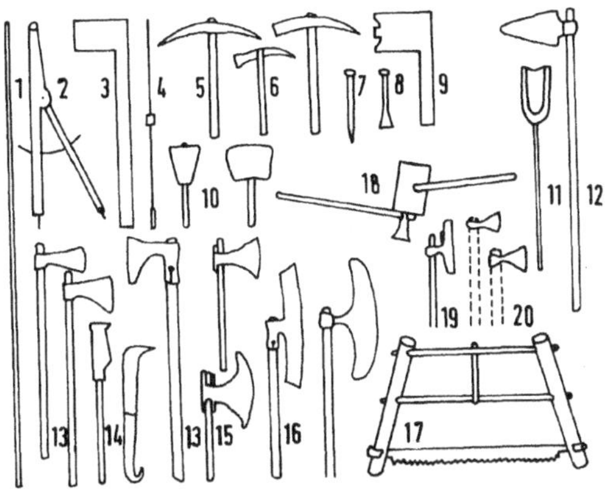

RECHTECKIGER, DREIGESCHOSSIGER BAU MIT VERSCHIEDENEN UMGÄNGEN.
BUCHMALEREI AUS EINER FRANZ. BIBEL ANFANG 13. JH.

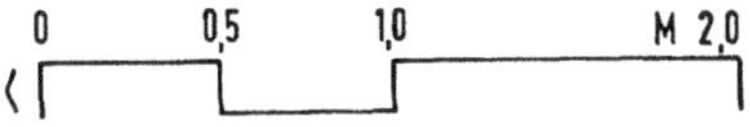

NACH: RHEIN UND MAAS, KUNST U. KULTUR 800-1400, BD. 1, AUSSTELLUNGSKATALOG (HRSG.: SCHNÜTGEN-MUSEUM), KÖLN 1972
BINDING G., ROMAN. BAUBETRIEB IN ZEITGENÖSSISCHEN DARSTELLUNGEN, KÖLN 1972

BB 78

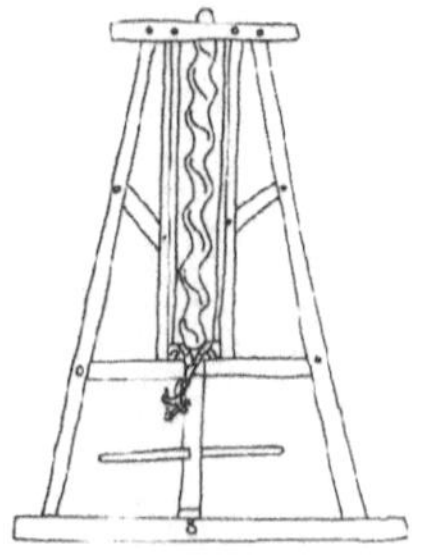

HEBEMASCHINE (AUS DEM BAUHÜTTENBUCH DES VILLARD DE HONNECOURT)

ERRICHTUNG EINES FACHWERKGEBÄUDES (AUS DEM STUNDENBUCH DES HERZOGS VON BEDFORD, 1433)

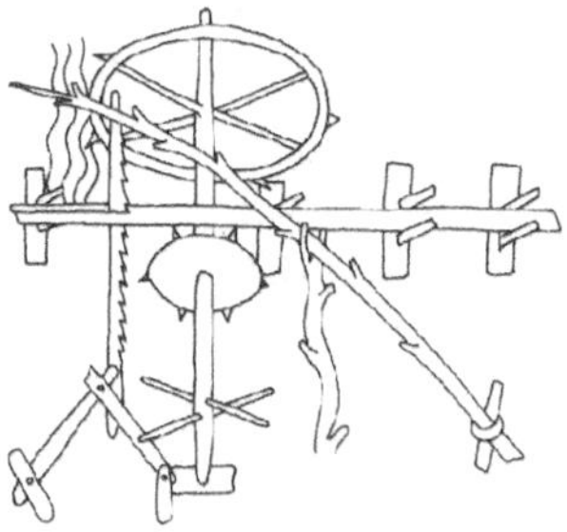

MECHANISCHE SÄGE (AUS DEM BAUHÜTTENBUCH DES VILLARD DE HONNECOURT)

STÜTZWERK ZUM WIEDERAUFRICHTEN EINES SICH ZUR SEITE NEIGENDEN FACHWERKHAUSES (AUS DEM BAUHÜTTENBUCH DES VILLARD DE HONNECOURT)

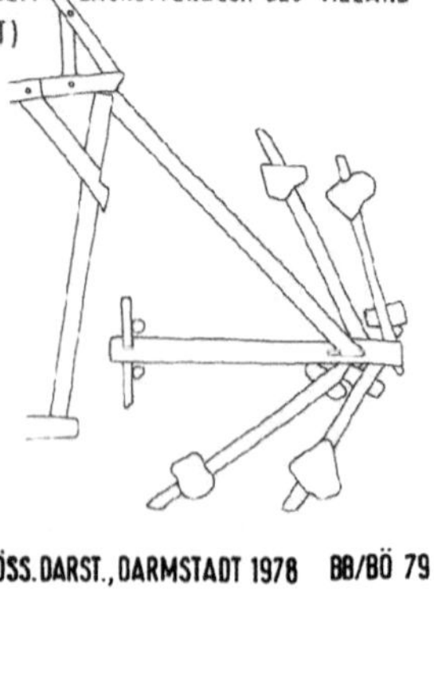

MASCHINE ZUM ABSÄGEN VON PFÄHLEN UNTER WASSER (AUS DEM BAUHÜTTENBUCH DES VILLARD DE HONNECOURT)

NACH: BINDING G.u.NUSSBAUM N., D.MITTELALTERL.BAUBETRIEB NÖRDL. D. ALPEN IN ZEITGENÖSS.DARST., DARMSTADT 1978 BB/BÖ 79

STEINBEARBEITUNG MA 3

MIT DEM GROBHAMMER

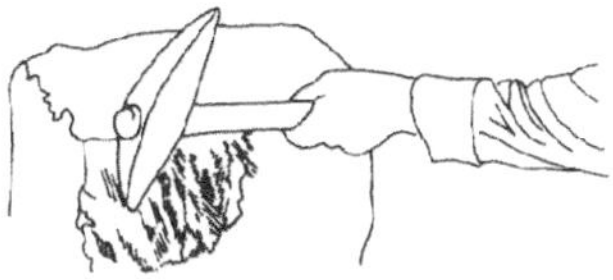

MIT DEM DOPPELSPITZ

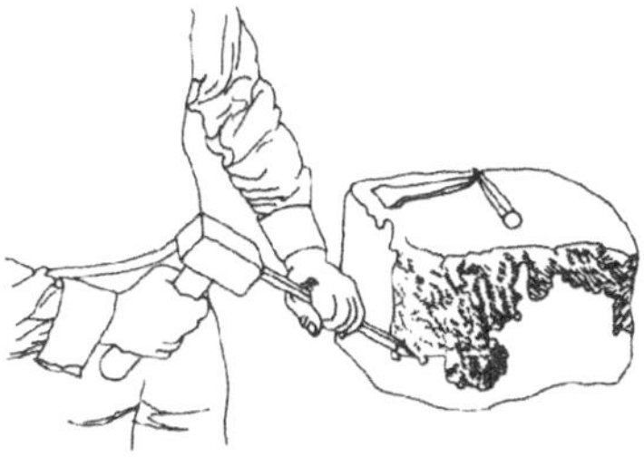

MIT SPITZEISEN UND KLÖPFEL

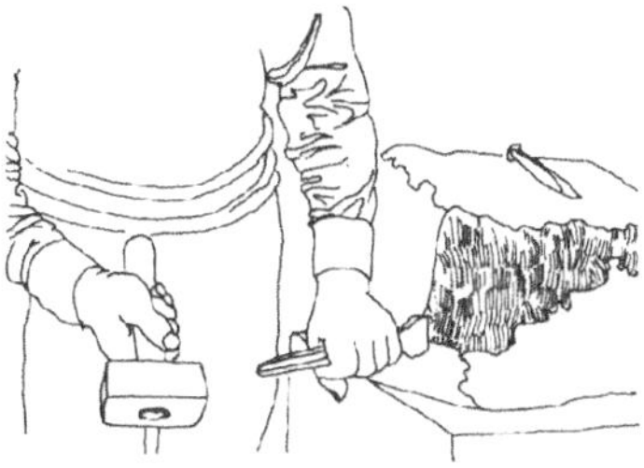

MIT SCHLAGEISEN UND KLÖPFEL

MIT DEM FLÄCHENHAMMER (GERADE SCHNEIDE)

MIT DEM FLÄCHENHAMMER (GEZAHNTE SCHNEIDE)

NACH: DESCHAMPS P., LES CHÂTEAUX DES CROISÉS EN TERRE SAINTE, LE CRAC DES CHEVALIERS, PARIS 1934

BB 78

BOGENKONSTRUKTIONEN MA 4

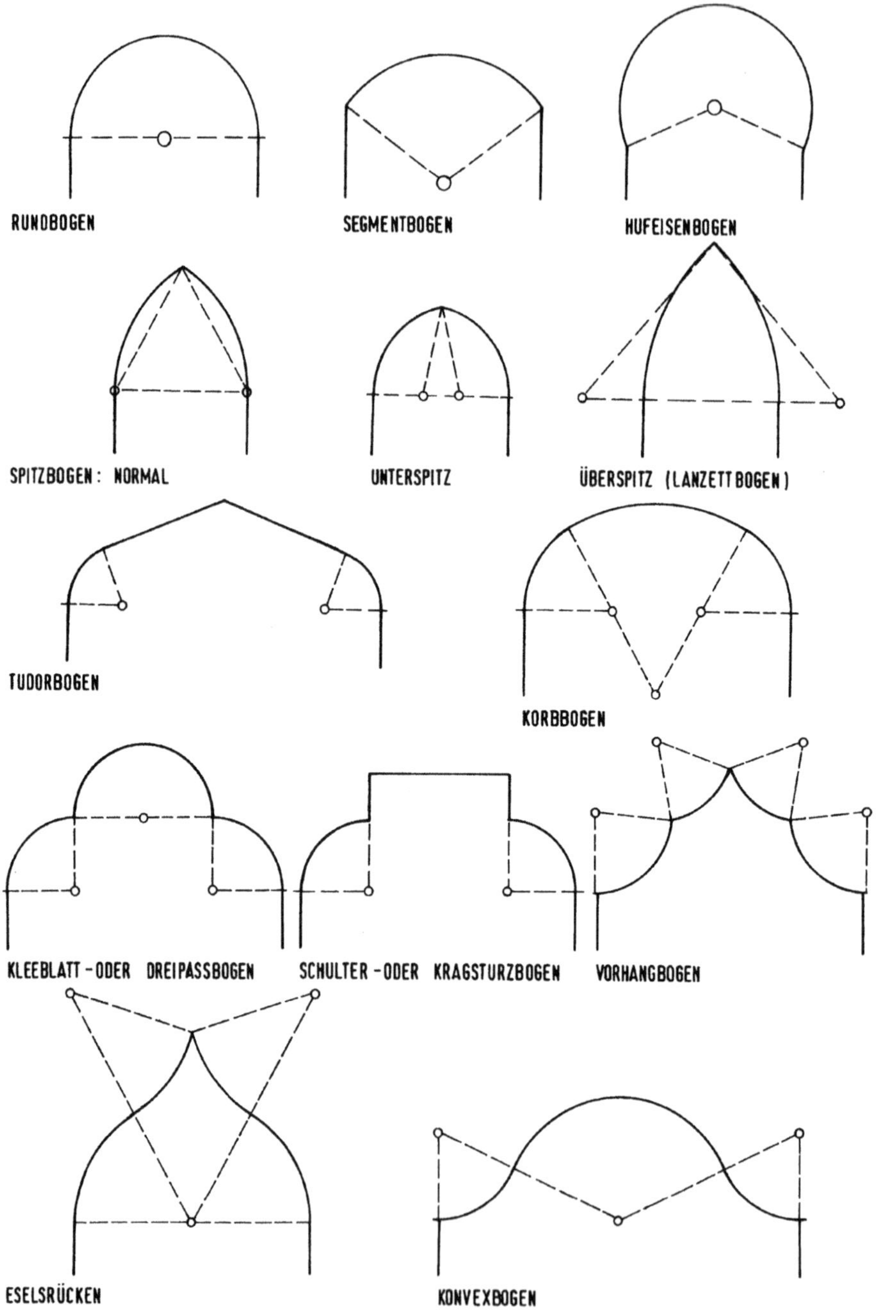

NACH: REALLEXIKON ZUR DEUTSCHEN KUNSTGESCHICHTE (HRSG.: SCHMITT, O., u.a.), BD. 2, STUTTGART 1937

BOGEN - UND STURZKONSTRUKTIONEN MA 5

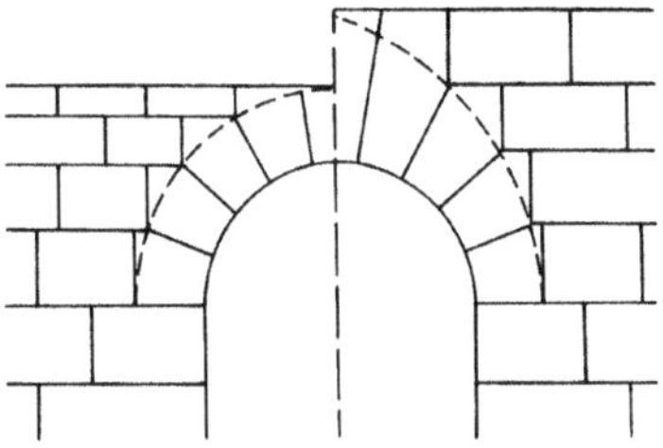

BOGEN MIT EINGEBUNDENEN BOGENSTEINEN

BOGEN MIT STEILER GEFÜHRTEM BOGEN-RÜCKEN

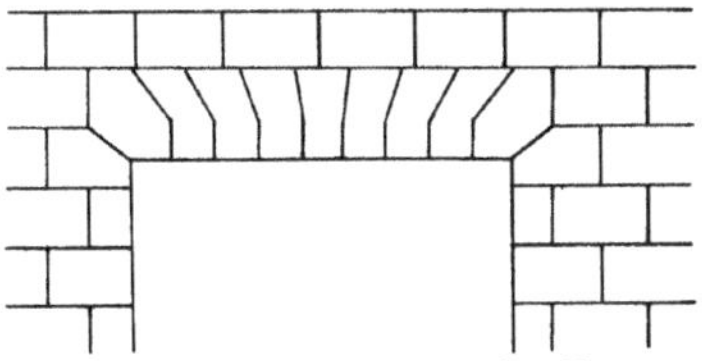

"BOGENKONSTRUKTION" MIT WINKLIG GEBROCHENEN FUGEN

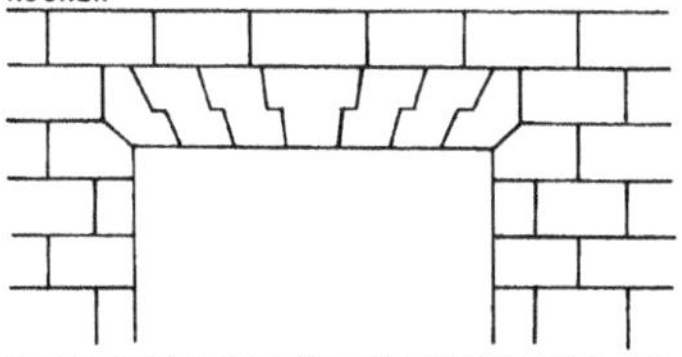

"BOGENKONSTRUKTION" MIT STUFENARTIG GEBROCHENEN FUGEN (HAKENSTEINEN)

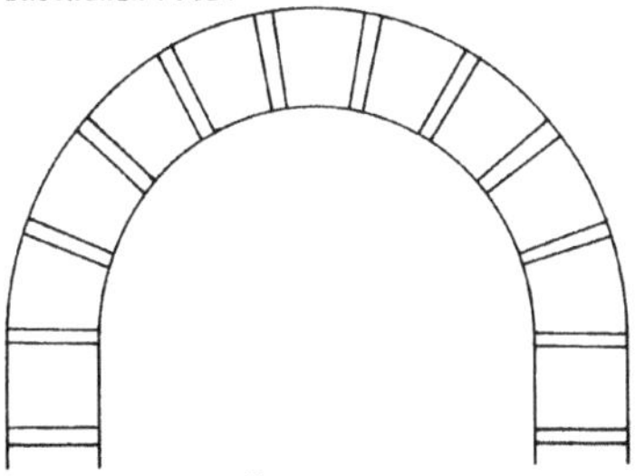

BOGEN AUS KEILFÖRMIGEN STEINEN

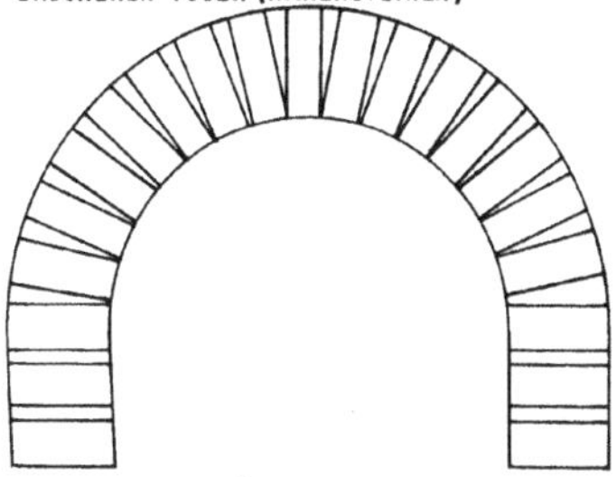

BOGEN MIT KEILFÖRMIGEN FUGEN

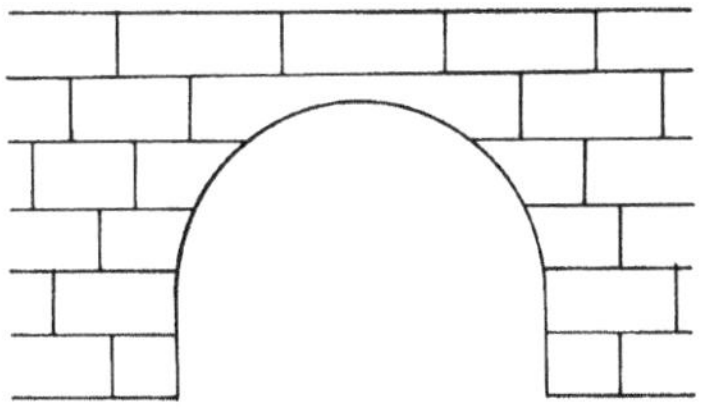

FALSCHER BOGEN AUS HORIZONTALEN STEIN-SCHICHTEN

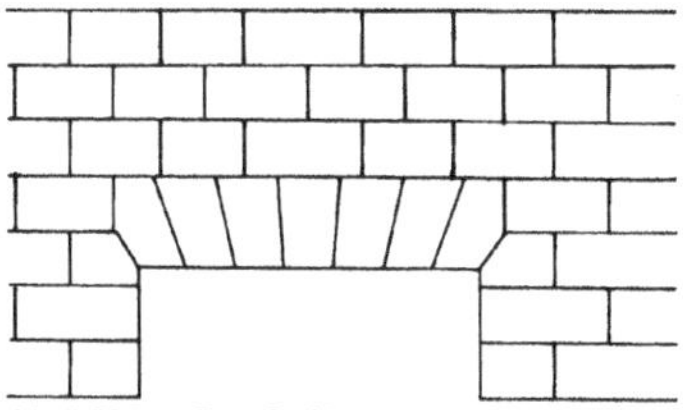

SCHEITRECHTER BOGEN

BOGENSTURZ

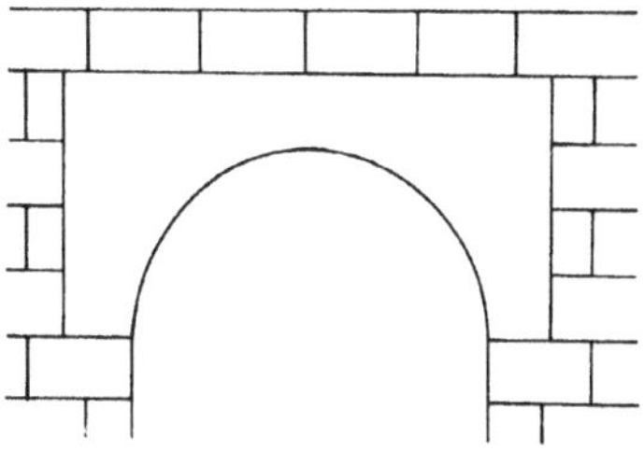

BOGENSTURZ

NACH: REALLEXIKON ZUR DEUTSCHEN KUNSTGESCHICHTE (HRSG.: SCHMITT O., u.a.), BD. 2, STUTTGART 1937

VERMITTLUNGSZONE WAND-GEWÖLBE MA 6

DURCH KRAGSCHICHTEN HERGESTELLTER ÜBERGANG (LOCHES, ST. OURS)

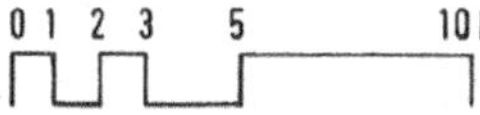

TRICHTERTROMPE

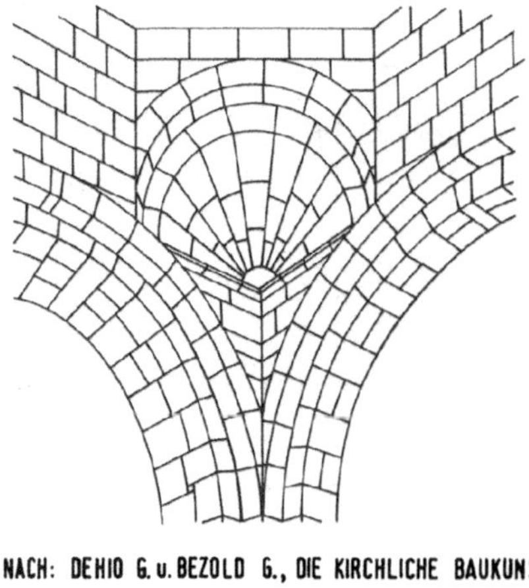

PENDENTIF

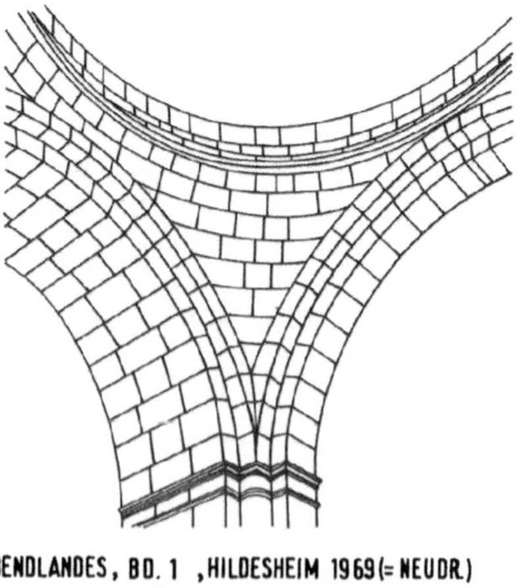

NACH: DEHIO G. u. BEZOLD G., DIE KIRCHLICHE BAUKUNST DES ABENDLANDES, BD. 1, HILDESHEIM 1969 (= NEUDR.)
VOLBACH W. u. LAFONTAINE-DOSOGNE J., BYZANZ U.D. CHRISTL. OSTEN (= PROPYLÄEN KUNSTGESCH., BD. 3), BERLIN 1968 TR78

BALKENLAGEN

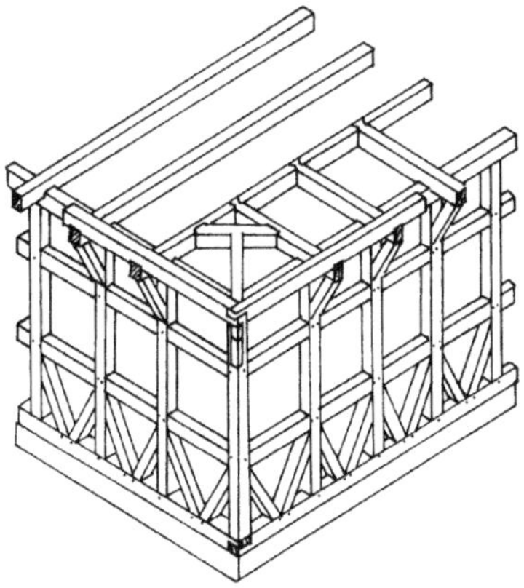

AUSGEKRAGTE BALKENLAGE MIT STICHBALKEN

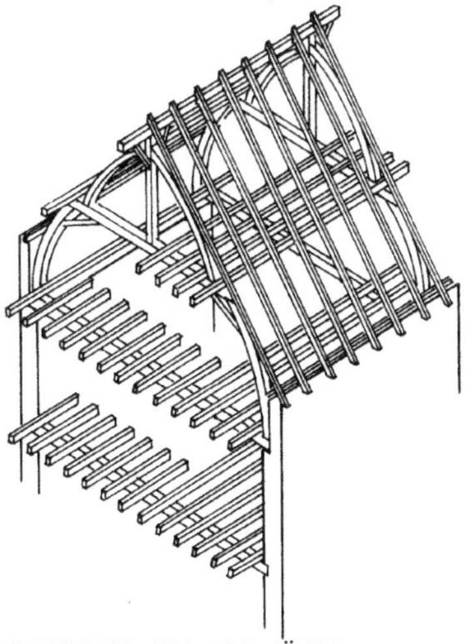

BALKENLAGE AUS HALBEN HÖLZERN

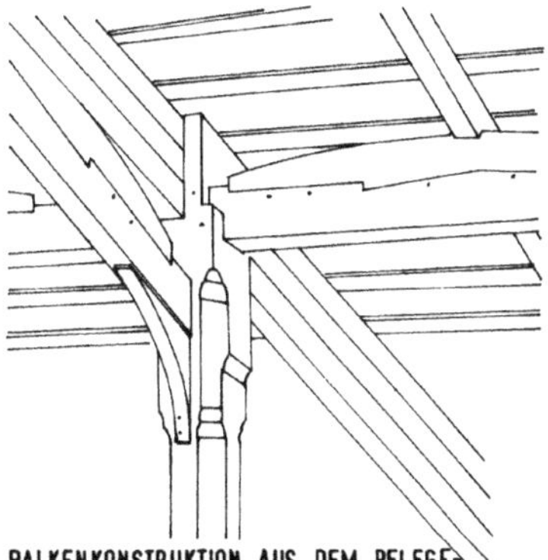

BALKENKONSTRUKTION AUS DEM PFLEGEHOF DES KLOSTERS BEBENHAUSEN IN TÜBINGEN, UM 1500

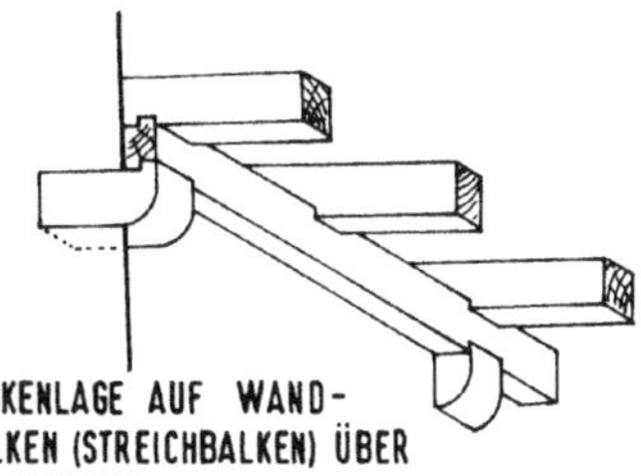

BALKENLAGE AUF WANDBALKEN (STREICHBALKEN) ÜBER KRAGSTEINEN

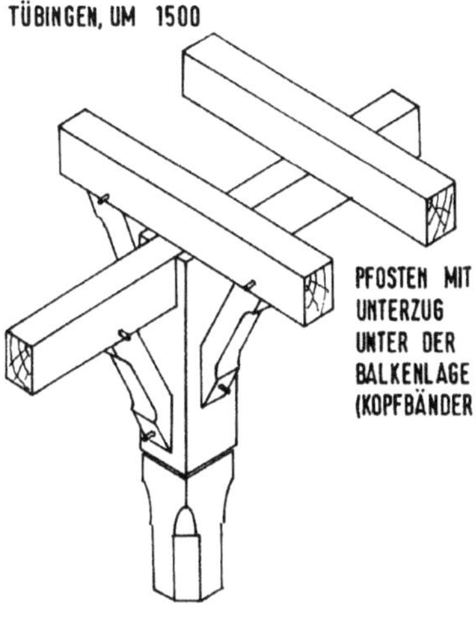

PFOSTEN MIT UNTERZUG UNTER DER BALKENLAGE (KOPFBÄNDER)

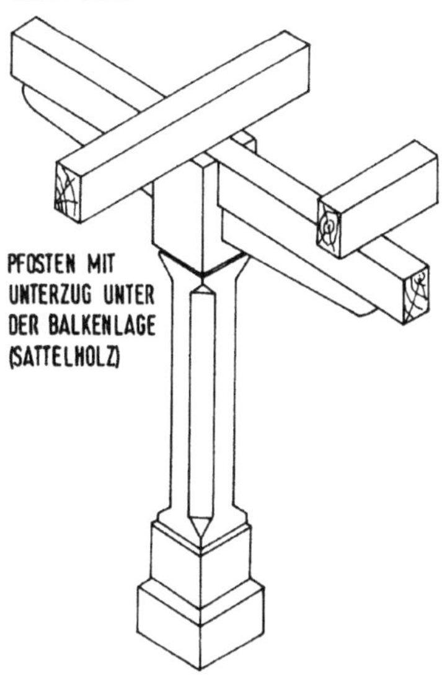

PFOSTEN MIT UNTERZUG UNTER DER BALKENLAGE (SATTELHOLZ)

NACH: REALLEXIKON ZUR DEUTSCHEN KUNSTGESCHICHTE (HRSG.: SCHMITT O., u.a.), BD. 1, STUTTGART 1937

BORGUND

MA 8

STABKIRCHE

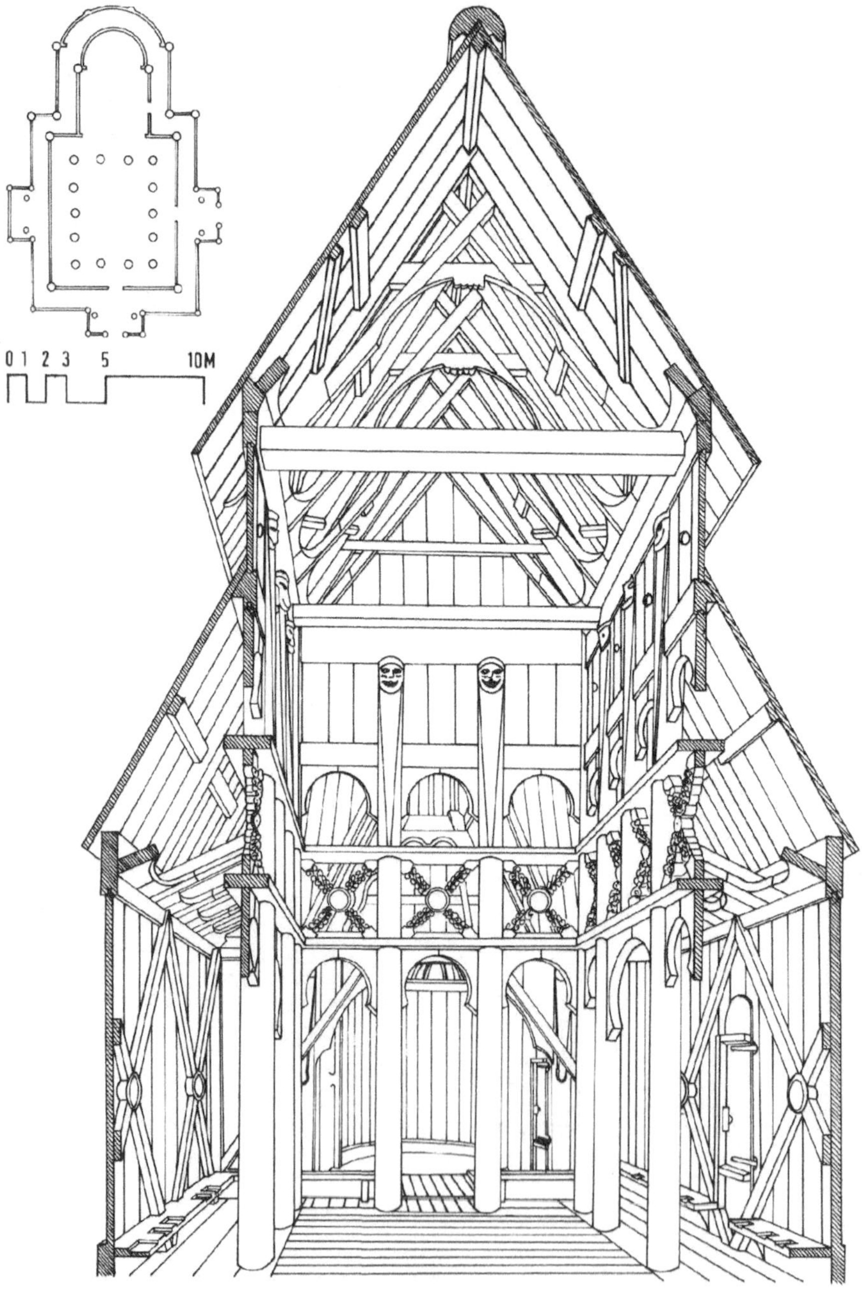

NACH: HAUGLID R., NORWEGISCHE STABKIRCHEN, OSLO 1970
CONANT K.-J., CAROLINGIAN AND ROMANESQUE ARCHITECTURE 800-1200, MIDDLESEX (GB) 1959

DACHFORMEN MA 9

CAPRI

S. COSTANZO

CONQUES

STE. FOY

NACH: VENDITTI A., ARCHITETTURA BIZANTINA NELL'ITALIA MERIDIONALE, BD. 1, NEAPEL 1967 TR/BÖ 78

OURSEL R. u. ROUILLER J., ROMANIK (=WELTKULTUREN U. BAUKUNST), MÜNCHEN 1966 MA 90

DACHDECKUNGEN MA 10

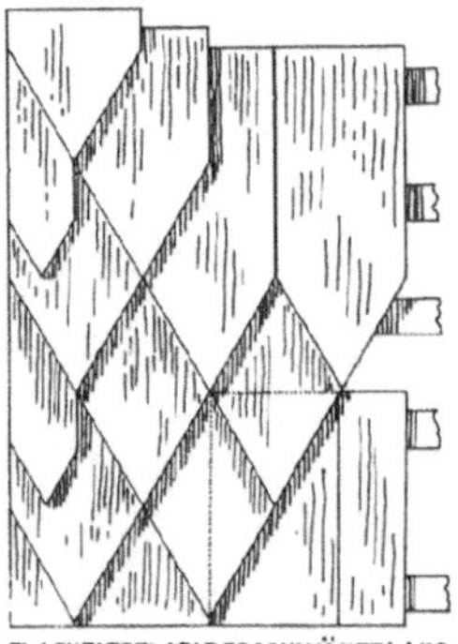

FLACHZIEGEL (BIBERSCHWÄNZE) AUS NÜRNBERG

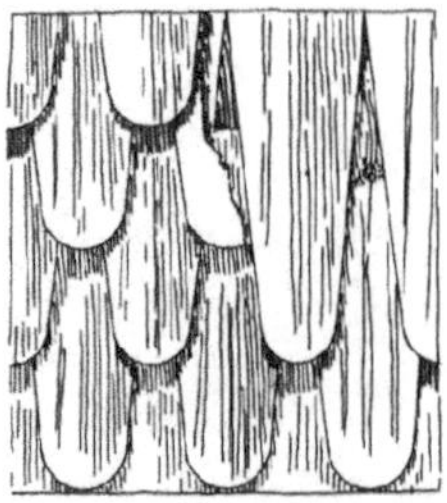

AUS KONSTANZ (12./13. JH.?)

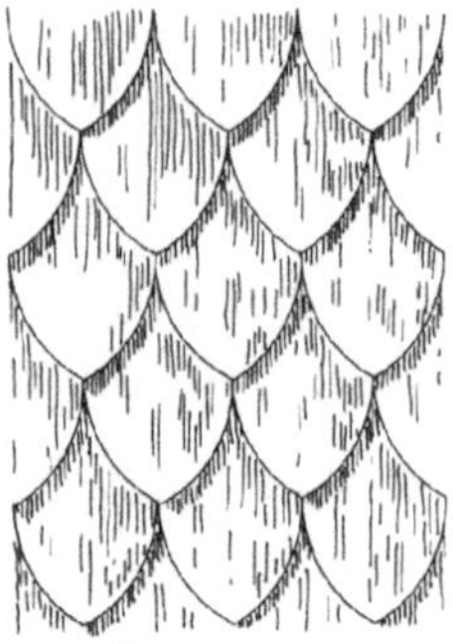

AUS NÜRNBERG

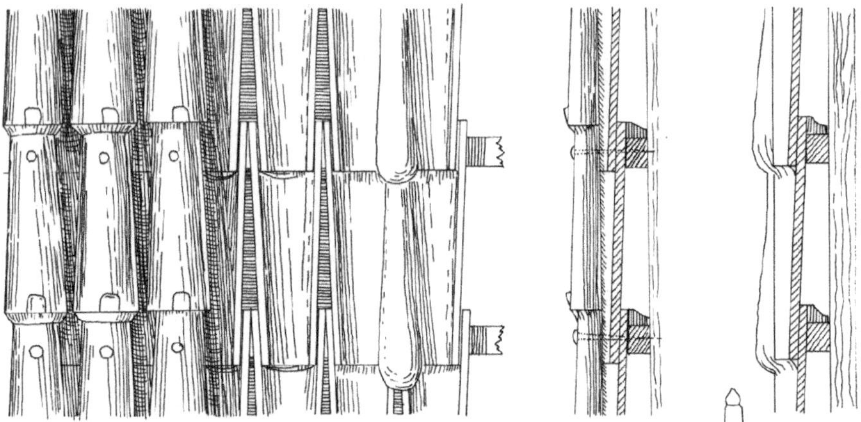

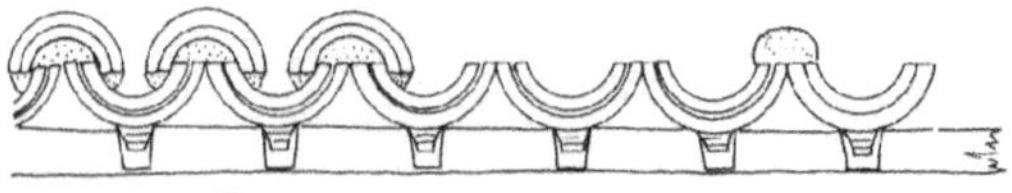

HOHLZIEGEL (MÖNCH UND NONNE), KLOSTERDECKUNG

SCHORNSTEINKOPF AUS KAYSERSBERG

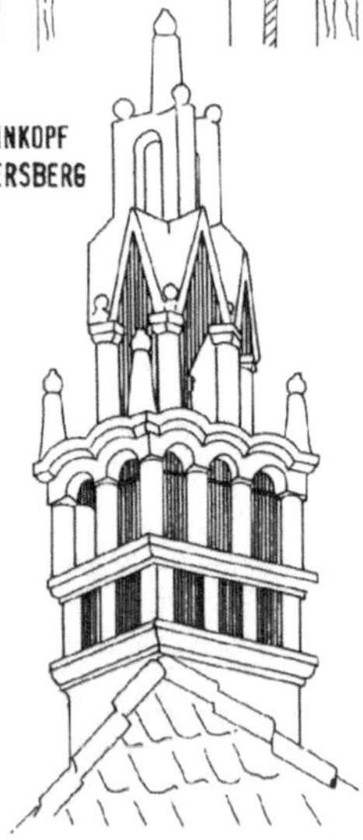

SCHIEFERDECKUNG

ENGLISCHE DECKUNG

ALTDEUTSCHE DECKUNG

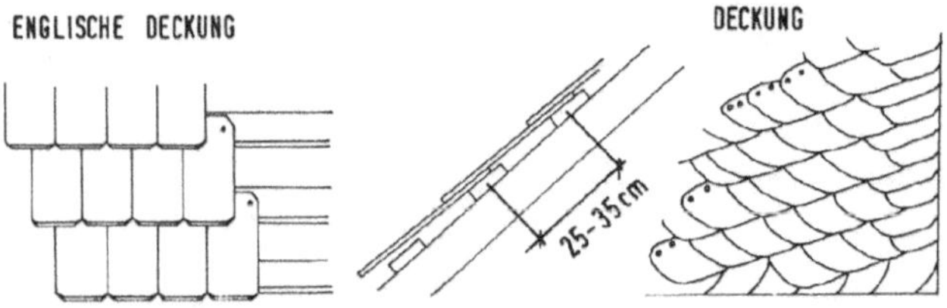

NACH: ESSENWEIN A. V. u. STIEHL O., D. WOHNBAU D. MITTELALTERS (= HDB. D. A. TL. 2, BD. 4, H. 2), LEIPZIG 1908 (= 2. AUFL.)
REALLEXIKON ZUR DEUTSCHEN KUNSTGESCHICHTE (HRSG: SCHMITT O., u.a.), BD. 3, STUTTGART 1954

BB 78

FUSSBODENBELÄGE MA 11

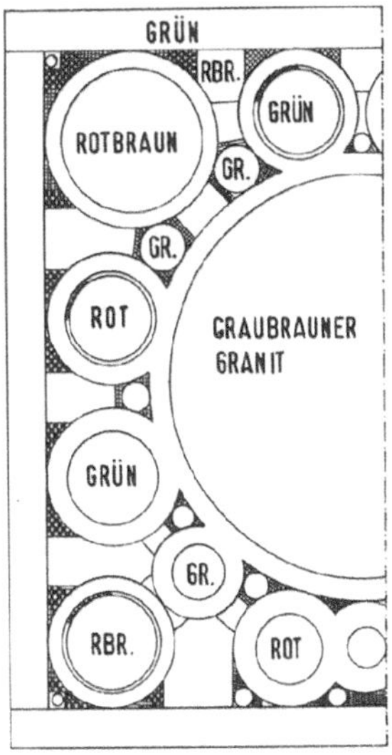

BYZ. PLATTENMOSAIK

FLORENZ, S. MINIATO AL MONTE
MARMORFUSSBODEN (1207)

ST. DENIS, KAPELLE DER HL. JUNGFRAU,
FLIESEN (SCHWARZ / ROT / GELBLICH)

FRZ. TONFLIESE, ENGOBIERT
GRUNDTON ROT, BRAUNE TONMASSE WIE BEIM
STEMPEL AUFGEBRANNT

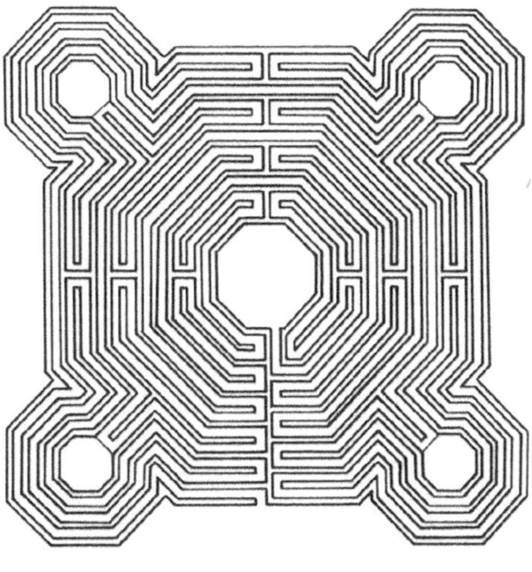

REIMS,
KATHEDRALE, LABYRINTH

NACH: KOCH H., AUSBILDUNG D. FUSSBODEN-, WAND- U. DECKENFLÄCHEN (= HDB. D.A., TL. 3, BD. 3, H. 3), STUTTGART 1903 TR/GU 79

SUÈVRES

MA 12

ST. CHRISTOPHE

NACH: HOLTZINGER H., ALTCHRISTL.U. BYZANTINISCHE BAUKUNST(= HDB.D.A., TL.2, BD.3, H.1), LEIPZIG 1909(=3.AUFL.) WF 78

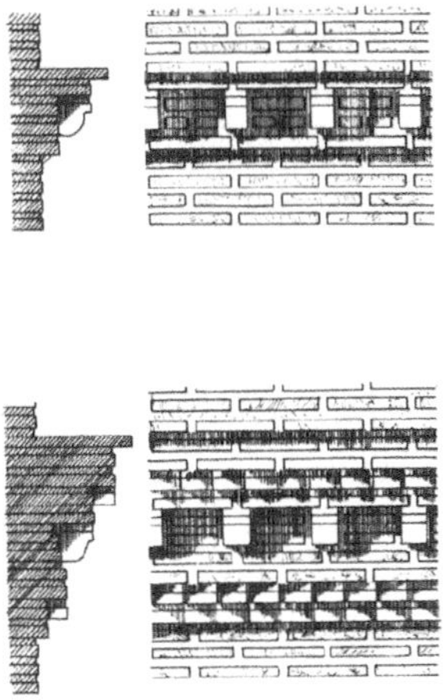

ROM

STA. BALBINA (ANTIKE KIRCHE IN DEN MAUERN EINES PATRIZIERHAUSES)

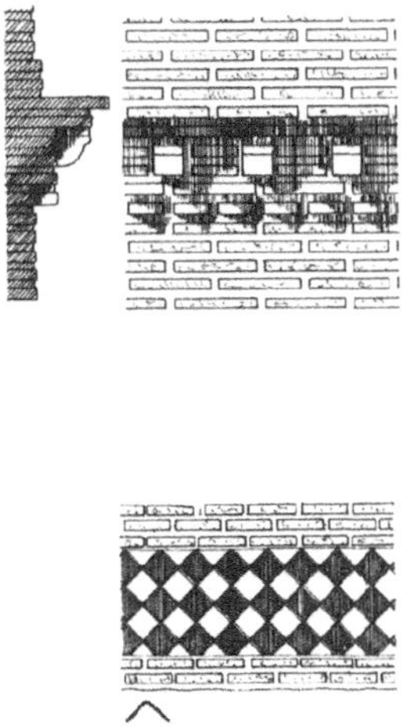

RAVENNA

S. APOLLINARE IN CLASSE (TURMFRIES)

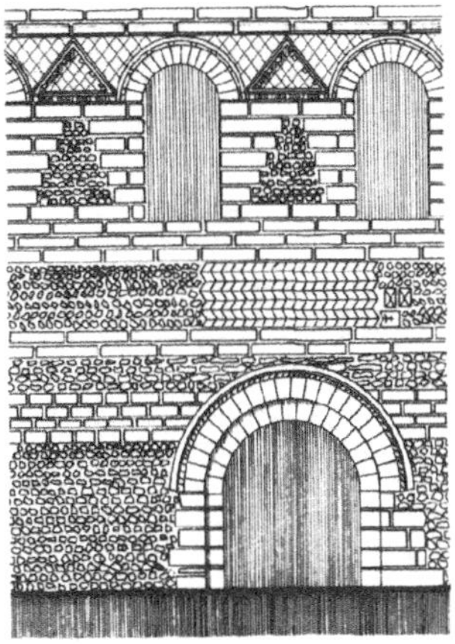

CRAVANT-LES-CÔTEAUX

SÜDSEITE

DISTRÉ

PORTAL

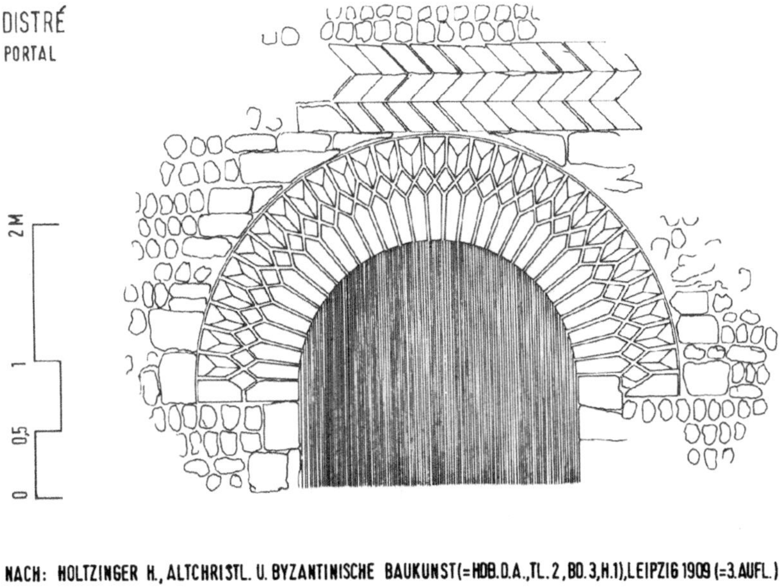

NACH: HOLTZINGER H., ALTCHRISTL. U. BYZANTINISCHE BAUKUNST (=HDB.D.A., TL. 2, BD. 3, H.1), LEIPZIG 1909 (=3. AUFL.) TR/MA 79

BOGENFRIESE

GEMAUERTER RUNDBOGENFRIES MIT KONSOLEN ; TRIER, DOM

SICHELFÖRMIGER RUNDBOGENFRIES
MARIA LAACH, ABTEIKIRCHE

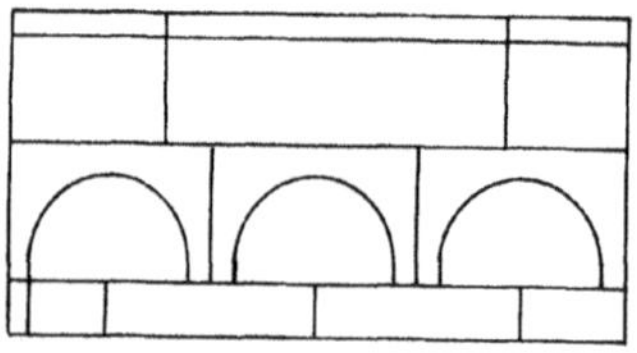

RUNDBOGENFRIES AUS PLATTEN
HALBERSTADT, LIEBFRAUENKIRCHE

ZWEISCHICHTIGER RUNDBOGENFRIES
WORMS, DOM

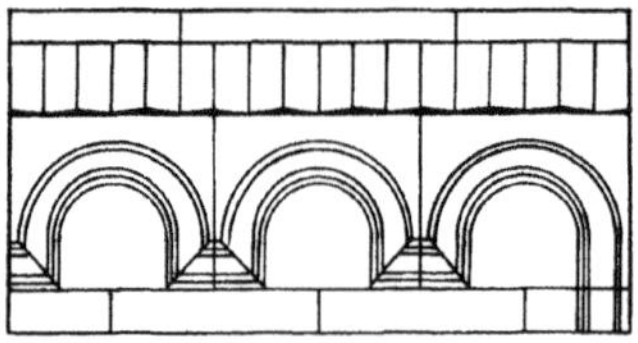

PROFILIERTER RUNDBOGENFRIES
FRITZLAR, STIFTSKIRCHE

RUNDER DREIPASSFRIES
LIMBURG A.D.L., STIFTSKIRCHE

KREUZBOGENFRIES
JERICHOW, KLOSTERKIRCHE

GERADE STEIGENDER RUNDBOGENFRIES
WORMS, DOM, OSTCHOR

KLAMMERFRIES
WÜRZBURG, DEUTSCH-ORDENSKIRCHE ⟩

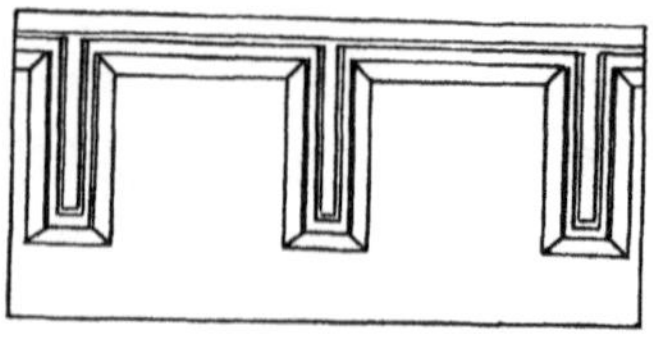

NACH: REALLEXIKON ZUR DEUTSCHEN KUNSTGESCHICHTE (HRSG.: SCHMITT O., u.a.), BD. 2, STUTTGART 1937

WF 78

CALLISTKATAKOMBE

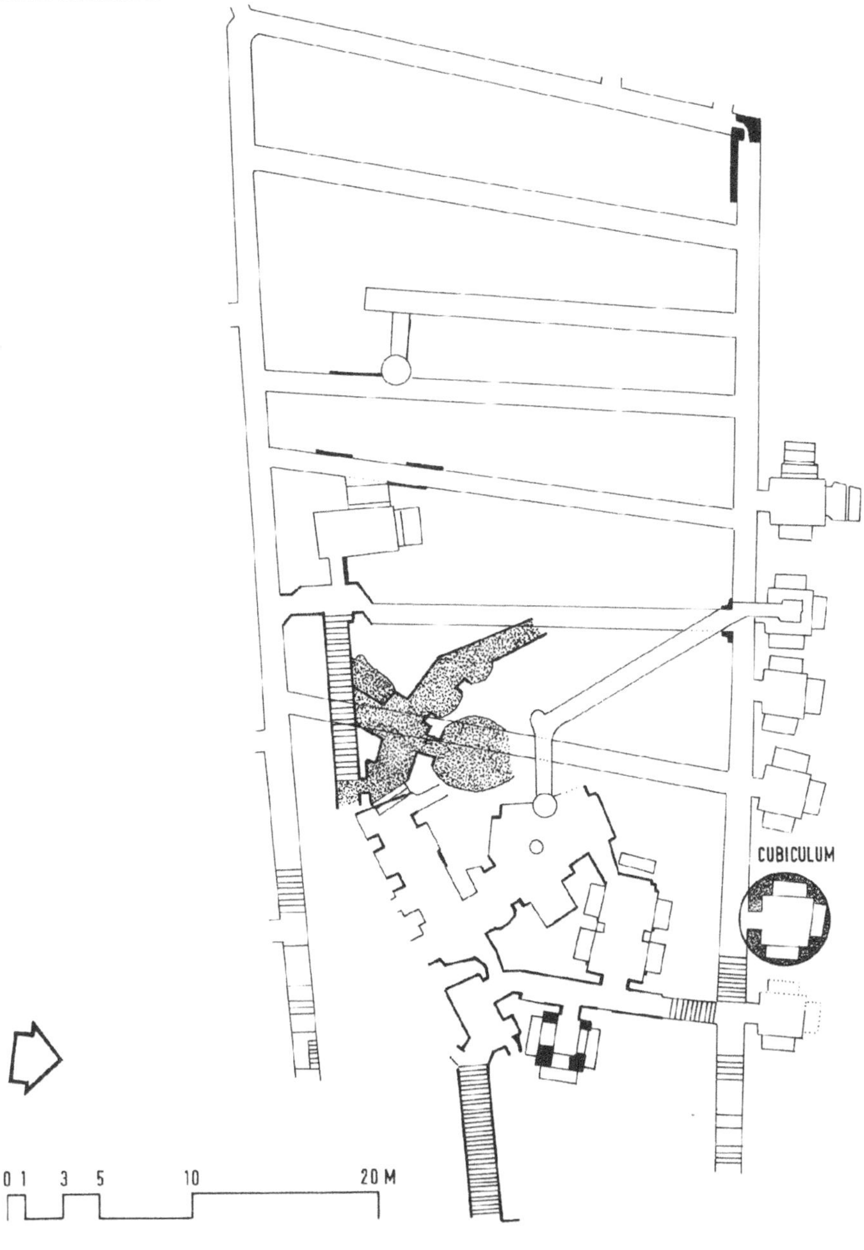

NACH: LEXIKON DER ALTEN WELT, TÜBINGEN/ZÜRICH 1965

JU78

ROM

MA 16

NEKROPOLE UNTER ALT-ST.-PETER

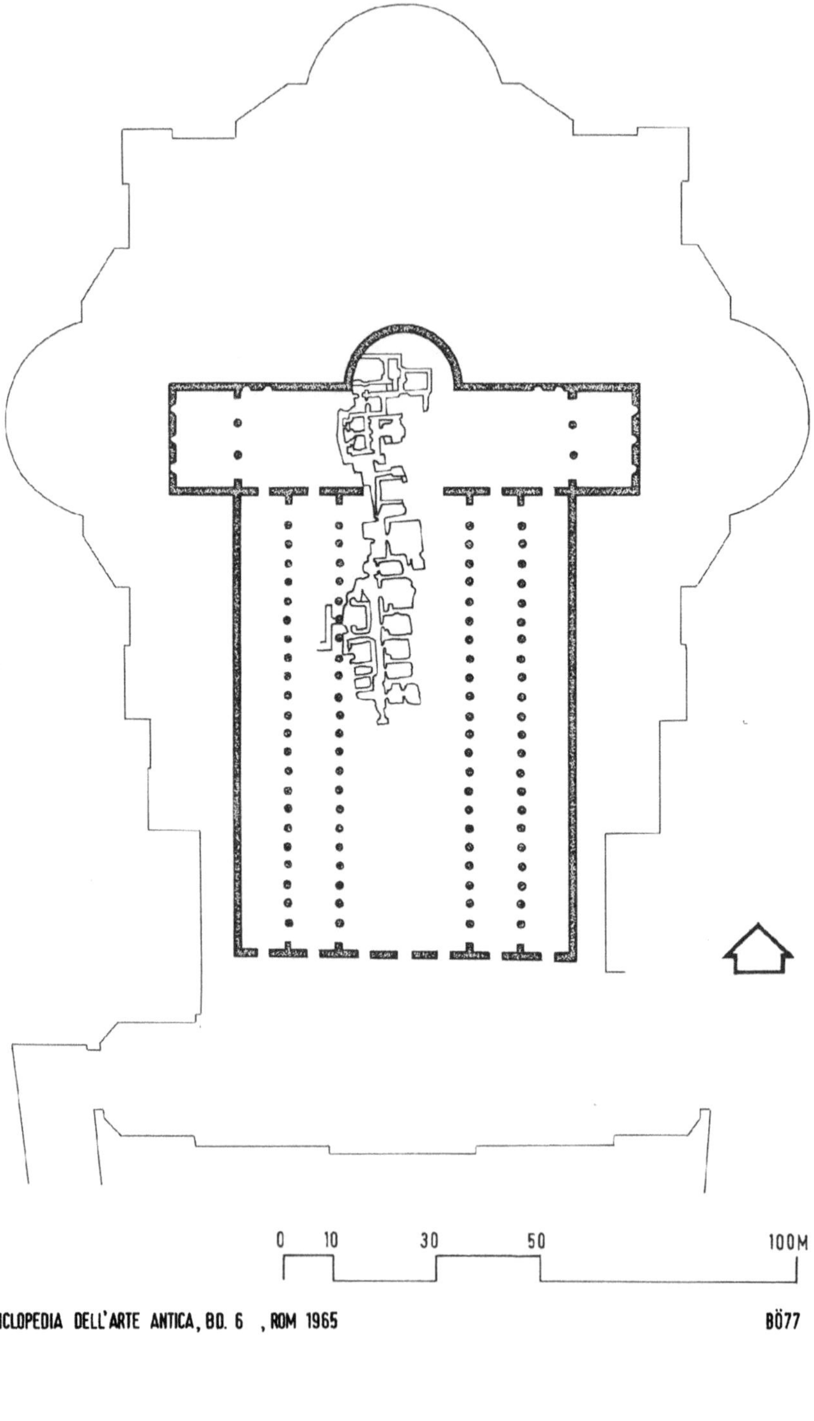

NACH: ENCICLOPEDIA DELL'ARTE ANTICA, BD. 6 , ROM 1965

BÖ77

RAVENNA

MAUSOLEUM DER GALLA PLACIDIA u. STA. CROCE

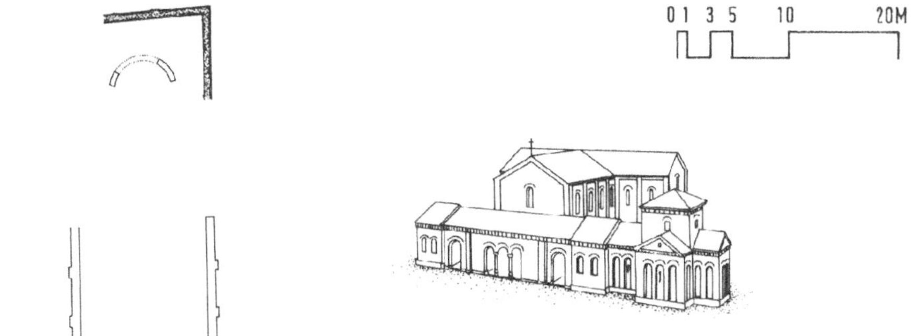

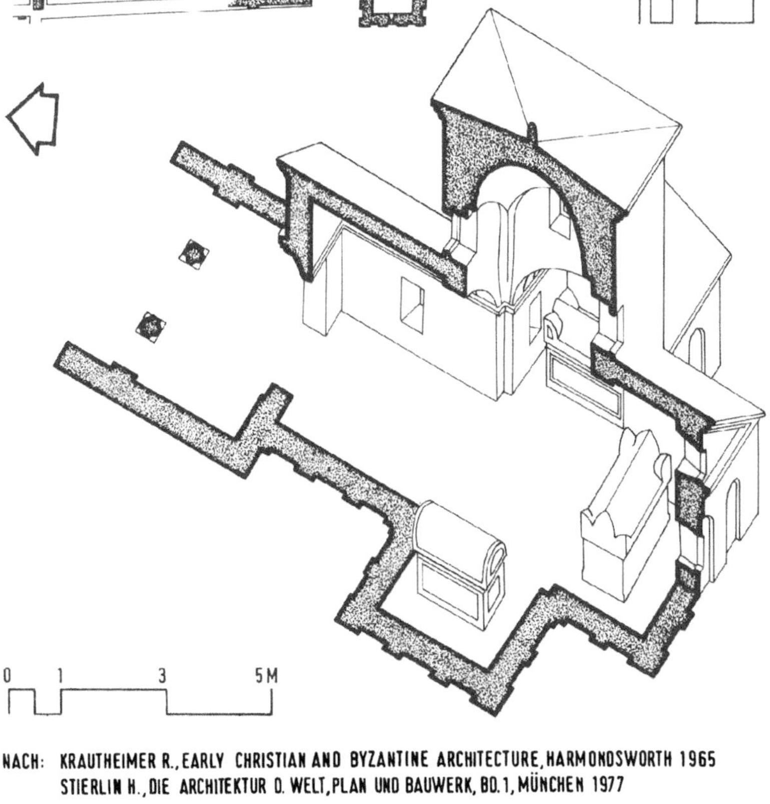

NACH: KRAUTHEIMER R., EARLY CHRISTIAN AND BYZANTINE ARCHITECTURE, HARMONDSWORTH 1965
STIERLIN H., DIE ARCHITEKTUR D. WELT, PLAN UND BAUWERK, BD. 1, MÜNCHEN 1977

BB78

ROM

STA. COSTANZA (MAUSOLEUM)

SOHAG MA 18

DEIR-EL-ABIAD (WEISSES KLOSTER)

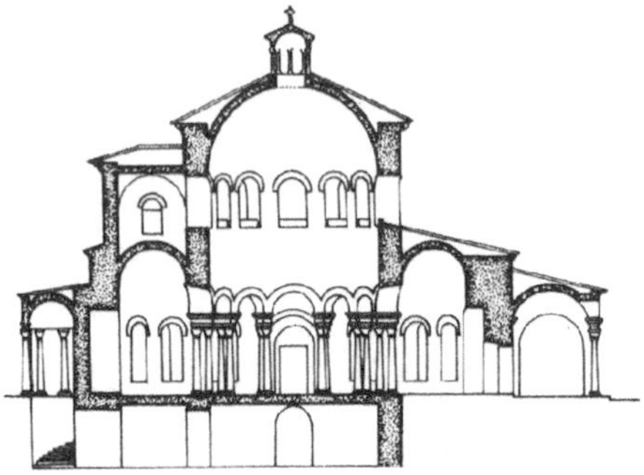

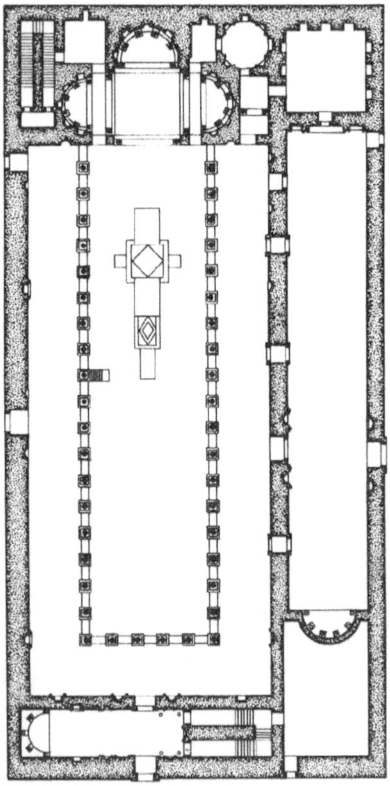

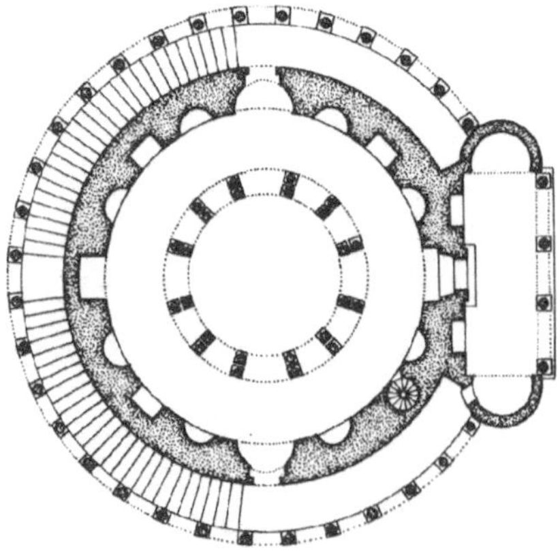

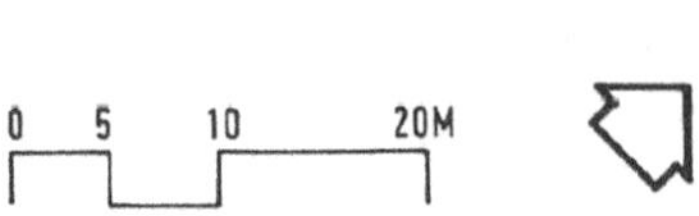

NACH: STIERLIN H., DIE ARCHITEKTUR DER WELT, PLAN UND BAUWERK, BD. 1, MÜNCHEN 1977

RAVENNA MA 19

GRABMAL DES THEODERICH

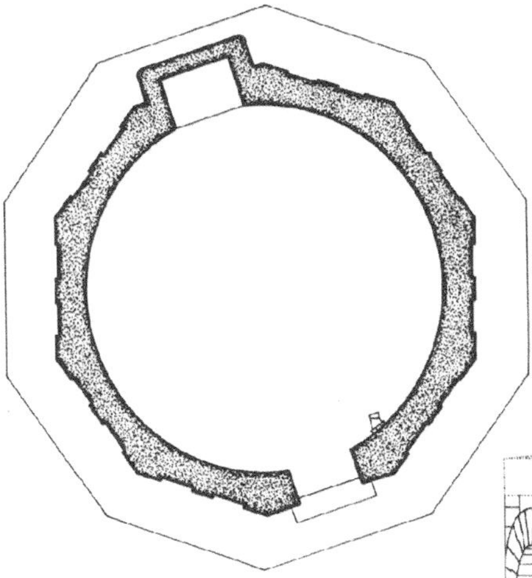

OBERGESCHOSS

WESTSEITE

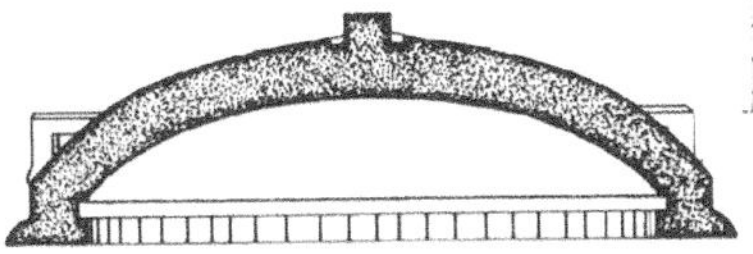

SCHNITT DECKSTEIN

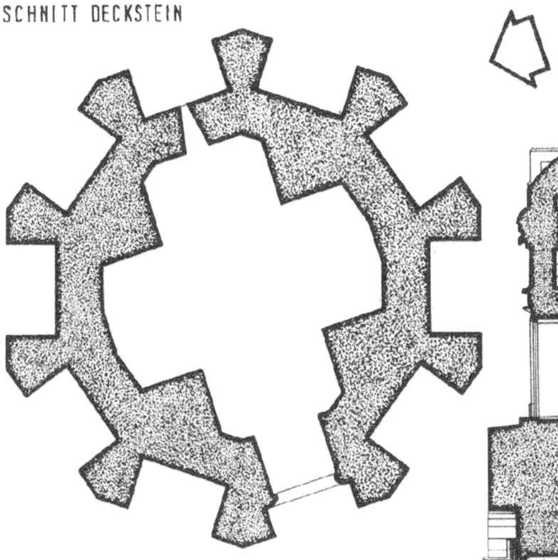

SCHNITT WEST·OST·ACHSE

ERDGESCHOSS

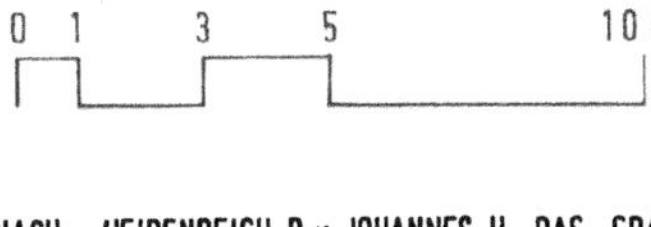

NACH: HEIDENREICH R. u. JOHANNES H., DAS GRABMAL THEODERICHS ZU RAVENNA, WIESBADEN 1971

BB78

JERUSALEM

MA 20

GRABESKIRCHE

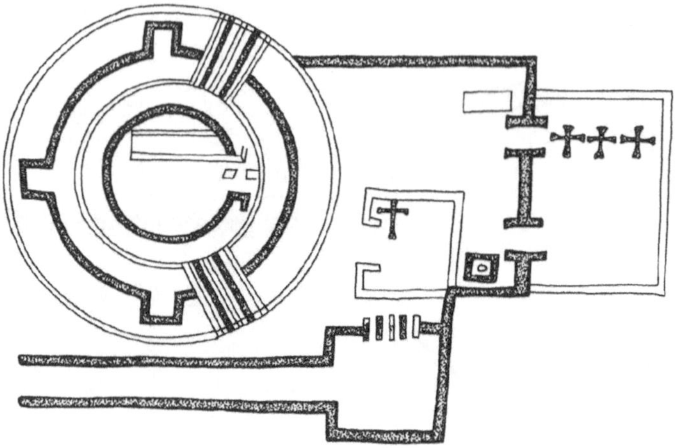

UM 670
(SKIZZE NACH ARCULFUS)

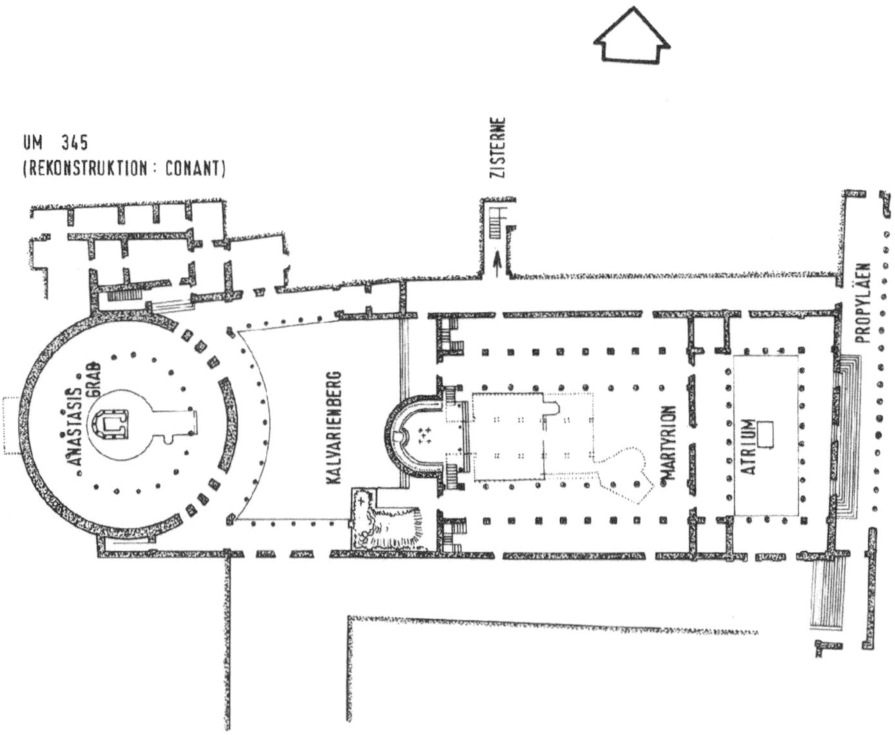

NACH: REALLEXIKON ZUR BYZANTINISCHEN KUNST (HRSG.: WESSEL K./RESTLE M.), STUTTGART 1966 ff
CONANT K.J., A BRIEF COMMENTARY ON EARLY MEDIAEVAL CHURCH ARCHITECTURE, BALTIMORE 1942

BB78

JERUSALEM

GRABESKIRCHE (KREUZFAHRERBAU)

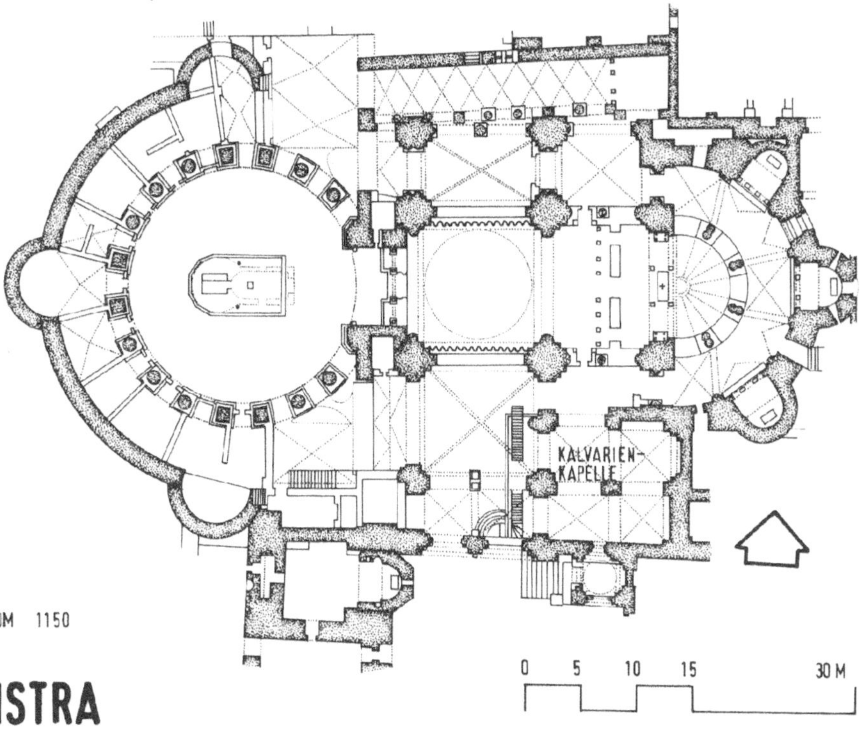

ISTRA

NEU-JERUSALEM-KLOSTER (KATHEDRALE)

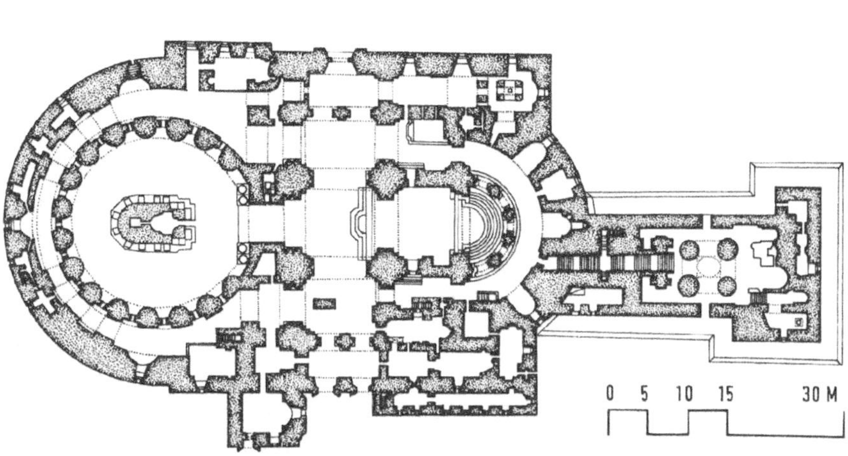

NACH: VOLBACH W.F. u. LAFONTAINE-DOSOGNE J., BYZANZ U. D. CHRISTL. OSTEN (= PROPYLÄEN KUNSTGESCH., BD. 3), BERLIN 1968
CONANT K.-J., CAROLINGIAN AND ROMANESQUE ARCHITECTURE 800-1200, MIDDLESEX (GB) 1959

DIJON

MA 22

ST. BÉNIGNE

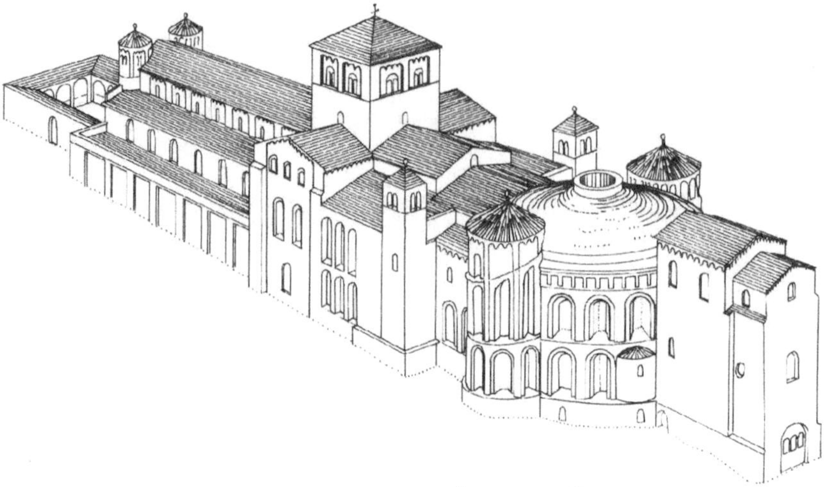

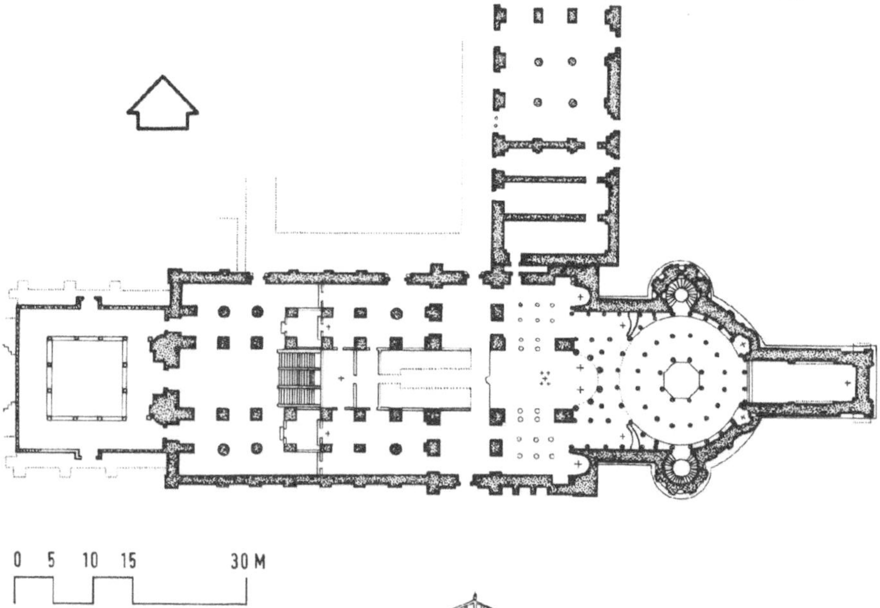

NACH: CONANT K.-J., CAROLINGIAN AND ROMANESQUE ARCHITECTURE 800-1200, MIDDLESEX (GB) 1959

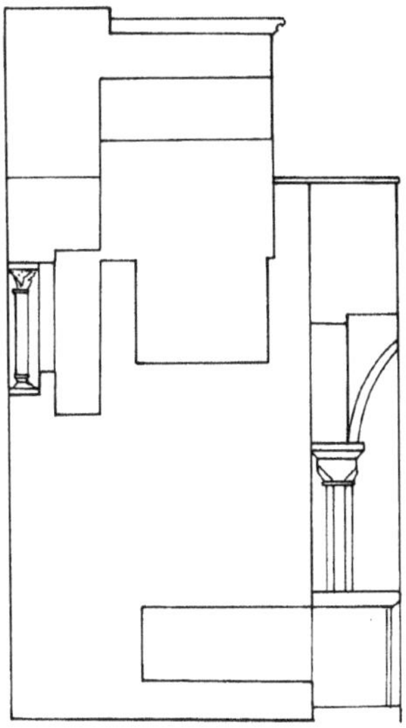

REGENSBURG, ST. EMMERAM

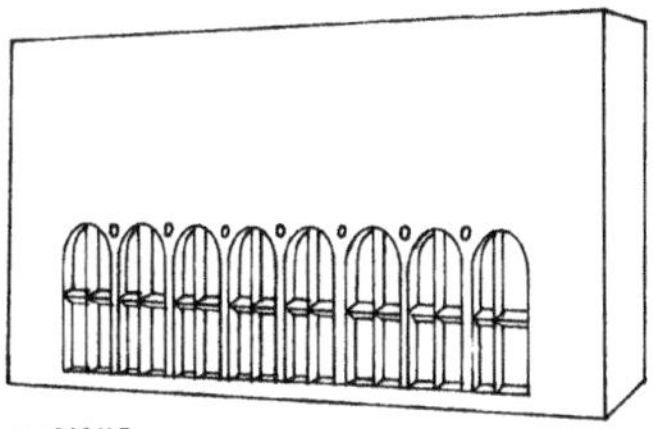

ANSICHT

GRUNDRISS

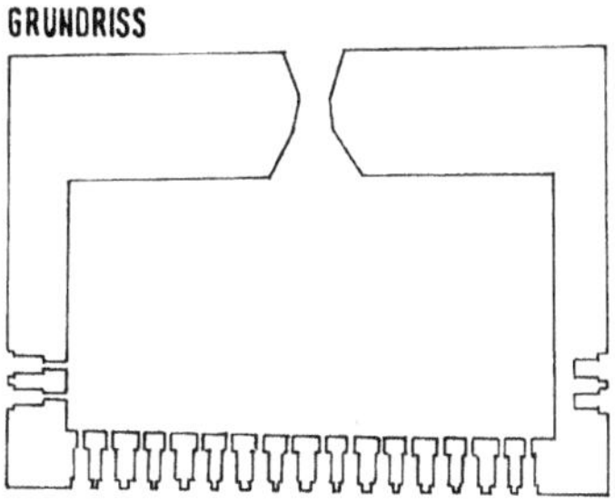

REGENSBURG, ST. STEPHAN

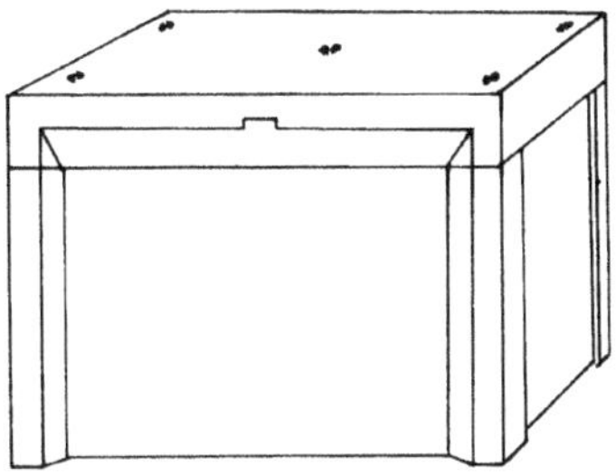

TRIER, DOM

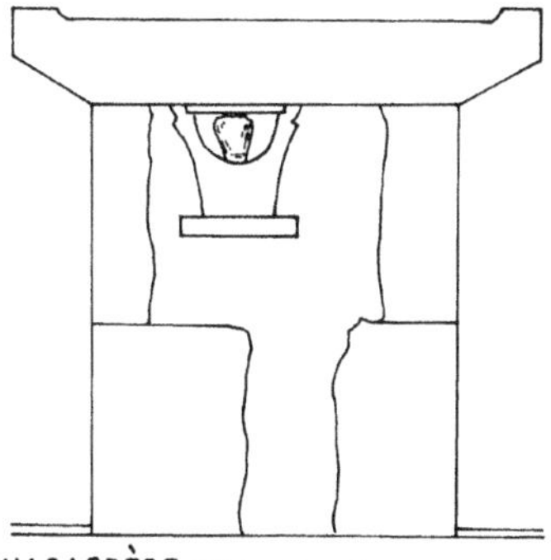

VALCABRÈRE (FRANKREICH), PFARRKIRCHE
VERTIEFTE MENSA UND SEPULCRUM

ALTENRYF

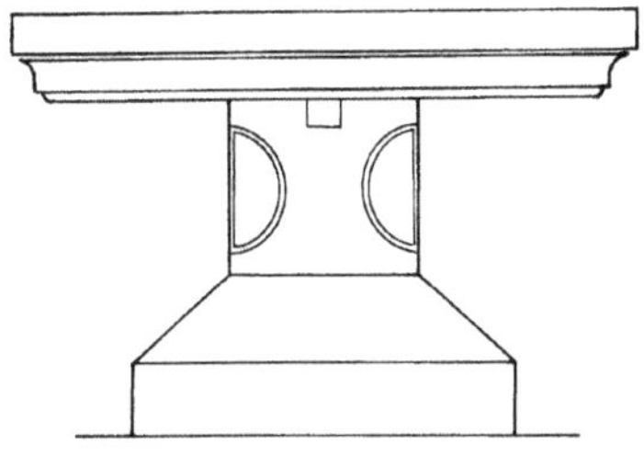

TORCELLO

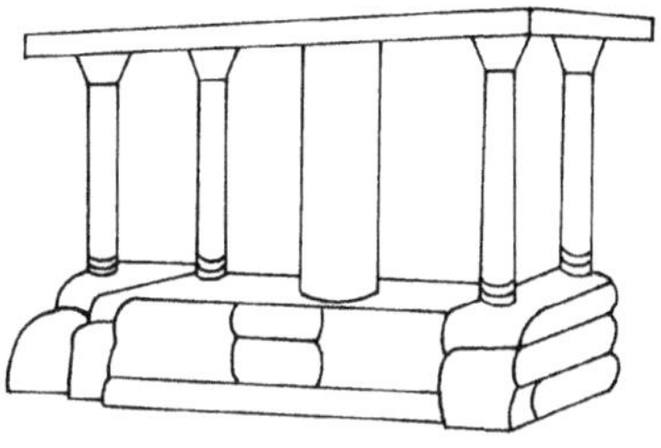

NACH: REALLEXIKON ZUR DEUTSCHEN KUNSTGESCHICHTE (HRSG.: SCHMITT O., u.a.), BD. 1, STUTTGART 1937
BRAUN J., DER CHRISTLICHE ALTAR, BD. 1, MÜNCHEN 1924

WF 78

RAVENNA MA 24

BAPTISTERIUM S. GIOVANNI IN FONTE

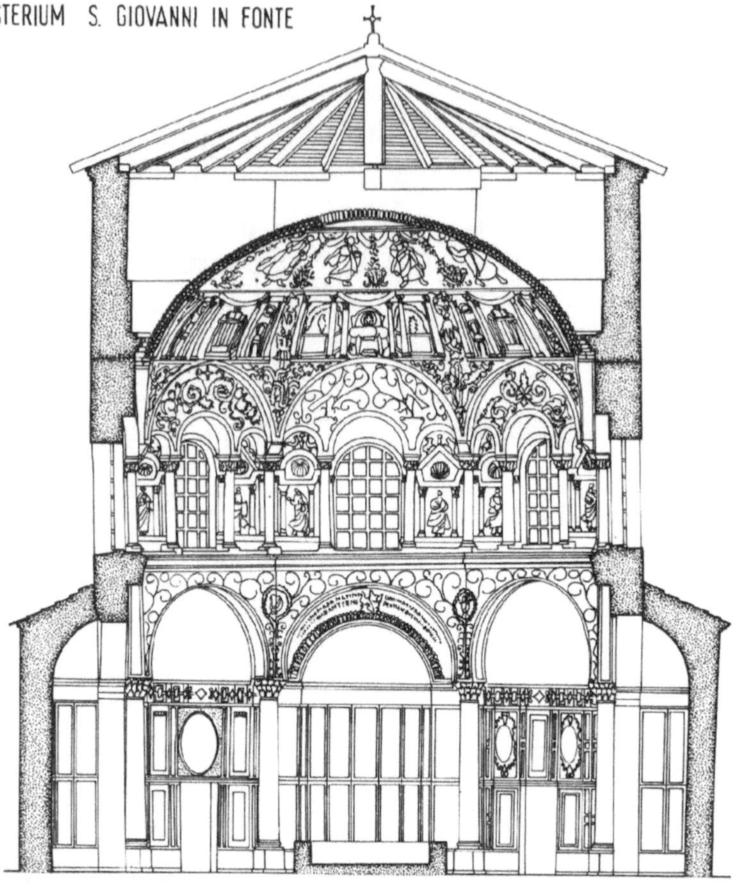

0 1 2 5M

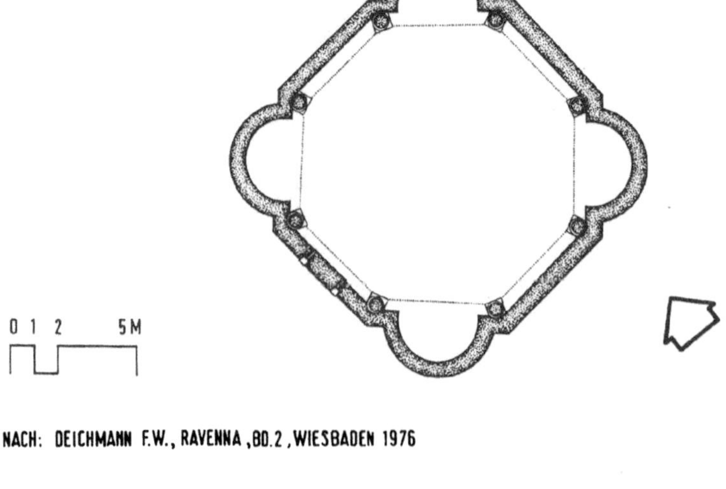

NACH: DEICHMANN F.W., RAVENNA, BD.2, WIESBADEN 1976

BB78

ATHEN MA 25

THESEION ALS CHRISTL. KIRCHE (HAG. GEORGIOS)

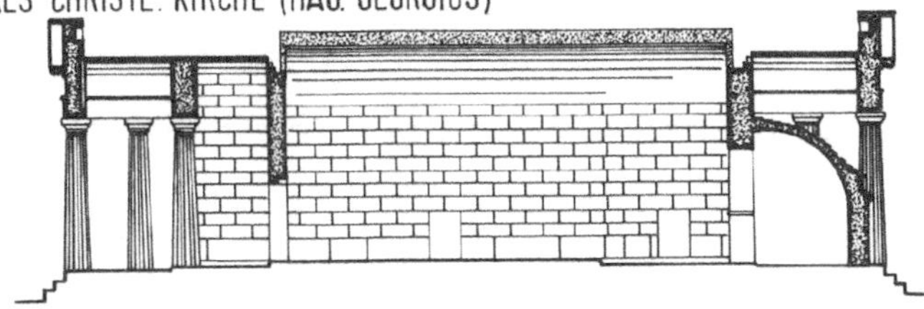

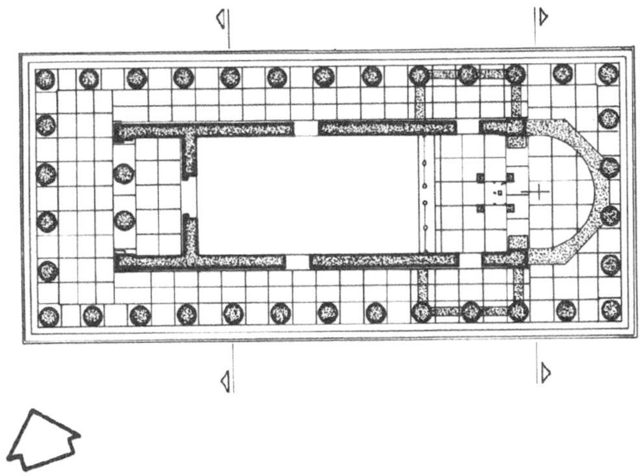

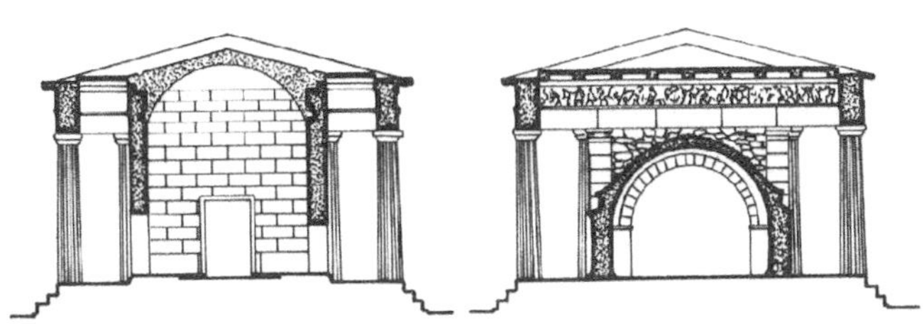

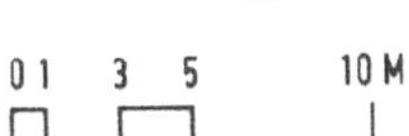

NACH: REALLEXIKON ZUR BYZANTINISCHEN KUNST (HRSG.: WESSEL K./RESTLE M.), STUTTGART 1966 ff

WF 78

ATHEN

PARTHENON ALS CHRISTL. KIRCHE

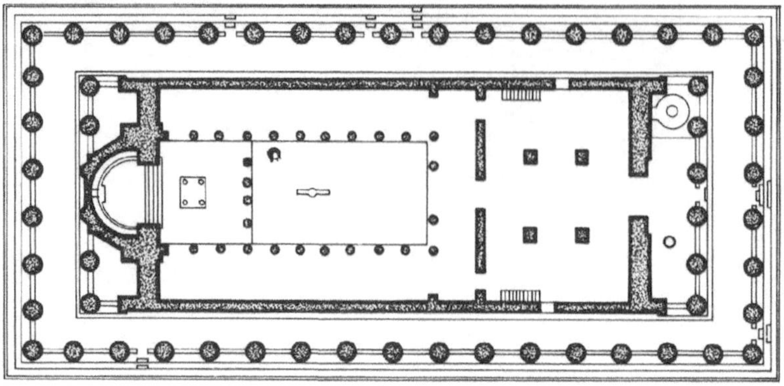

ERECHTHEION ALS CHRISTL. KIRCHE

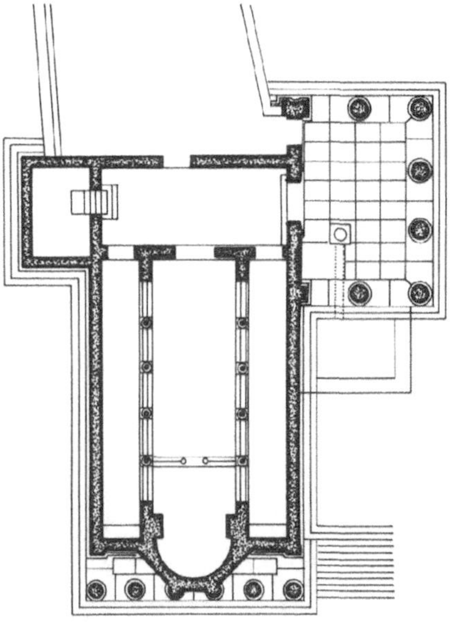

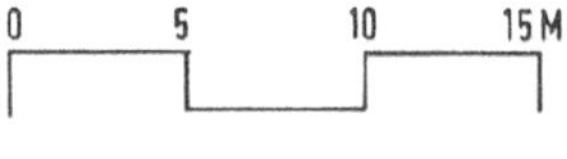

NACH: REALLEXIKON ZUR BYZANTINISCHEN KUNST (HRSG: WESSEL K./RESTLE M.), STUTTGART 1966 ff

THESSALONIKI MA 27

HAG. GEORGIOS (EHEM. GALERIUS-MAUSOLEUM ?)

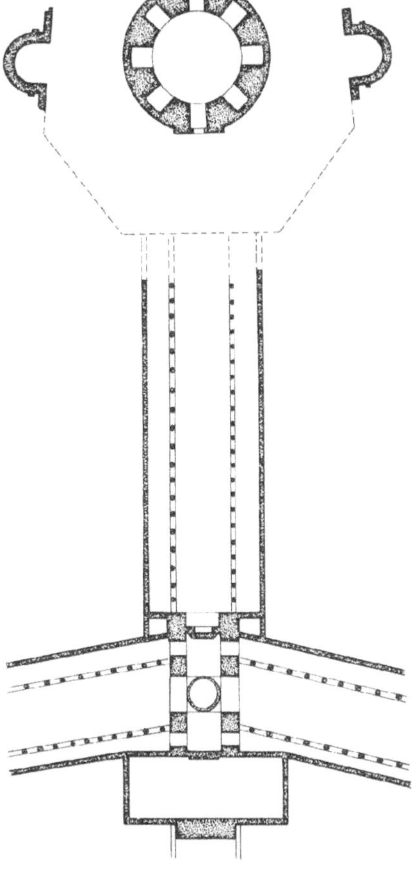

ERSTE KONSTRUKTIONSPHASE

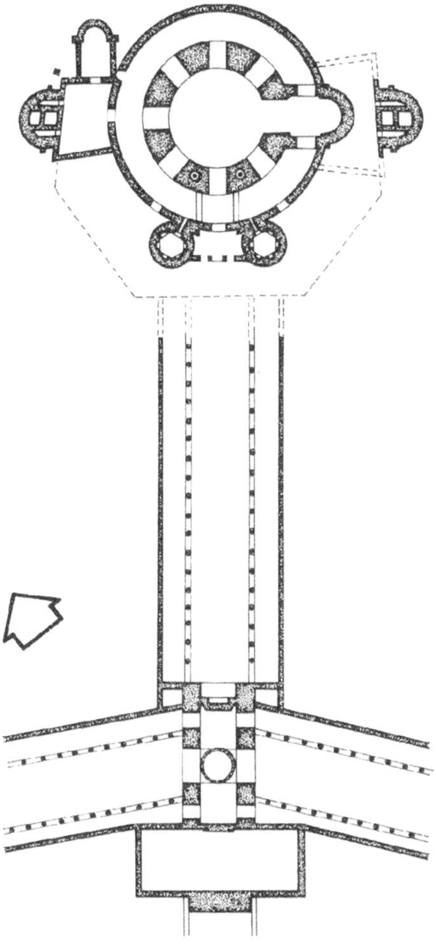

ZWEITE KONSTRUKTIONSPHASE

NACH: ENCICLOPEDIA DELL'ARTE ANTICA, BD. 6, ROM 1965

FM77

ST. GEREON

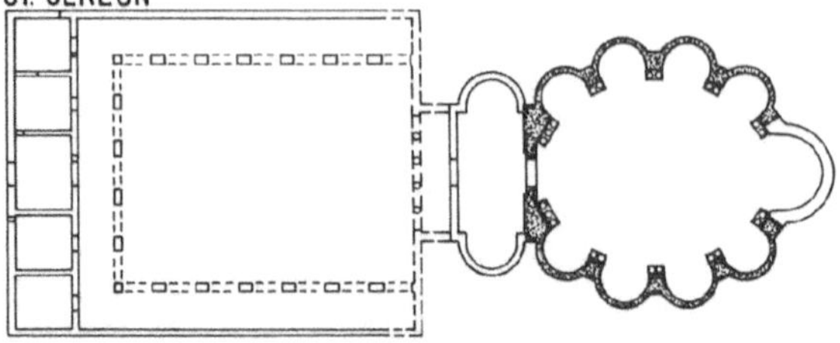

URBAU VOM ENDE DES 4. JH., REKONSTRUKTION NACH BINDING △

0 10 20 30M

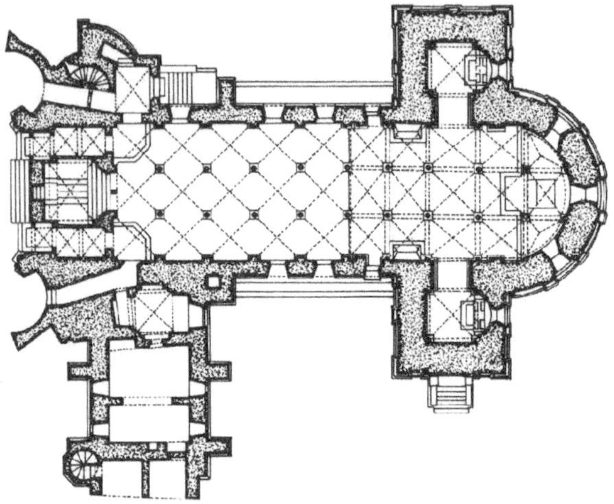

KRYPTA ▷

0 5 10 15M

0 5 10 15M

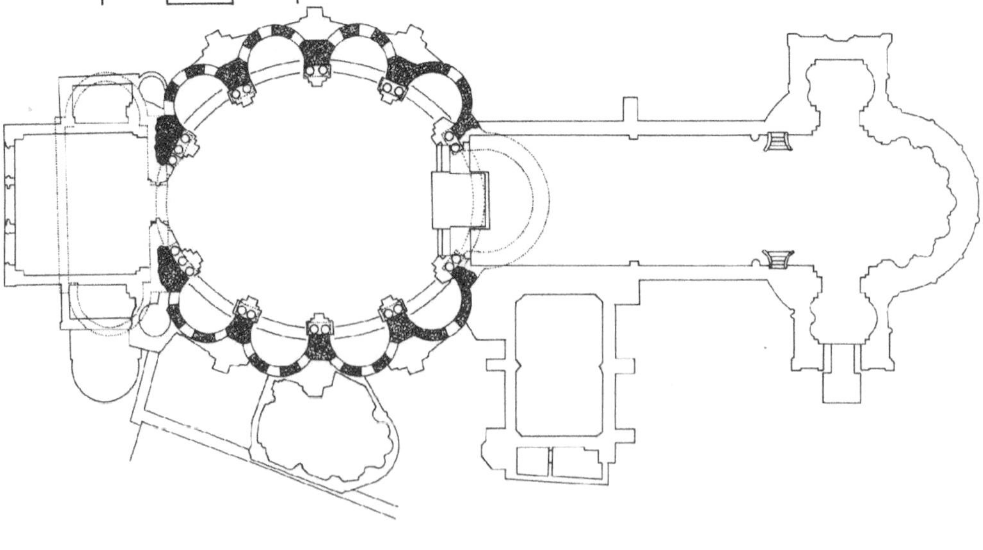

NACH: KUBACH H.E. u. VERBEEK A., ROMANISCHE BAUKUNST AN RHEIN UND MAAS, BD. 1, BERLIN 1976
OSWALD F. u.a., VORROMANISCHE KIRCHENBAUTEN, KATALOG D. DENKMÄLER B.Z. AUSGANG D. OTTONEN, MÜNCHEN 1966 ff JU 78

DURA EUROPOS (SYRIEN) MA 29

HAUSKIRCHE

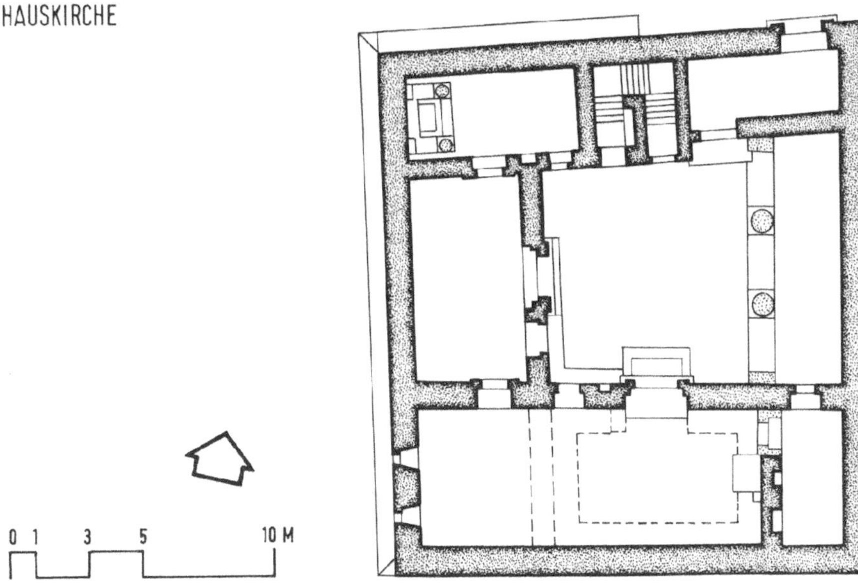

SYNAGOGE

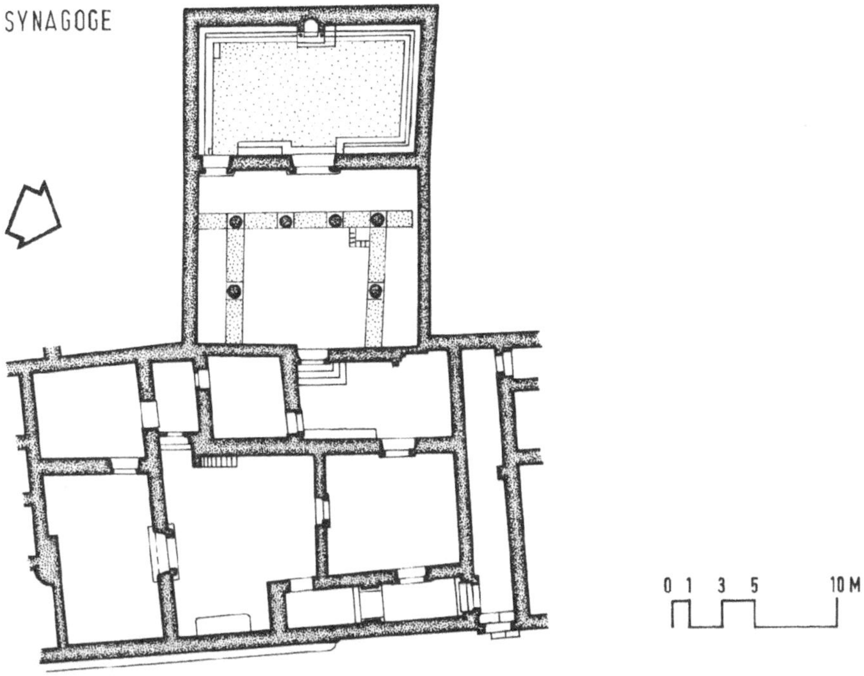

NACH: REALLEXIKON ZUR BYZANTINISCHEN KUNST (HRSG: WESSEL K./RESTLE M.), STUTTGART 1966 ff AP/DT 77

DOM

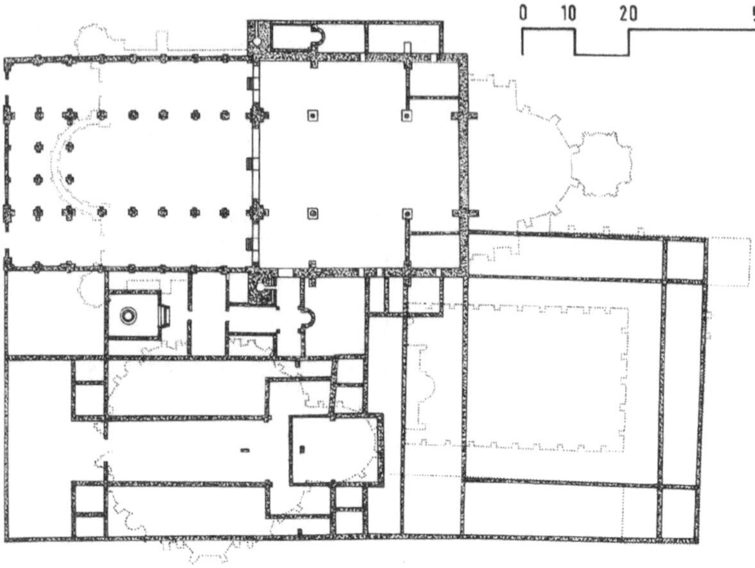

△ GESAMTANLAGE IM 10. JH., REKONSTR.

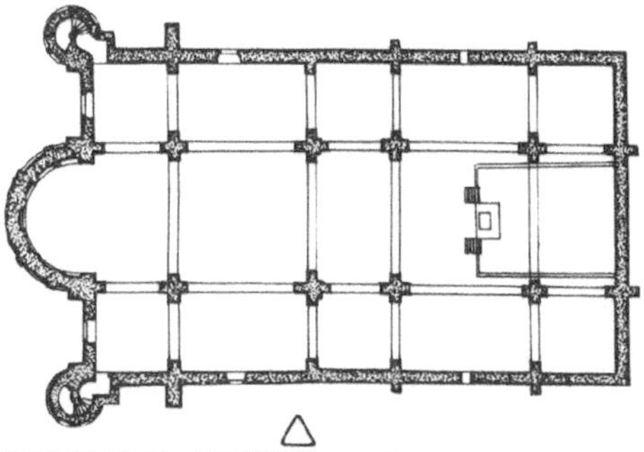

△
DOM IM 11. JH., REKONSTR.

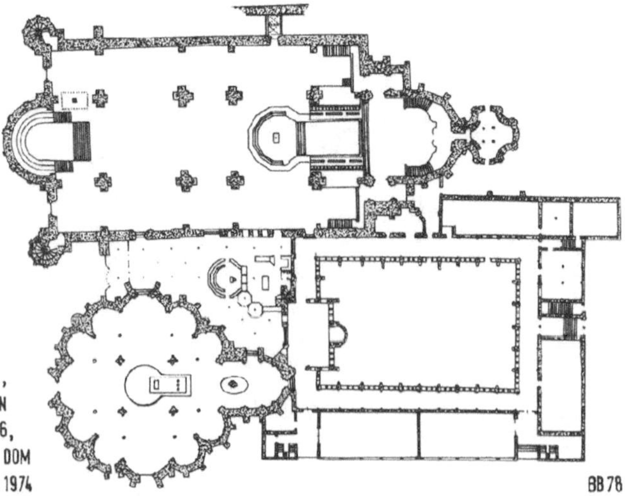

HEUTIGER ZUSTAND ▷

NACH: - KUBACH H.E. u. VERBEEK A., ROMAN. BAUKUNST A. RHEIN U. MAAS, BD. 2, BERLIN 1976,
- RONIG F., DER ERNEUERTE DOM ZU TRIER, TRIER 1974

BB 78

QIRQBIZE (SYRIEN) MA 31

LANDVILLA (RECHTS) MIT HAUSKIRCHE (LINKS)

REKONSTRUKTION NACH TCHALENKO

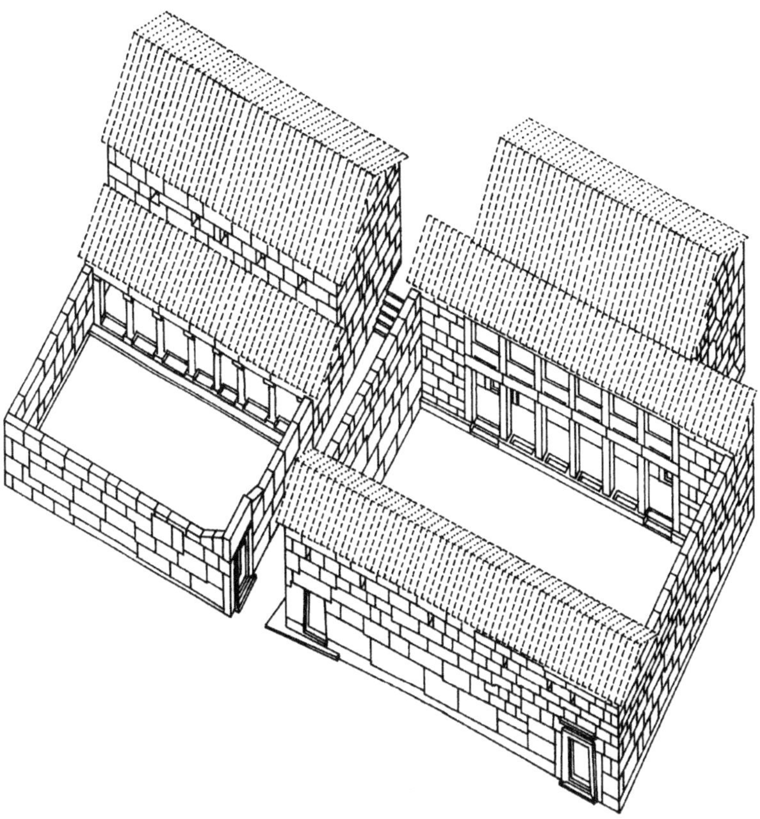

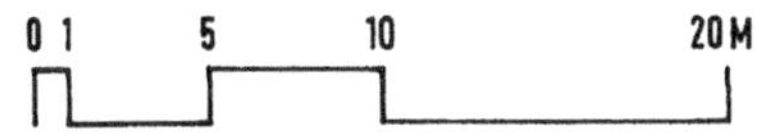

NACH: TCHALENKO G., VILLAGES ANTIQUES DE LA SYRIE DU NORD, BD. 2, PARIS 1953

HO 81

QIRQBIZE (SYRIEN) MA 32

TYP DER SOG. NORDSYRISCHEN HAUSKIRCHE

REKONSTRUKTION NACH TCHALENKO

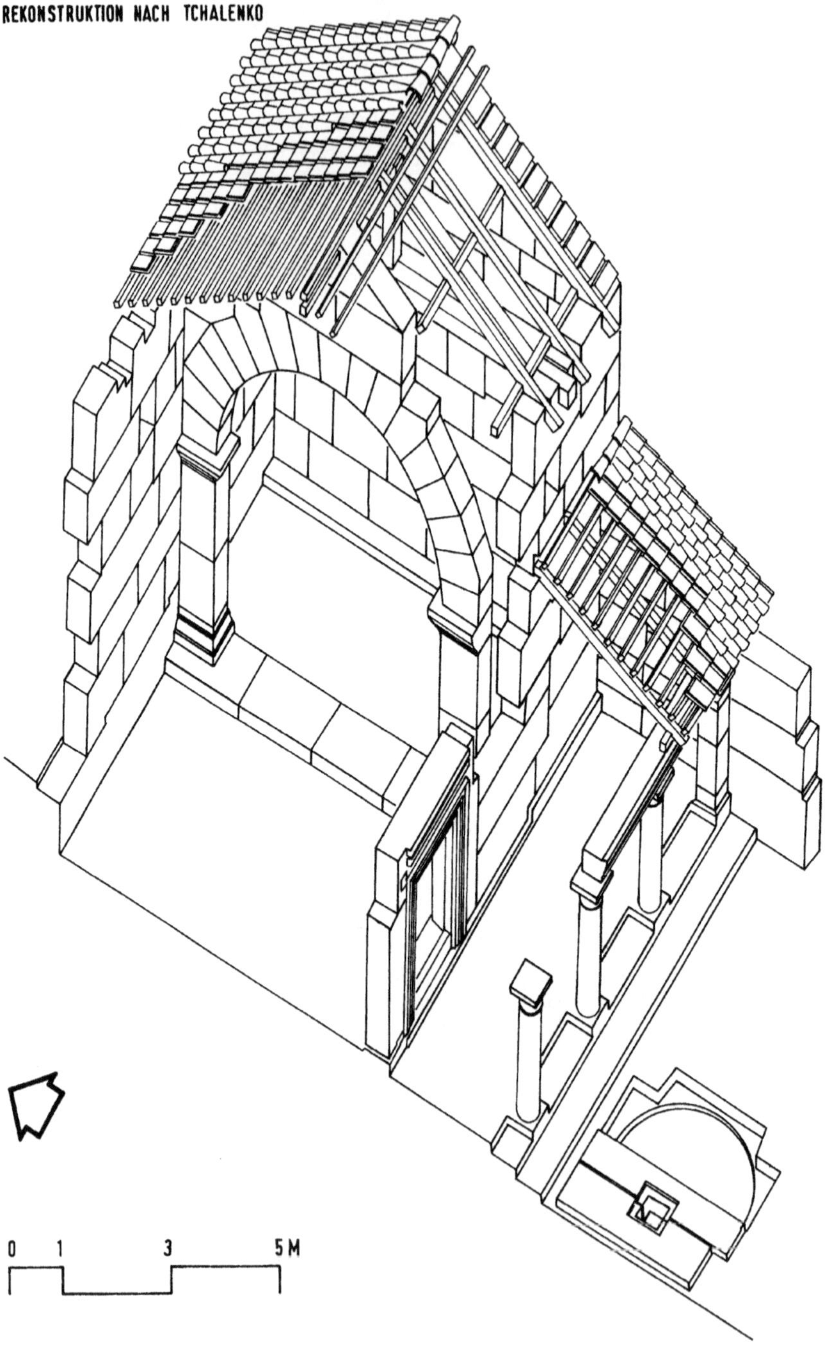

NACH: TCHALENKO G., VILLAGES ANTIQUES DE LA SYRIE DU NORD, BD. 2, PARIS 1953

ROM

ALTE PETERSBASILIKA

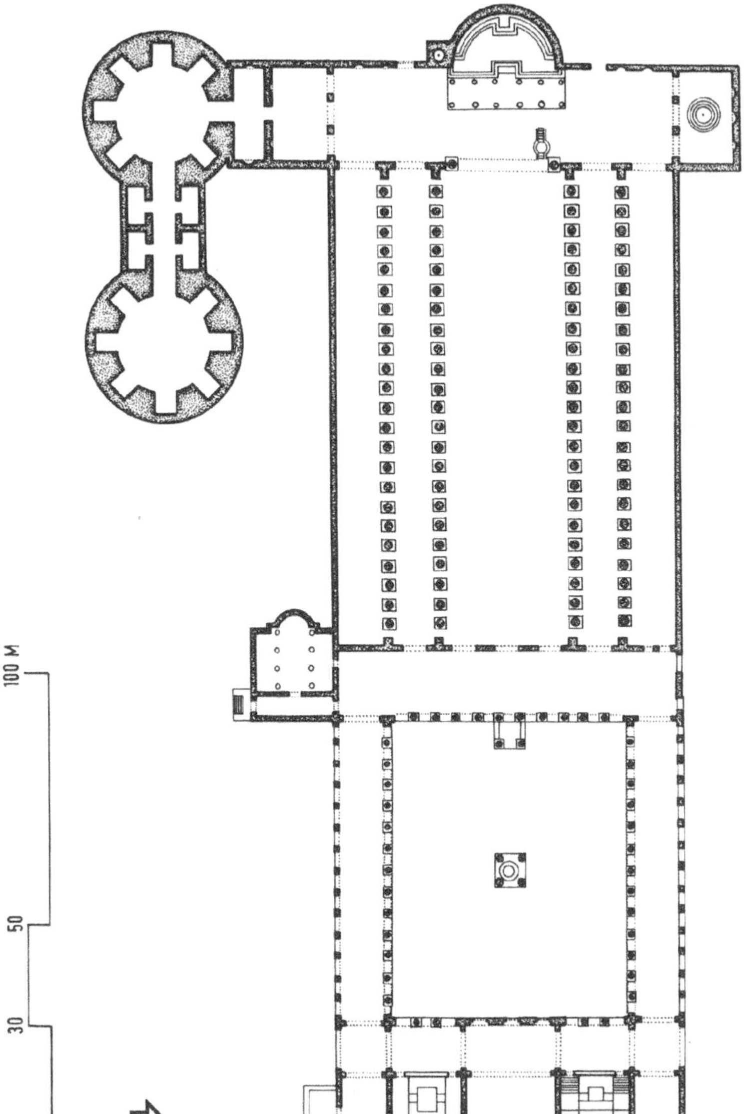

NACH: HOLTZINGER H., ALTCHRISTL. U. BYZANTINISCHE BAUKUNST (= HDB. D. A., TL. 2, BD. 3, H. 1), LEIPZIG 1909 (= 3. AUFL.)   BB78

ROM

S. CLEMENTE

NACH: HOLTZINGER H., ALTCHRISTL. UND BYZANTINISCHE BAUKUNST (= HDB. D. A., TL. 2, BD. 3, H. 1), LEIPZIG 1909 (=3. AUFL.) BB78

THESSALONIKI MA 35

HAG. DEMETRIOS (NACH SOTIRIOU)

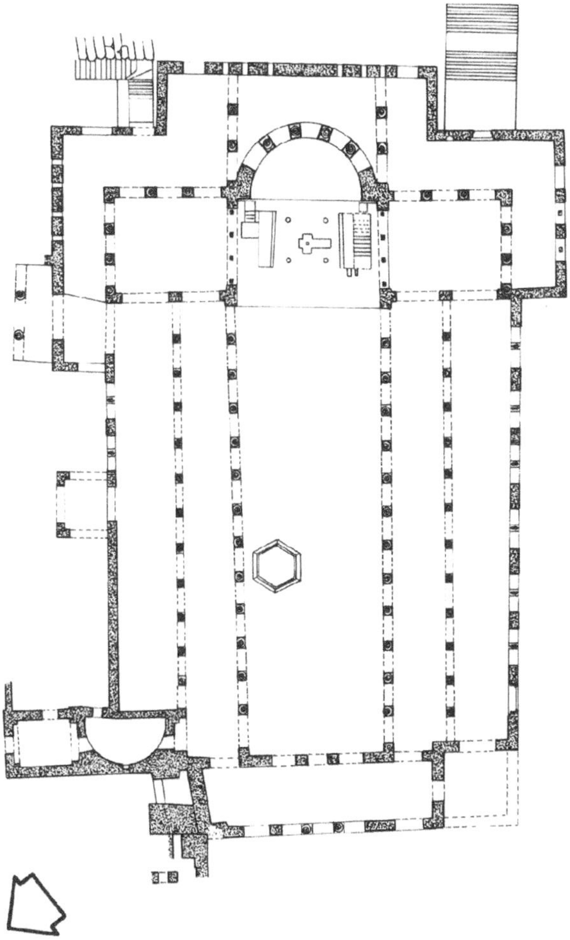

NACH: ENCICLOPEDIA DELL'ARTE ANTICA, BD. 6, ROM 1965

MA 78

RAVENNA

MA 36

S. APOLLINARE IN CLASSE

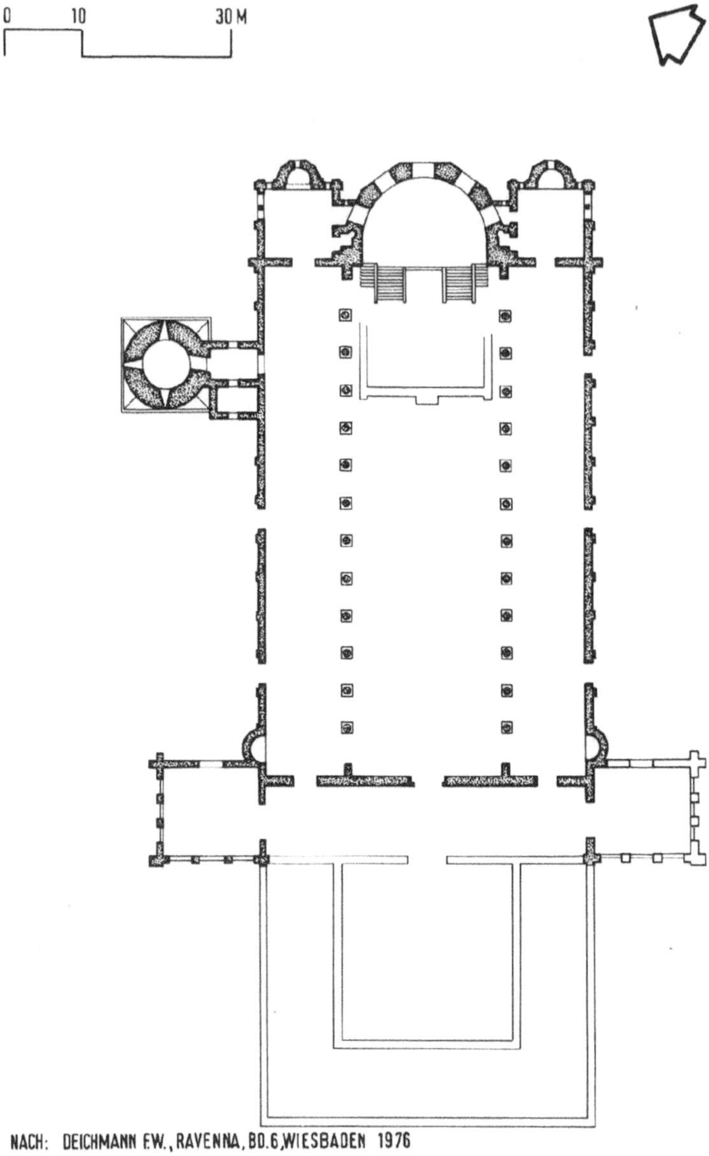

NACH: DEICHMANN F.W., RAVENNA, BD.6, WIESBADEN 1976
ENCICLOPEDIA DELL'ARTE ANTICA, BD. 6 , ROM 1965

BB78

RUWEHA (SYRIEN)

MA 37

BIZZOS-KIRCHE (6. JAHRH.)

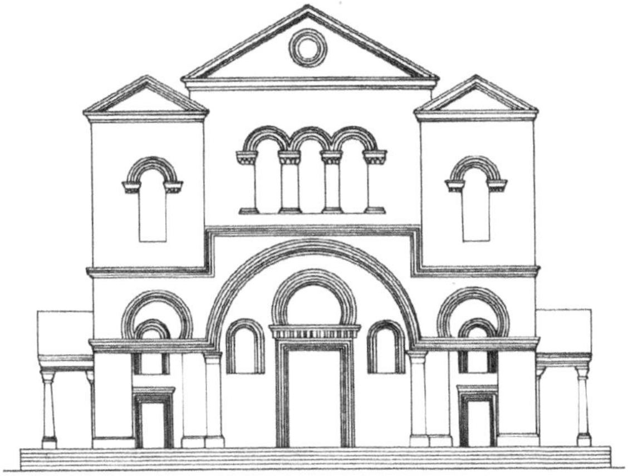

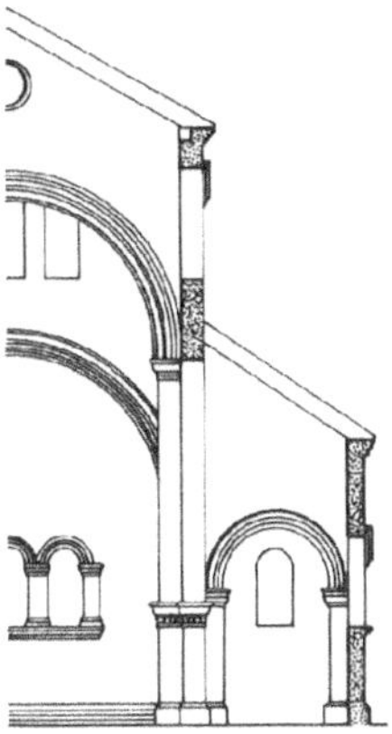

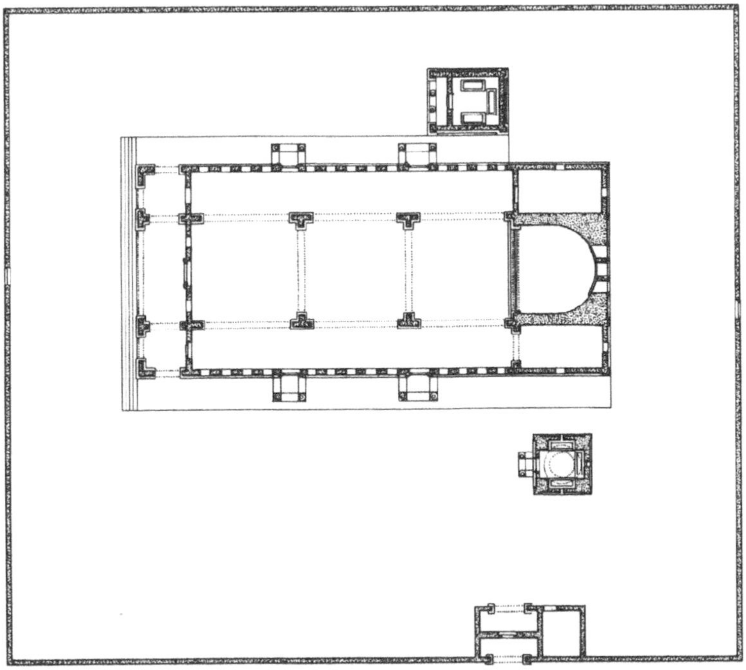

NACH: STIERLIN H., DIE ARCHITEKTUR DER WELT, PLAN UND BAUWERK, BD. 1, MÜNCHEN 1977

BB78

QALAAT SEMAN (SYRIEN) MA 38

FESTUNG UND HEILIGTUM DES SIMEON STYLITES

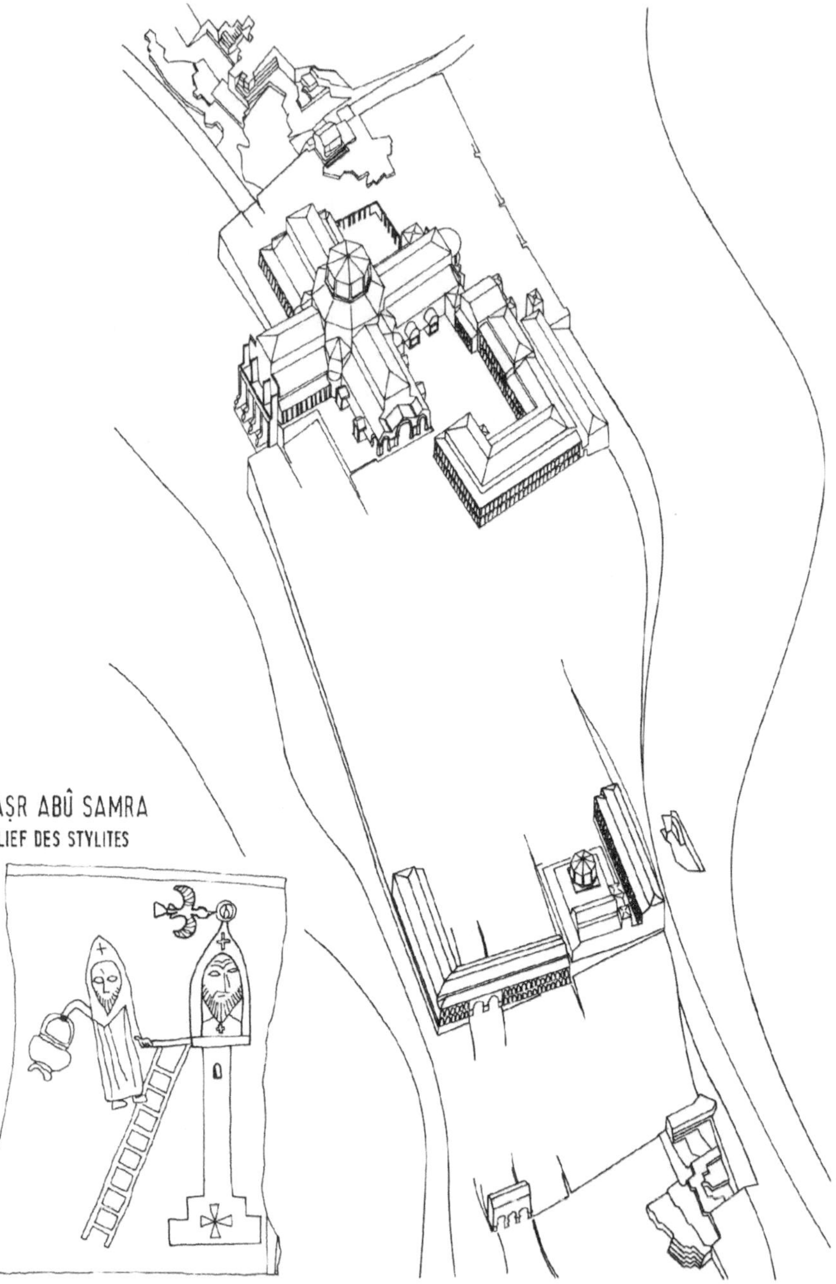

QAṢR ABÛ SAMRA
RELIEF DES STYLITES

NACH: TCHALENKO G., VILLAGES ANTIQUES DE LA SYRIE DU NORD, BD. 1 , PARIS 1953
LASSUS J., IMAGES DE STYLITES, IN: BULLETIN D'ÉTUDES ORIENTALES, BD. 2, S.67-82, DAMASKUS 1932 WF 78

QALAAT SEMAN (SYRIEN) MA 39

KIRCHE DES HL. SIMEON STYLITES

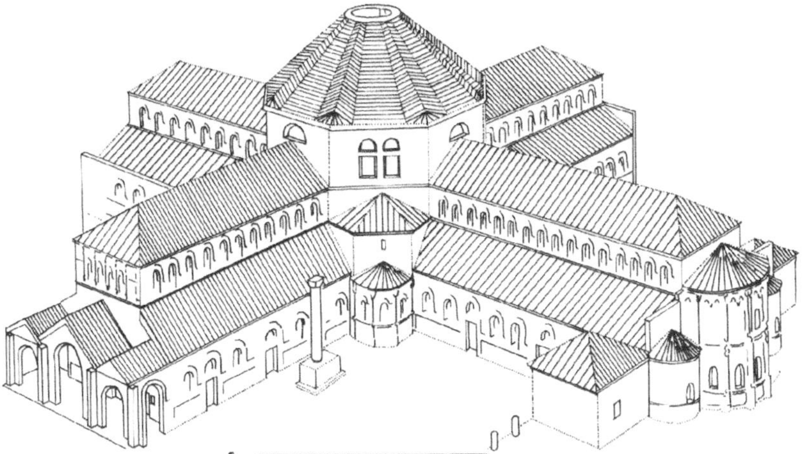

REKONSTRUKTION NACH CONANT

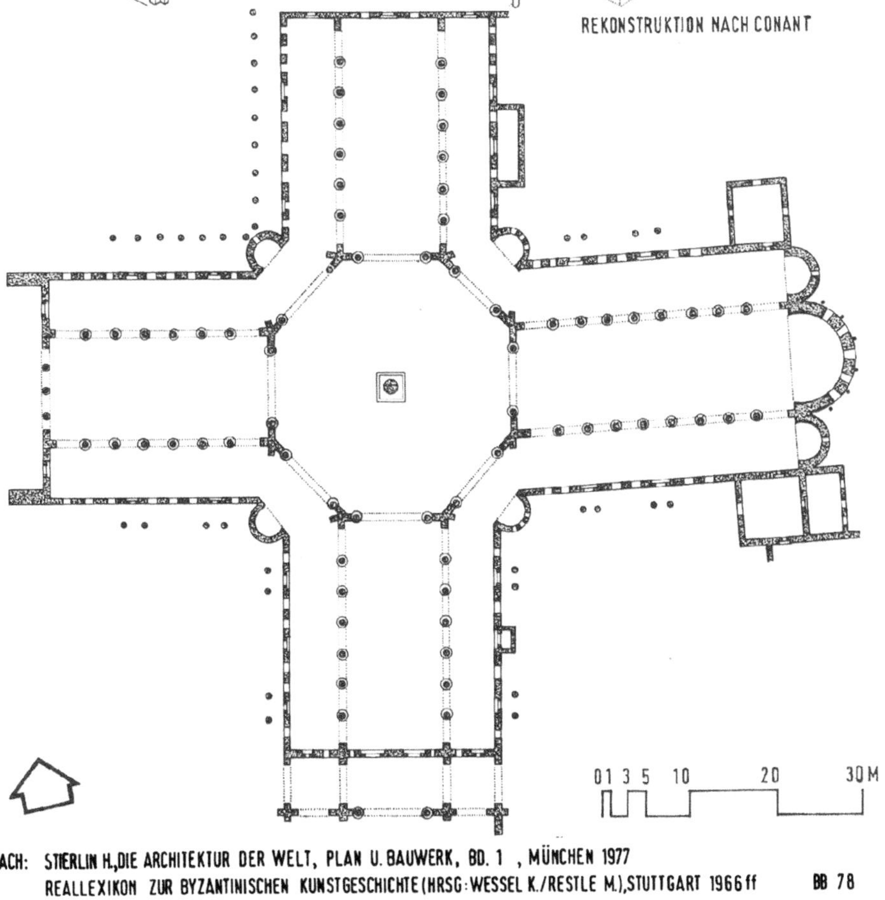

NACH: STIERLIN H., DIE ARCHITEKTUR DER WELT, PLAN U. BAUWERK, BD. 1, MÜNCHEN 1977
REALLEXIKON ZUR BYZANTINISCHEN KUNSTGESCHICHTE (HRSG: WESSEL K./RESTLE M.), STUTTGART 1966 ff BB 78

BETHLEHEM

GEBURTSKIRCHE

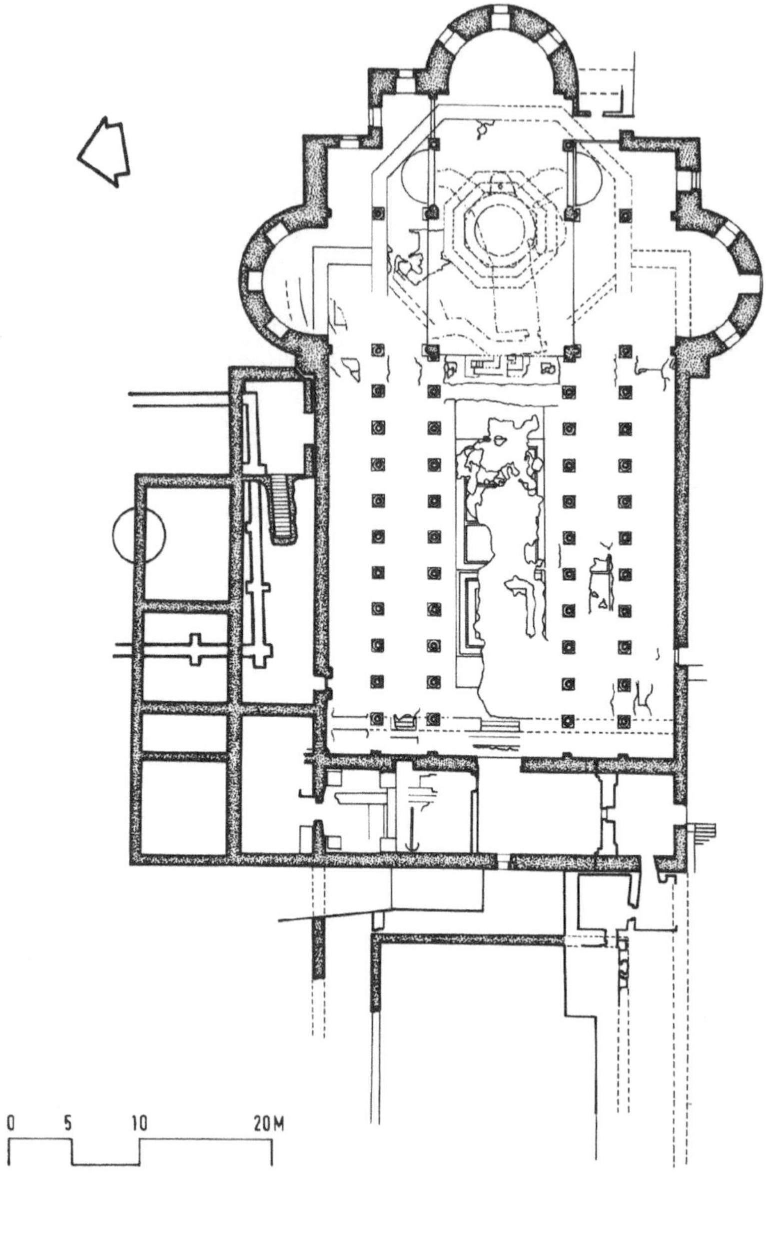

NACH: REALLEXIKON ZUR BYZANTINISCHEN KUNSTGESCHICHTE(HRSG.: WESSEL K./RESTLE M.), STUTTGART 1966 ff

KONSTANTINOPEL

HAG. SERGIOS U. BACCHOS

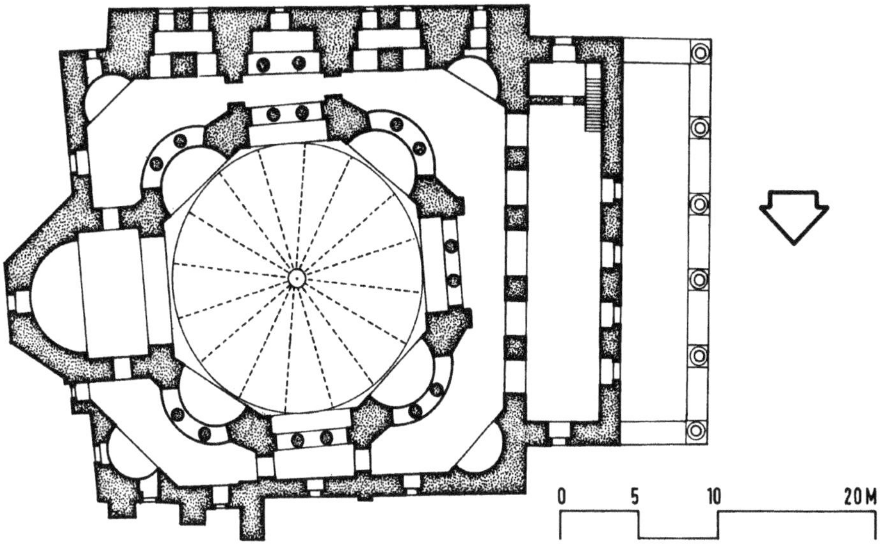

RAVENNA

S. VITALE

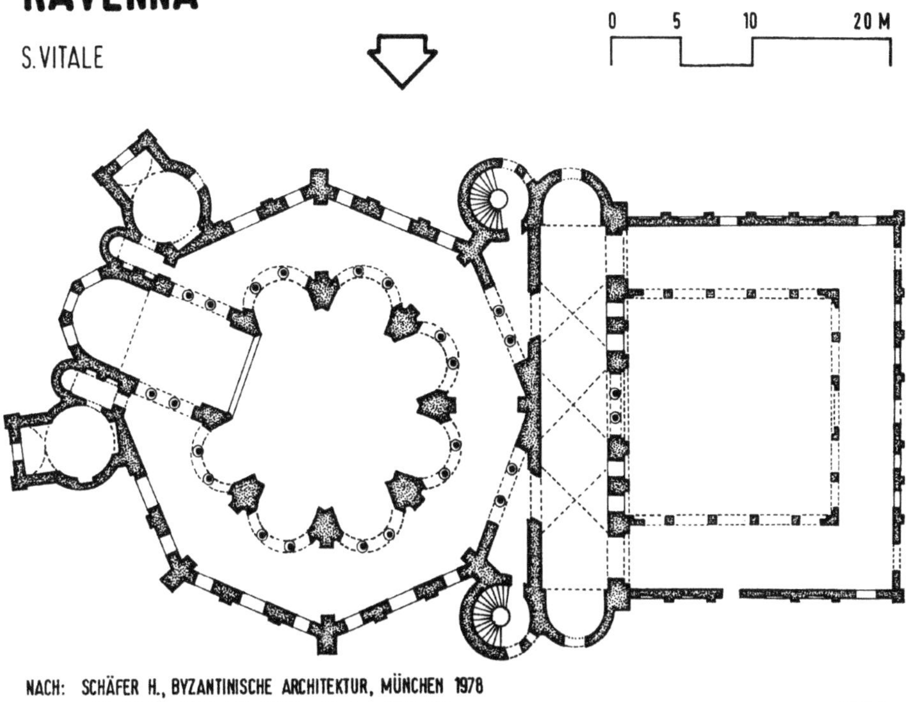

NACH: SCHÄFER H., BYZANTINISCHE ARCHITEKTUR, MÜNCHEN 1978
ENCICLOPEDIA DELL'ARTE ANTICA, BD. 6 , ROM 1965

WF78

KONSTANTINOPEL

HAG. SERGIOS U. BACCHOS

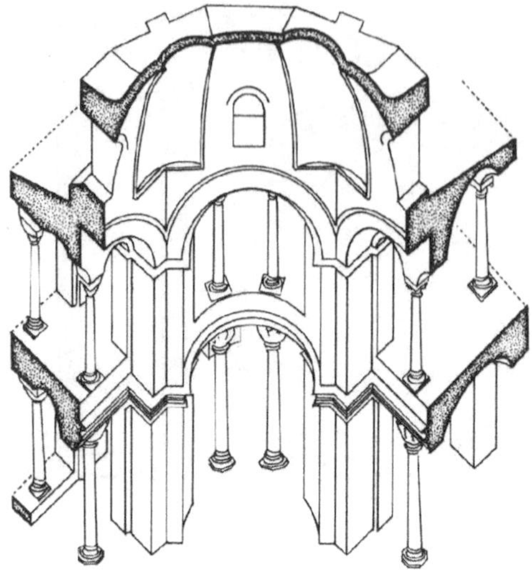

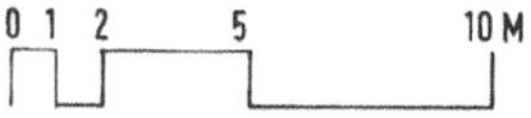

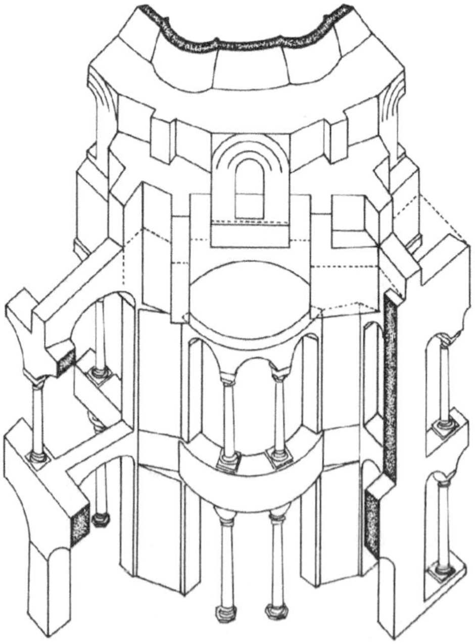

NACH: MILLINGEN A.V., BYZANTINE CHURCHES IN CONSTANTINOPEL, LONDON 1912

RAVENNA

S. VITALE

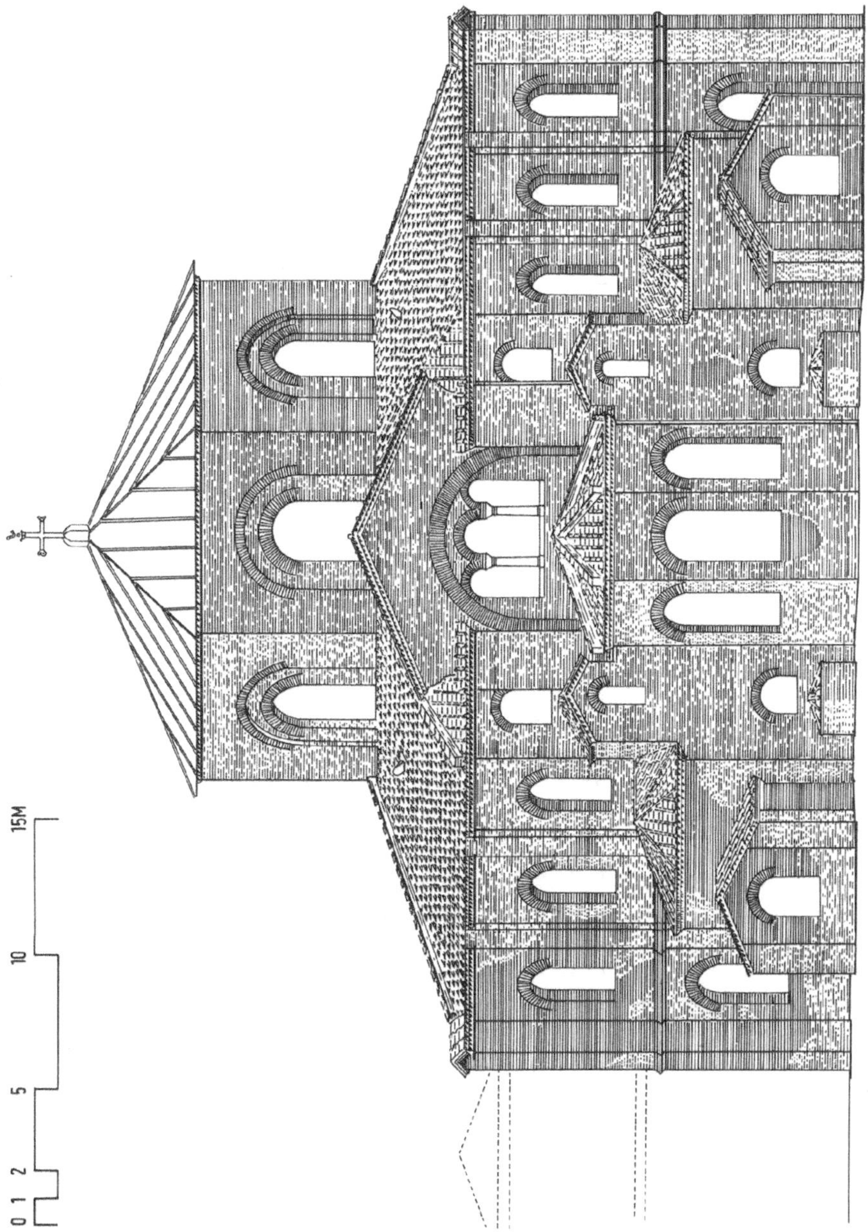

NACH: DEICHMANN F.W., RAVENNA, BD. 2, WIESBADEN 1976

WF78

RAVENNA

MA 44

S. VITALE

NACH: DEICHMANN F.W., RAVENNA, BD. 2, WIESBADEN 1976

WF78

RAVENNA

S. VITALE

NACH: DEICHMANN F.W., RAVENNA, BD. 2, WIESBADEN 1976

RAVENNA

S.VITALE

NACH: DEICHMANN F.W., RAVENNA, BD.2, WIESBADEN 1976

KONSTANTINOPEL MA 47

HAGIA SOPHIA

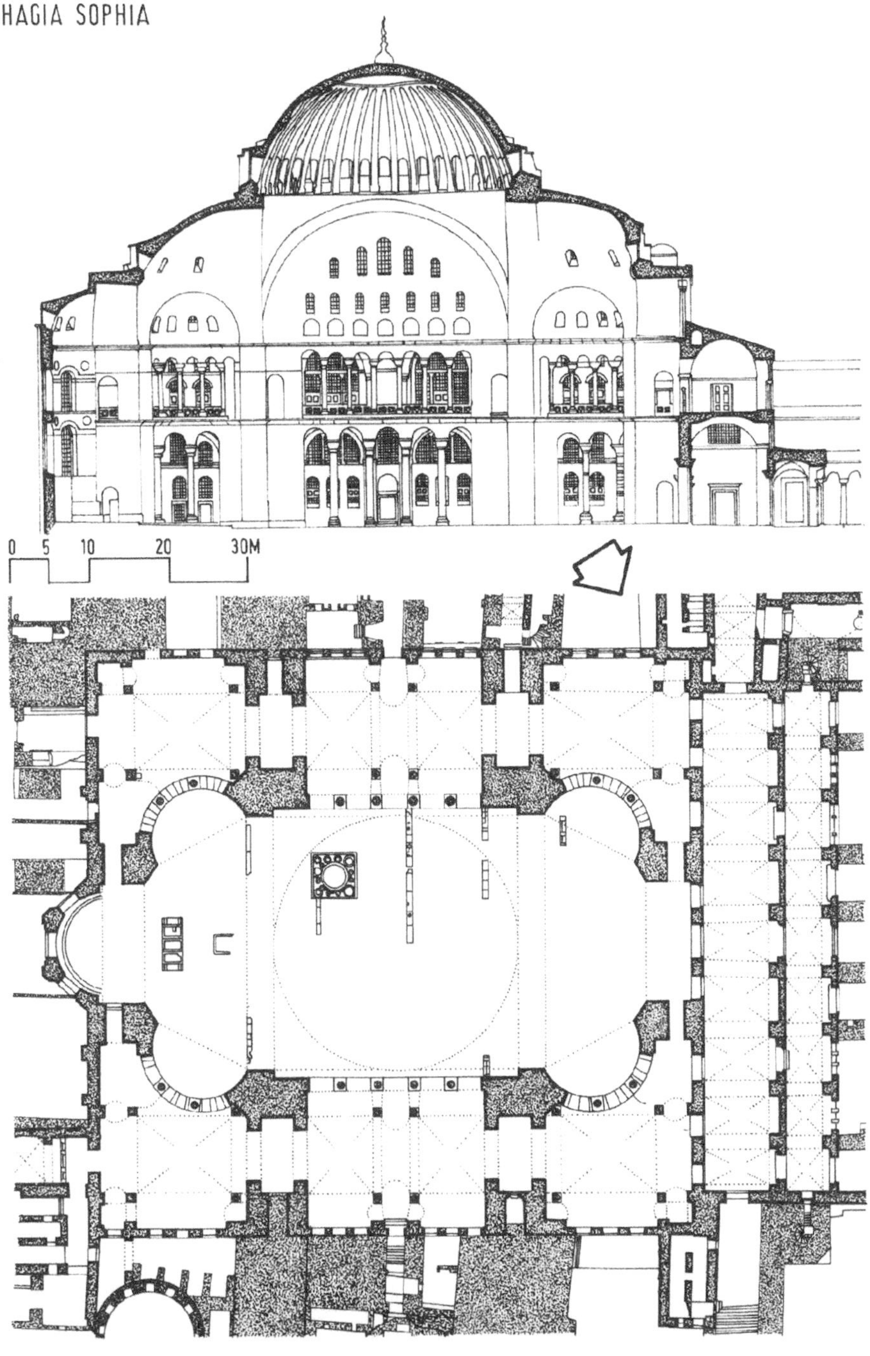

NACH: KÄHLER H., DIE HAGIA SOPHIA, BERLIN 1967

WF 78

KONSTANTINOPEL

MA 48

HAGIA SOPHIA

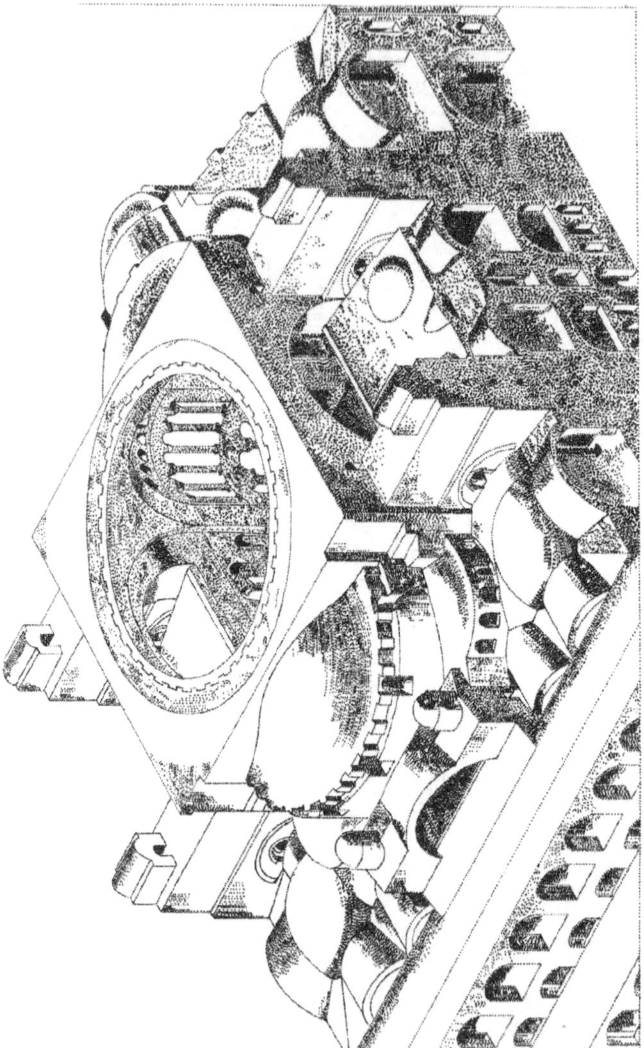

NACH: KÄHLER H., DIE HAGIA SOPHIA, BERLIN 1967

JU78

EPHESOS (TÜRKEI)

MA 49

JOHANNES-BASILIKA

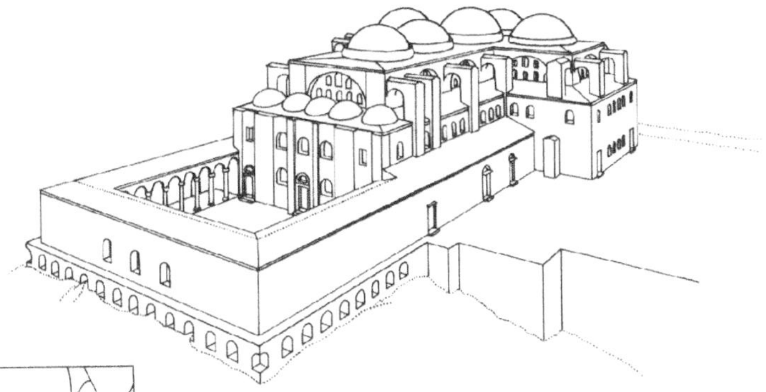

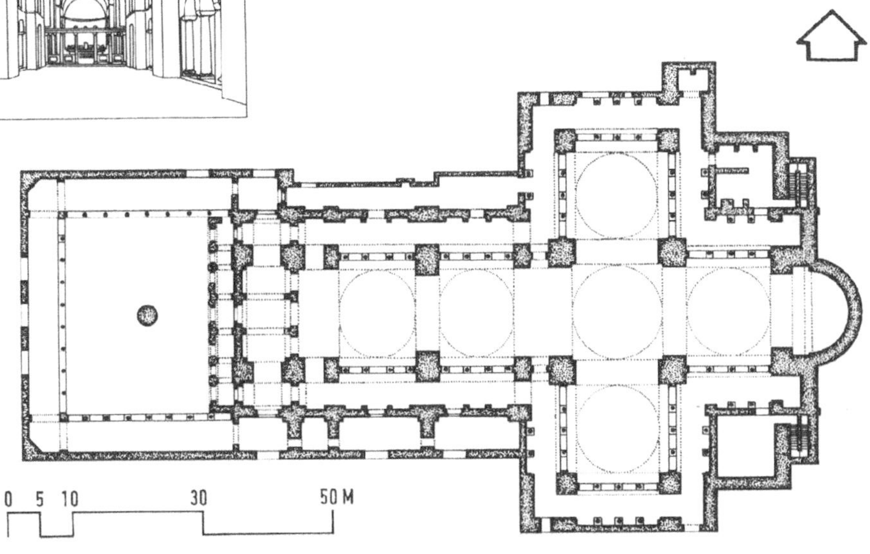

NACH: KRAUTHEIMER R., EARLY CHRISTIAN AND BYZANTINE ARCHITECTURE, HARMONDSWORTH 1965
STIERLIN H., DIE ARCHITEKTUR DER WELT, PLAN UND BAUWERK, BD. 1 , MÜNCHEN 1977

BB78

STILO MA 50

LA CATTOLICA

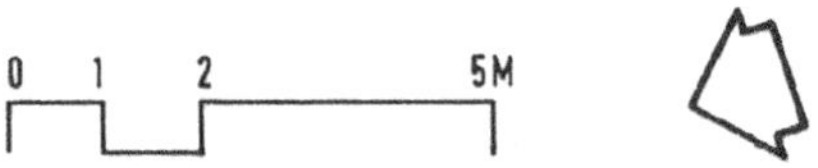

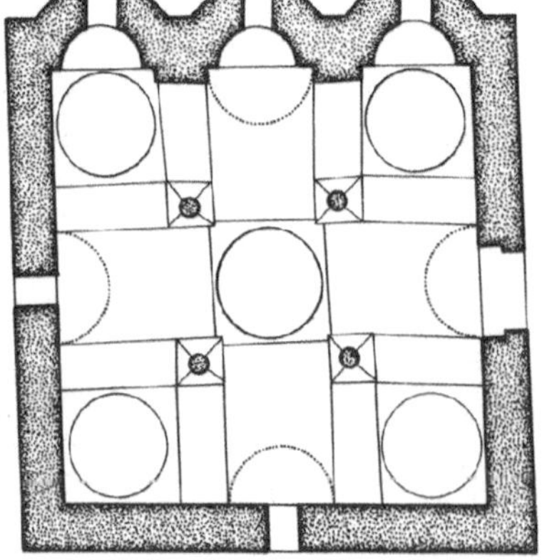

NACH: VENDITTI A., ARCHITETTURA BIZANTINA NELL'ITALIA MERIDIONALE, BD. 1 , NEAPEL 1967

BB 78

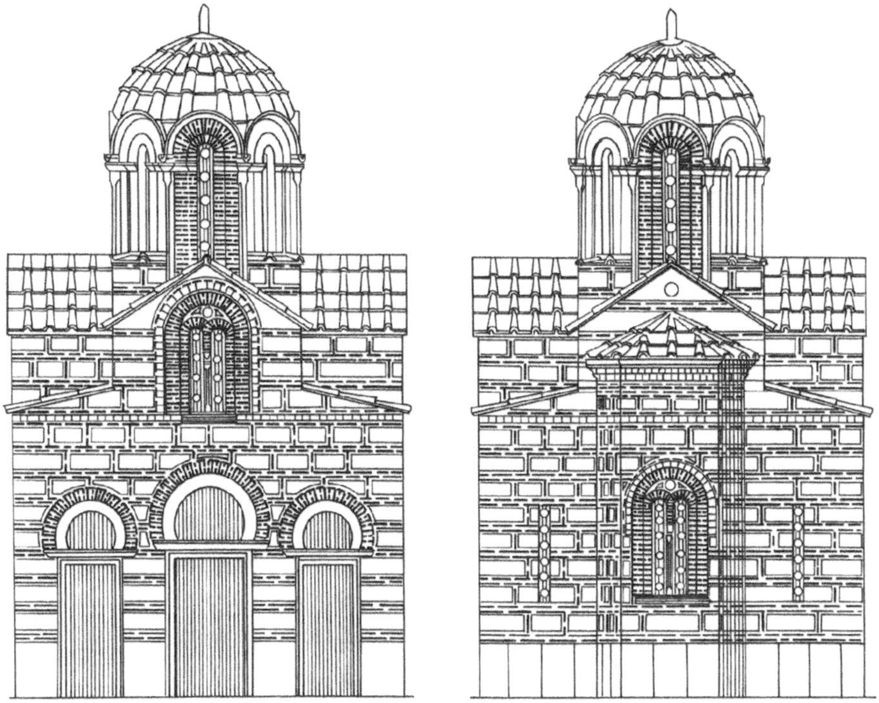

NORMALTYPUS EINER STÄDTISCHEN KREUZKUPPELKIRCHE

KAPNIKAREA

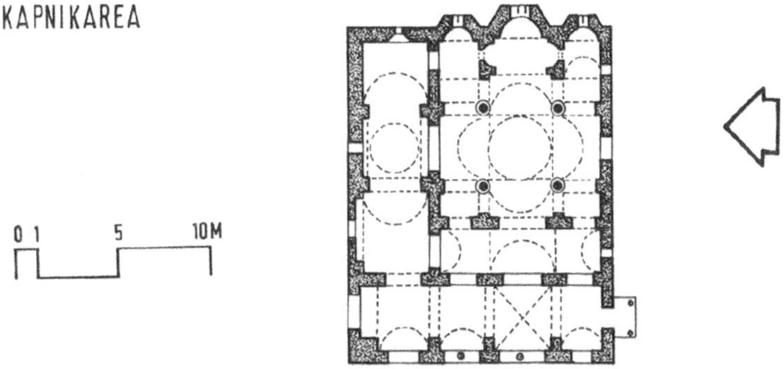

NACH: HOLTZINGER H., ALTCHRISTL. U. BYZANTINISCHE BAUKUNST (= HDB. D. A., TL. 2, BD. 3, H. 1), LEIPZIG 1909 (= 3. AUFL.)
REALLEXIKON ZUR BYZANTINISCHEN KUNST (HRSG.: WESSEL K./RESTLE M.), STUTTGART 1966 ff

JU78

HOSIOS LUKAS

MA 52

KLOSTERKIRCHEN

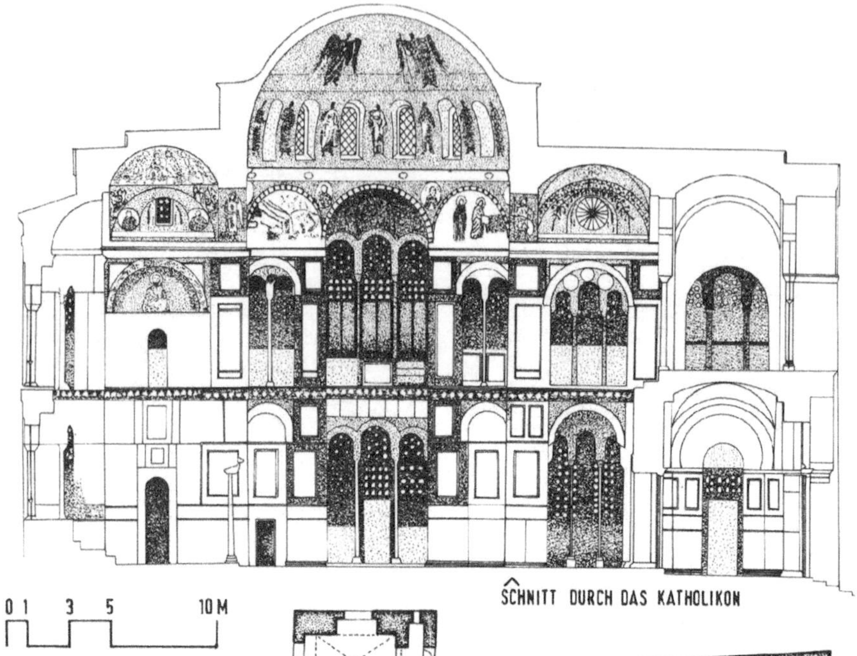

SCHNITT DURCH DAS KATHOLIKON

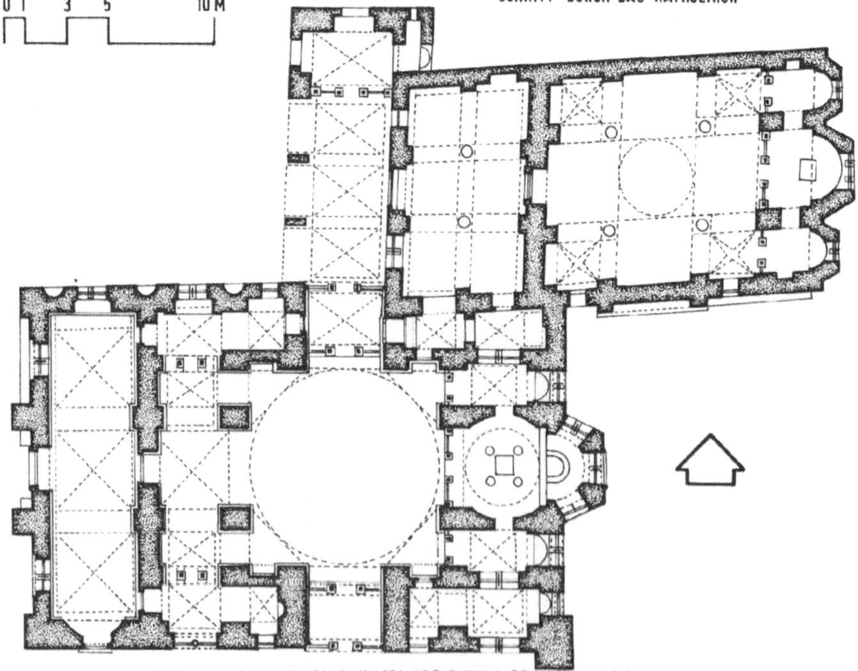

NACH: WULFF O., ALTCHRISTL. U. BYZANTINISCHE KUNST (=HDB. D. KW.), BD. 1, BERLIN 1918
STIERLIN H., DIE ARCHITEKTUR DER WELT, PLAN UND BAUWERK, BD. 1, MÜNCHEN 1977

GU 79

DAPHNI

MA 53

KLOSTER

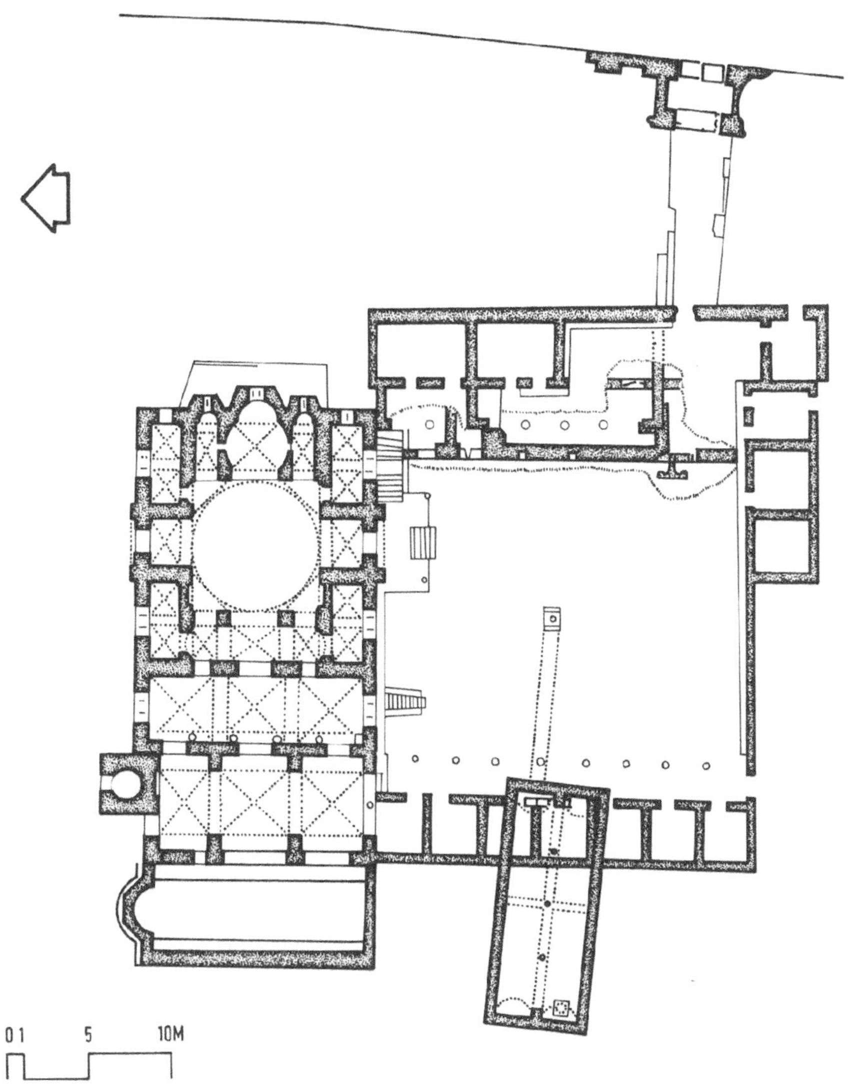

NACH: REALLEXIKON ZUR BYZANTINISCHEN KUNST (HRSG.: WESSEL K./RESTLE M.), STUTTGART 1966 ff

ATHOS MA 54

MEGISTE LAVRA

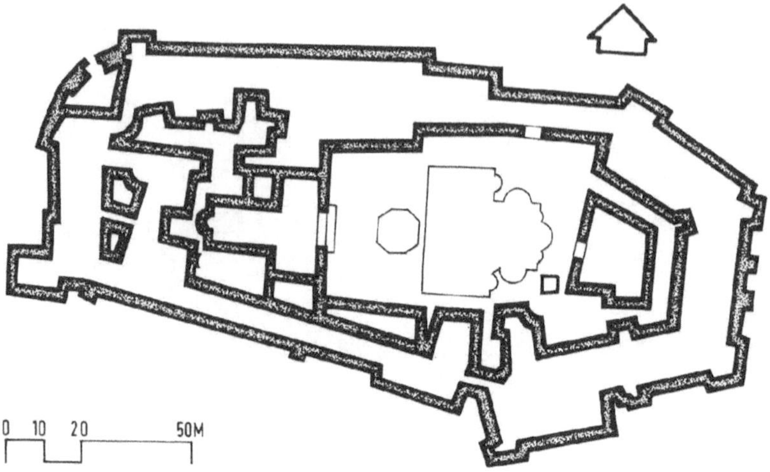

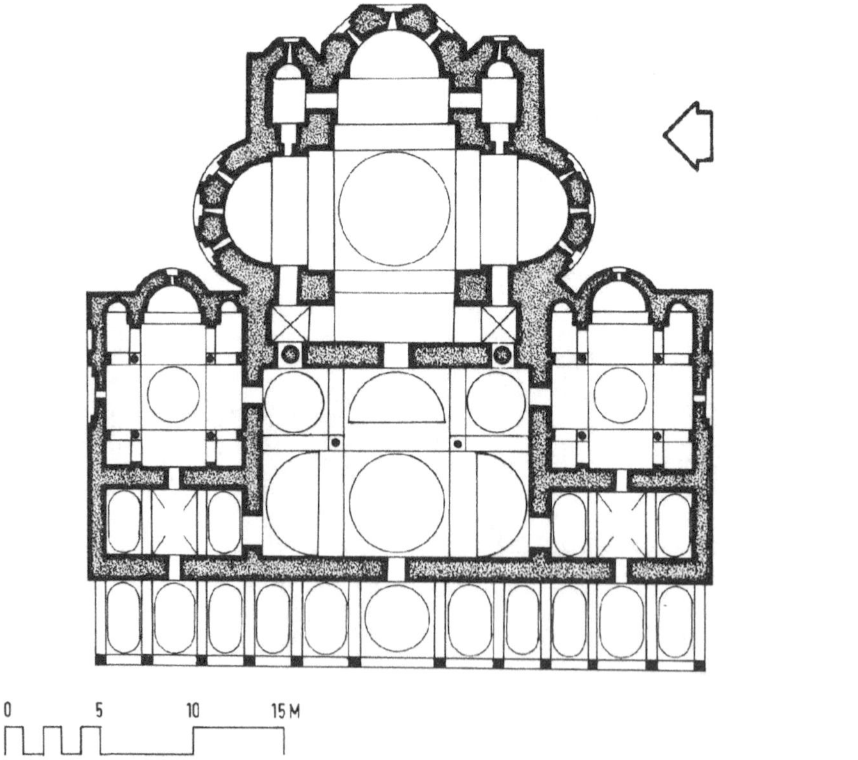

NACH: DAHM C., ATHOS - BURG DER VERKLÄRUNG, OFFENBURG 1959
REALLEXIKON ZUR BYZANTINISCHEN KUNST (HRSG.: WESSEL K./RESTLE M.), STUTTGART 1966 ff

AP/DT 77

SSAMTAWISSI (GEORGIEN)

MA 55

KIRCHE

NACH: MEPISASCHWILI R., GEORGIEN, LEIPZIG 1987 MA 93

VOLBACH W.F. u. LAFONTAINE-DOSOGNE J., BYZANZ U.D. CHRISTL. OSTEN (=PROPYLÄEN KUNSTGESCH., BD.3), BERLIN 1968 BB 78

KONSTANTINOPEL (BYZANZ, ISTANBUL) MA 56

STADTPLAN

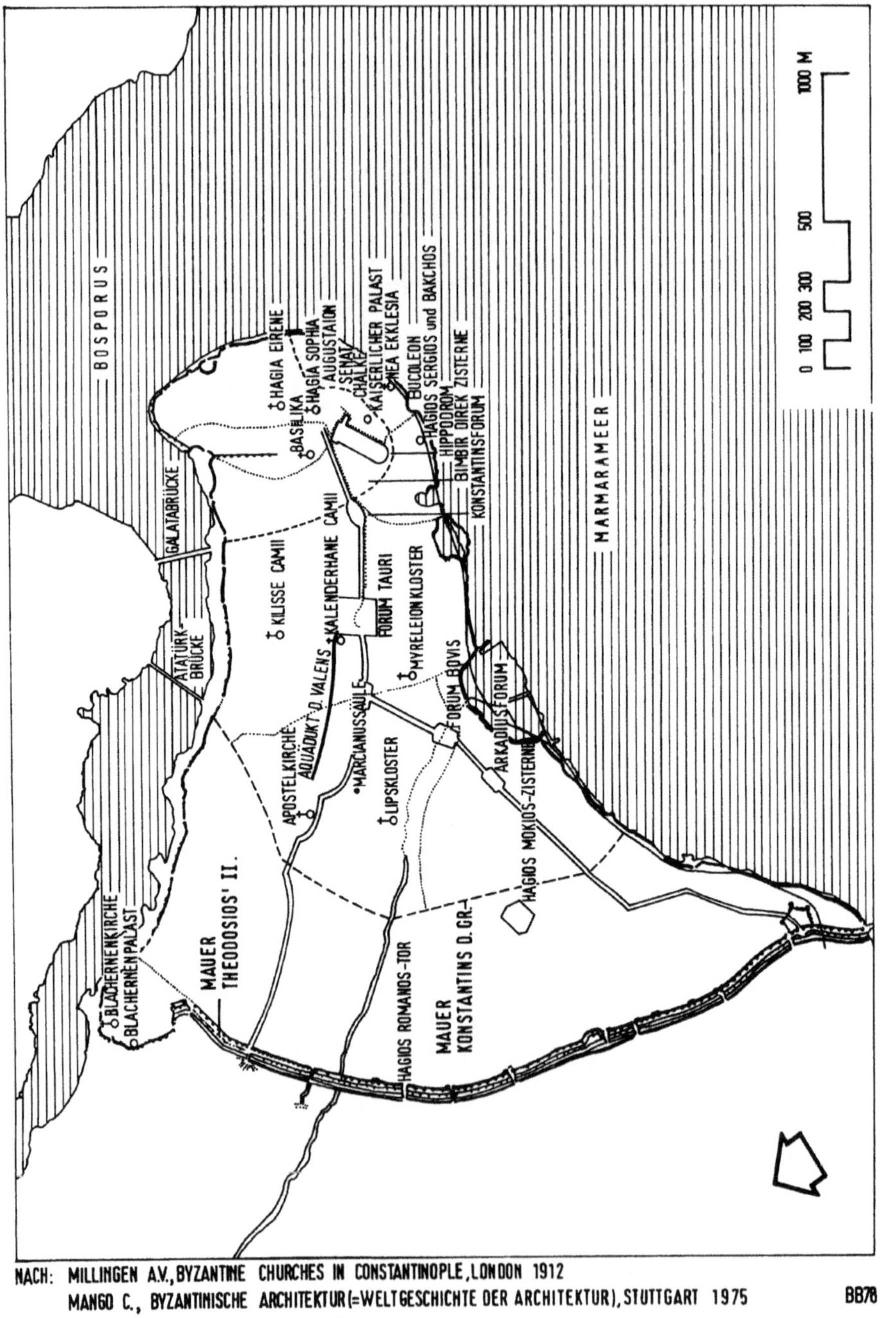

NACH: MILLINGEN A.V., BYZANTINE CHURCHES IN CONSTANTINOPLE, LONDON 1912
MANGO C., BYZANTINISCHE ARCHITEKTUR (=WELTGESCHICHTE DER ARCHITEKTUR), STUTTGART 1975

BB78

KONSTANTINOPEL MA 57

STADTMAUER THEODOSIOS' II.

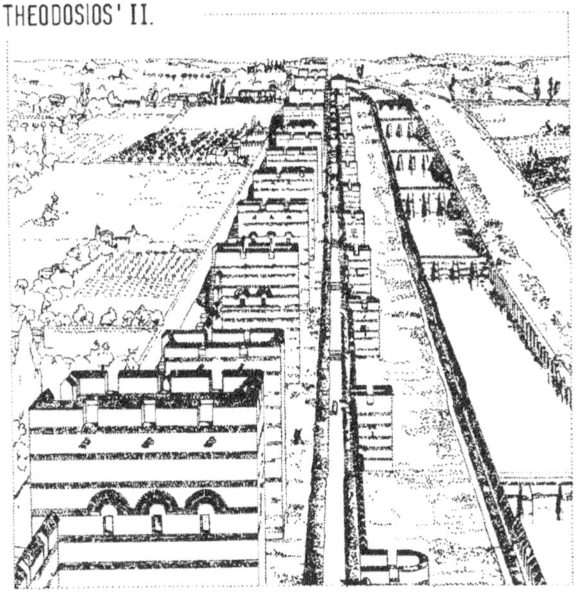

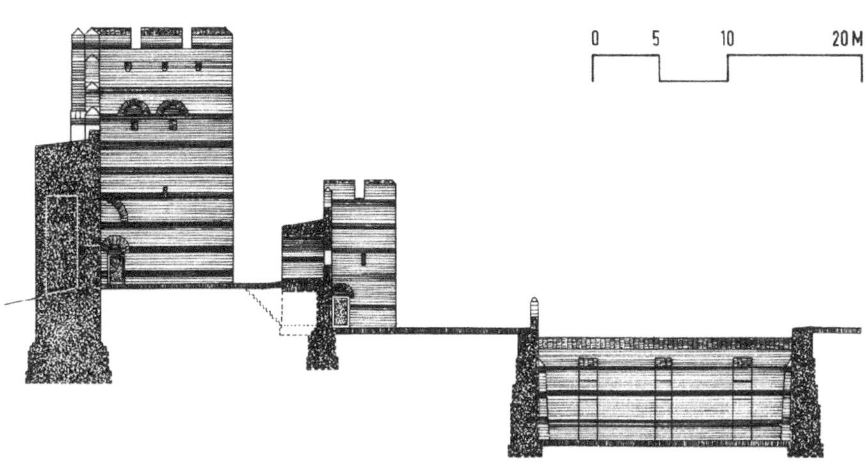

NACH: MANGO C., BYZANTINISCHE ARCHITEKTUR (= WELTGESCHICHTE DER ARCHITEKTUR), STUTTGART 1975
KRISCHEN F., D. LANDMAUER V. KONSTANTINOPEL, TL.1 (= DENKMÄLER ANTIKER ARCHITEKTUR, BD. 6), BERLIN 1938 JU/BÖ 78

EUROPA

MA 58

ZUR ZEIT DER VÖLKERWANDERUNG

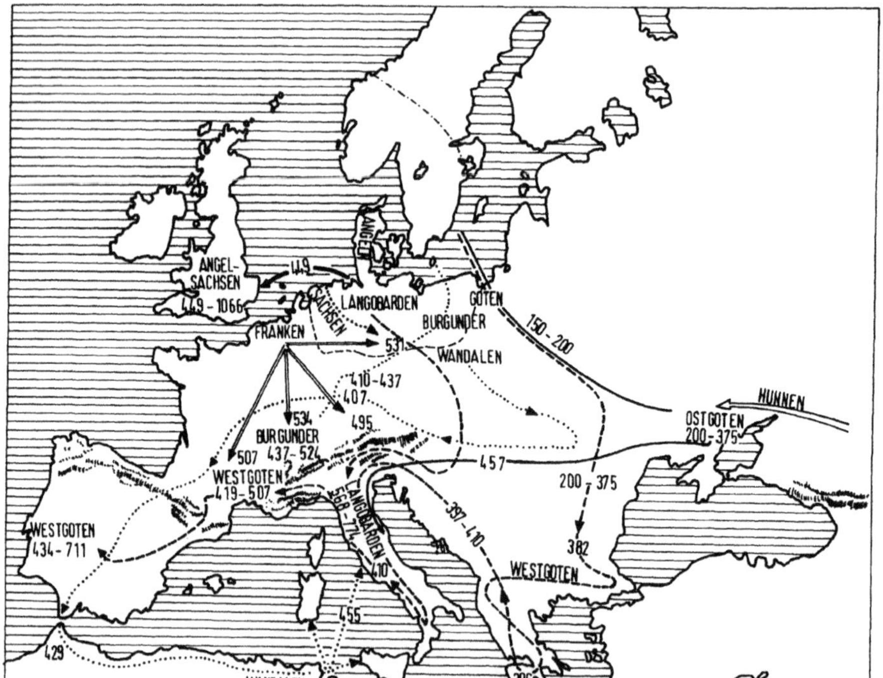

NACH: ENCICLOPEDIA DELL'ARTE ANTICA, BD. 6 , ROM 1963

TR 78

POITIERS

MA 59

ST.-JEAN-BAPTISTE

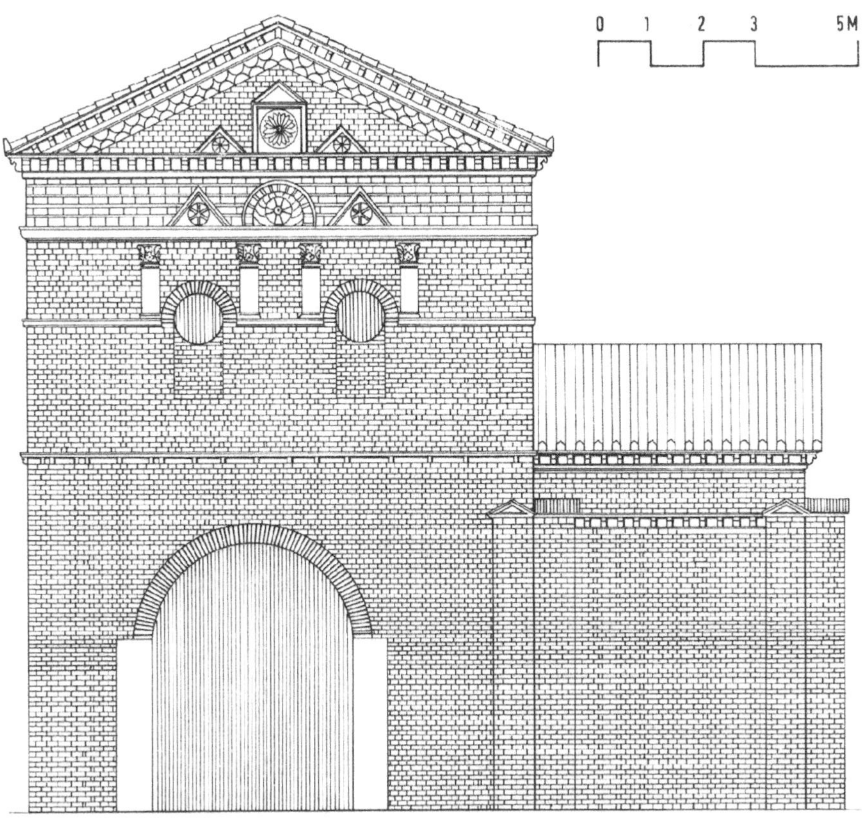

NACH: HOLTZINGER H., ALTCHRISTL. U. BYZANTINISCHE BAUKUNST (=HDB.D.A., TL. 2, BD. 3, H. 1), LEIPZIG 1909 (=3. AUFL.) WF 78

AACHEN

EHEM. KAISERPFALZ

REKONSTRUKTION NACH KREUSCH

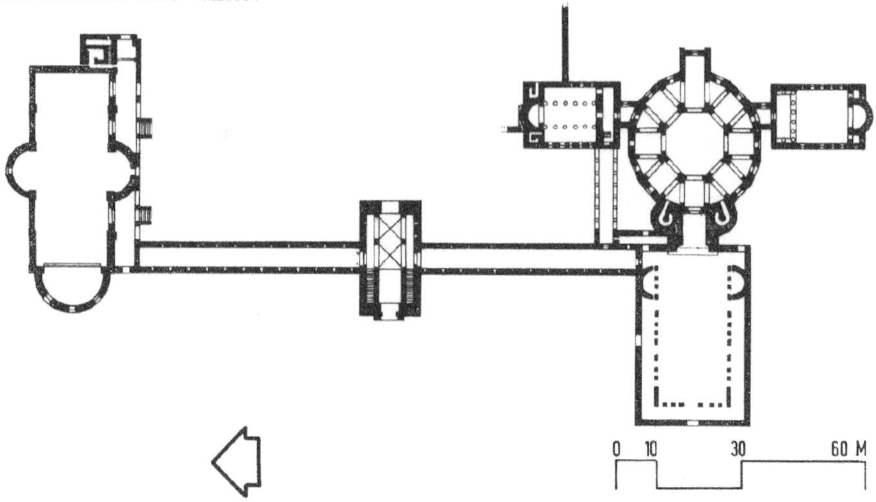

PFALZKAPELLE

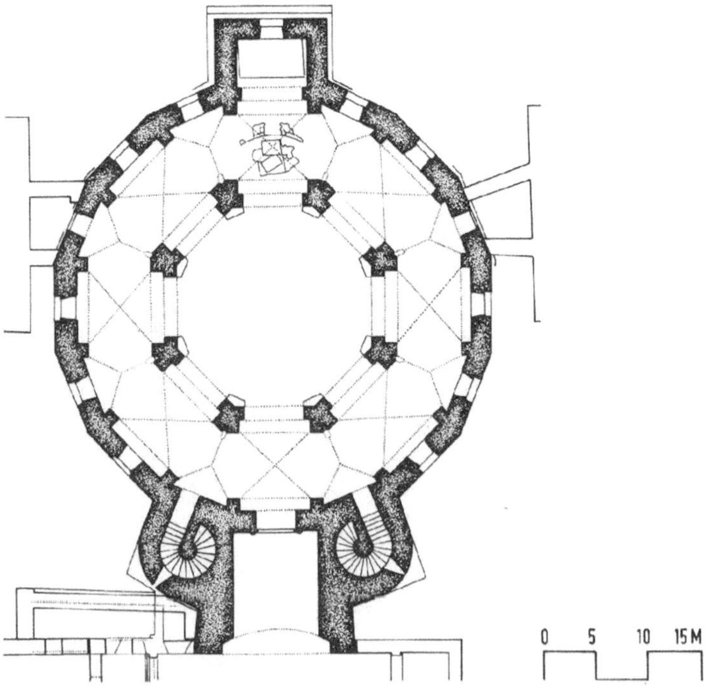

NACH: CONANT K.J., CAROLINGIAN AND ROMANESQUE ARCHITECTURE 800-1200, MIDDLESEX (GB) 1959
KUBACH H.E. u. VERBEEK A., ROMANISCHE BAUKUNST AN RHEIN UND MAAS, BD.1, BERLIN 1976

BB 78

NACHFOLGEBAUTEN

DER AACHENER PFALZKAPELLE

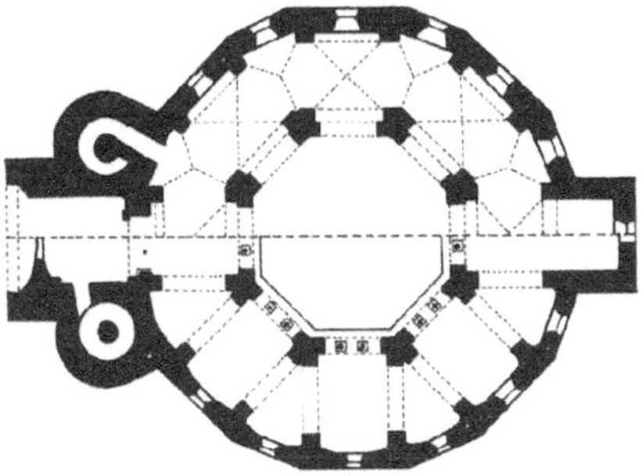

AACHEN · PFALZKAPELLE

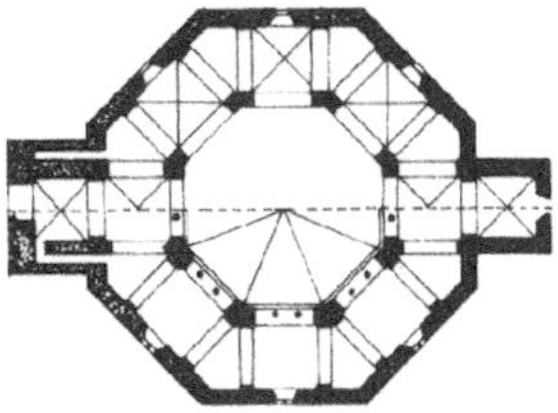

OTTMARSHEIM I.E. · EHEM.
NONNENSTIFTSKIRCHE

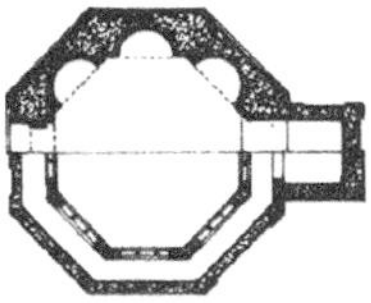

METTLACH · 'ALTER TURM'

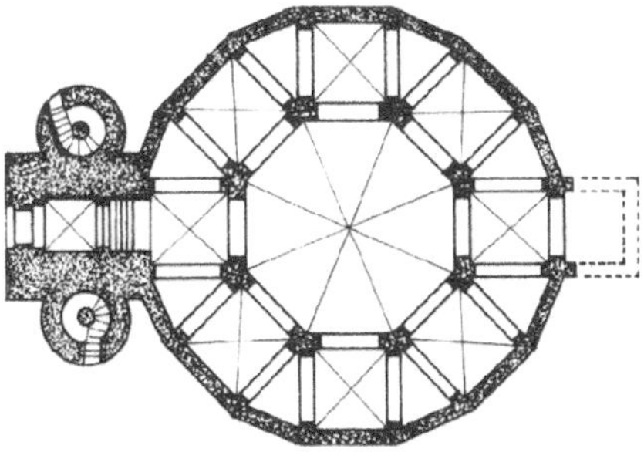

LÜTTICH · ST. JOHANNES

NYMWEGEN · PFALZKAPELLE

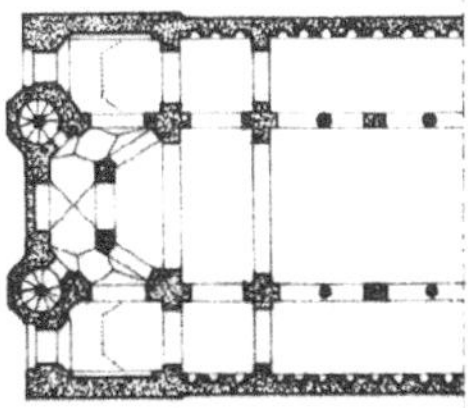

ESSEN · MÜNSTER (EHEM. STIFTSKIRCHE)

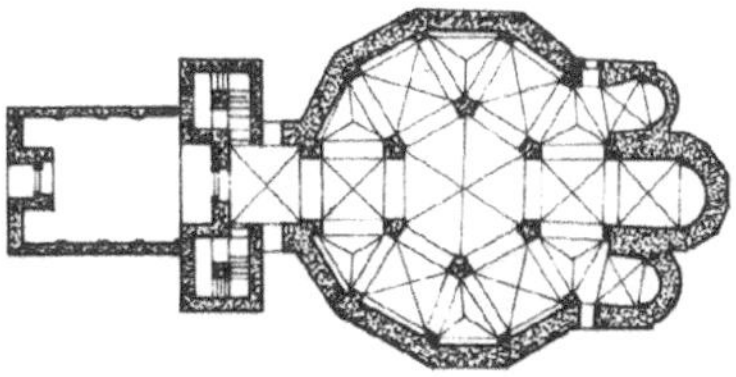

WIMPFEN · ST. PETER

NACH: LEHMANN E., DER FRÜHE DEUTSCHE KIRCHENBAU, BERLIN 1938

TR 78

AACHEN

MA 62

EHEM. PFALZKAPELLE
REKONSTRUKTION NACH KREUSCH

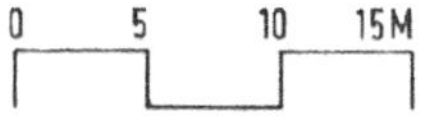

NACH: KUBACH HE. u. VERBEEK A., ROMANISCHE BAUKUNST AN RHEIN UND MAAS, BD. 1, BERLIN 1976

BB78

FULDA MA 63

ST. MICHAEL

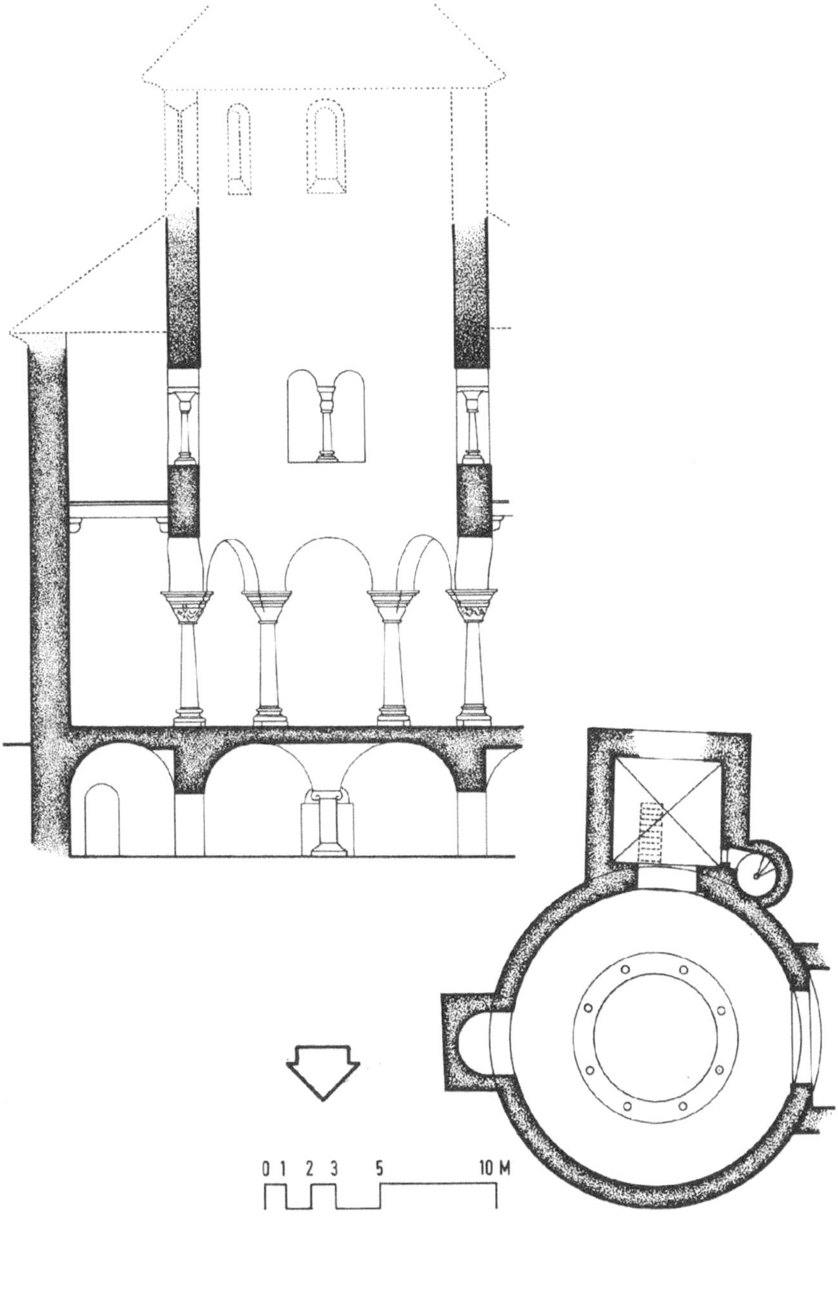

NACH: OSTENDORF F., DIE DEUTSCHE BAUKUNST IM MITTELALTER, BD.1, BERLIN 1922

BB78

WÜRZBURG MA 64

MARIENKAPELLE AUF DER FESTUNG

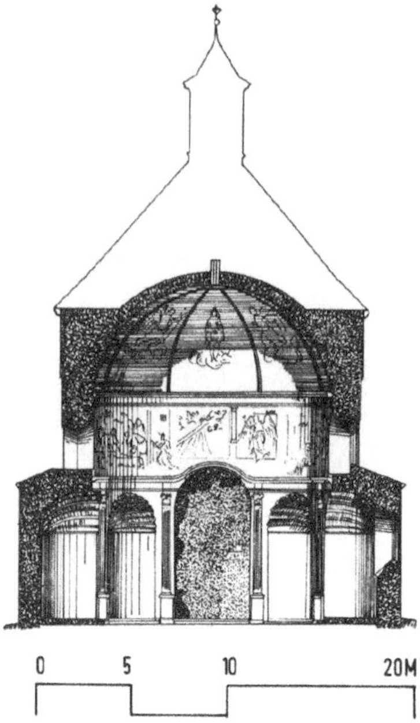

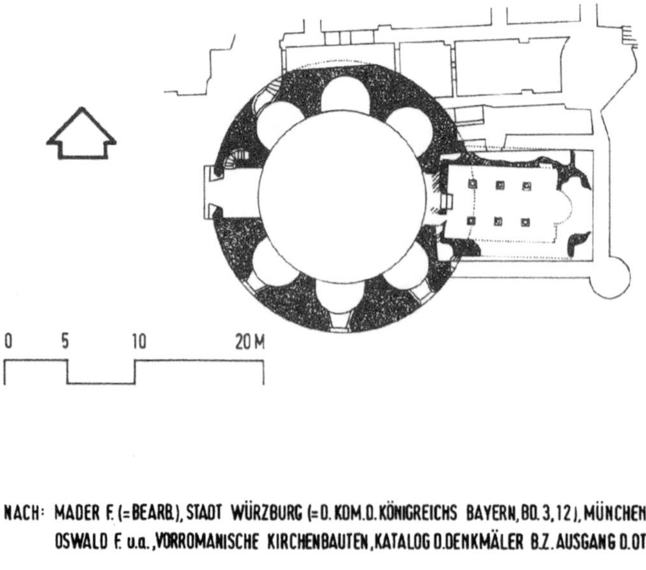

NACH: MADER F. (=BEARB.), STADT WÜRZBURG (=D. KDM.D. KÖNIGREICHS BAYERN, BD. 3,12), MÜNCHEN 1912
OSWALD F. u.a., VORROMANISCHE KIRCHENBAUTEN, KATALOG D.DENKMÄLER B.Z. AUSGANG D.OTTONEN, MÜNCHEN 1966ff GU 79

GERMIGNY - DES - PRÉS   MA 65

EHEM. PALASTKAPELLE

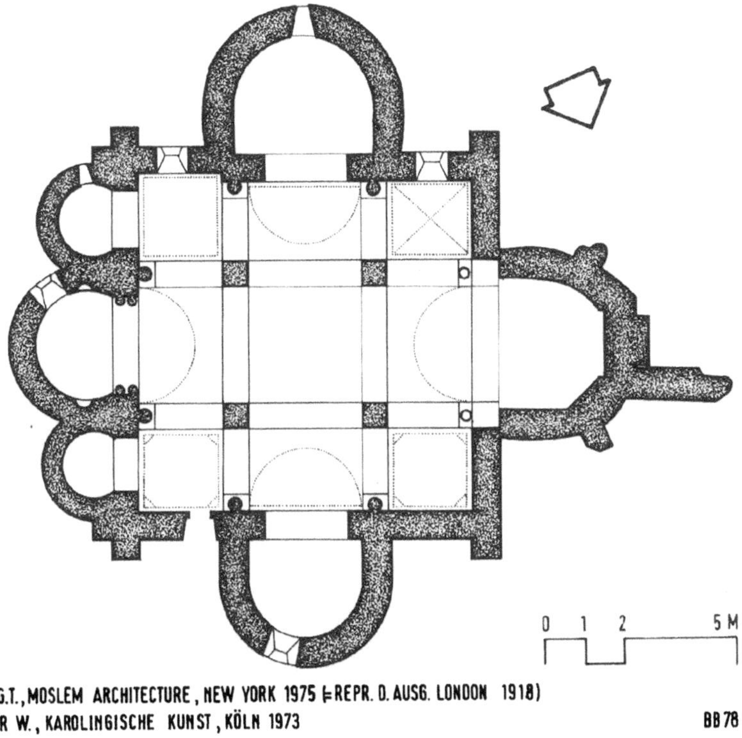

NACH: RIVOIRA G.T., MOSLEM ARCHITECTURE, NEW YORK 1975 (=REPR. D. AUSG. LONDON 1918)
MESSERER W., KAROLINGISCHE KUNST, KÖLN 1973

BB 78

S. FRUCTUOSO DE MONTELIOS (BEI BRAGA) MA 66

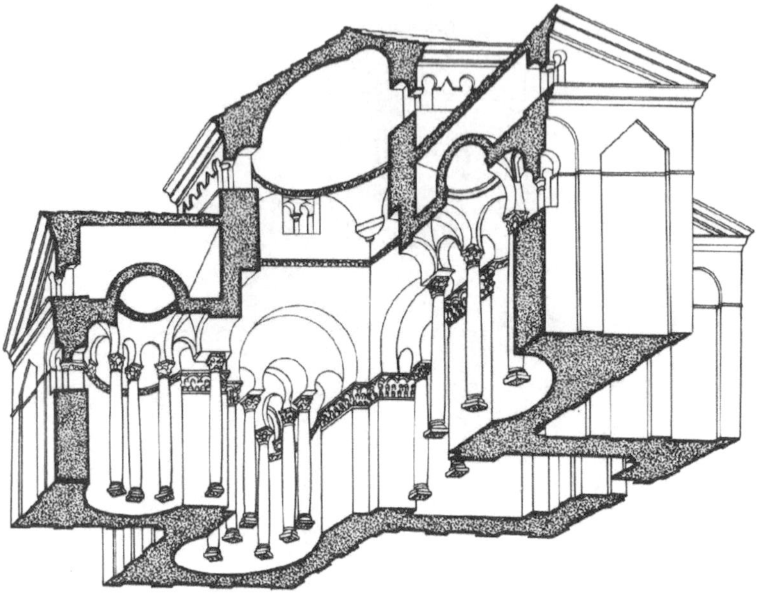

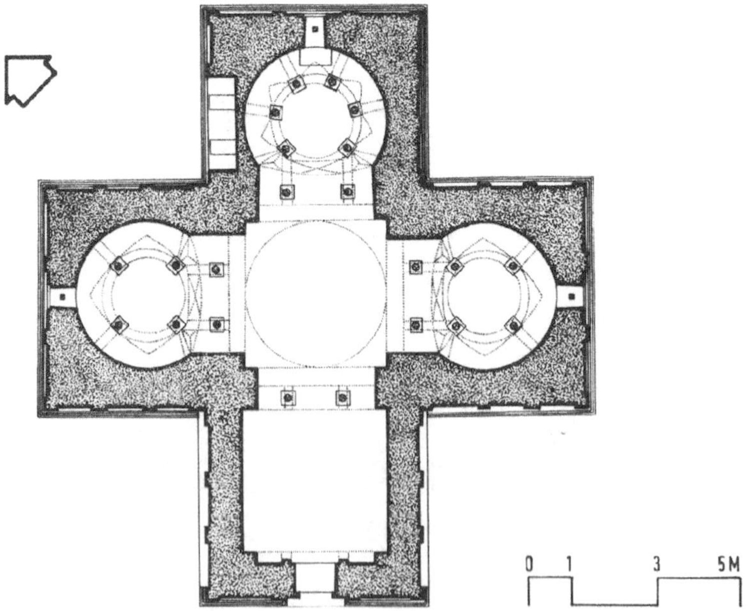

NACH: STIERLIN H., DIE ARCHITEKTUR DER WELT, PLAN UND BAUWERK, BD. 1, MÜNCHEN 1977 BB78

CENTULA

MA 67

ST. RIQUIER, REKONSTRUKTION NACH EFFMANN

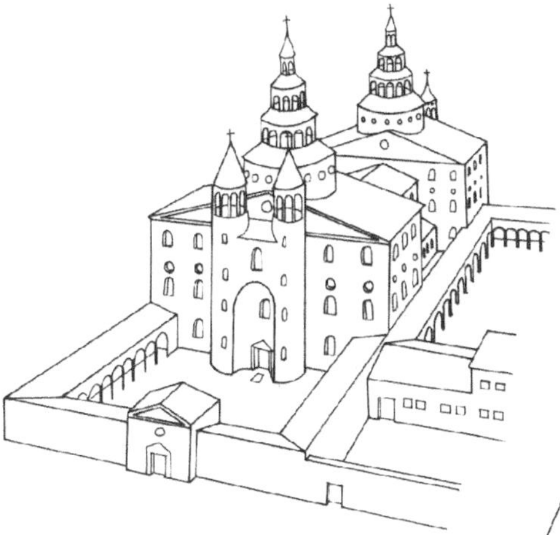

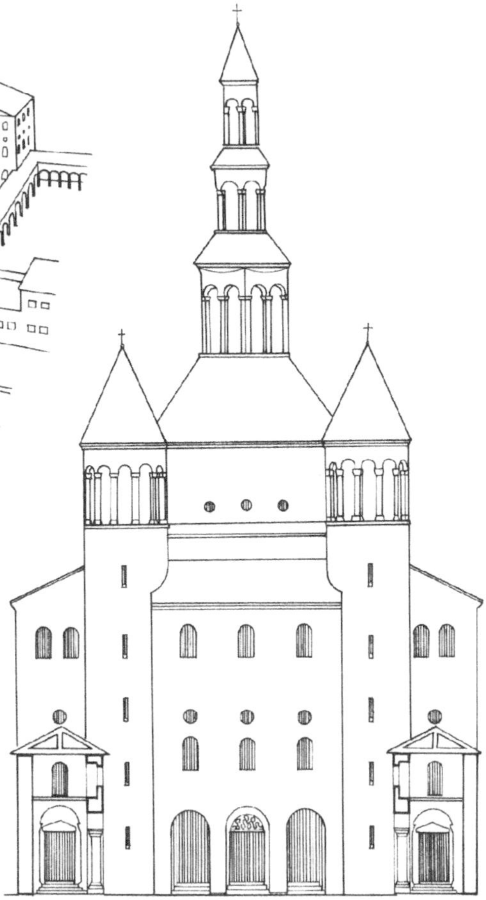

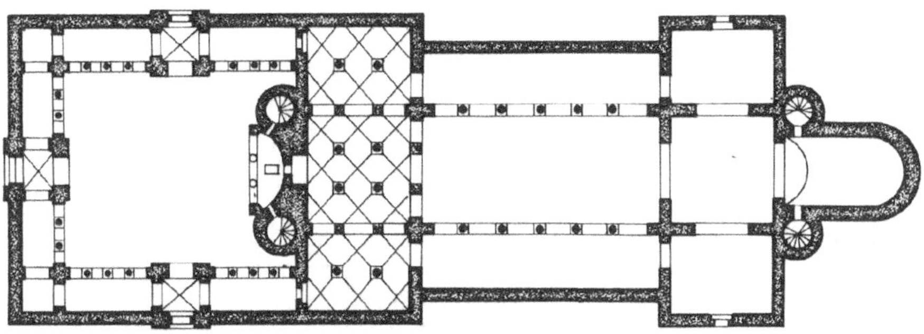

NACH: RAVE W., SINT SERVAAS ZU MAASTRICHT UND DIE WESTWERKFRAGE, MÜNSTER 1937
EFFMANN W., CENTULA, ST. RIQUIER (=FORSCHUNG UND FUNDE, BD. 2, H.5), MÜNSTER 1912

WF 78

CORVEY

MA 68

KLOSTERKIRCHE (REKONSTRUKTION)

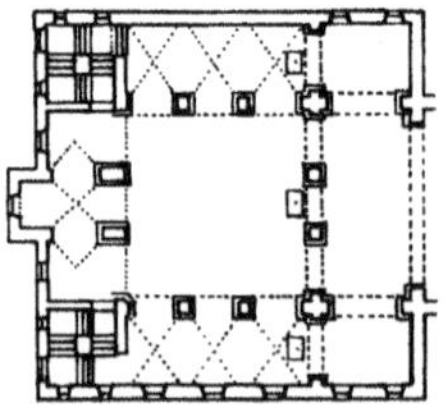

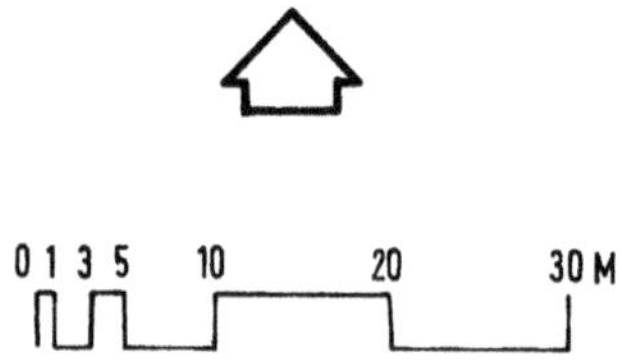

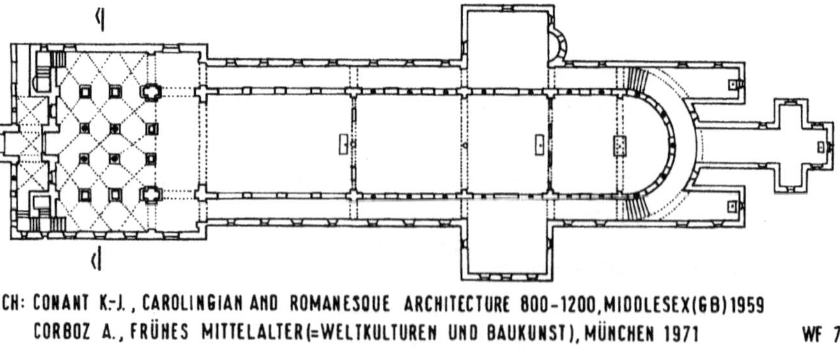

NACH: CONANT K.-J., CAROLINGIAN AND ROMANESQUE ARCHITECTURE 800-1200, MIDDLESEX (GB) 1959
CORBOZ A., FRÜHES MITTELALTER (=WELTKULTUREN UND BAUKUNST), MÜNCHEN 1971

WF 78

STEINBACH MA 69

EINHARDSBASILIKA

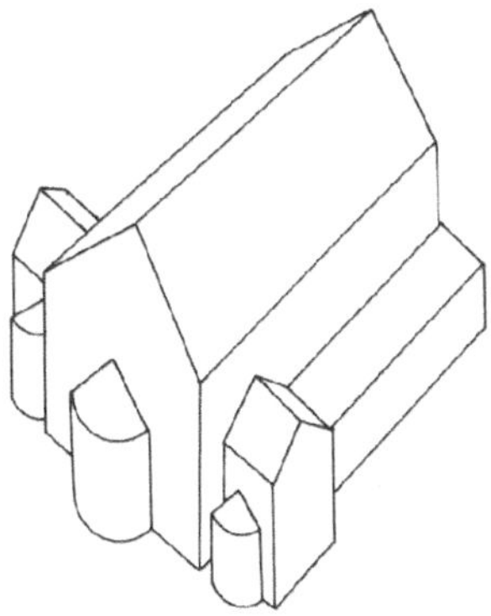

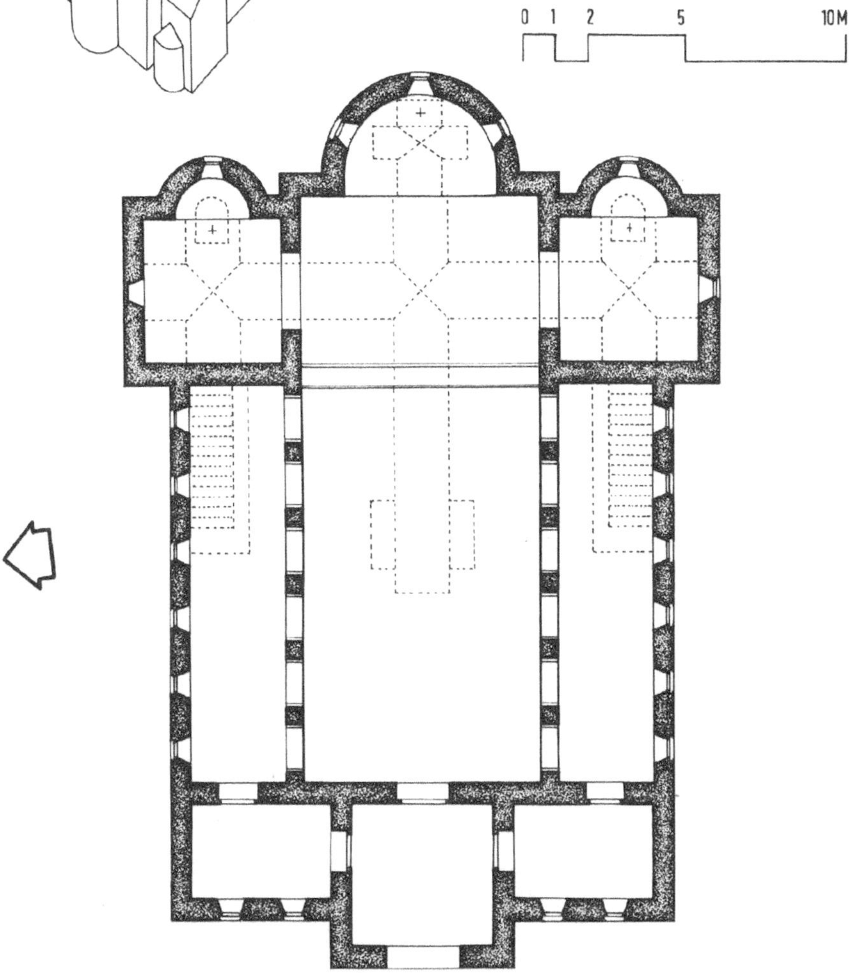

NACH: KUBACH H.-E., ARCHITEKTUR DER ROMANIK (=WELTGESCHICHTE DER ARCHITEKTUR), STUTTGART 1974
MESSERER W., KAROLINGISCHE KUNST, KÖLN 1973

WF 78

GRAND-LIEU

ST. PHILBERT

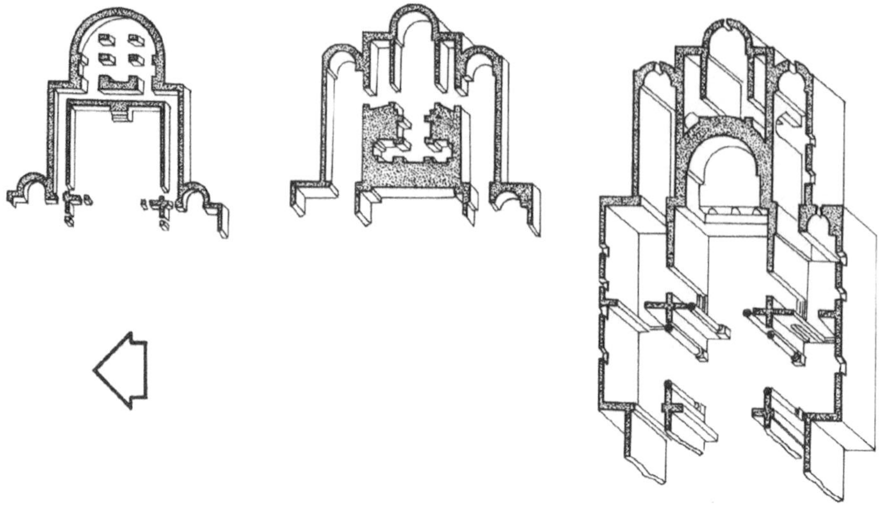

AUXERRE

ST. GERMAIN

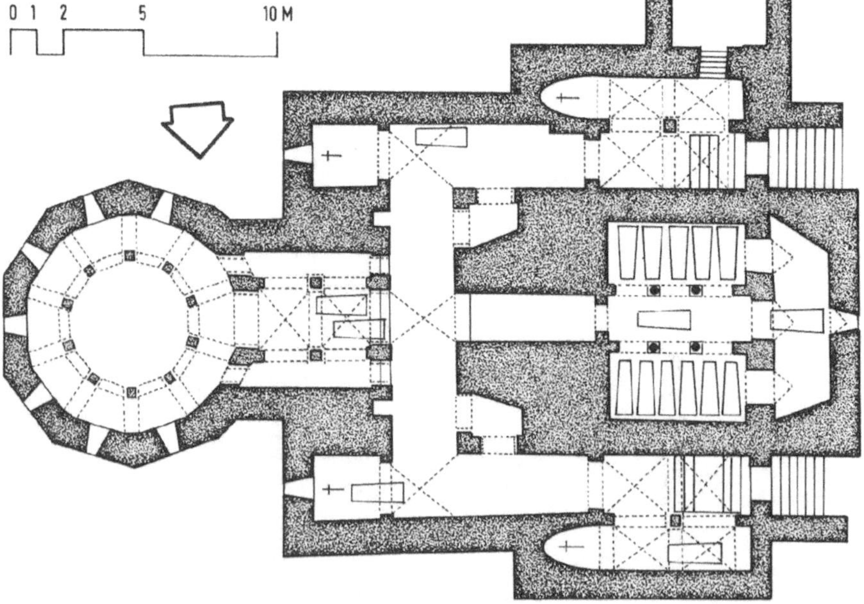

NACH: CONANT K.-J., CAROLINGIAN AND ROMANESQUE ARCHITECTURE 800-1200, MIDDLESEX (GB) 1959
MESSERER W., KAROLINGISCHE KUNST, KÖLN 1973

WF78

REICHENAU - OBERZELL MA 71

ST. GEORG

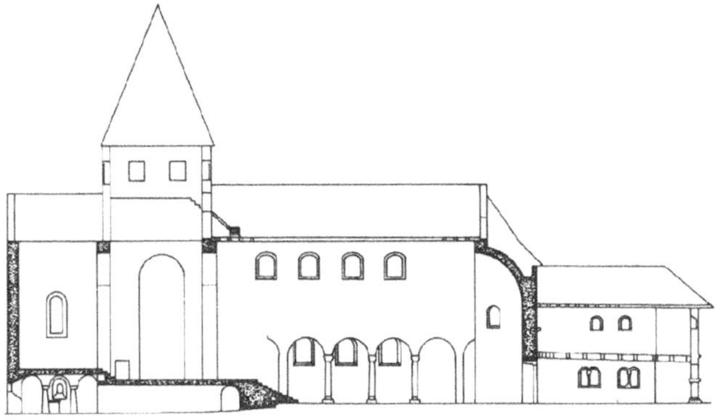

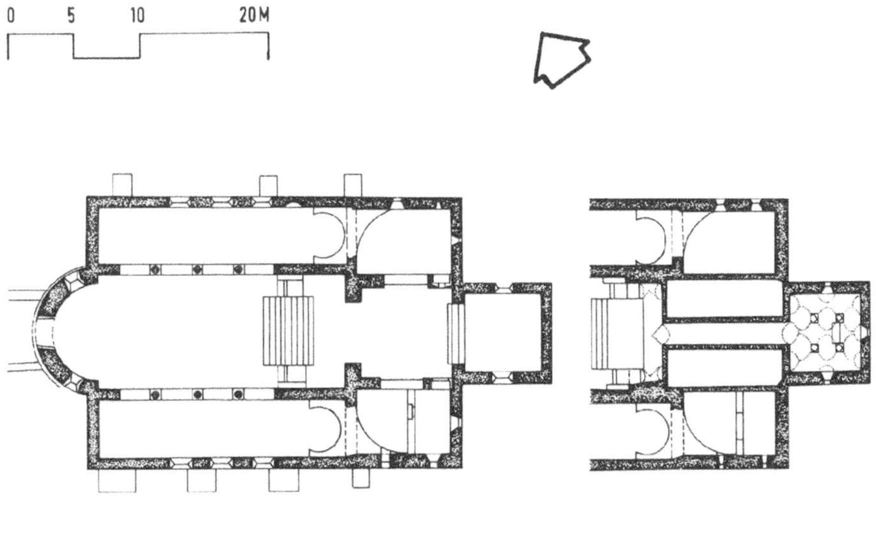

NACH: OSWALD F. u.a., VORROMANISCHE KIRCHENBAUTEN, KATALOG D. DENKMÄLER B.Z. AUSGANG D. OTTONEN, MÜNCHEN 1966 ff JU 78

ST. GALLEN

KLOSTERPLAN, UM 820

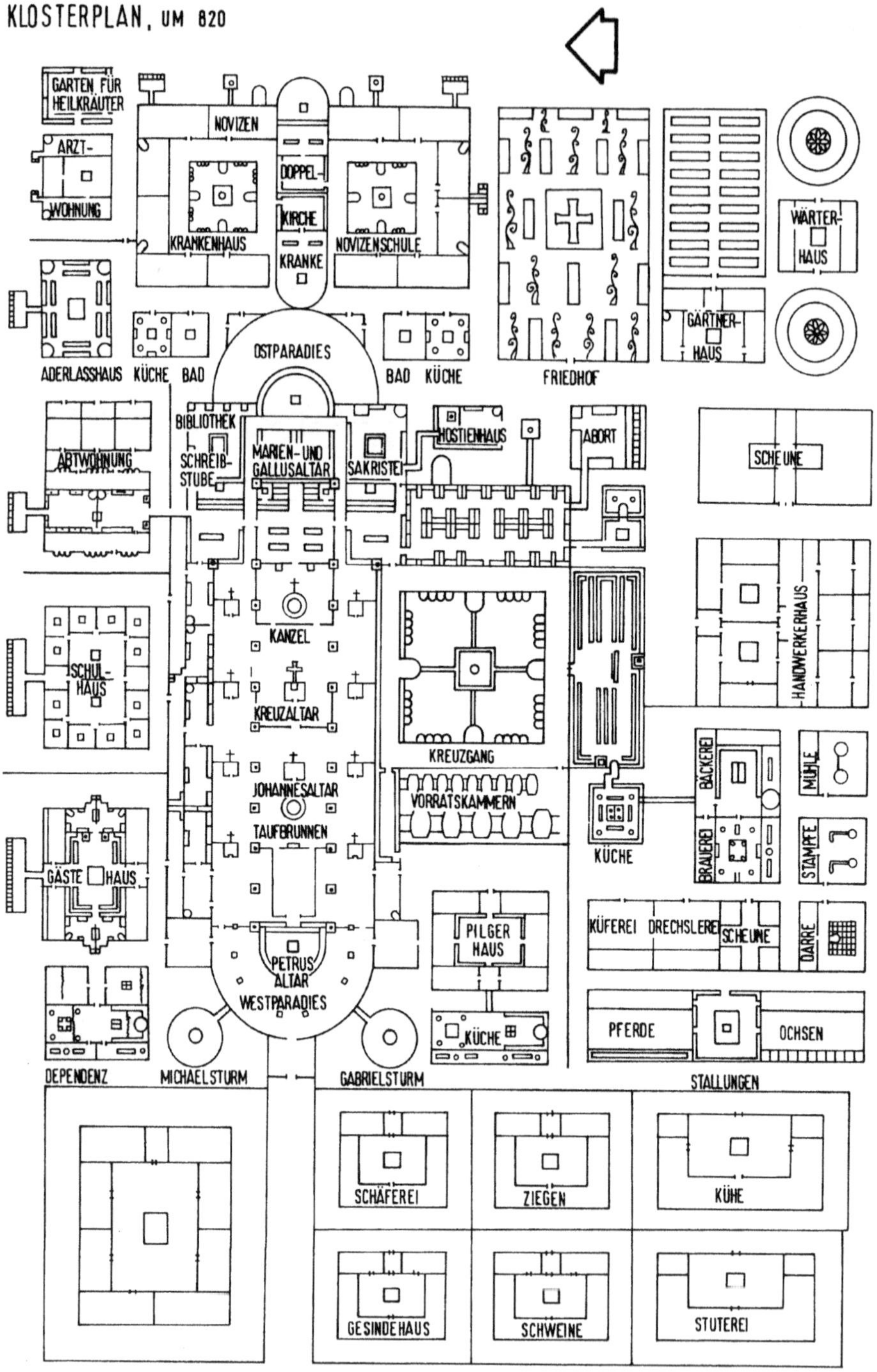

NACH: MESSERER W., KAROLINGISCHE KUNST, KÖLN 1973
HASAK M., D. KIRCHENBAU D. MITTELALTER (= HDB. D.A., TL. 2, BD. 4, H. 3), LEIPZIG 1913 (= 2. AUFL.)

TR 78

LORSCH

MA 73

EHEM. BENEDIKTINERKLOSTER

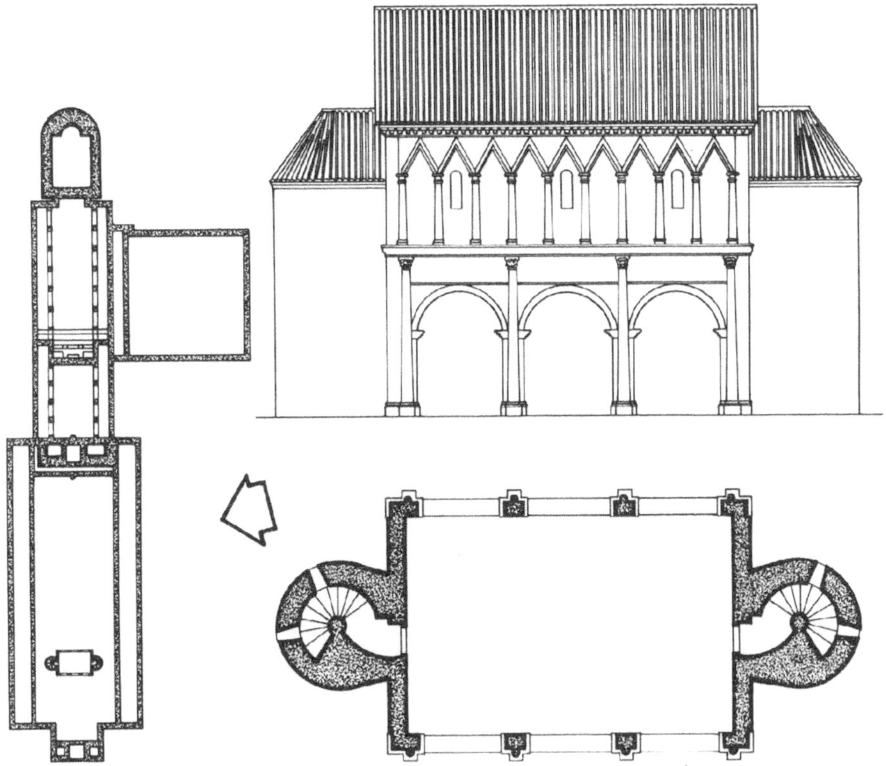

0 10 20 30 50M

TORHALLE

0 1 3 5 M

NACH: STIERLIN H., DIE ARCHITEKTUR DER WELT, PLAN UND BAUWERK, BD. 1 , MÜNCHEN 1977

BB 78

AACHEN

KAISERPFALZ
GRUNDRISSREKONSTRUKTION
NACH L. HUGOT

1 PALASTAULA
2 TORGEBÄUDE
3 VERBINDUNGSGANG
4 ANNEXBASILIKA
5 ATRIUM
6 KAPELLE

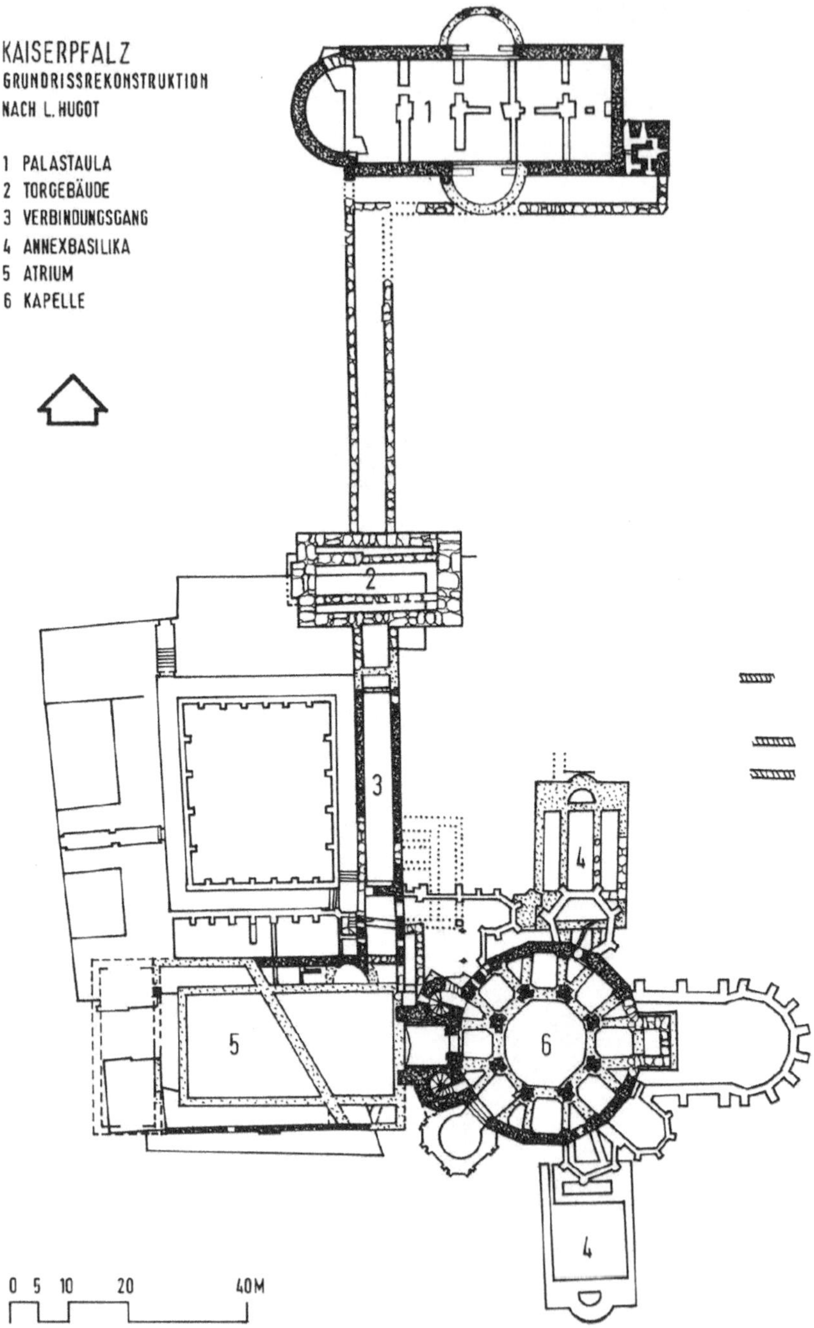

NACH: KUBACH H.E., ARCHITEKTUR DER ROMANIK (=WELTGESCHICHTE DER ARCHITEKTUR), STUTTGART 1974

KUBACH H.E. u. VERBEEK A., ROMANISCHE BAUKUNST AN RHEIN UND MAAS, BD. 1, BERLIN 1976

OVIEDO

MA 75

PALAST ALFONS' II. (REKONSTRUKTION NACH HEVIA)

CAMARA SANTA (REKONSTRUKTION)

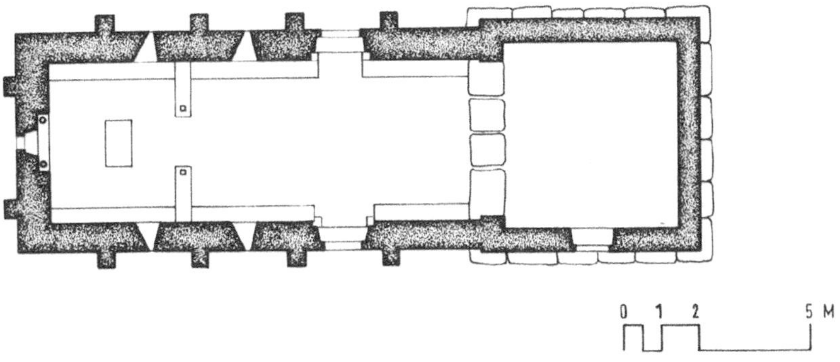

NACH: STIERLIN H., DIE ARCHITEKTUR DER WELT, PLAN U. BAUWERK, BD. 1, MÜNCHEN 1977

BB78

STA. MARIA DE NARANCO (BEI OVIEDO) MA 76

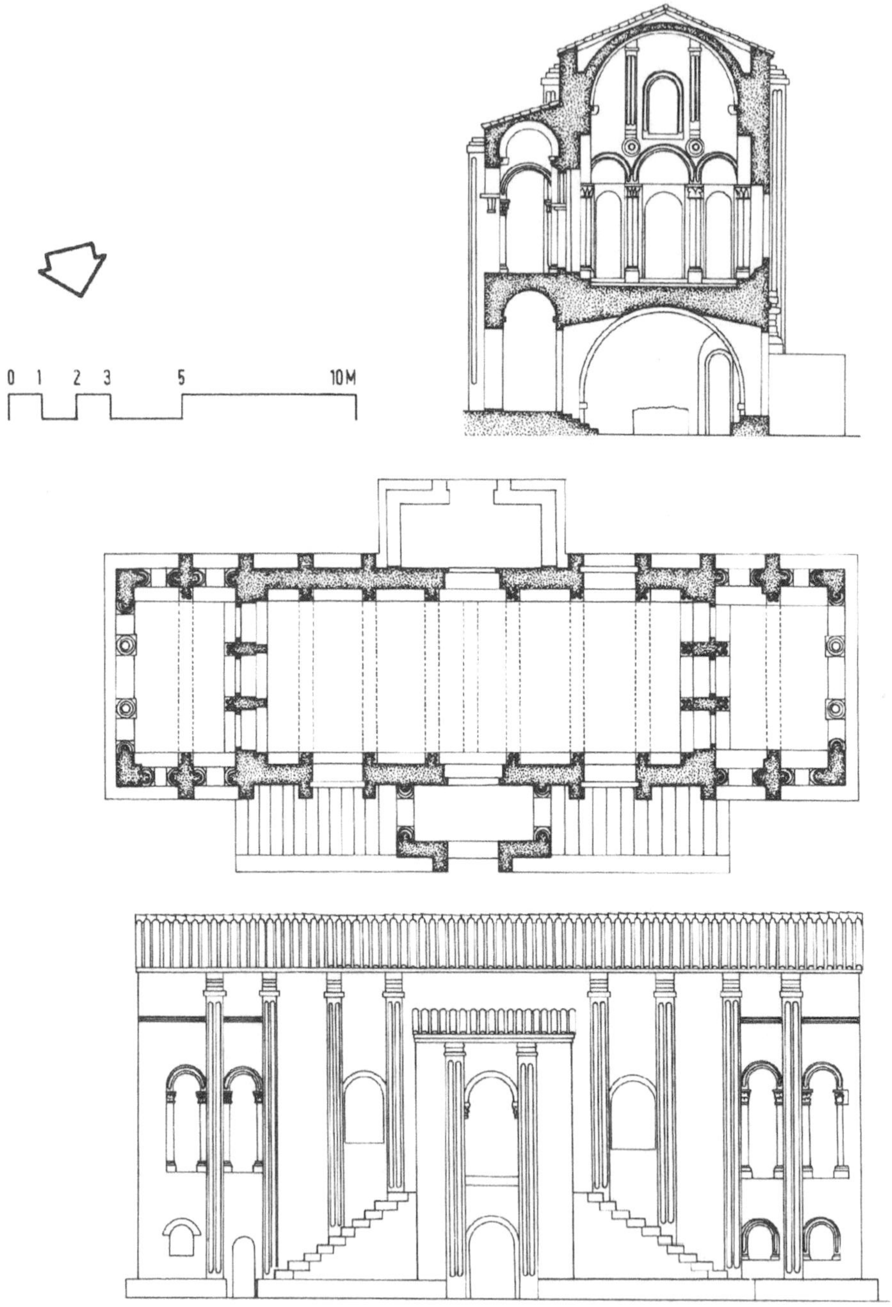

NACH: STIERLIN H., DIE ARCHITEKTUR DER WELT, PLAN UND BAUWERK, BD. 1, MÜNCHEN 1977

CLUNY II

MA 77

ST. PIERRE - LE - VIEUX

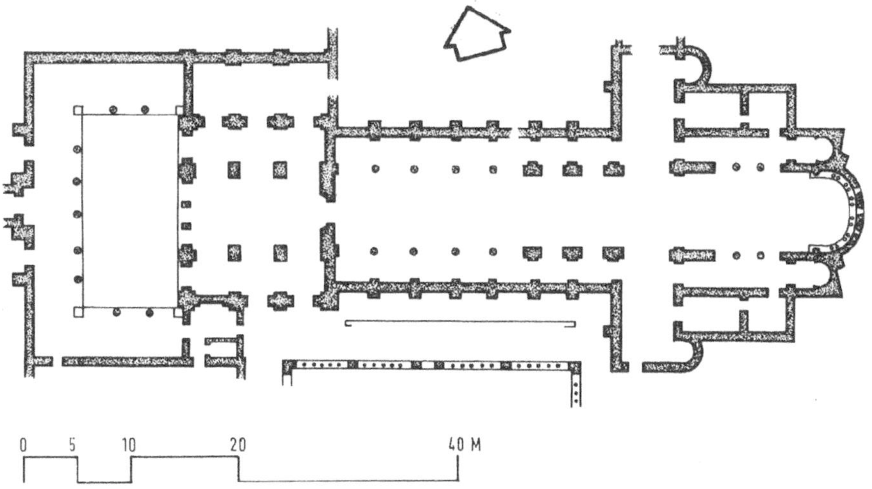

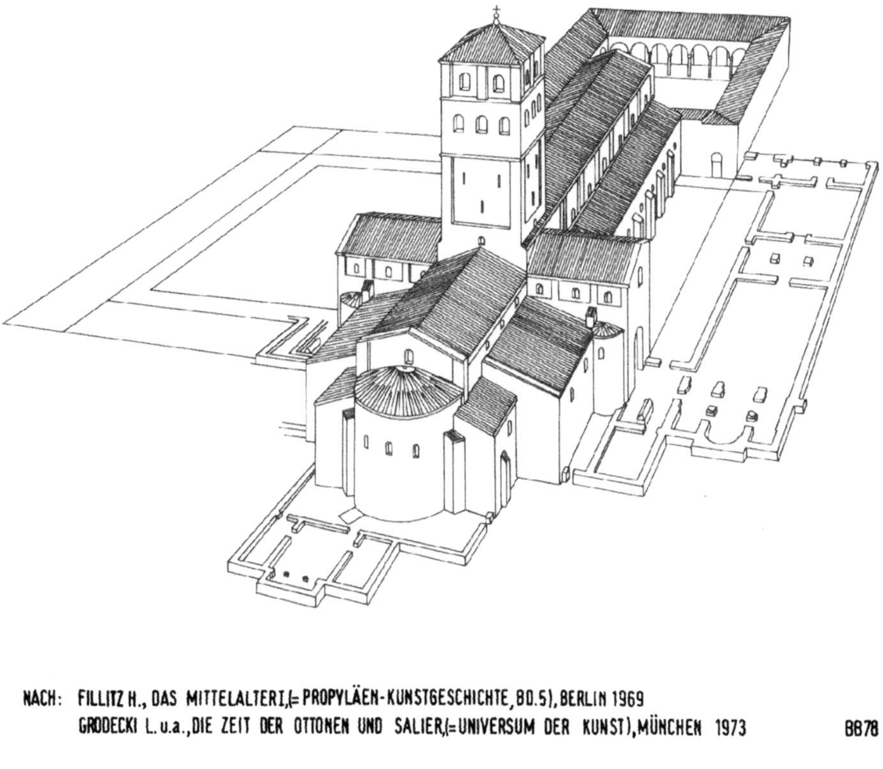

NACH: FILLITZ H., DAS MITTELALTER I,(= PROPYLÄEN-KUNSTGESCHICHTE, BD.5), BERLIN 1969
GRODECKI L. u.a., DIE ZEIT DER OTTONEN UND SALIER,(= UNIVERSUM DER KUNST), MÜNCHEN 1973

BB78

TOURNUS

ST. PHILIBERT

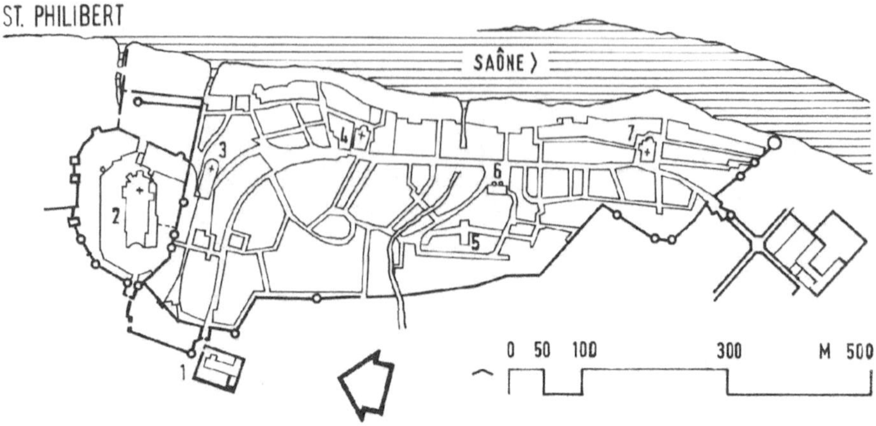

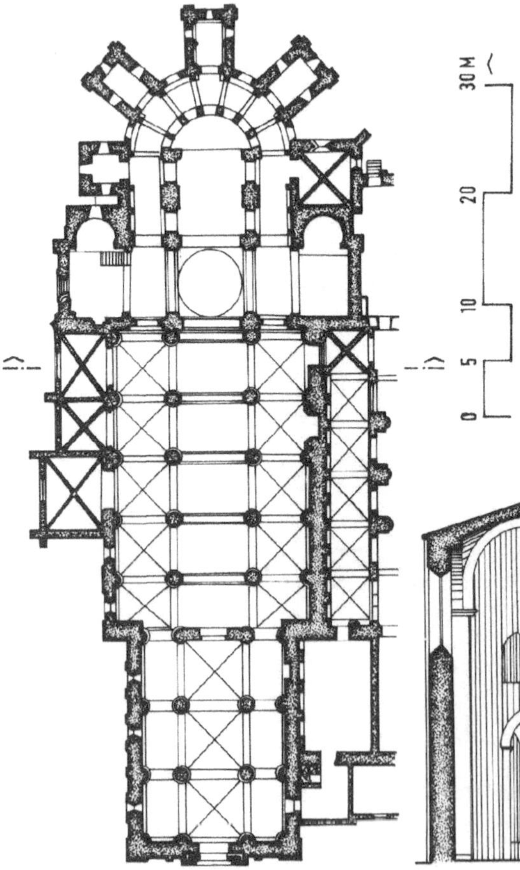

1 CHARITÉ
2 S. PHILIBERT
3 S. VALÉRIEN
4 ST. ANDRÉ
5 KRANKENHAUS
6 RATHAUS
7 LA MADELEINE

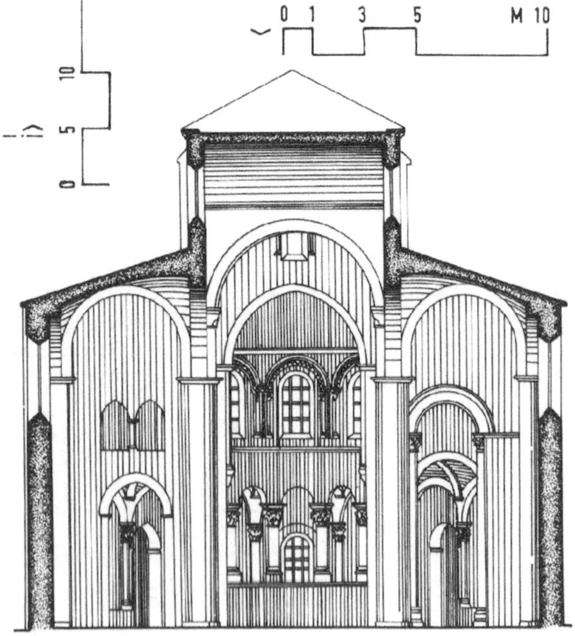

NACH: BRAUNFELS W., ABENDLÄNDISCHE KLOSTERBAUKUNST, KÖLN 1969
OURSEL R. u. ROUILLER J., ROMANIK (=WELTKULTUREN UND BAUKUNST), MÜNCHEN 1966
HASAK M., D. KIRCHENBAU D. MITTELALTERS (=HDB. D. A., TL. 2, BD. 4, H. 3), LEIPZIG 1913 (=2. AUFL.)

CLUNY III

MA 79

REKONSTRUKTION NACH CONANT

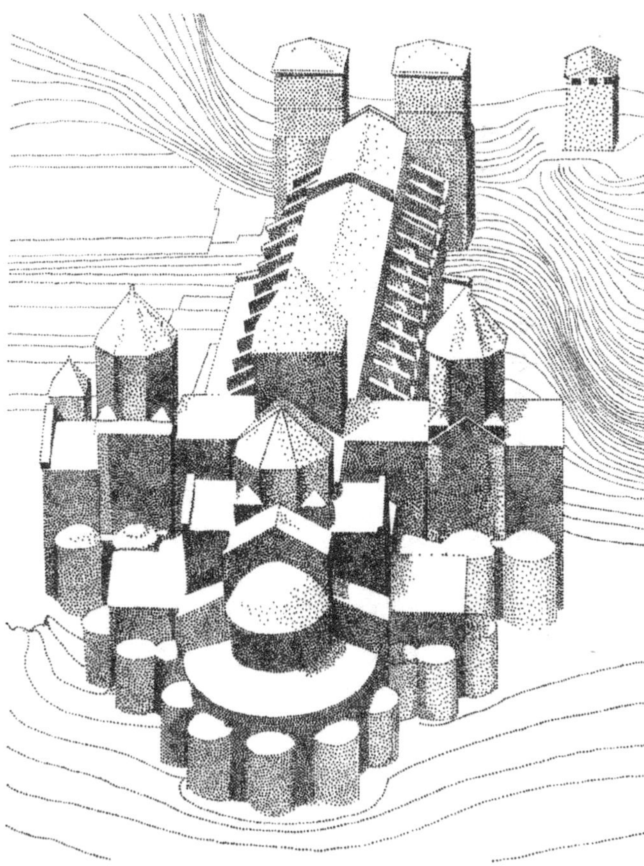

NACH: CONANT K.-J., CAROLINGIAN AND ROMANESQUE ARCHITECTURE 800–1200, MIDDLESEX (68) 1959

BB78

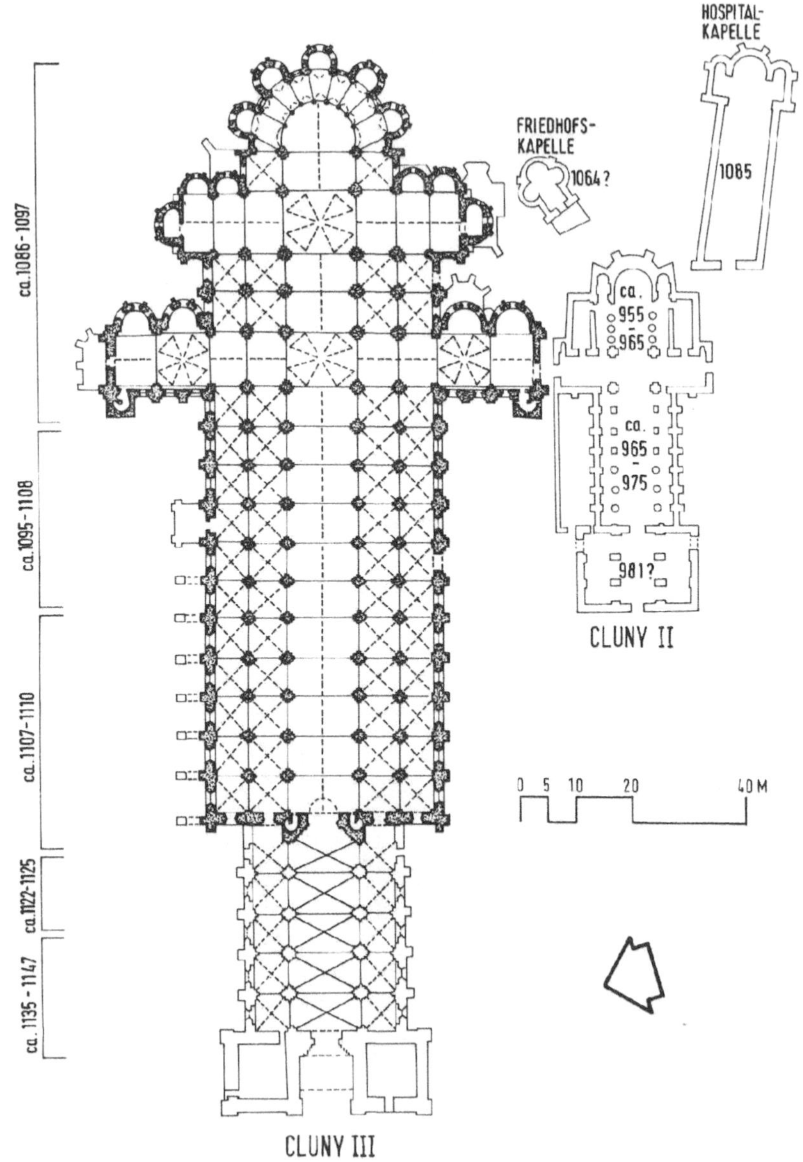

NACH: OURSEL R., BOURGOGNE ROMANE (= LA NUIT DES TEMPS, BD. 1), STE. MARIE DE LA PIERRE QUI VIRE (YONNE) 1968 (5. AUFL.) JU78

CANTERBURY

KATHEDRALE

ROMANISCHER BAU

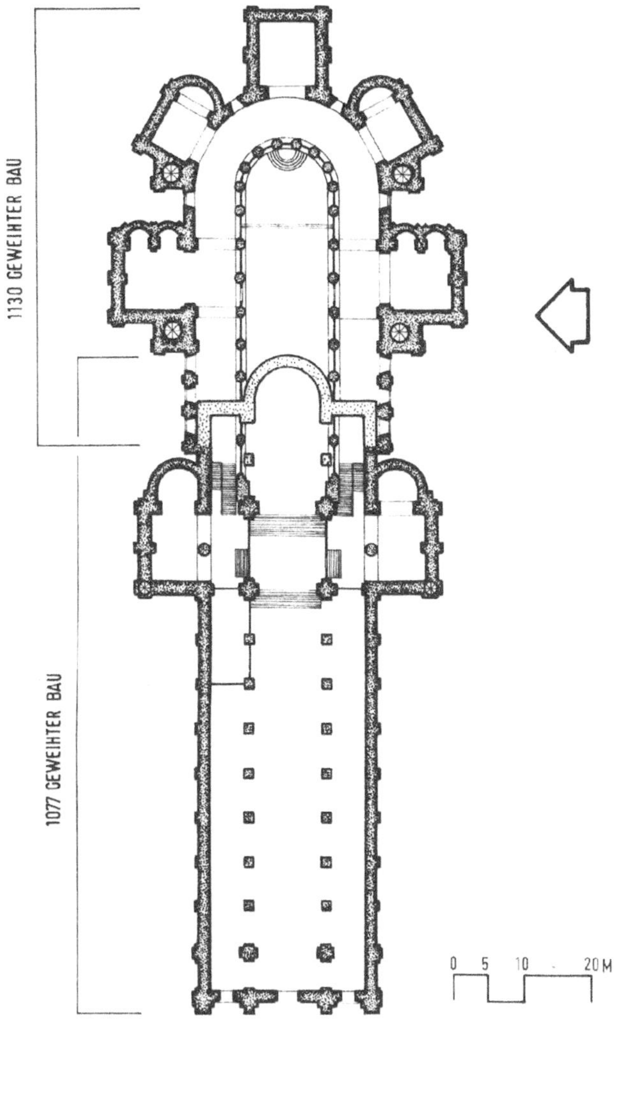

NACH: DEHIO G. u. BEZOLD G., DIE KIRCHL. BAUKUNST D. ABENDLANDES, BD. 1, HILDESHEIM 1969 (= NEUDR.)

NEVERS

ST. ETIENNE

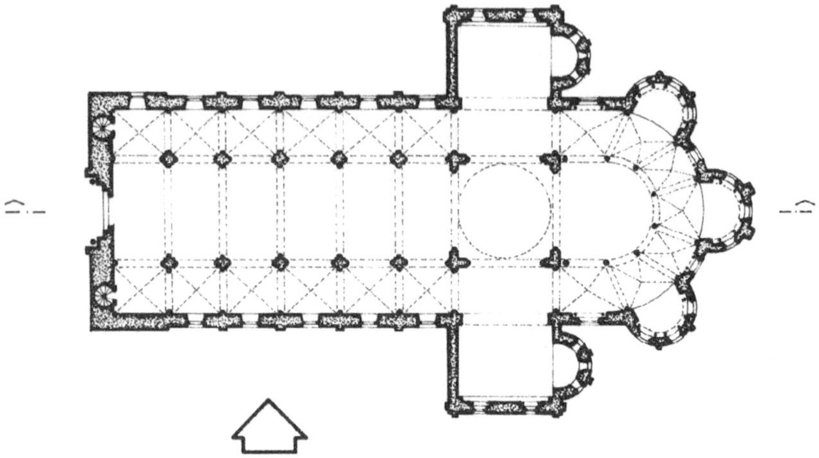

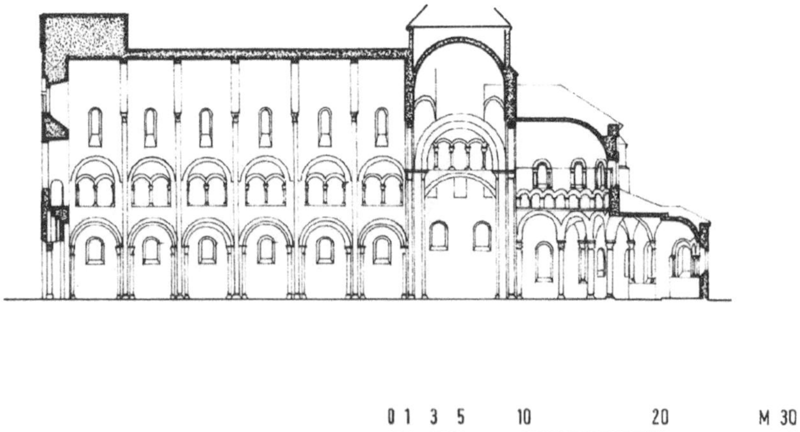

NACH: OURSEL R. u. ROUILLER J., ROMANIK (=WELTKULTUREN U. BAUKUNST), MÜNCHEN 1966

TOULOUSE

ST. SERNIN

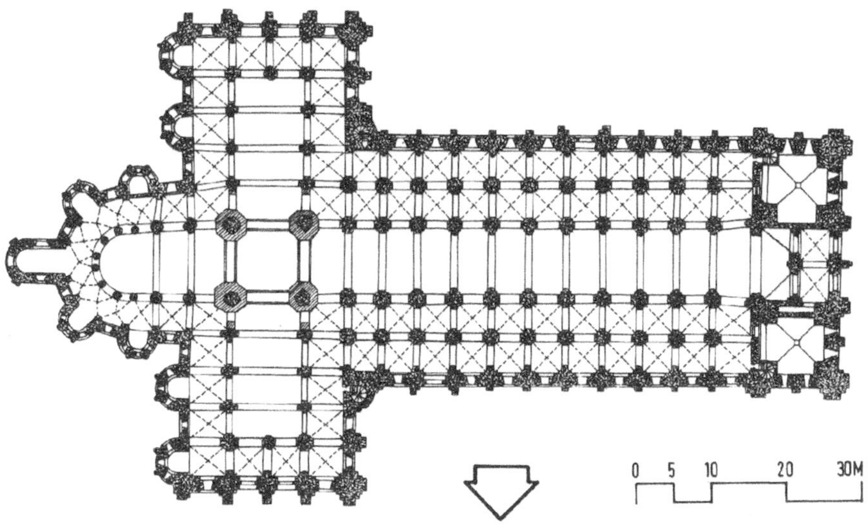

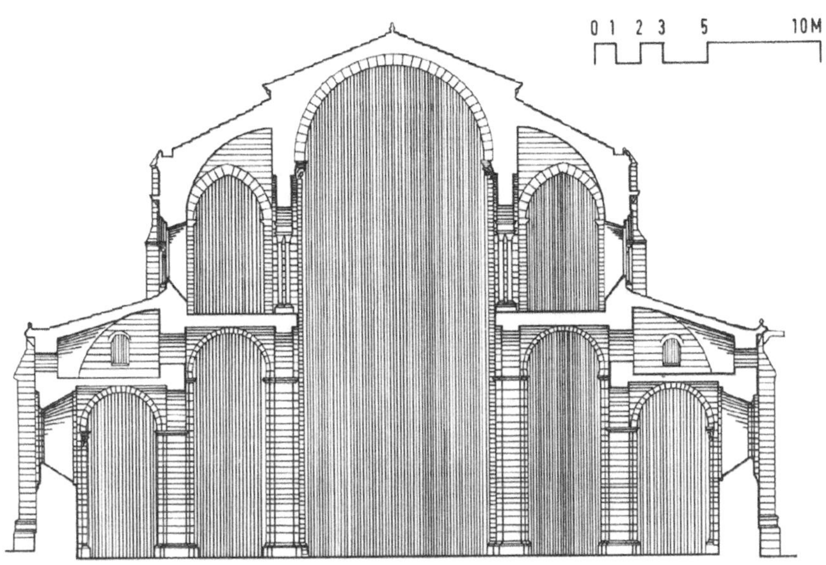

NACH: DEHIO G. u. BEZOLD G., DIE KIRCHL. BAUKUNST D. ABENDLANDES, BD. 2, HILDESHEIM 1969 (=NEUDR.)
BAUM J., ROMANISCHE BAUKUNST IN FRANKREICH, STUTTGART 1928 (=2. AUFL.)

BB/GU79

ISSOIRE

ST. AUSTREMOINE

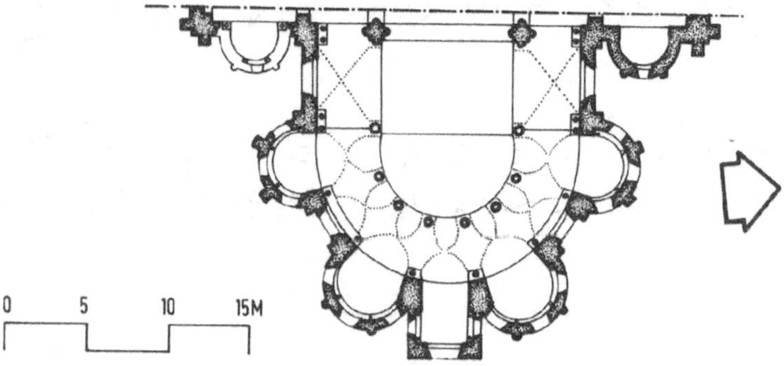

NACH: CRAPLET C.B., AUVERGNE ROMANE (=LA NUIT DES TEMPS, BD. 2), STE. MARIE DE LA QUI VIRE (YONNE) 1962 (2. AUFL.)

SAINT-BENOÎT-SUR-LOIRE MA 85

EHEM. ABTEI VON FLEURY

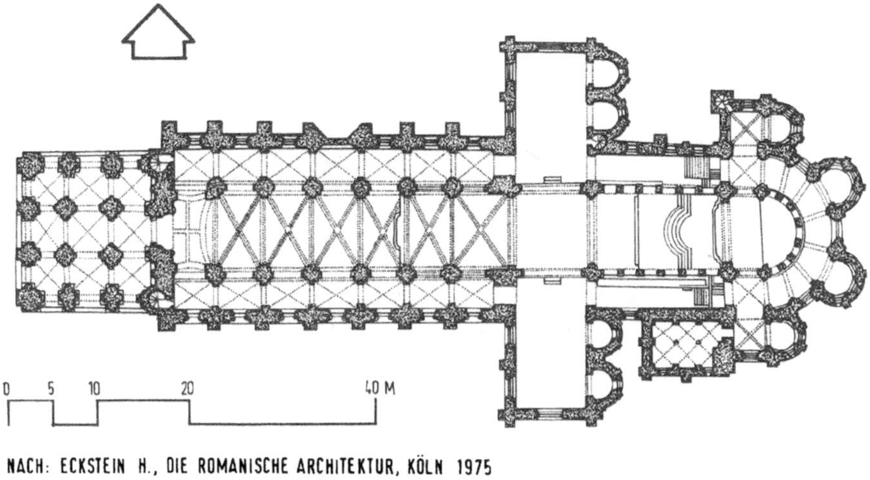

NACH: ECKSTEIN H., DIE ROMANISCHE ARCHITEKTUR, KÖLN 1975
CONANT K.-J., CAROLINGIAN AND ROMANESQUE ARCHITECTURE 800-1200, MIDDLESEX (GB) 1959 JU 78

JUMIÈGES MA 86

NOTRE-DAME (ABTEIKIRCHE)

INNENANSICHT EINES JOCHES DER MITTELSCHIFFWAND

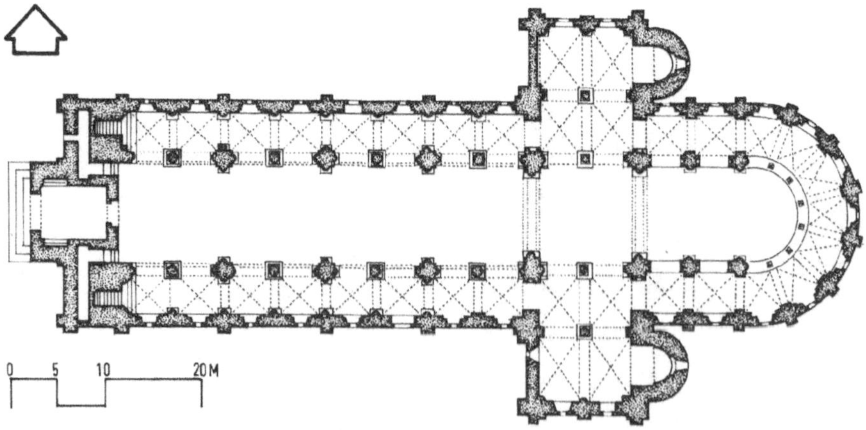

NACH: KUBACH H.E., ARCHITEKTUR DER ROMANIK (= WELTGESCHICHTE DER ARCHITEKTUR), STUTTGART 1974
GRODECKI L. u.a., DIE ZEIT DER OTTONEN UND SALIER (= UNIVERSUM DER KUNST), MÜNCHEN 1973

MA/WF 78

PÉRIGUEUX

MA 87

ST. ETIENNE

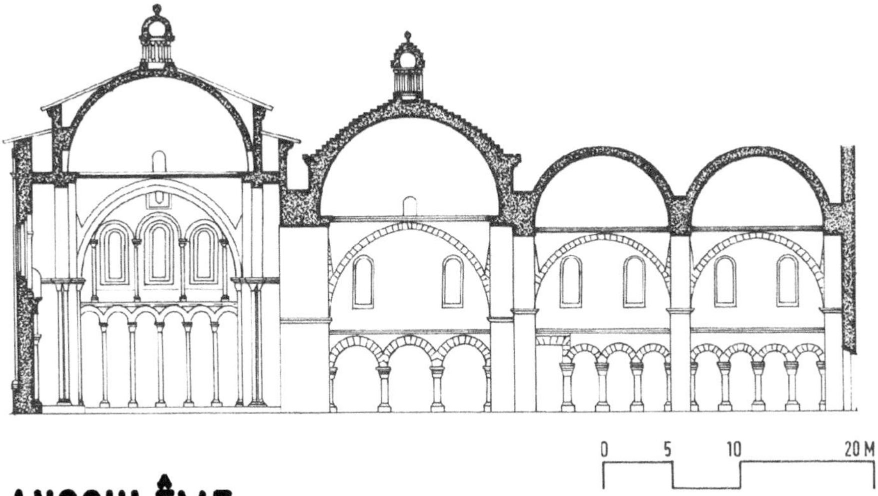

ANGOULÊME

KATHEDRALE ST. PIERRE

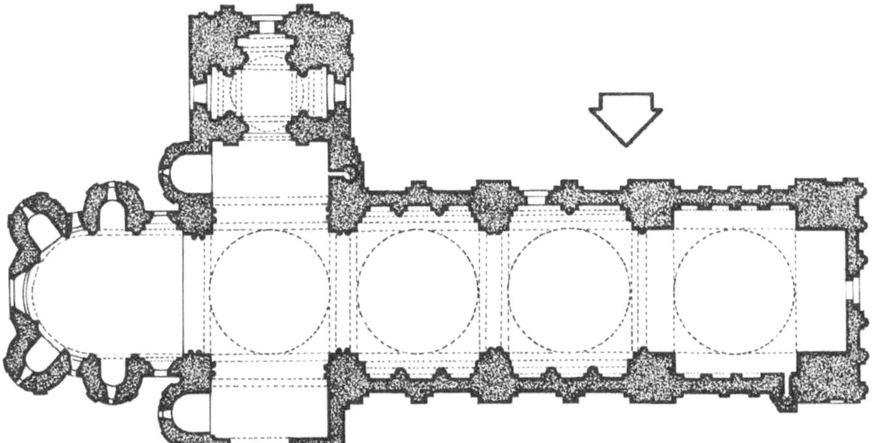

NACH: CONANT K.-J., CAROLINGIAN AND ROMANESQUE ARCHITECTURE 800 - 1200, MIDDLESEX (GB) 1959

WF 78

LE PUY

MA 88

NOTRE-DAME

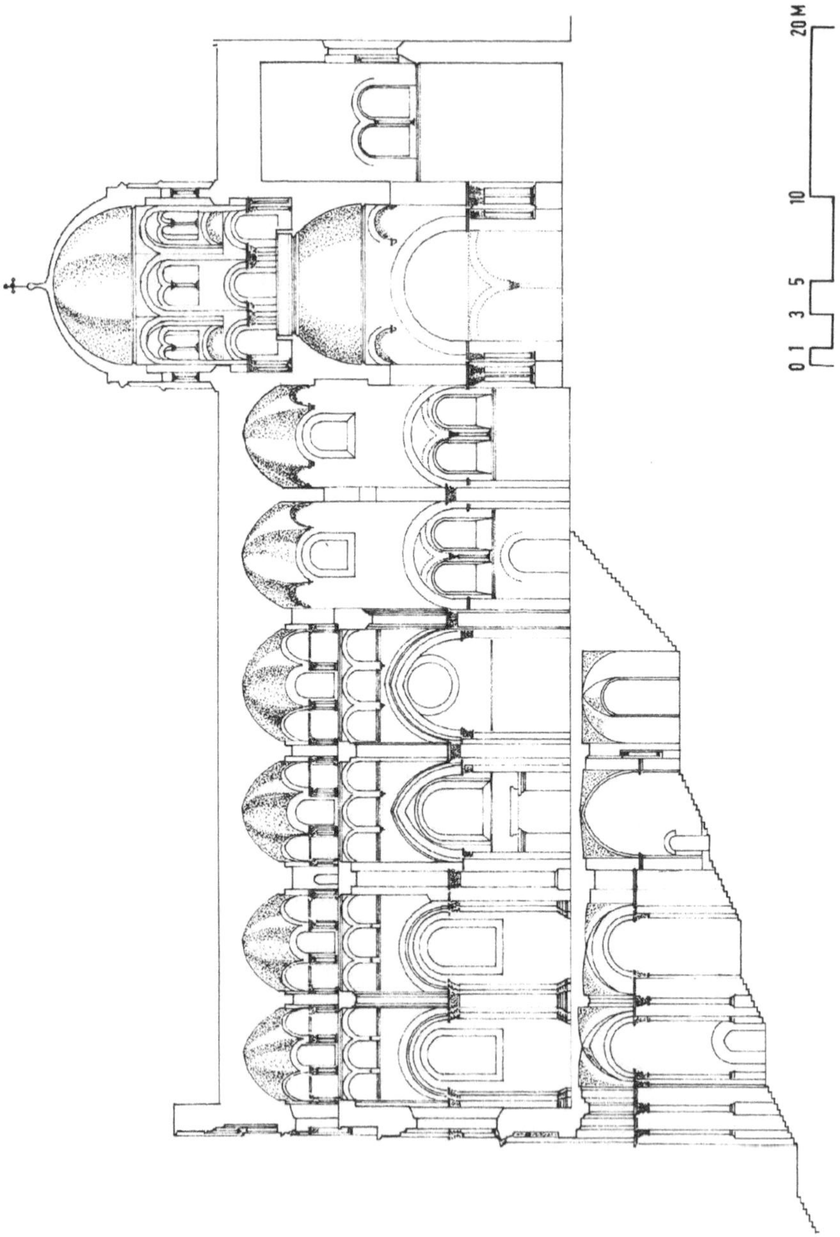

NACH: DEHIO G. u. BEZOLD G., DIE KIRCHLICHE BAUKUNST DES ABENDLANDES, BD. 1, HILDESHEIM 1969 (=NEUDR.)

F177

TORCELLO MA 89

KATHEDRALE STA. MARIA ASSUNTA U. STA. FOSCA

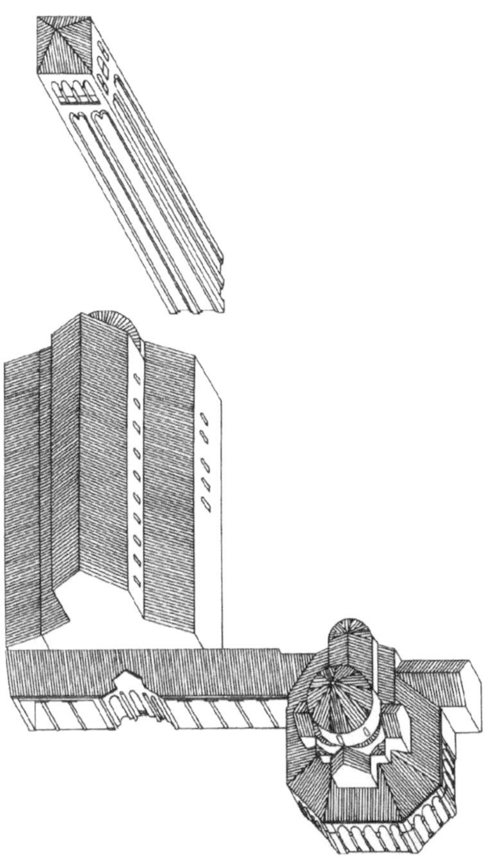

NACH: HART F., KUNST UND TECHNIK DER WÖLBUNG, MÜNCHEN 1965

BB78

VENEDIG

MA 90

S. MARCO

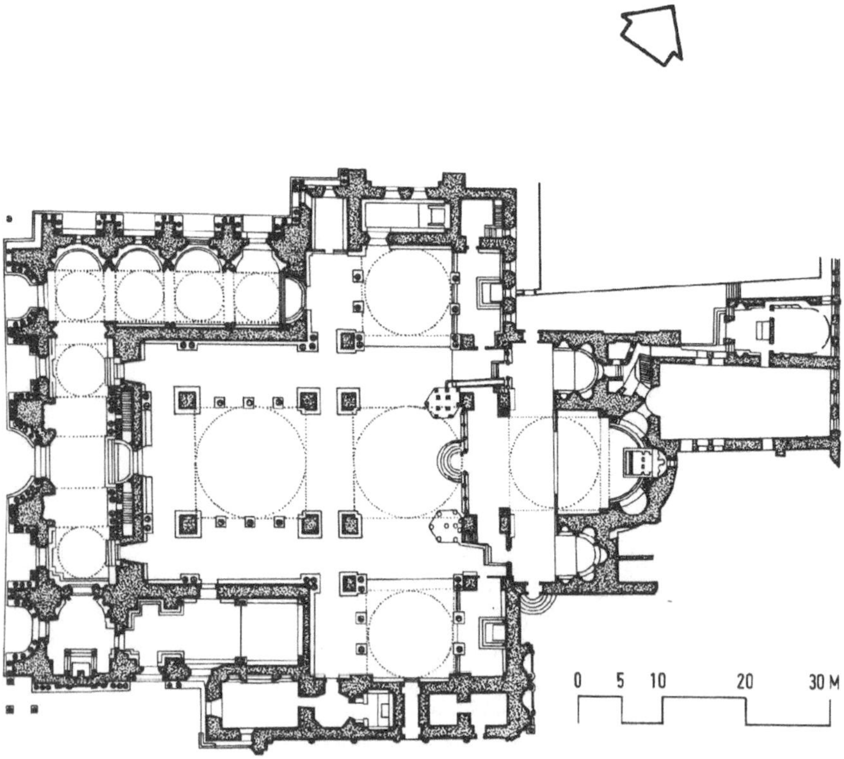

NACH: VOLBACH W.F. u. LAFONTAINE-DOSOGNE J., BYZANZ U.D.CHRISTL.OSTEN(=PROPYLÄEN KUNSTGESCH., BD.3), BERLIN 1968 BB78

MONTE CASSINO MA 91

DESIDERIUS - BAU

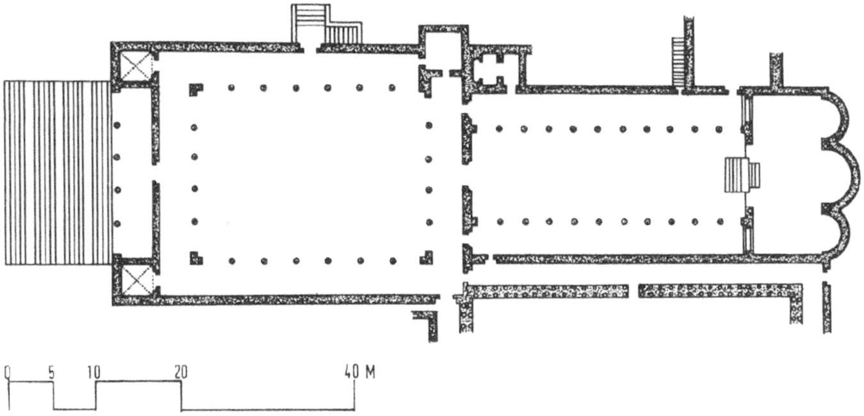

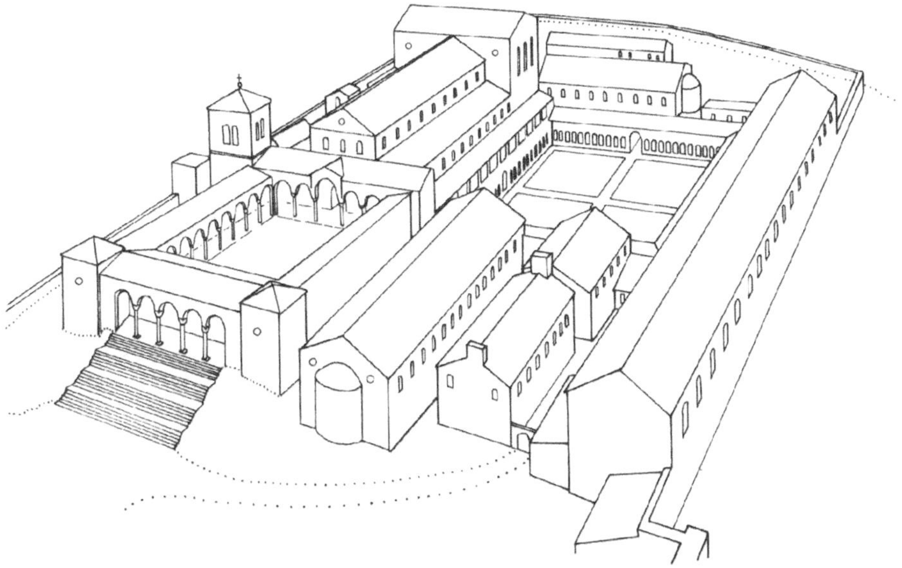

NACH: FILLITZ H., DAS MITTELALTER I (PROPYLÄEN-KUNSTGESCHICHTE, BD. 5), BERLIN 1969
CONANT K.J., A BRIEF COMMENTARY ON EARLY MEDIAEVAL CHURCH ARCHITECTURE, BALTIMORE 1942 BB78

FLORENZ

MA 92

BAPTISTERIUM S. GIOVANNI

AUSSENANSICHT EINER OKTOGONSEITE

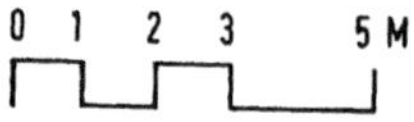

NACH: DEHIO G. u. BEZOLD G., DIE KIRCHL. BAUKUNST D. ABENDLANDES, BD. 3, HILDESHEIM 1969 (= NEUDR.)

BB78

MAILAND

MA 93

S. AMBROGIO

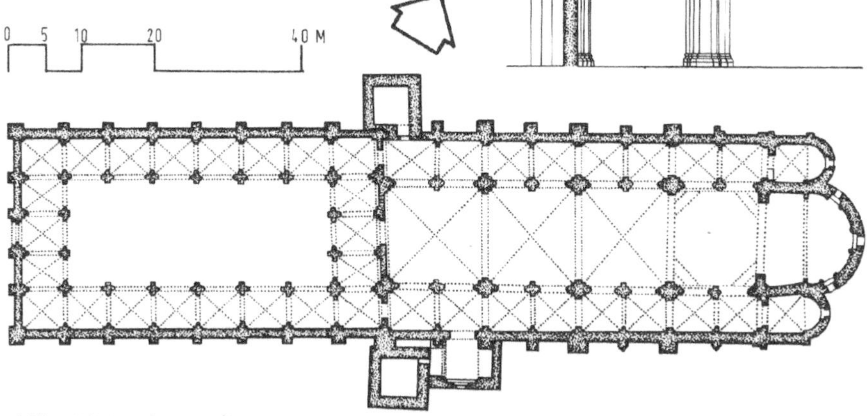

NACH: HASAK M., D. KIRCHENBAU D. MITTELALTERS (=HDB. D. A., TL. 2, BD. 4, H. 3), LEIPZIG 1913 (= 2. AUFL.)
FILLITZ H., DAS MITTELALTER I (=PROPYLÄEN KUNSTGESCHICHTE, BD. 5), MÜNCHEN 1969

BB78

PARMA

MA 94

STA. MARIA (DOM)

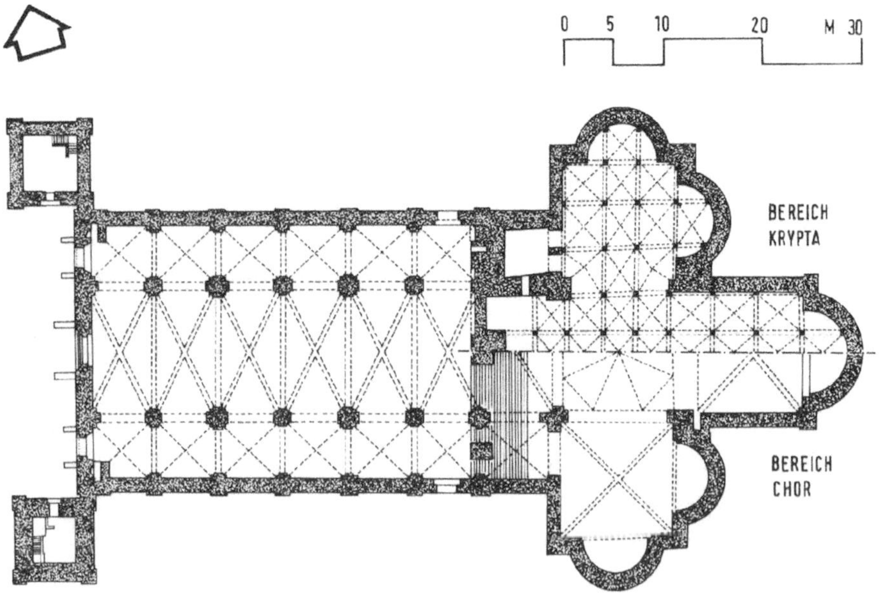

NACH: CONANT K.-J., CAROLINGIAN AND ROMANESQUE ARCHITECTURE 800–1200; MIDDLESEX(GB) 1959

JU 78

PISA

MA 95

BAPTISTERIUM

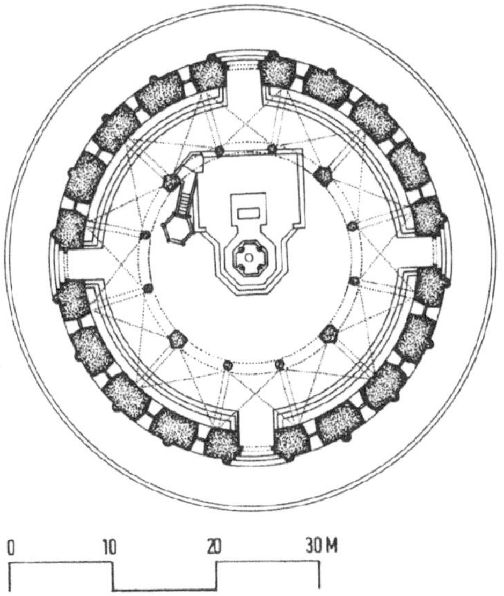

NACH: HASAK M., D. KIRCHENBAU D. MITTELALTERS (=HDB. D. A., TL. 2, BD. 4, H. 3), LEIPZIG 1913 (=2. AUFL.)

BB78

GERNRODE MA 96

ST. CYRIAKUS

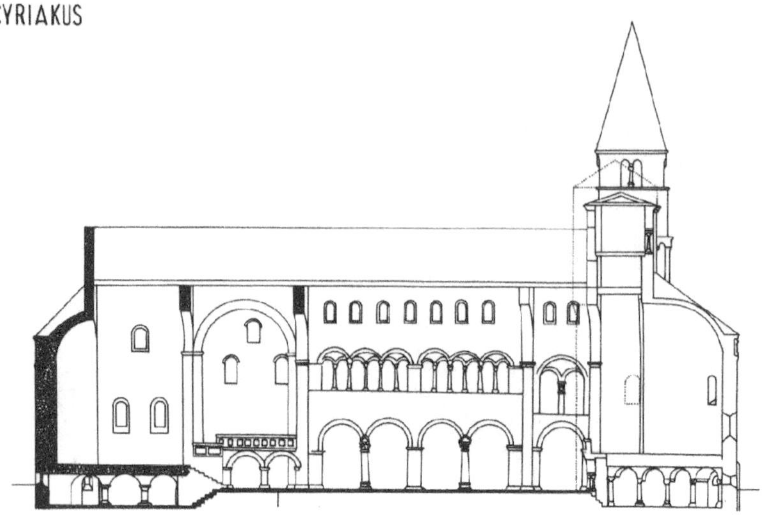

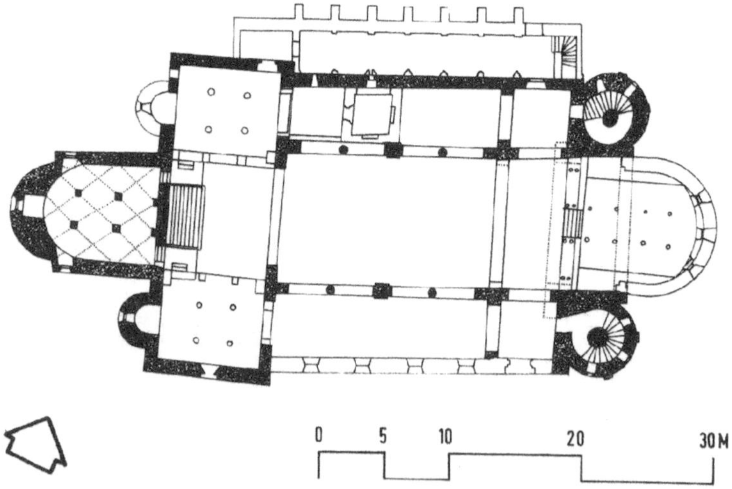

NACH: OSWALD F. u.a., VORROMANISCHE KIRCHENBAUTEN, MÜNCHEN 1966 ff

BB78

HILDESHEIM

MA 97

ST. MICHAEL

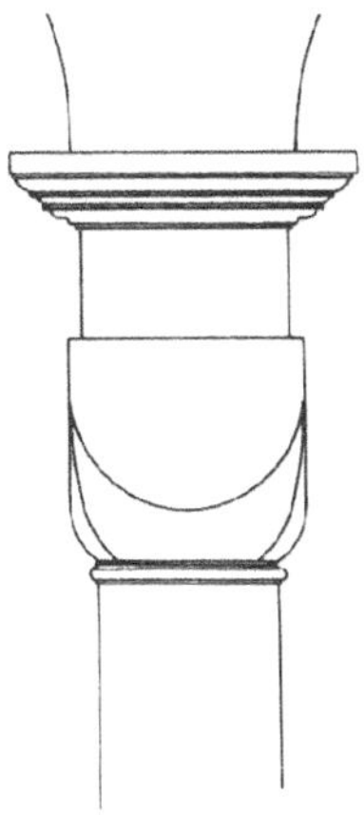

WÜRFELKAPITELL △

REKONSTRUKTIONSVERSUCH NACH CONANT ▽

NACH: CORBOZ A., FRÜHES MITTELALTER (= WELTKULTUREN UND BAUKUNST), MÜNCHEN 1971
CONANT K.J., CAROLINGIAN AND ROMANESQUE ARCHITECTURE 800-1200, MIDDLESEX (GB) 1959 MA/WF 78

HILDESHEIM

MA 98

ST. MICHAEL

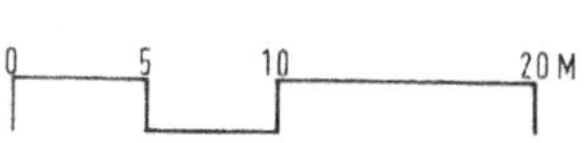

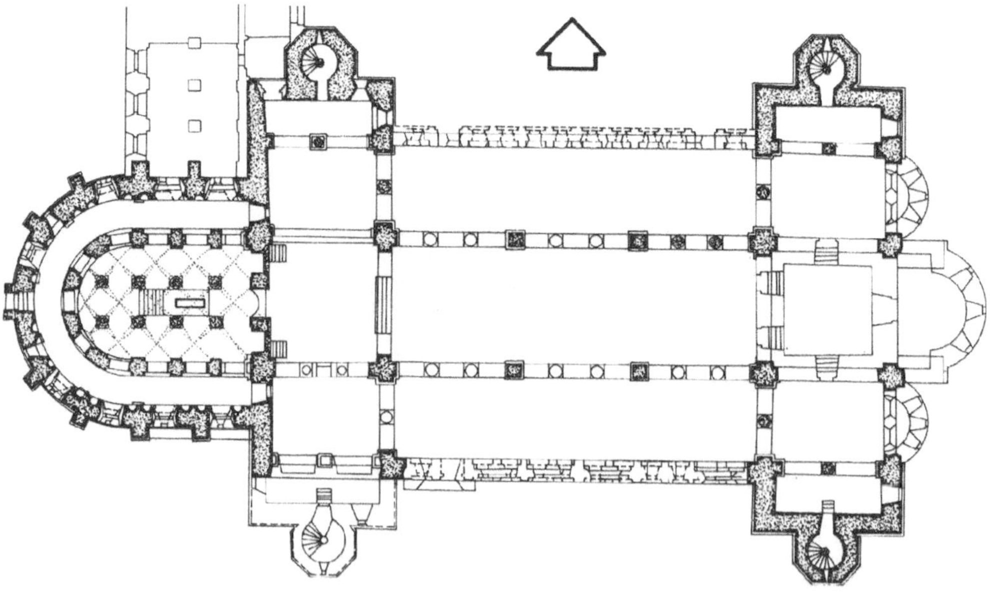

NACH: OSWALD F., VORROMANISCHE KIRCHENBAUTEN, KATALOG D. DENKMÄLER B. Z. AUSGANG D. OTTONEN, MÜNCHEN 1966 ff   JU 78

HERSFELD

MA 99

EHEM. KLOSTERKIRCHE

ST. WIGBERT, ST. SIMON U. JUDAS THADDÄUS

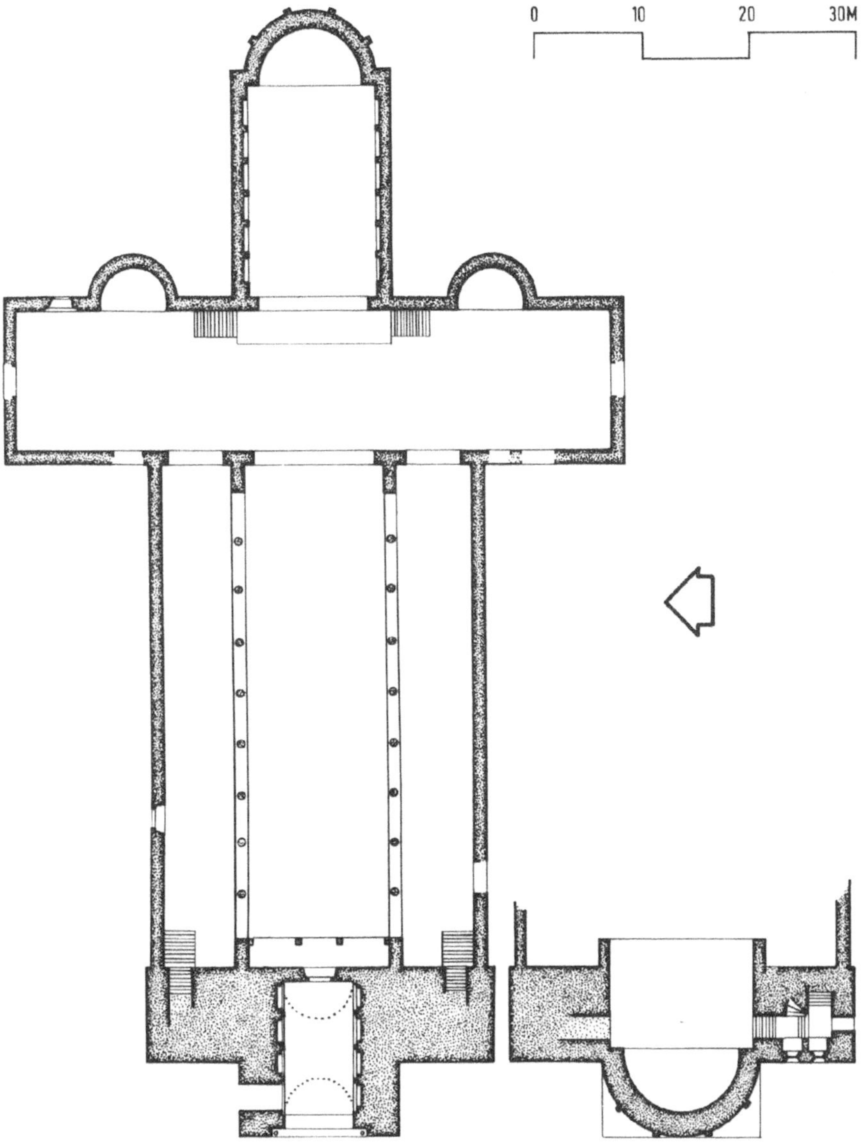

NACH: OSTENDORF F., DIE DEUTSCHE BAUKUNST IM MITTELALTER, BD. 1, BERLIN 1922

KÖLN

MA 100

ST. PANTALEON

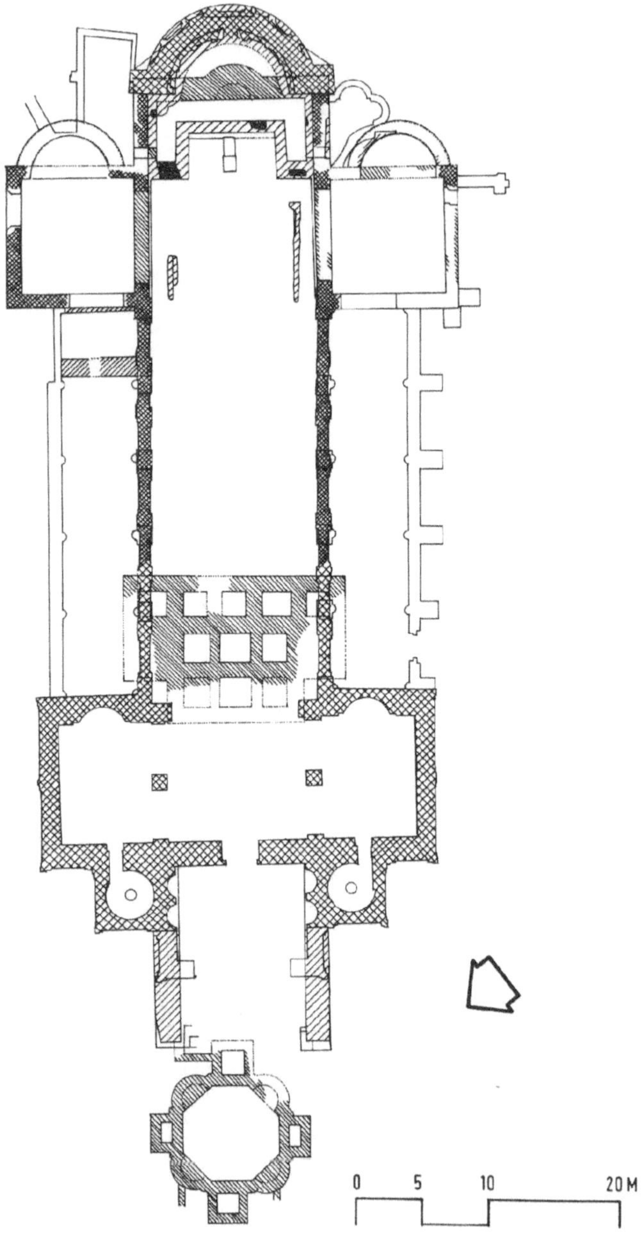

NACH: OSWALD F. u.a., VORROMANISCHE KIRCHENBAUTEN, KATALOG D. DENKMÄLER B. Z. AUSGANG D. OTTONEN, MÜNCHEN 1966 ff JU 78

NIVELLES

MA 101

STE. GERTRUDE

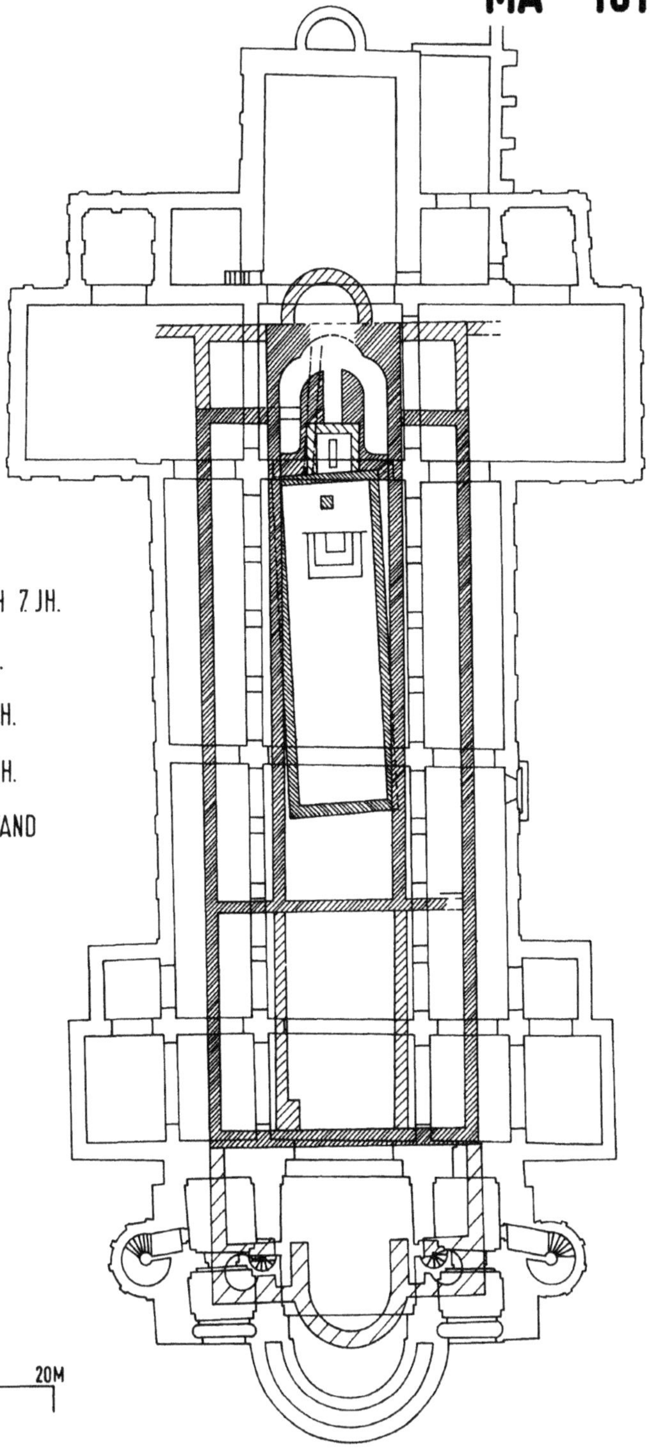

BAU Ia 7. JH.

BAU Ib NOCH 7. JH.

BAU IIa 9. JH.

BAU IIb 10. JH.

BAU IIc 11. JH.

HEUTIGER ZUSTAND

0 5 10 20M

NACH: OSWALD F. u.a., VORROMANISCHE KIRCHENBAUTEN, KATALOG D. DENKMÄLER B.Z. AUSGANG D. OTTONEN, MÜNCHEN 1966 ff JU 78

TRIER

MA 102

DOM

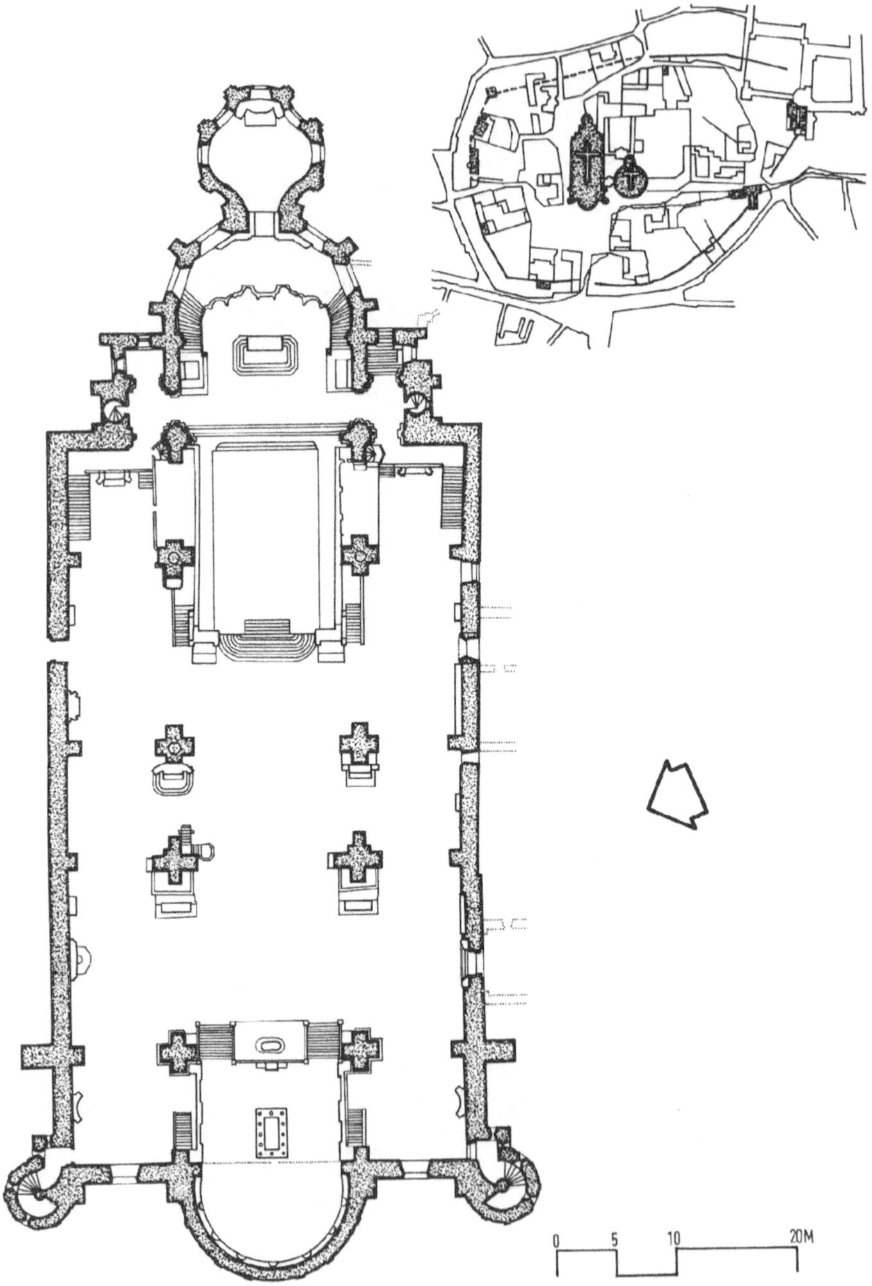

NACH: KUBACH E. u. VERBEEK A., ROMANISCHE BAUKUNST AN RHEIN U. MAAS, BD. 2 , BERLIN 1976

RONIG F., TRIER, DOM - AUSSTATTUNG (=RHEINISCHE KUNSTSTÄTTEN, H. 118), NEUSS 1969

BB78

TRIER

MA 103

DOM

0 5 10 20 M

WESTFASSADE

NACH: KUBACH H.E. u. VERBEEK A., ROMAN. BAUKUNST AN RHEIN U. MAAS, BD. 2, BERLIN 1976

BB78

KÖLN

MA 104

ST. MARIA IM KAPITOL

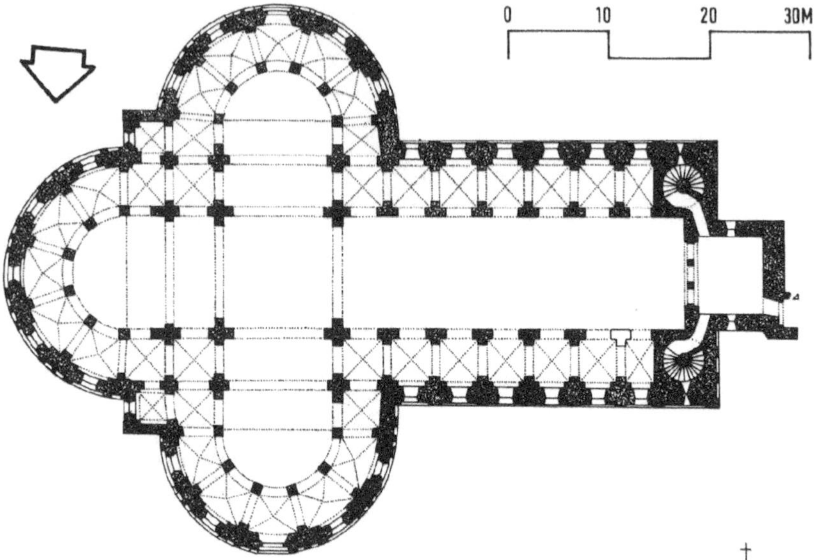

LEHMANN E., DER FRÜHE DEUTSCHE KIRCHENBAU, BERLIN 1938

NACH: GRODECKI L. u.a., DIE ZEIT DER OTTONEN UND SALIER (=UNIVERSUM DER KUNST), MÜNCHEN 1973

BB78

LIMBURG A.D.H. MA 105

EHEM. KLOSTERKIRCHE

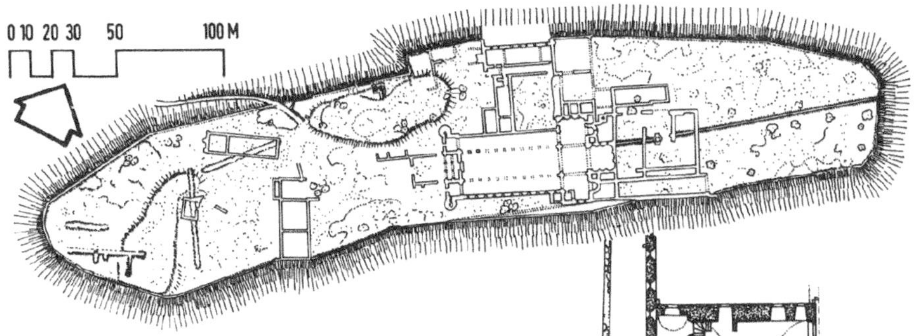

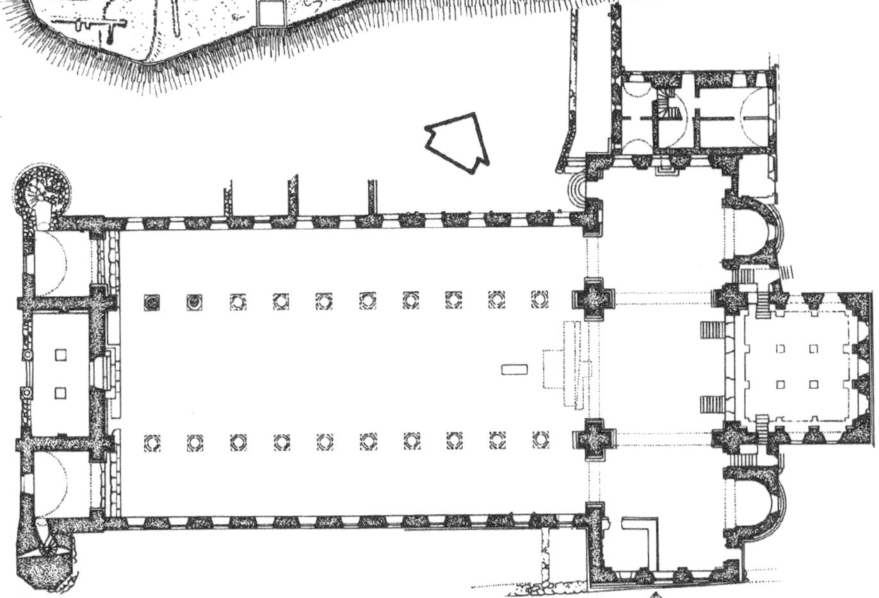

SÜDANSICHT ▽

REKONSTRUKTIONSVORSCHLAG NACH WELLMANN

NACH: WELLMANN F., KLOSTER LIMBURG AN DER HAARDT, DISS., KARLSRUHE 1953

BB78

LIMBURG A.D.H. MA 106

EHEM. KLOSTERKIRCHE - REKONSTRUKTIONSVORSCHLAG NACH WELLMANN

WESTANSICHT

0 1 2 3 5 10 15M

OSTANSICHT

NACH: WELLMANN E, KLOSTER LIMBURG AN DER HAARDT, DISS., KARLSRUHE 1953

BB78

SPEYER

MA 107

DOM (BAU I) GRUNDRISS REKONSTRUIERT

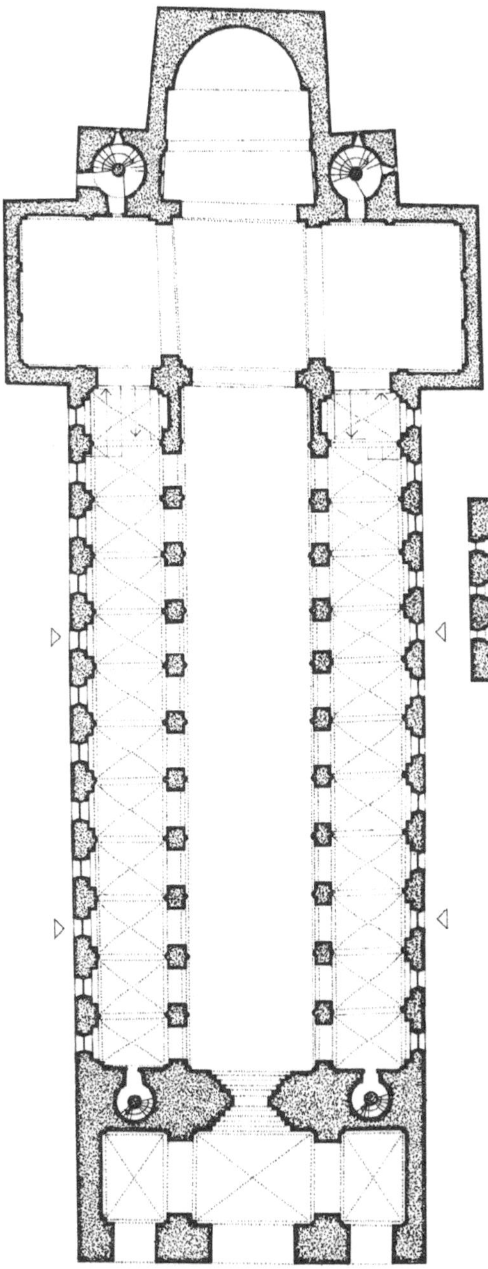

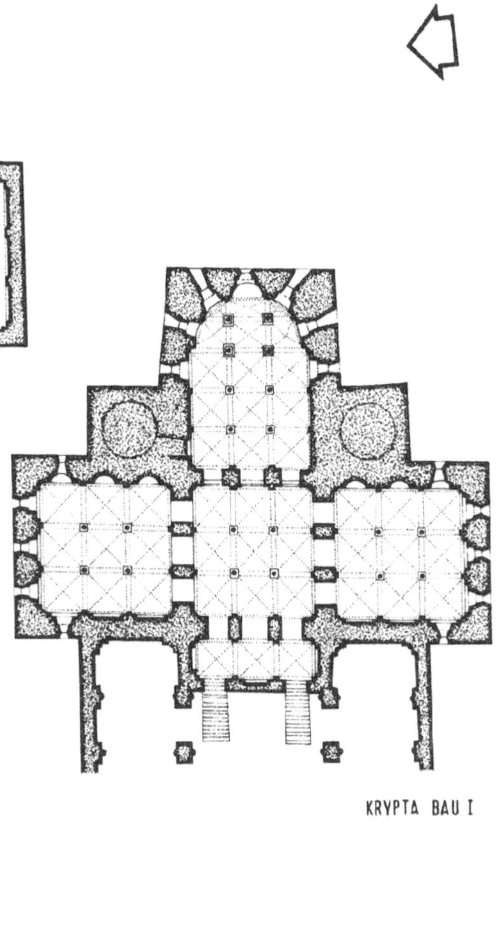

KRYPTA BAU I

NACH: KUBACH H.E. u. HAAS W. (=BEARB.), DER DOM ZU SPEYER, BD. 1-3, MÜNCHEN 1972

HIRSAU

ST. AURELIUS

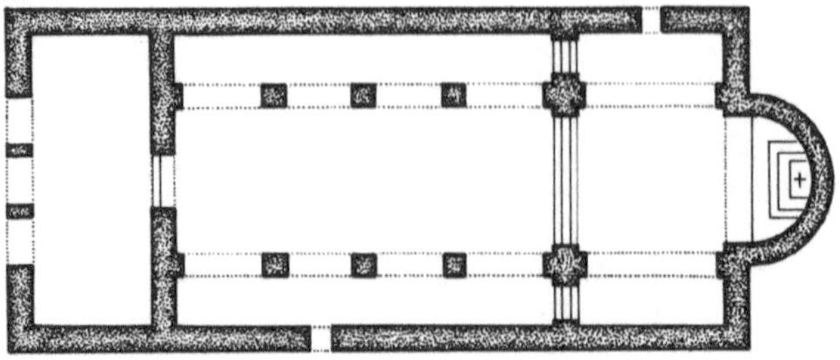

KIRCHE, UM 830

0 5 10 15M

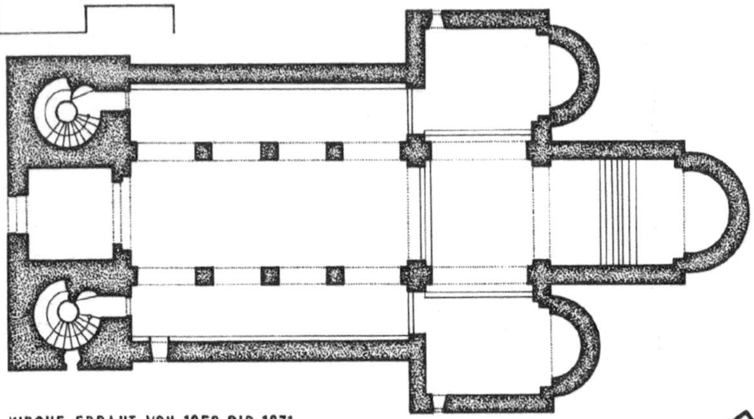

KIRCHE, ERBAUT VON 1059 BIS 1071

0 5 10 15M

KIRCHE, LETZTER BAUZUSTAND N.D. UMBAU

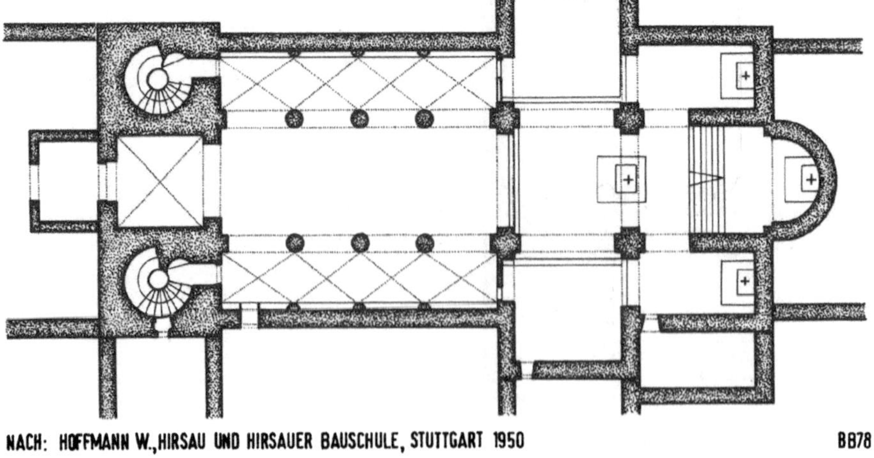

NACH: HOFFMANN W., HIRSAU UND HIRSAUER BAUSCHULE, STUTTGART 1950

BB78

EPFIG

ST. MARGARETHA

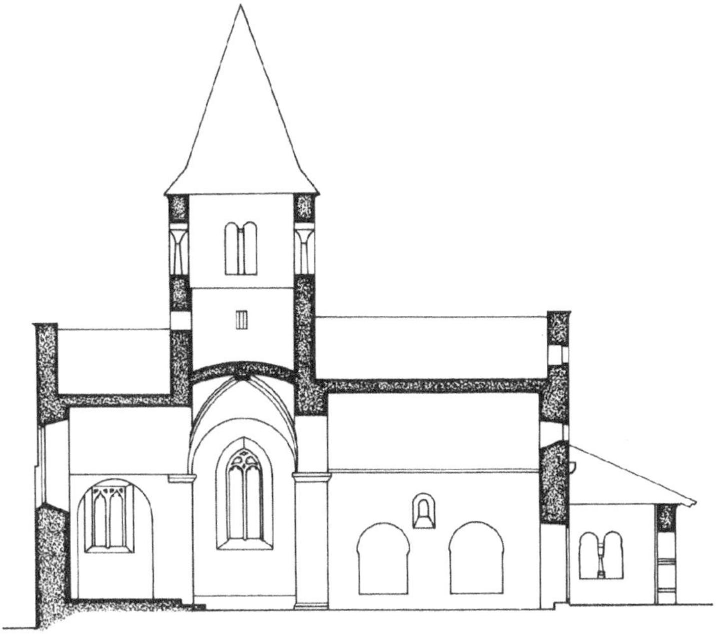

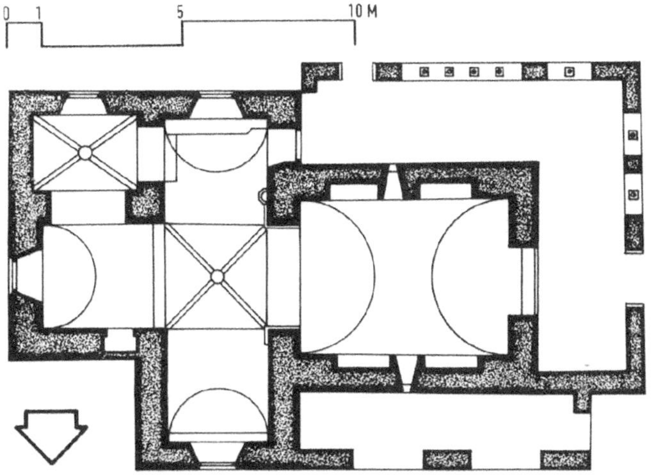

NACH: KAUTZSCH R., DER ROMANISCHE KIRCHENBAU IM ELSASS, FREIBURG I.BR. 1944

HILDESHEIM MA 110

ST. GODEHARD

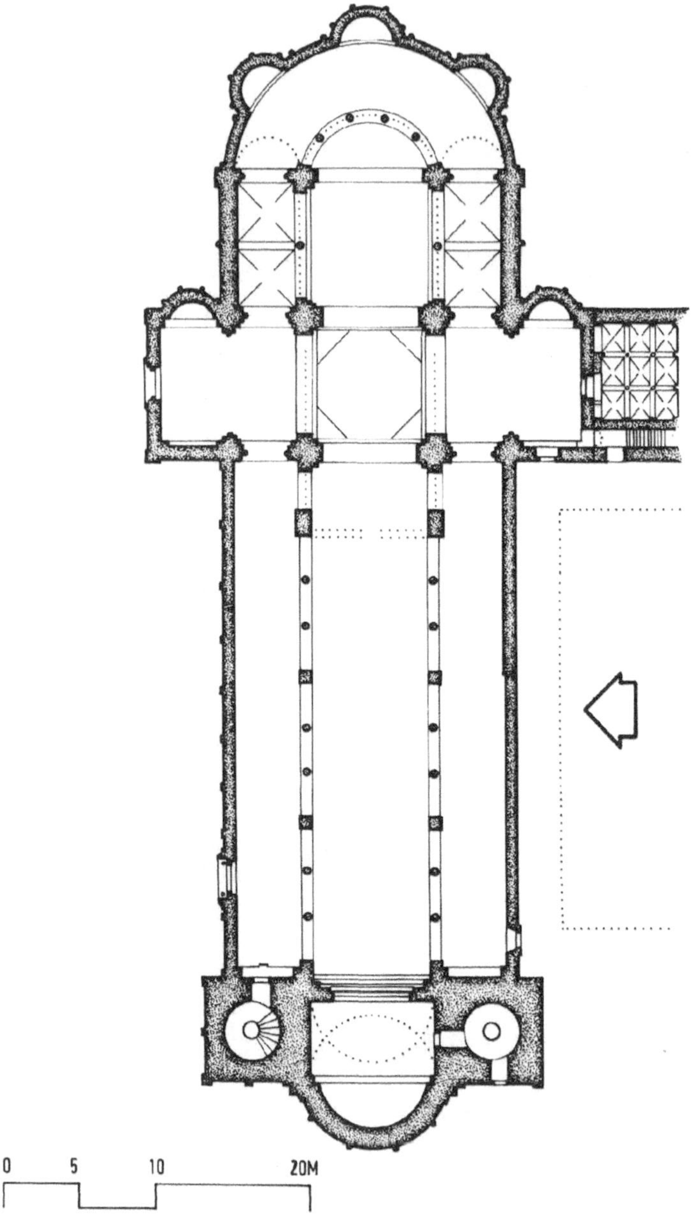

NACH: OSTENDORF F., DIE DEUTSCHE BAUKUNST IM MITTELALTER, BD. 1, MÜNCHEN 1922

MAINZ MA 111

DOM
REKONSTRUKTIONSVORSCHLAG NACH MEISSNER AUS KAUTZSCH/NEEB (ZUSTAND UM 1250)
NORDANSICHT

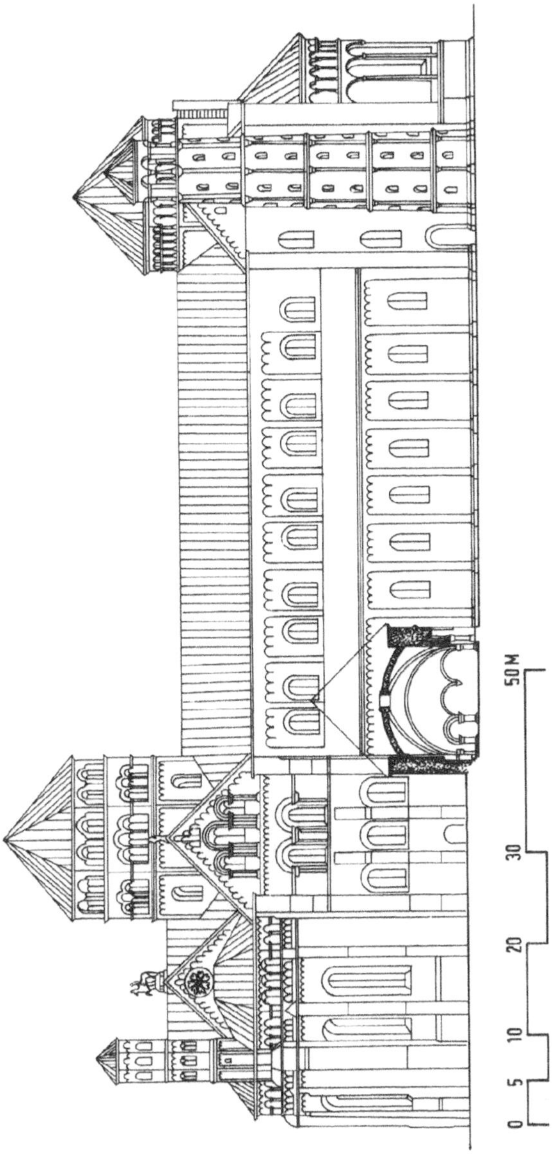

NACH: KUBACH H.E., ARCHITEKTUR DER ROMANIK (=WELTGESCHICHTE D. ARCHITEKTUR), STUTTGART 1974 MA 77

MARIA LAACH

MA 112

ABTEIKIRCHE

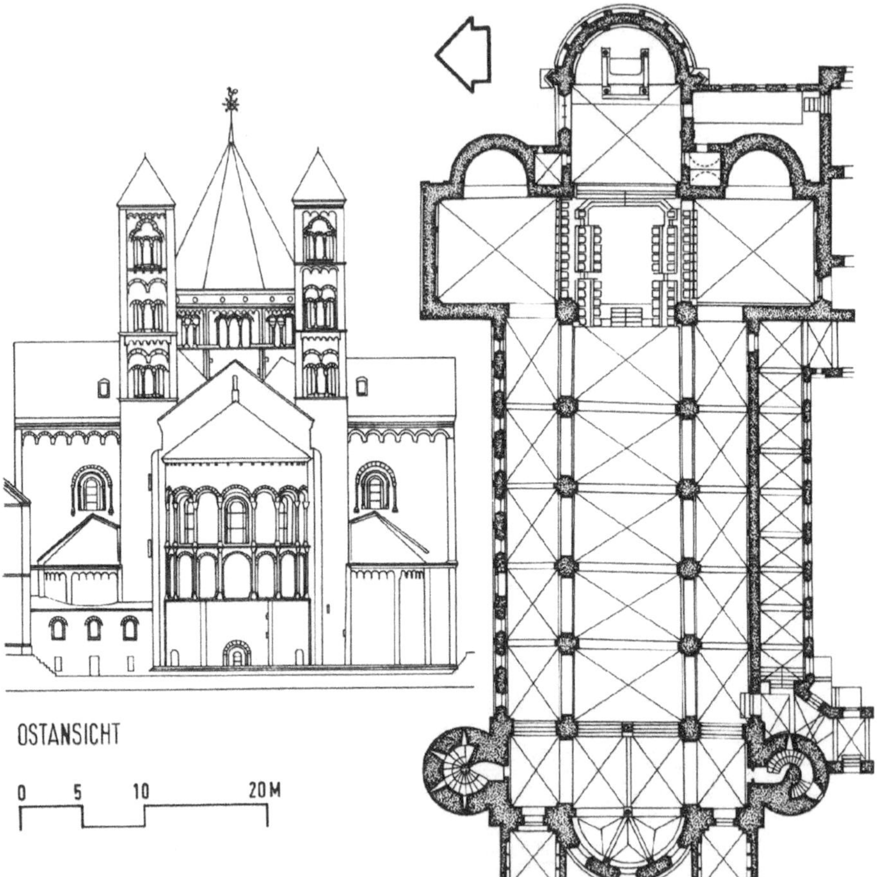

OSTANSICHT

NACH: KUBACH H.E. u. VERBEEK A., ROMANISCHE BAUKUNST AN RHEIN UND MAAS, BD. 2, BERLIN 1976
SCHIPPERS A., DAS LAACHER MÜNSTER, KÖLN 1928

WF78

MARIA LAACH

MA 113

ABTEIKIRCHE

WESTANSICHT VOR DEM ANBAU DES PARADIESES (UM 1220)

NACH: SCHIPPERS A., DAS LAACHER MÜNSTER, KÖLN 1928

BB78

NIVELLES

MA 114

STE. GERTRUDE

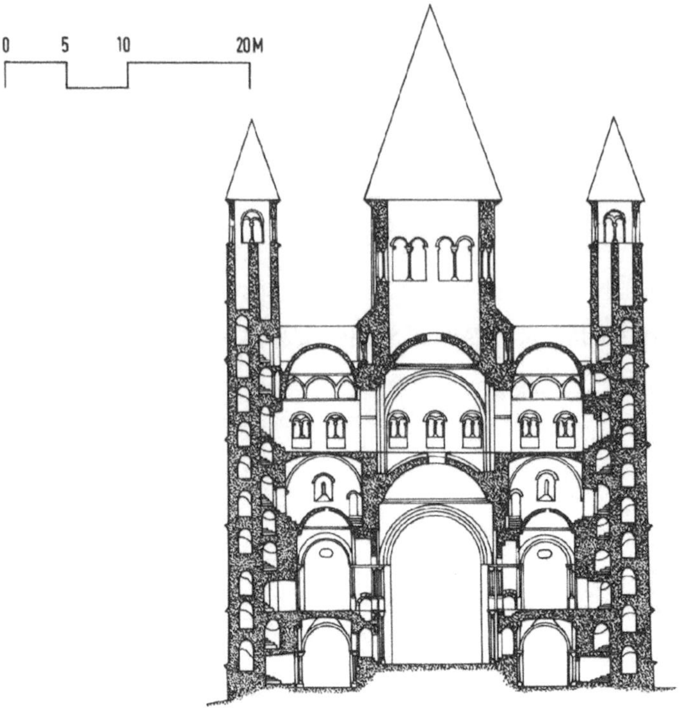

GRUNDRISS NACH LEHMANN (DUNKLE BAUTEILE UM 1000; OFFEN GELASSENE 12. JH.) ▽

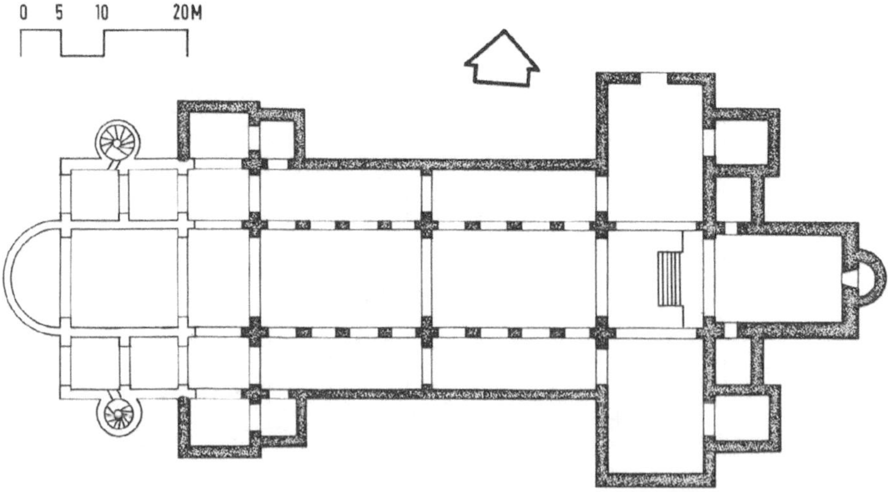

NACH: KUBACH H.E., ARCHITEKTUR DER ROMANIK (=WELTGESCHICHTE DER ARCHITEKTUR), STUTTGART 1974
COURTENS A., ROMANISCHE KUNST IN BELGIEN, MÜNCHEN 1969

TR78

KLOSTERRATH (NIEDERL.) MA 115

EHEM. AUGUSTINER-ABTEIKIRCHE ST. MARIA U. ST. GABRIEL

(SCHEMA NACH TIMMERS

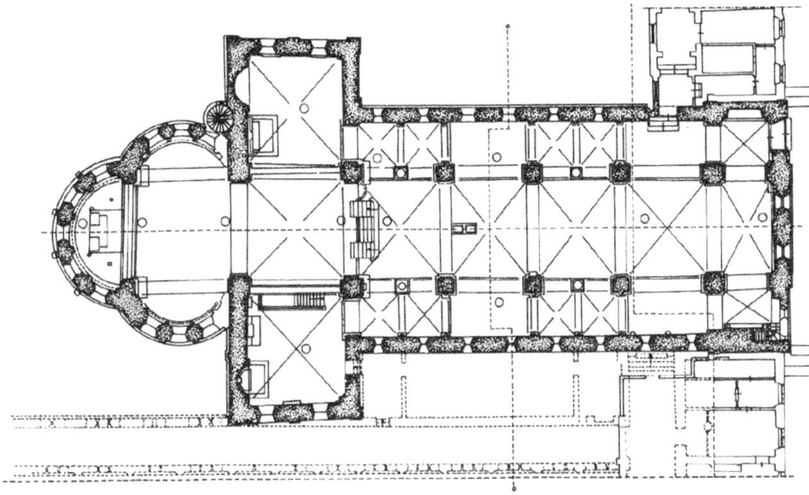

KRYPTA ▽

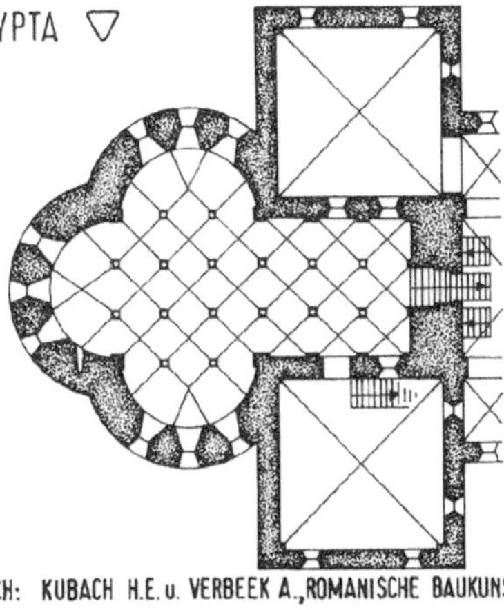

NACH: KUBACH H.E. u. VERBEEK A., ROMANISCHE BAUKUNST AN RHEIN UND MAAS, BD. 1, BERLIN 1976 JU78

KÖLN

MA 116

ST. APOSTELN

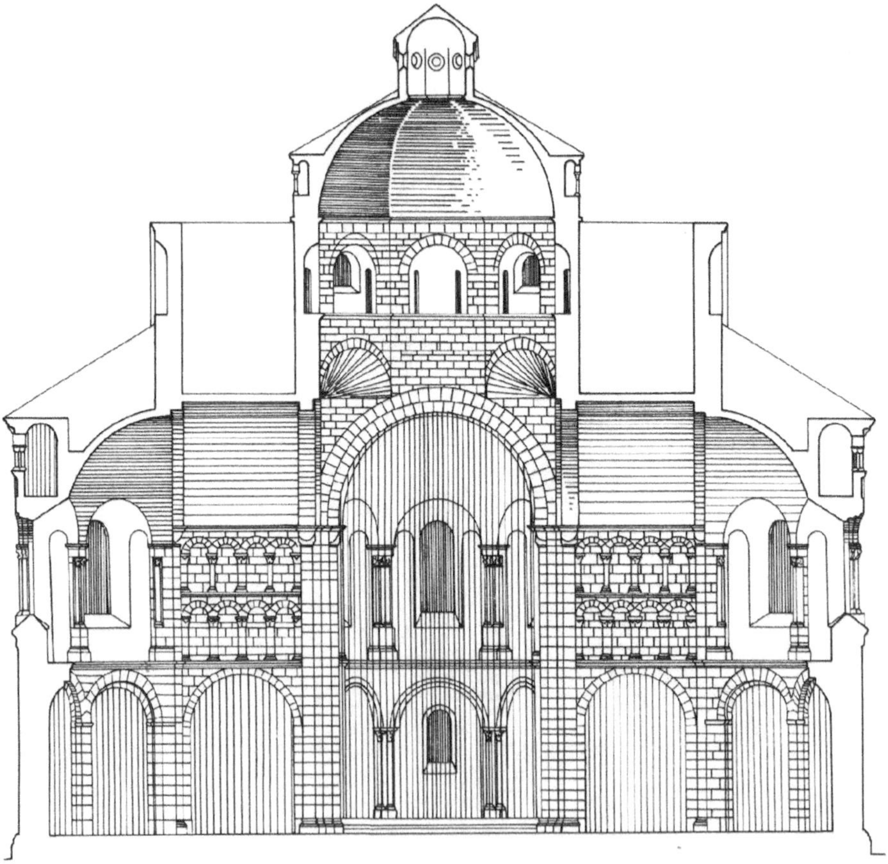

NACH: DEHIO G. u. BEZOLD G., DIE KIRCHL. BAUKUNST D. ABENDLANDES, BD. 2 , HILDESHEIM 1969 (=NEUDR.) BB78

KÖLN

MA 117

GROSS ST.MARTIN

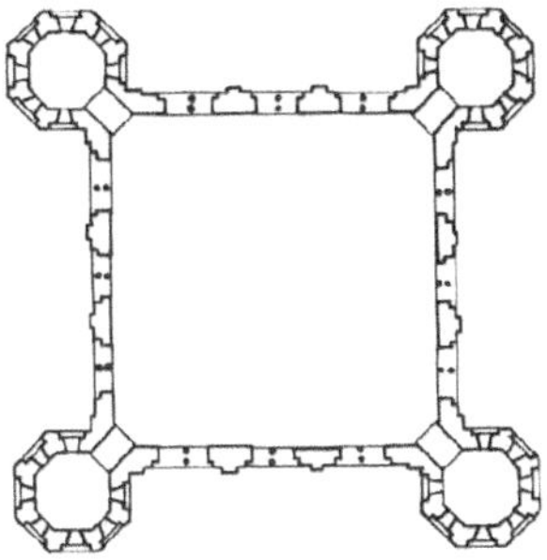

VIERUNGSTURM

0 5 10 20 M

OSTANSICHT

NACH: OSTENDORF F., DIE DEUTSCHE BAUKUNST IM MITTELALTER, BD. 1, MÜNCHEN 1922

SCHWARZRHEINDORF

DOPPELKAPELLE

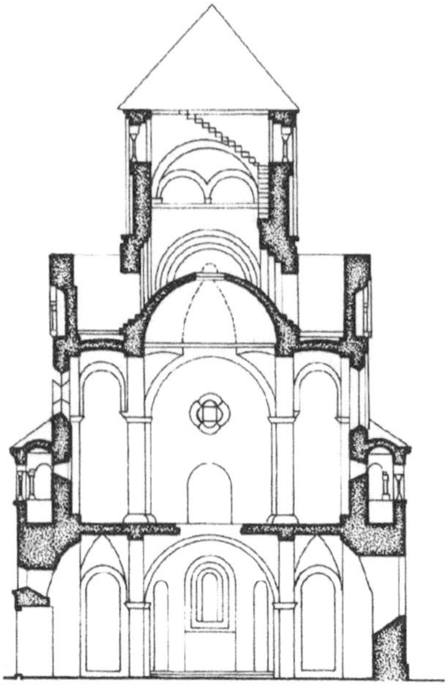

SCHNITT

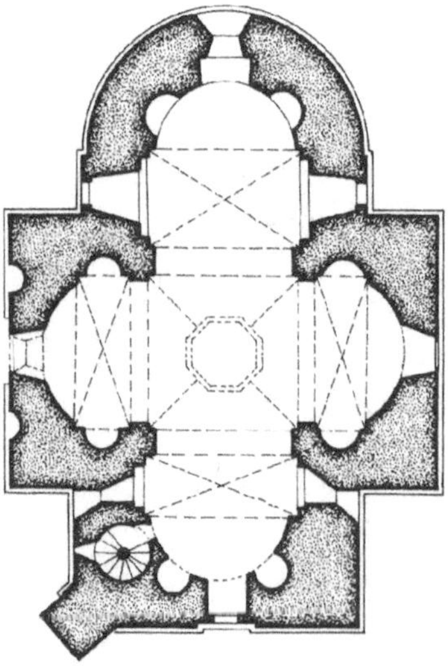

ERDGESCHOSS

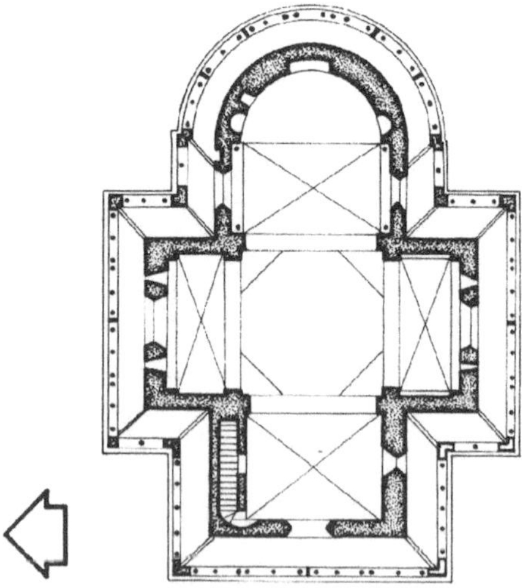

OBERGESCHOSS

NACH: KUBACH H.E., ARCHITEKTUR DER ROMANIK (= WELTGESCHICHTE DER ARCHITEKTUR), STUTTGART 1974

LIMBURG (LAHN) MA 119

ST. GEORG (DOM)

ERDGESCHOSS

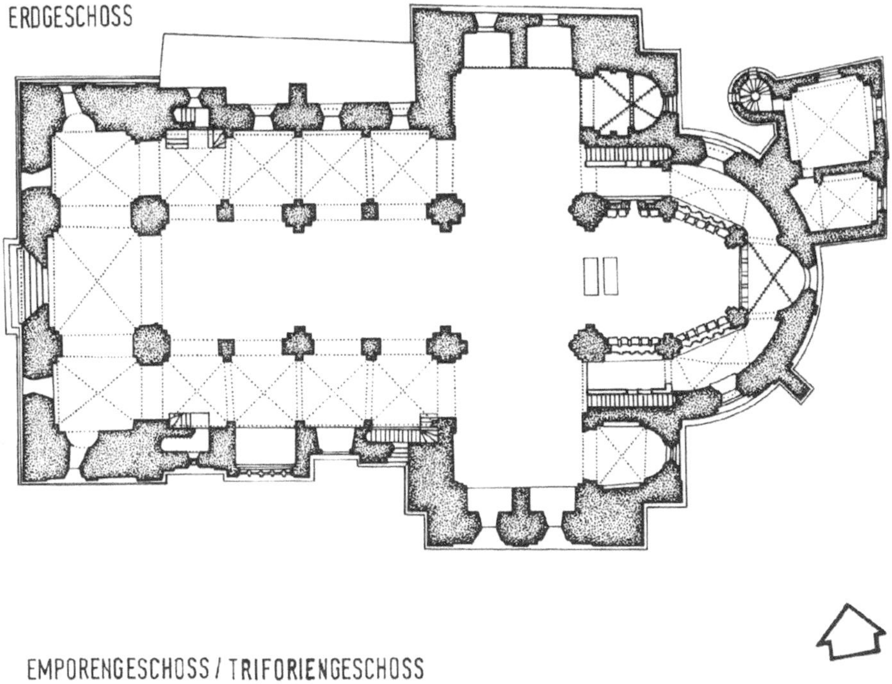

EMPORENGESCHOSS / TRIFORIENGESCHOSS

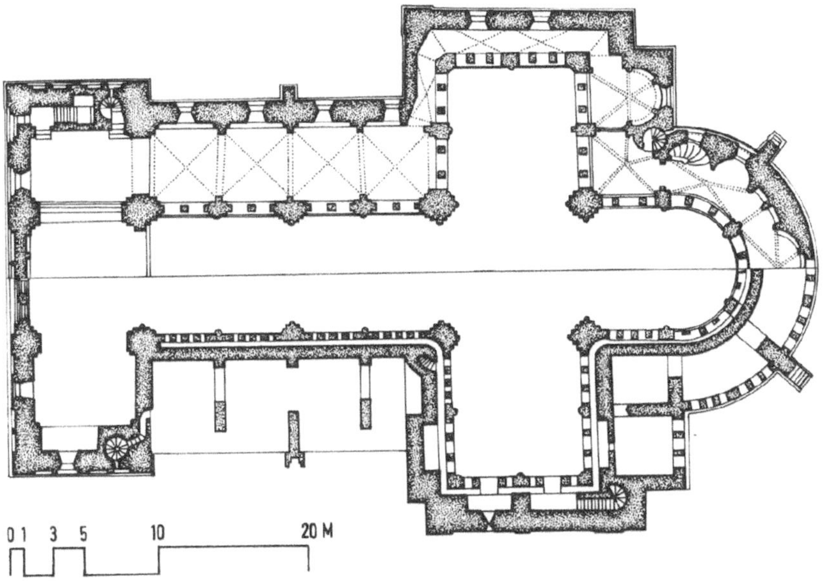

NACH: KUBACH H.E. u. VERBEEK A., ROMANISCHE BAUKUNST AN RHEIN UND MAAS, BD. 2, BERLIN 1976

FM/BB79

LIMBURG (LAHN)

MA 120

ST. GEORG (DOM)

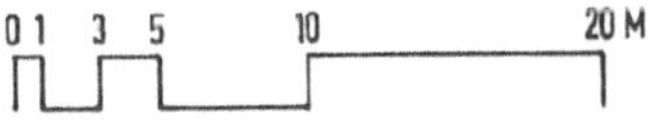

NACH: KUBACH H.E. u. VERBEEK A., ROMANISCHE BAUKUNST AN RHEIN UND MAAS, BD. 1, BERLIN 1976

BB78

MURBACH

MA 121

ST. LEODEGAR (EHEM. ABTEIKIRCHE)

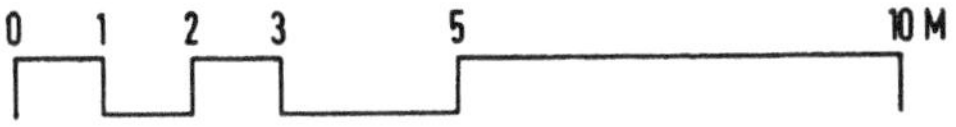

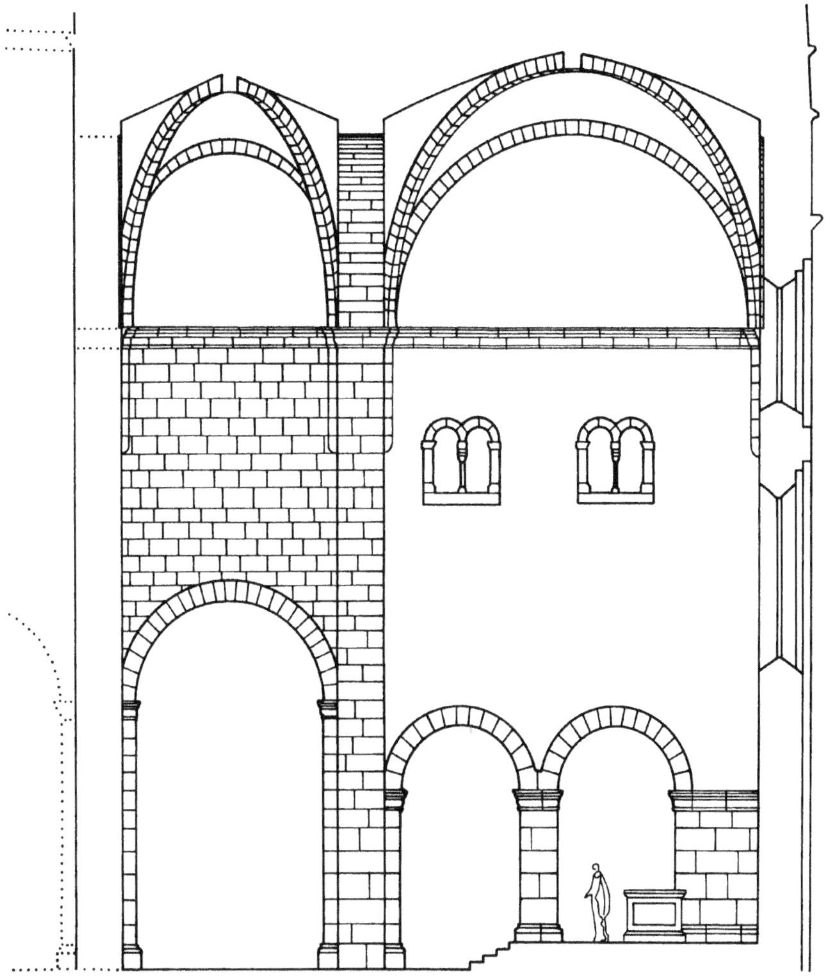

SCHNITT DURCH VIERUNG UND CHOR

NACH: KAUTZSCH R., DER ROMANISCHE KIRCHENBAU IM ELSASS, FREIBURG I.BR. 1944

BB78

MAURSMÜNSTER

EHEM. ABTEIKIRCHE

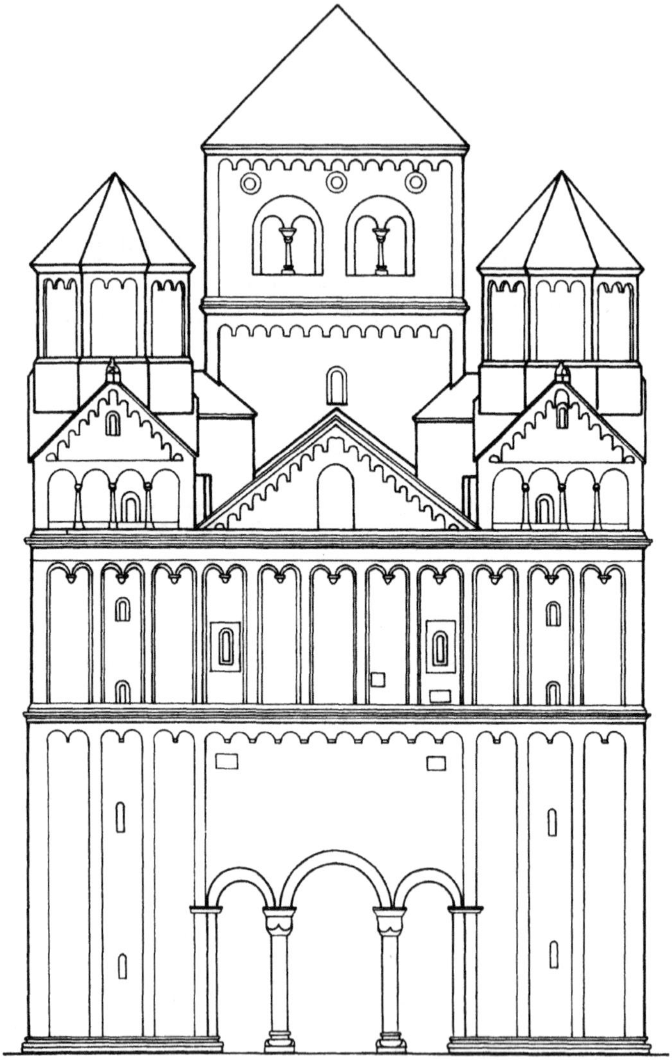

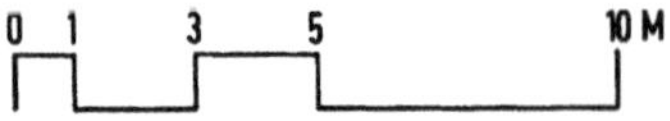

NACH: OSTENDORF F., DIE DEUTSCHE BAUKUNST IM MITTELALTER, BD.1, MÜNCHEN 1922

WORMS

MA 123

DOMBEZIRK IM 13. JH.

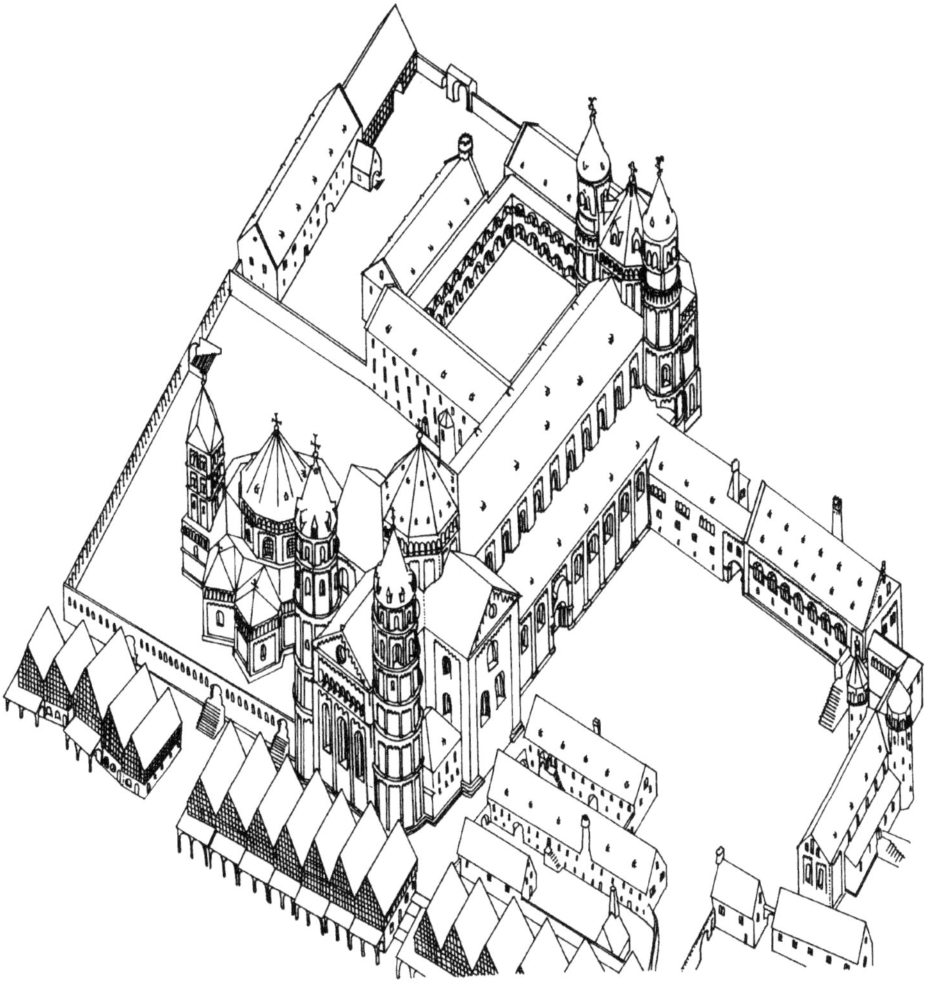

NACH: GRUBER K., DIE GESTALT DER DEUTSCHEN STADT, MÜNCHEN 1952

BB78

OTTERBERG

MA 124

EHEM. ZISTERZIENSERKLOSTERKIRCHE

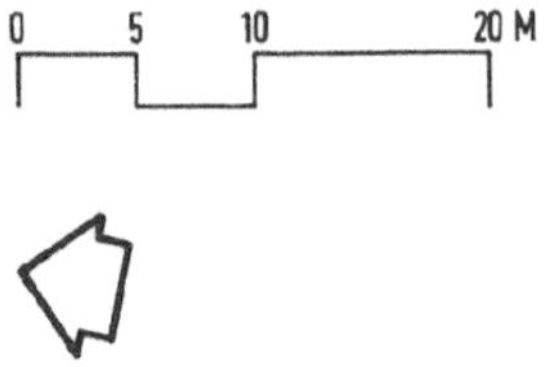

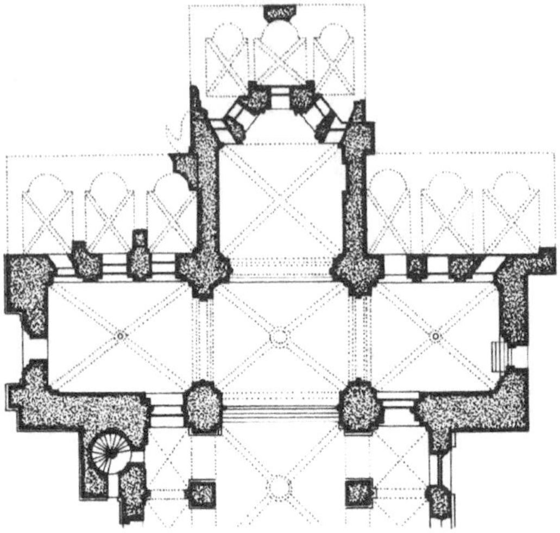

NACH: KUBACH H.E., ARCHITEKTUR DER ROMANIK (=WELTGESCHICHTE DER ARCHITEKTUR), STUTTGART 1974
ECKARDT A. u. GEBHARDT T. (=BEARB.), STADT UND LANDKREIS KAISERSLAUTERN, MÜNCHEN 1942

JU 78

WESTFÄLISCHE WESTTÜRME MA 125

NACH: DEHIO G. u. BEZOLD G., DIE KIRCHLICHE BAUKUNST DES ABENDLANDES, BD. 6, HILDESHEIM 1969 (= NEUDR.) BB 78

CLUNY II

MA 126

KLOSTERANLAGE

REKONSTRUKTION - ZUSTAND MITTE 11. JH.

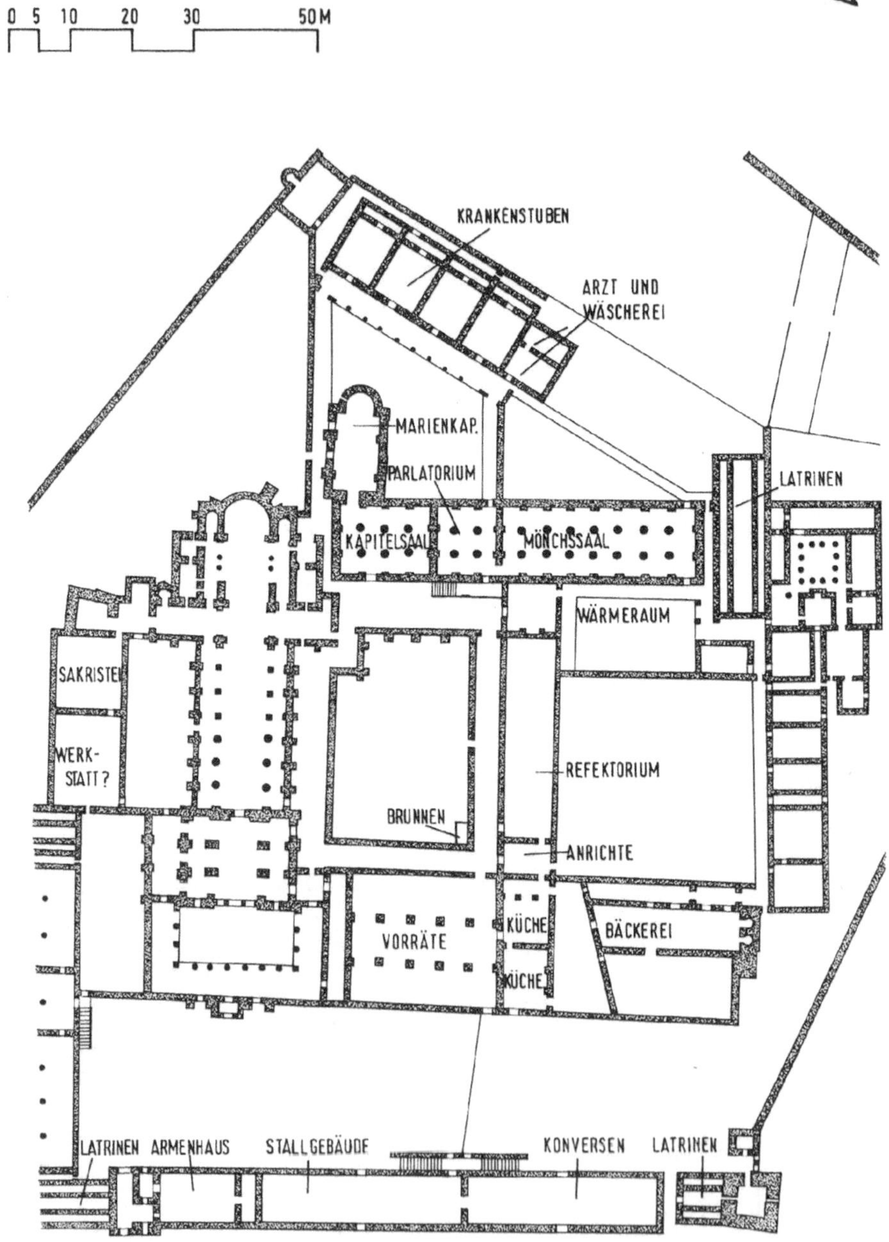

NACH: GRODECKI L. u.a., DIE ZEIT DER OTTONEN UND SALIER (=UNIVERSUM DER KUNST), MÜNCHEN 1973

TR78

GROSS - KOMBURG MA 127

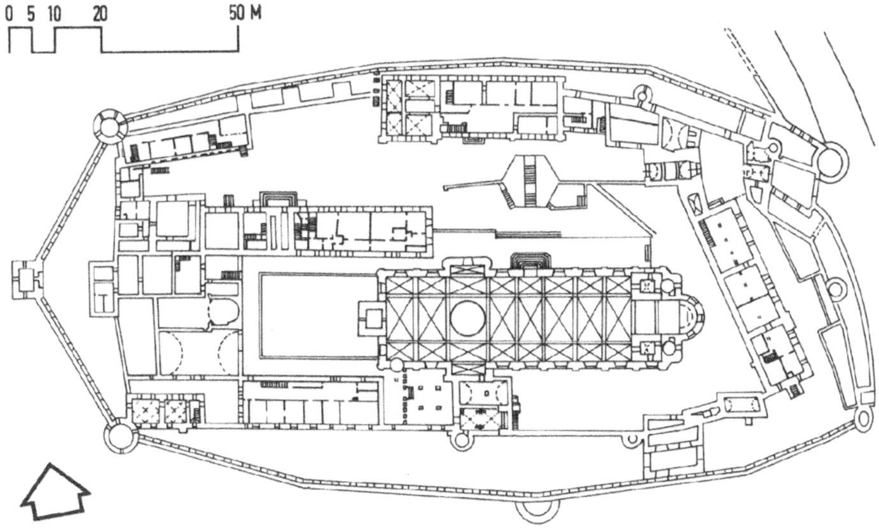

TORBAU

NACH: BRAUNFELS W., ABENDLÄNDISCHE KLOSTERBAUKUNST, KÖLN 1969
BOCK E., ROMAN. BAUKUNST U. PLASTIK IN WÜRTTEMBERG, STUTTGART 1962 (=2. AUFL.)

TR/BÖ 79

CANTERBURY MA 128

KLOSTERPLAN MIT EINTRAGUNG DER WASSERVERSORGUNG

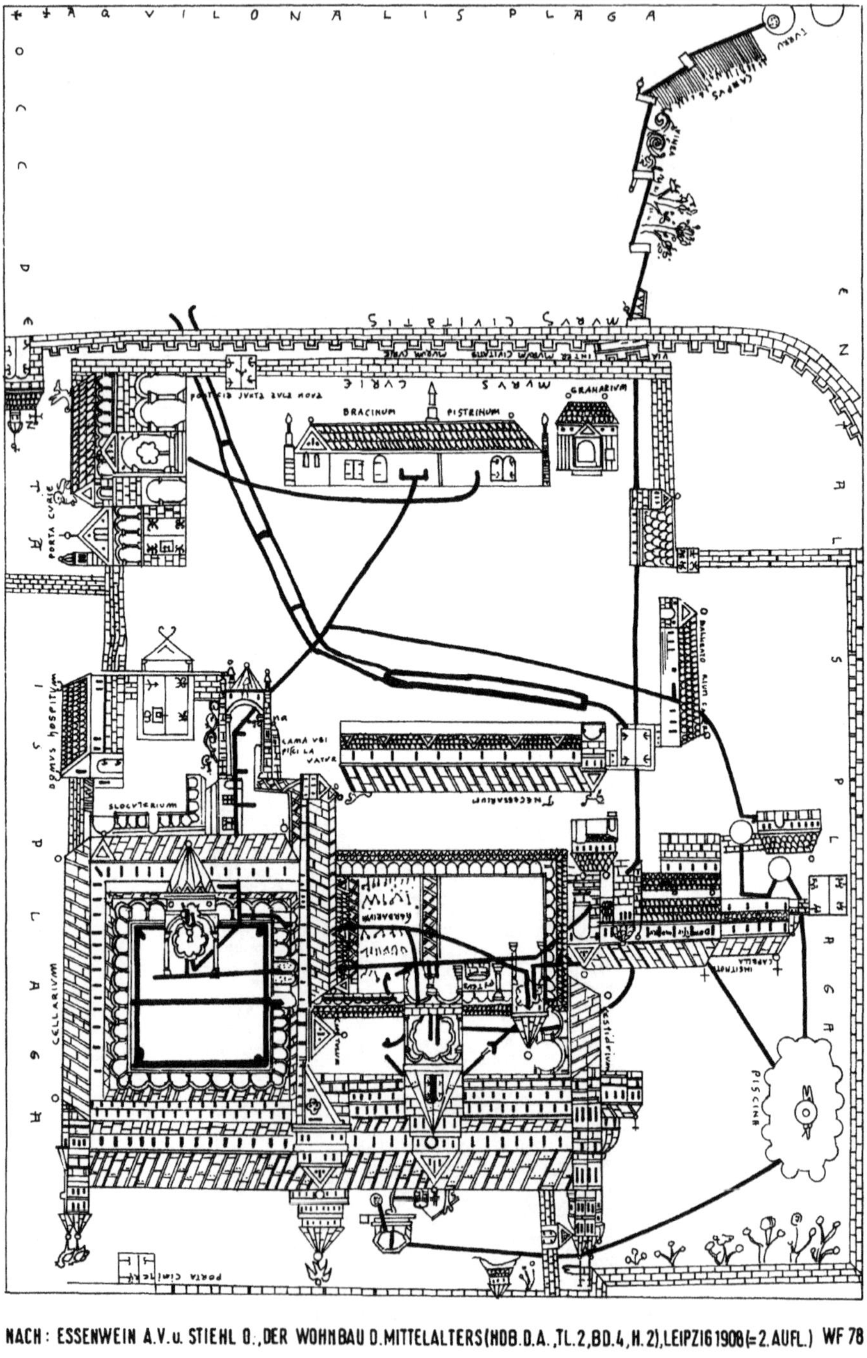

NACH: ESSENWEIN A.V. u. STIEHL O., DER WOHNBAU D. MITTELALTERS (HDB. D.A., TL. 2, BD. 4, H. 2), LEIPZIG 1908 (= 2. AUFL.) WF 78

KLOSTERBAU

ABTEIKÜCHE VON FONTEVRAULT

CALEFACTORIUM VON MAULBRONN

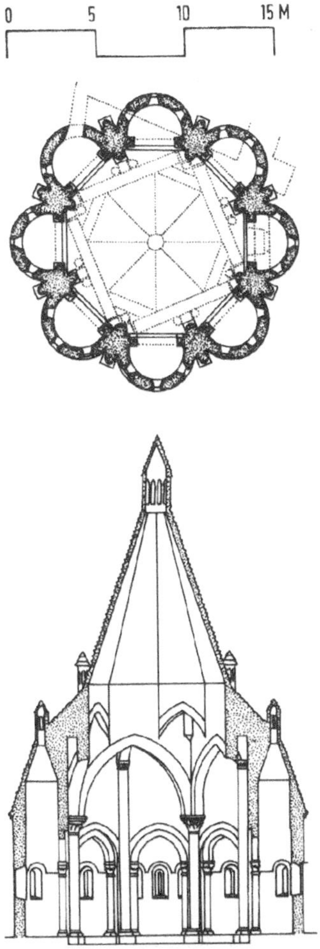

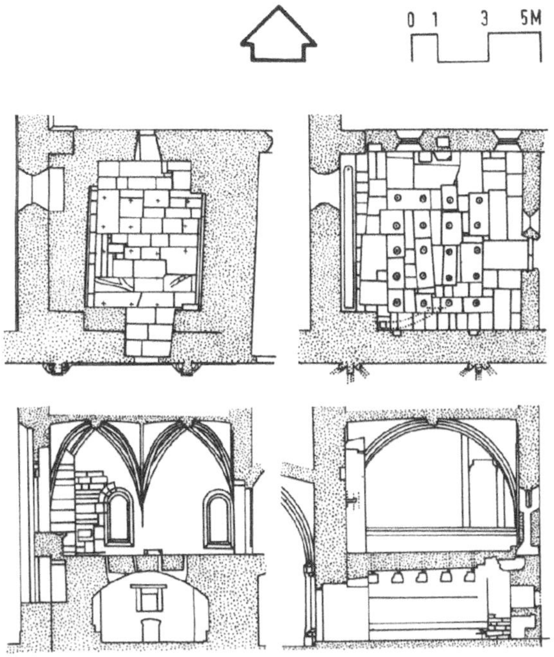

NACH: OURSEL R. u. ROUILLER J., ROMANIK(=WELTKULTUREN UND BAUKUNST), MÜNCHEN 1966
REALLEXIKON ZUR DEUTSCHEN KUNSTGESCHICHTE (HRSG.: SCHMITT O., u.a.), BD. 3, STUTTGART 1954

BB78

WINKEL

MA 130

GRAUGASSE 8, „GRAUES HAUS“

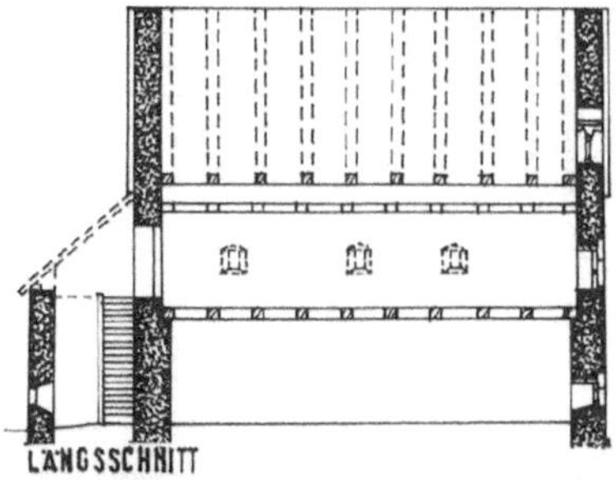

LÄNGSSCHNITT

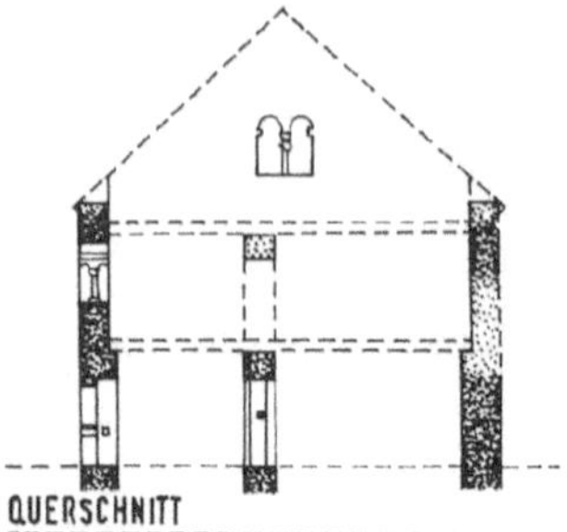

QUERSCHNITT

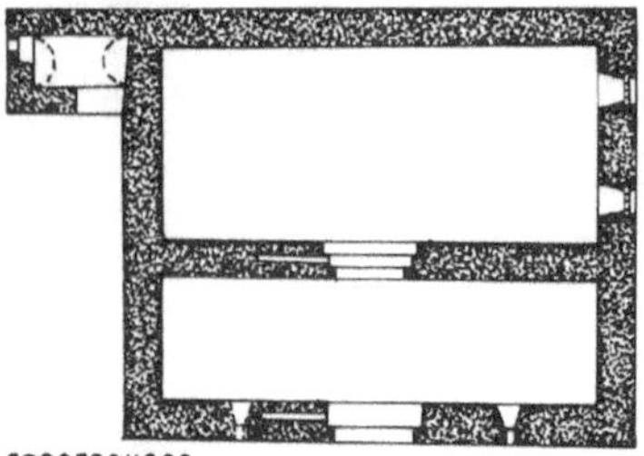

ERDGESCHOSS

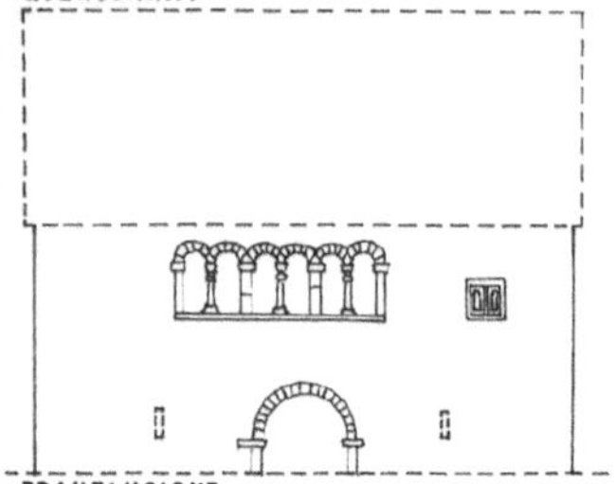

TRAUFANSICHT

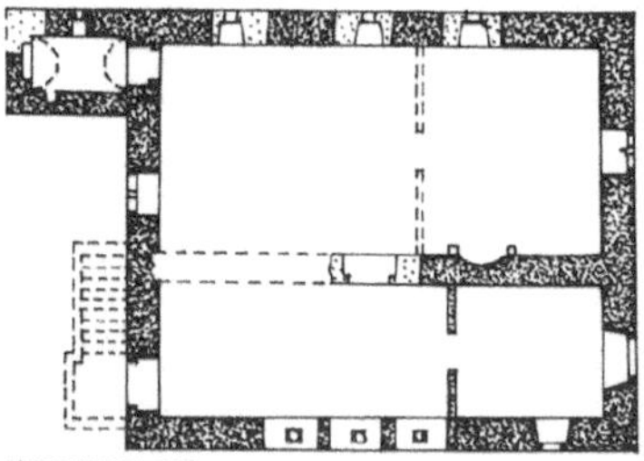

OBERGESCHOSS

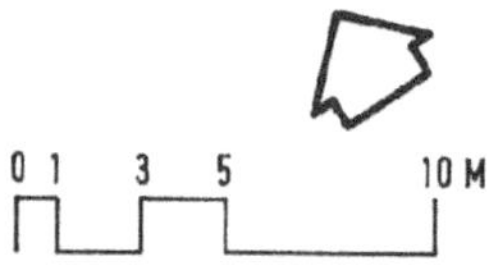

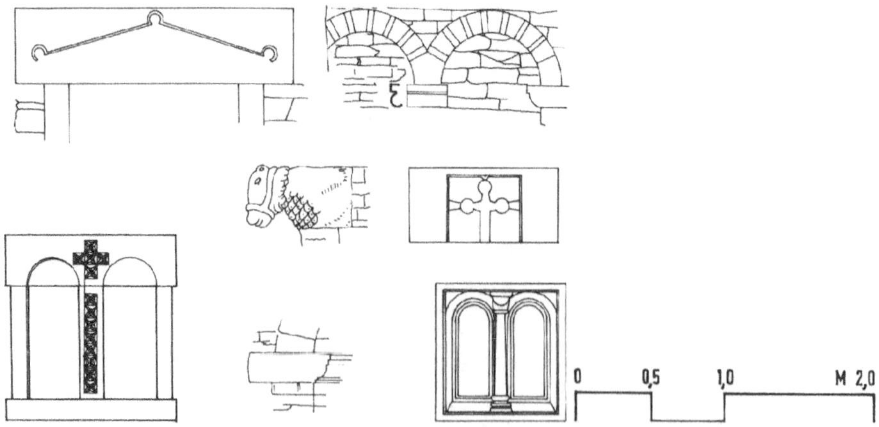

NACH: WIEDENAU A., KATALOG D. ROMAN. WOHNBAUTEN IN WESTDT. STÄDTEN U. SIEDL., TÜBINGEN 1984 HO 93

ESSENWEIN A.V. u. STIEHL O., D. WOHNBAU D. MITTELALTERS (=HDB. D. A., TL. 2, BD. 4, H. 2), LEIPZIG 1908 (=2. AUFL.) BB 78

KÖLN

MA 131

RHEINGASSE 8, „OVERSTOLZENHAUS"

0 0.5 1 1.5 2 3M

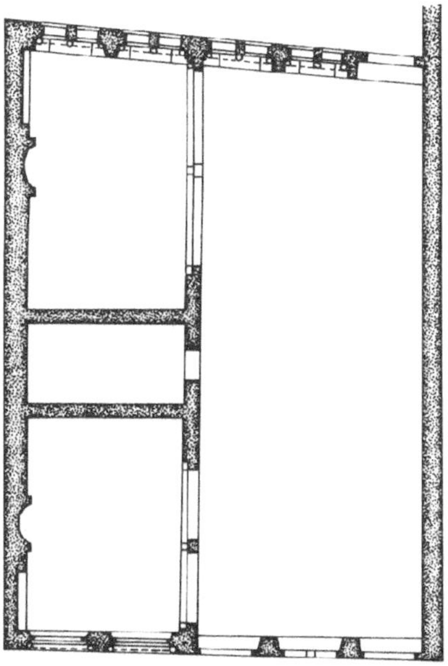

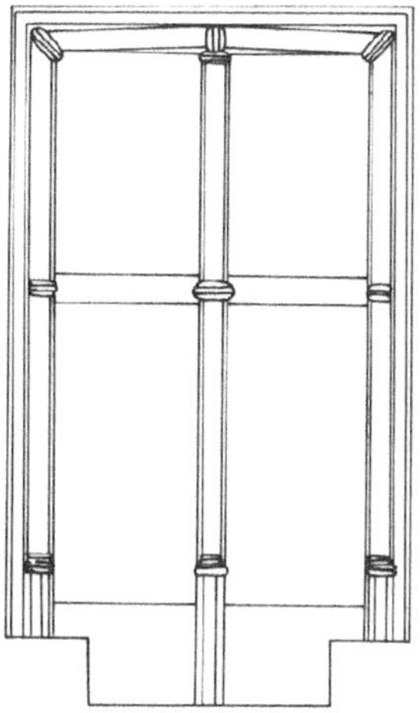

0 1 3 5 10M

NACH: WIEDENAU A., ROMANISCHER WOHNBAU IM RHEINLAND, KÖLN 1979

HM 81

GOSLAR

KAISERPFALZ

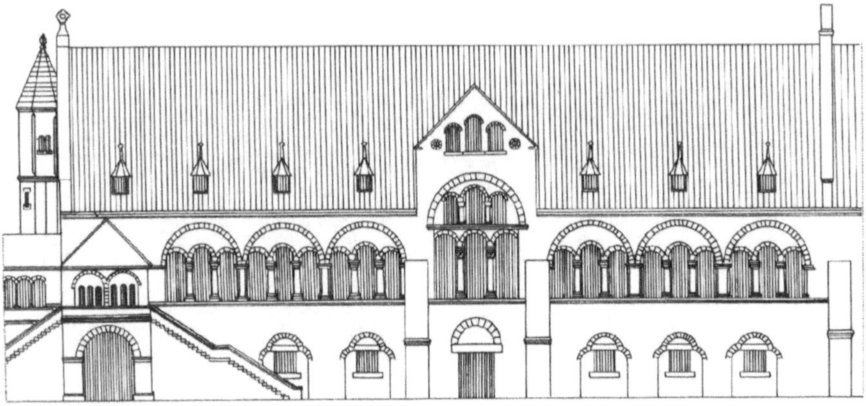

NACH: HOLTZINGER H., ALTCHRISTL. U. BYZANTINISCHE BAUKUNST(=HDB. D. A., TL. 2, BD. 3, H. 1), LEIPZIG 1909(=3. AUFL.) BB 78
CONANT K.-J., CAROLINGIAN AND ROMANESQUE ARCHITECTURE 800-1200, MIDDLESEX (GB) 1959 WF 78

GELNHAUSEN

MA 133

KAISERPFALZ, TORBAU UND KAPELLE

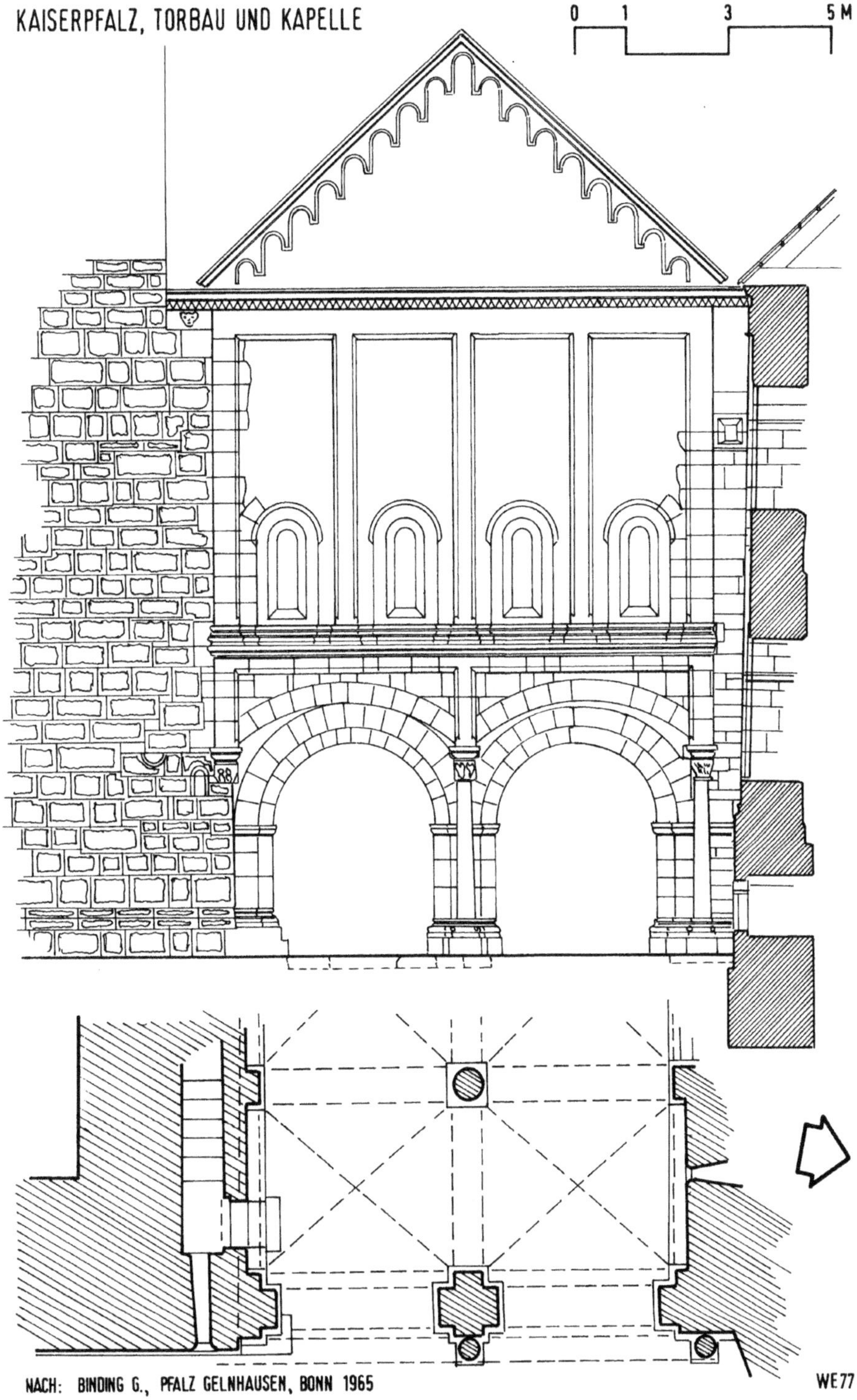

NACH: BINDING G., PFALZ GELNHAUSEN, BONN 1965

WE77

GELNHAUSEN

MA 134

KAISERPFALZ, KAMIN D. PALAS

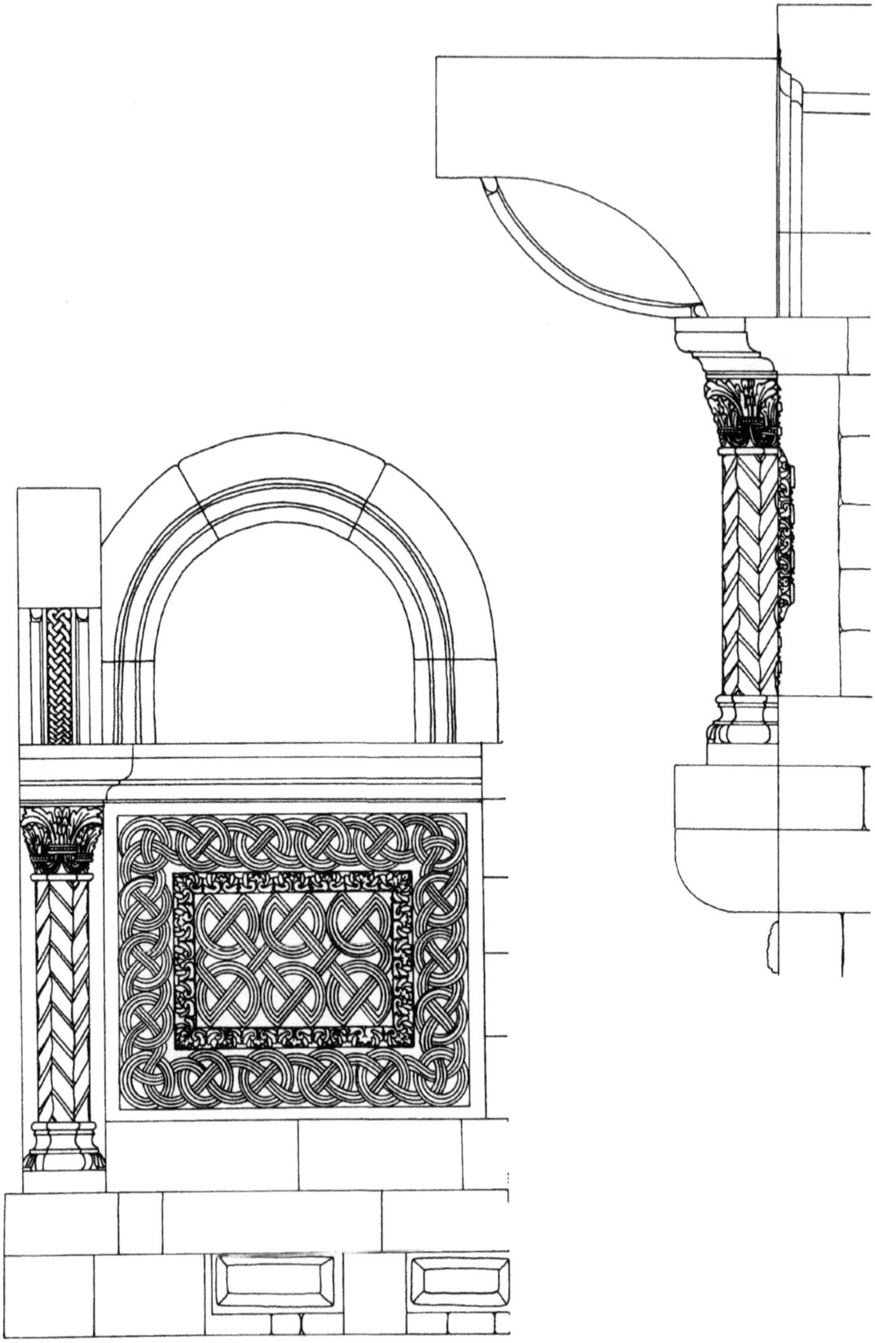

NACH: ESSENWEIN A.V. u. STIEHL O., D. WOHNBAU D. MITTELALTERS (HDB. D.A., TL. 2, BD. 4, H. 2), LEIPZIG 1908 (=2. AUFL.) BB78

TRELLEBORG (SEELAND) MA 135

WIKINGERLAGER

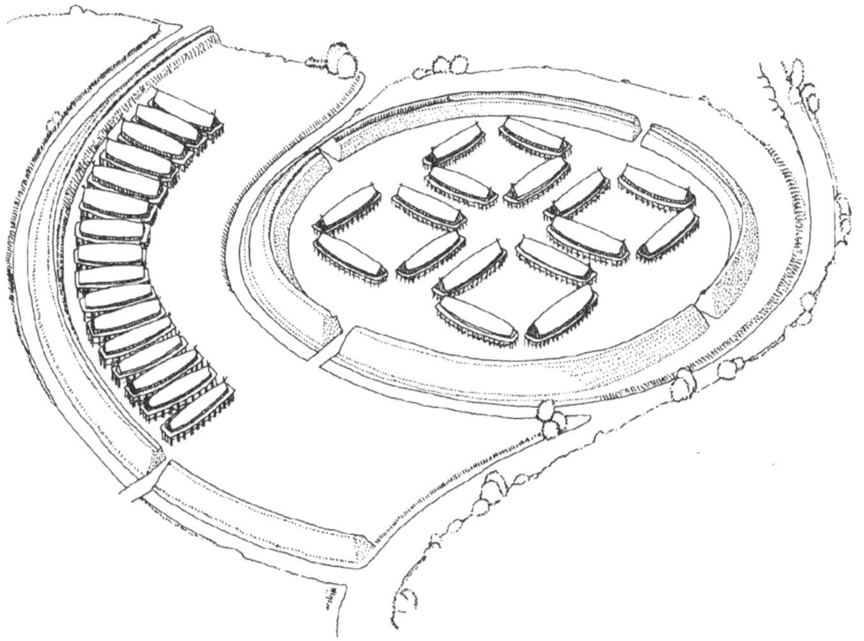

NACH: GRUBER K., DIE GESTALT DER DEUTSCHEN STADT, MÜNCHEN 1976 (= 2. AUFL.) BB78

PONS

MA 136

DONJON

NACH: KUBACH H.E., ARCHITEKTUR DER ROMANIK (= WELTGESCHICHTE DER ARCHITEKTUR), STUTTGART 1974

MÜNZENBERG

MA 137

BURG

HOFANSICHT DES PALAS

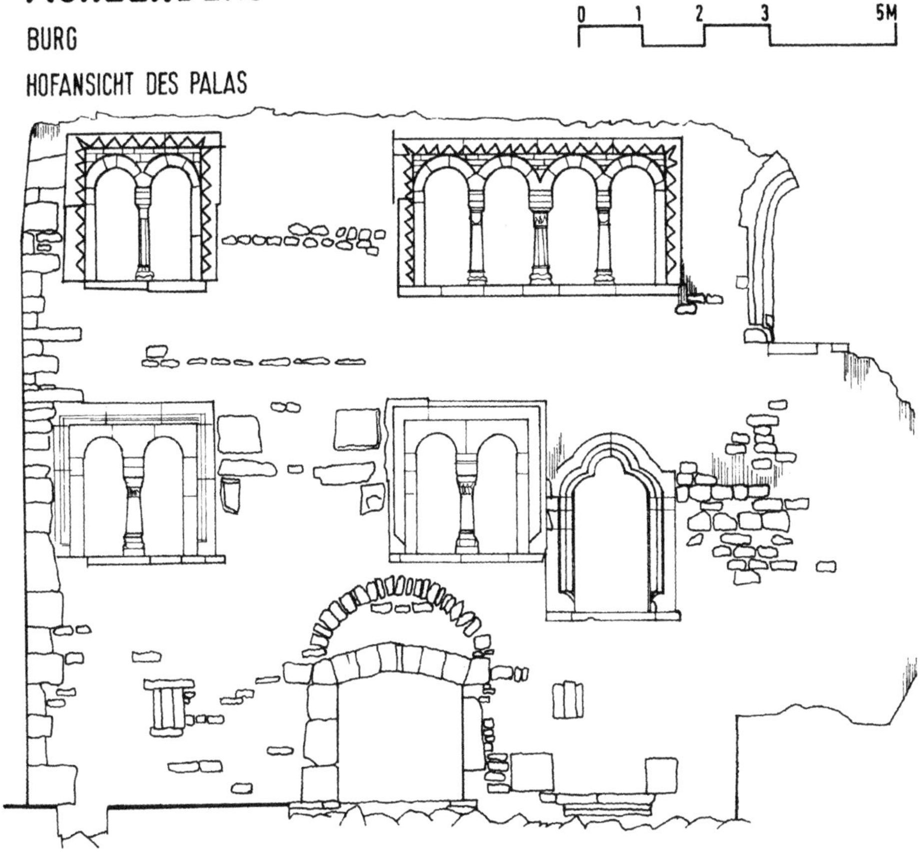

SITUATIONSPLAN

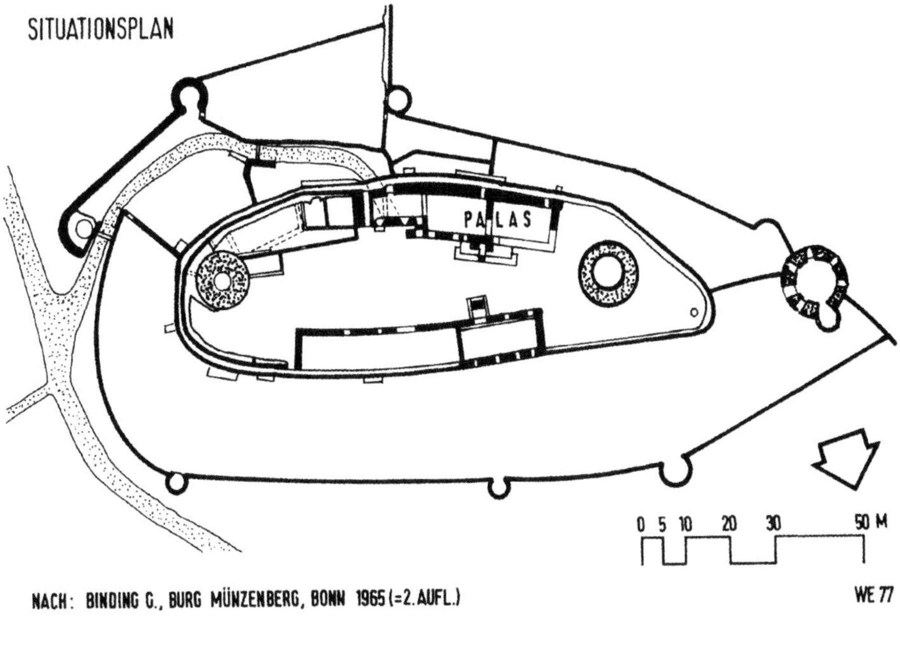

NACH: BINDING G., BURG MÜNZENBERG, BONN 1965 (=2. AUFL.)

WE 77

NÜRNBERG MA 138

BURG - KAISERKAPELLE UND HEIDENTURM

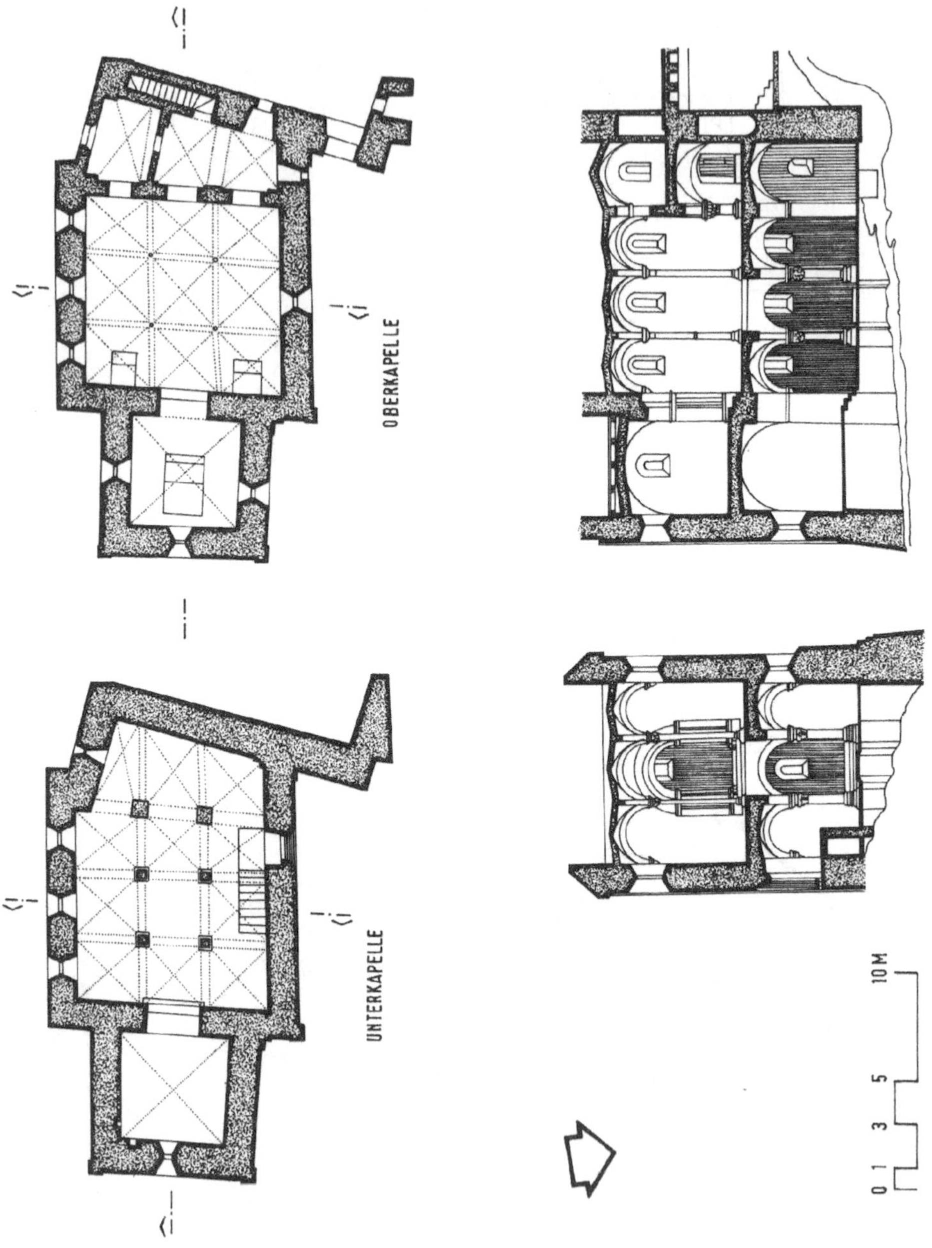

NACH: FEHRING G.P. u. RESS A., DIE STADT NÜRNBERG (=BAYERISCHE KDM 10), MÜNCHEN 1977 (= 2. AUFL.) GF 78
BACHMANN E., KAISERBURG NÜRNBERG (=AMTL. FÜHRER D. BAYR. VERW. D. STAATL. SCHLÖSSER U. SEEN), MÜNCHEN 1970 BB 79

WEHRBAU

BURG

SCHEMA EINER HÖHENBURG

A ÄUSSERE VORBURG
B INNERE VORBURG
C HAUPTBURG

1 BURGGRABEN
2 AUSSENTOR
3 HAUPTBRÜCKE
4 BURGKAPELLE
5 STALLUNGEN
6 ZISTERNE
7 INNENTOR
8 AUSFALLTOR
9 KÜCHE
10 PALAS
11 SCHILDMAUER
12 BERGFRIED
13 ZEUGHAUS

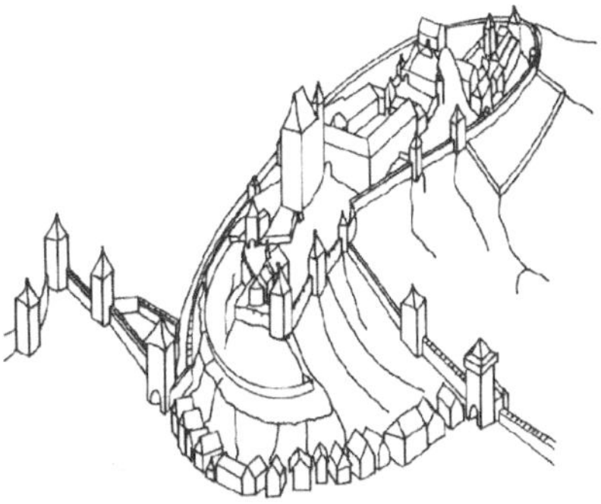

ABSCHNITTSBURG

NACH: GLOSSARIUM ARTIS, BD. 1, BURGEN U. FESTE PLÄTZE, MÜNCHEN 1977 (=2. AUFL.)

WEHRBAU

MA 140

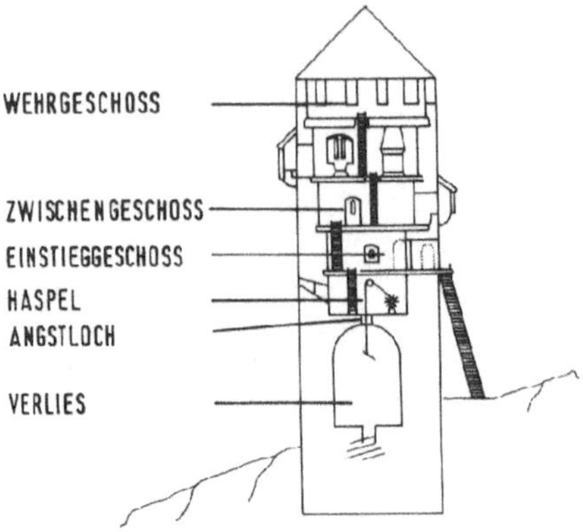

BERGFRIED

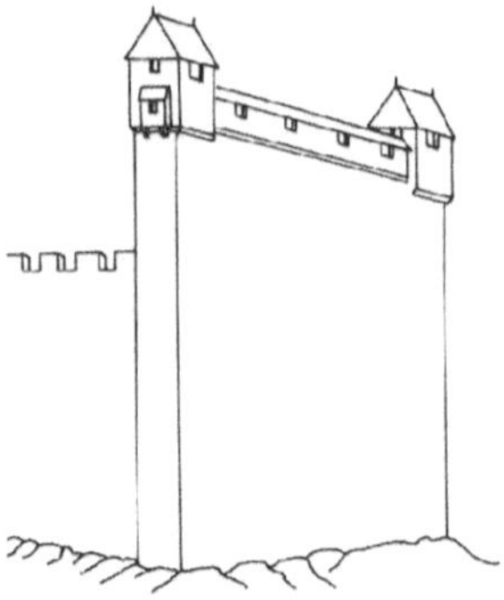

SCHILDMAUER

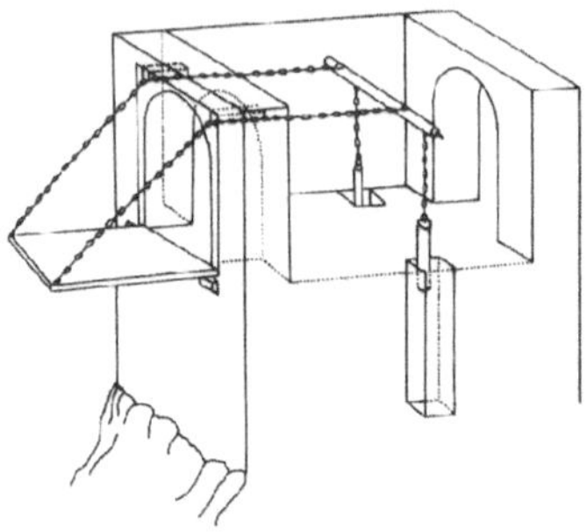

GEGENGEWICHT BRÜCKE

SCHWIPPBRÜCKE

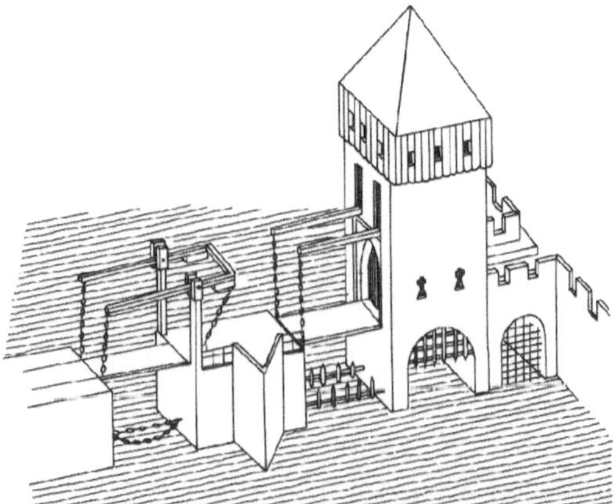

BEFESTIGTE BRÜCKE

NACH: GLOSSARIUM ARTIS, BD.1, BURGEN U.FESTE PLÄTZE, MÜNCHEN 1977 (=2.AUFL.)

BB78

RAMMBOCK

BRECHSCHRAUBE

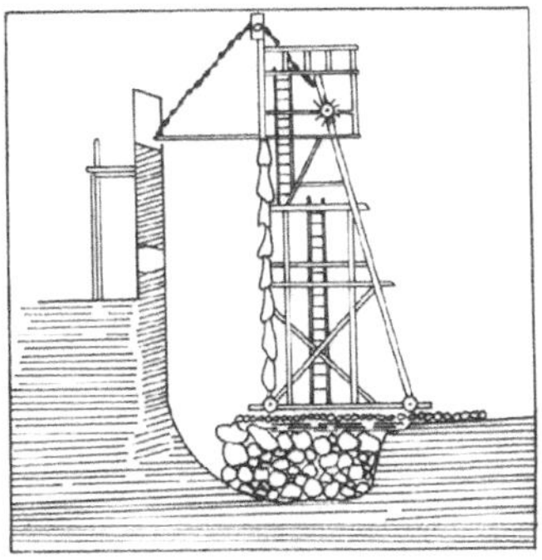

BELAGERUNGSTURM

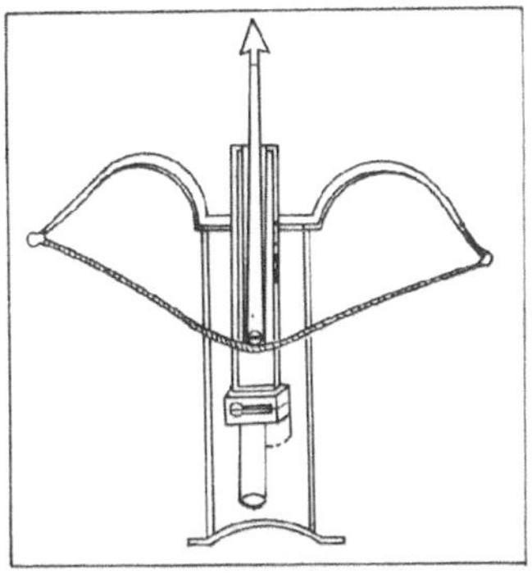

PFEILGESCHÜTZ

ZINNEN UND MASCHIKULIS EINES TURMES

NACH: GLOSSARIUM ARTIS, BD. 1, BURGEN U. FESTE PLÄTZE, MÜNCHEN 1977 (= 2. AUFL.)
VIOLLET LE DUC E., MILITARY ARCHITECTURE OF THE MIDDLE AGES, WESTPORT (CONNECTICUT) 1977

TR 78

WEHRBAU MA 142

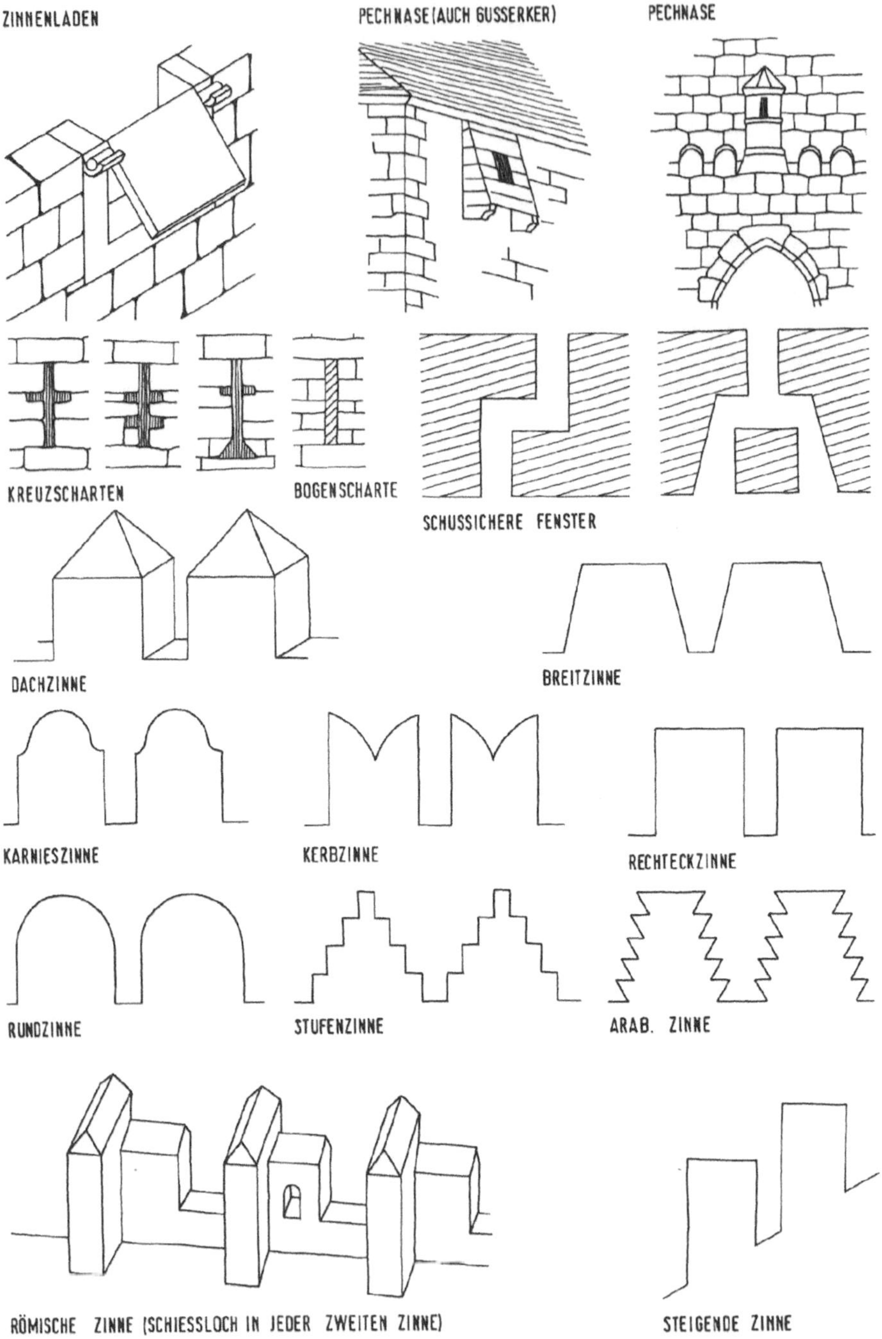

NACH: GLOSSARIUM ARTIS, BD. 1, BURGEN U. FESTE PLÄTZE, MÜNCHEN 1977 (=2. AUFL.)

BB78

MASSVERHÄLTNISSE MA 143

ZWISCHEN ROMANISCHEM UND GOTISCHEM KIRCHENBAU

GROSSE KIRCHE: BEAUVAIS, KATHEDRALE, CHOR

KLEINE KIRCHE: CAMBRONNE-LÈS-CLERMONT, ST. ETIENNE

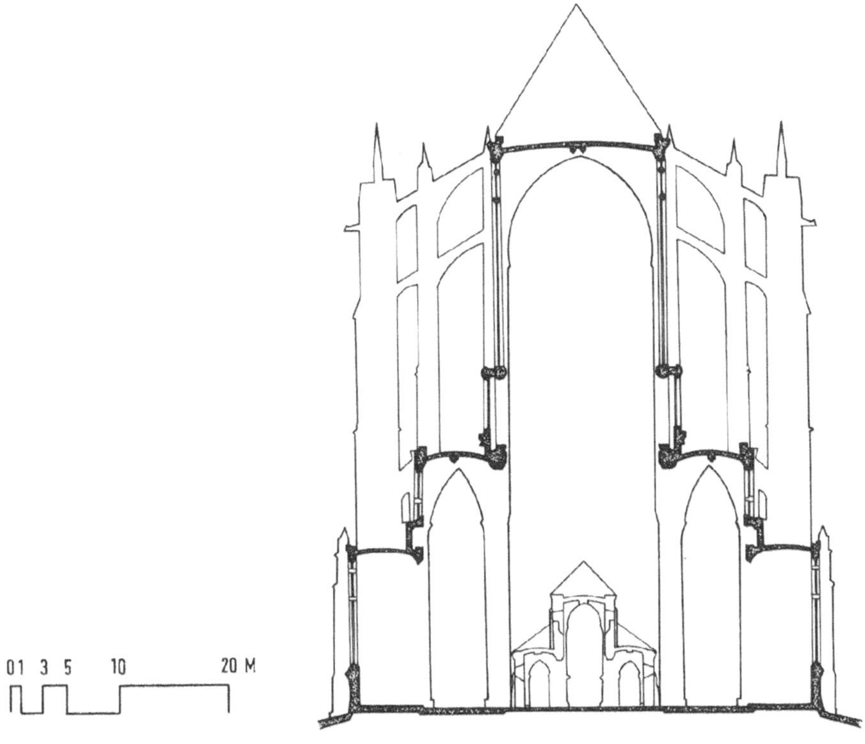

NACH: GRODECKI L., ARCHITEKTUR D. GOTIK (=WELTGESCHICHTE D. ARCHITEKTUR), STUTTGART 1976

TR78

KRAFTLINIENVERLAUF

MA 144

IM GOT. WÖLBSYSTEM

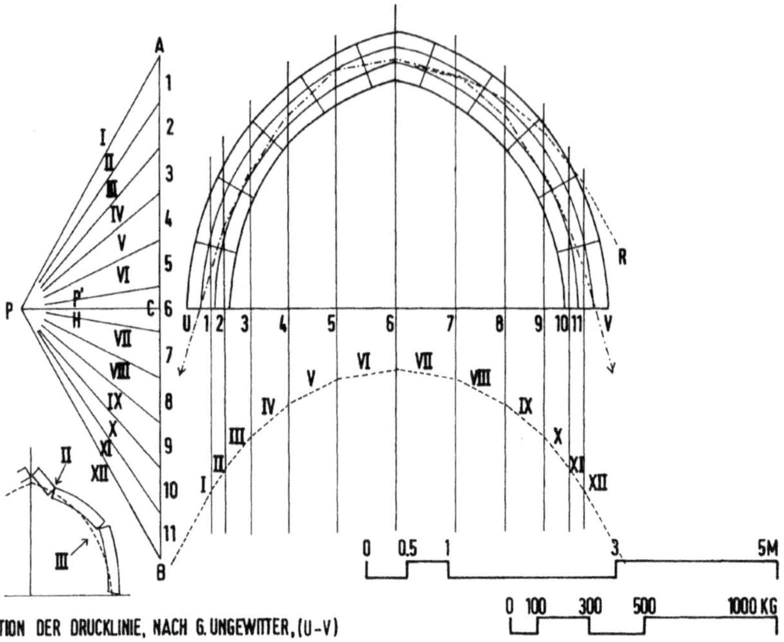

---KONSTRUKTION DER DRUCKLINIE, NACH G. UNGEWITTER, (U-V)

STRASSBURGER MÜNSTER

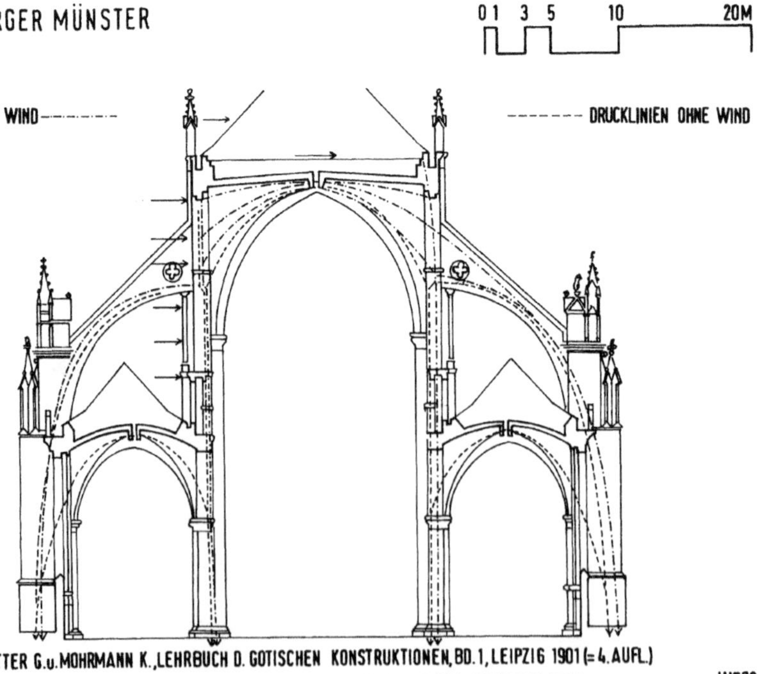

NACH: UNGEWITTER G. u. MOHRMANN K., LEHRBUCH D. GOTISCHEN KONSTRUKTIONEN, BD. 1, LEIPZIG 1901 (= 4. AUFL.)
REALLEXIKON ZUR DEUTSCHEN KUNSTGESCHICHTE (= HRSG.: SCHMITT O., u. a.), BD. 4, STUTTGART 1958

WF78

REIMS (BAUHÜTTENBUCH DES VILLARD DE HONNECOURT) MA 145

KATHEDRALE

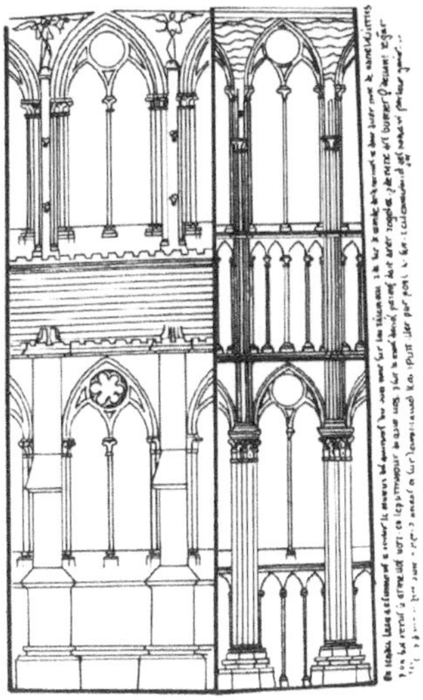

AUSSEN-UND INNENANSICHT EINER SCHIFFSACHSE

STREBEWERKE IM ENTWURF FÜR DIE KATHEDRALE

AUSSENANSICHT EINER KAPELLE

INNENANSICHT EINER KAPELLE

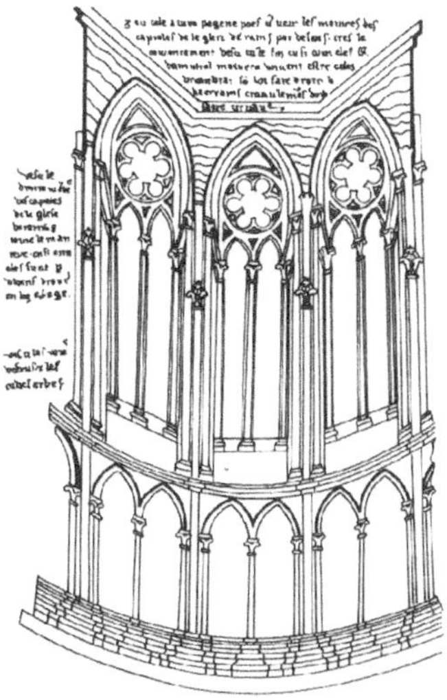

NACH: HASAK M., D.KIRCHENBAU D. MITTELALTERS (=HDB.D.A., TL. 2, BD. 4, H. 3), LEIPZIG 1913 (= 2. AUFL.)

BB 78

DACHENTWÄSSERUNG

MA 146

AN GOTISCHEN GROSSBAUTEN

CHALONS, KATHEDRALE

WASSERSPEIER

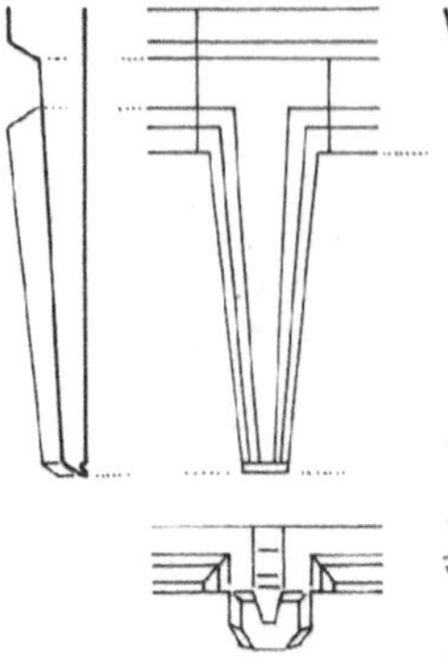

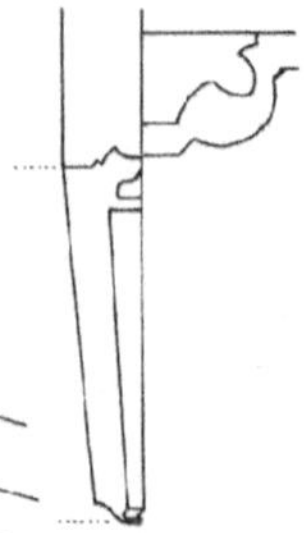

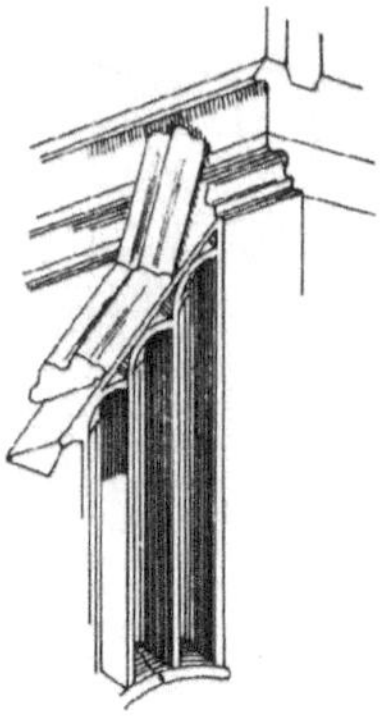

AUXERRE, KATHEDRALE, CHOR

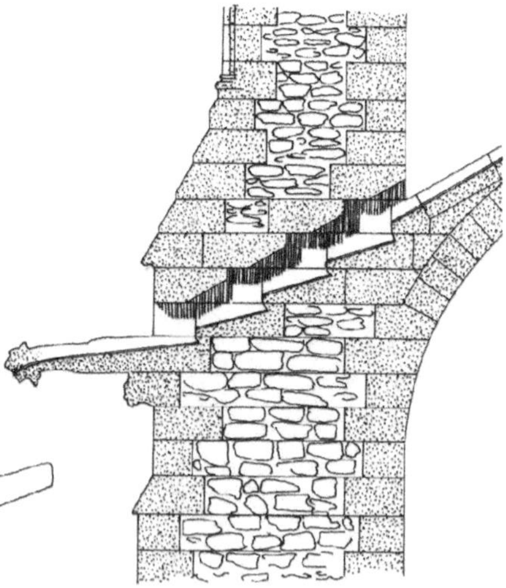

NACH: UNGEWITTER G.u.MOHRMANN K., LEHRBUCH DER GOTISCHEN KONSTRUKTIONEN, LEIPZIG 1901 (= 4. AUFL.)
BAUDOT A. DE, L'ARCHITECTURE. LE PASSÉ. LE PRÉSENT, PARIS 1916

RIPPEN·U.GURTBOGEN MA 147

QUERSCHNITTE

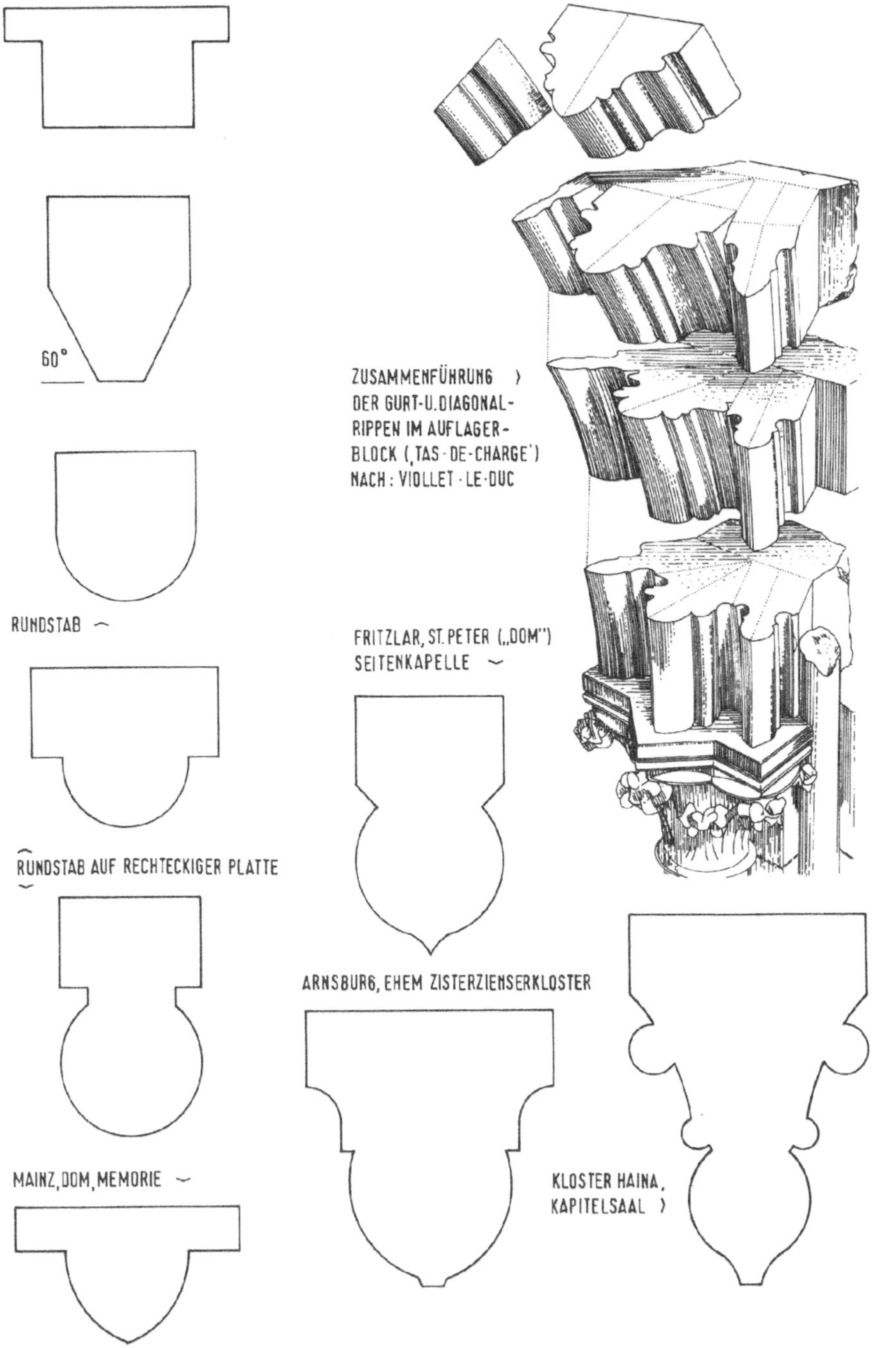

NACH: UNGEWITTER G.u. MOHRMANN K., LEHRBUCH D. GOTISCHEN KONSTRUKTIONEN, BD. 1, LEIPZIG 1901 (= 4. AUFL.)
HART F., KUNST UND TECHNIK DER WÖLBUNG, MÜNCHEN 1965

BB 78

STERN-/NETZGEWÖLBE MA 148

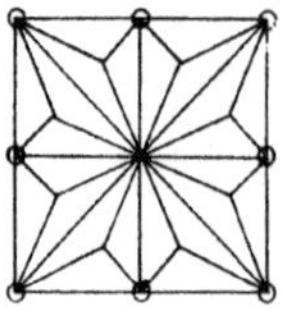

STERNGEWÖLBE

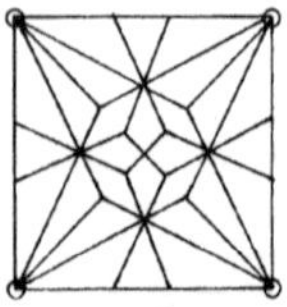

NETZGEWÖLBE

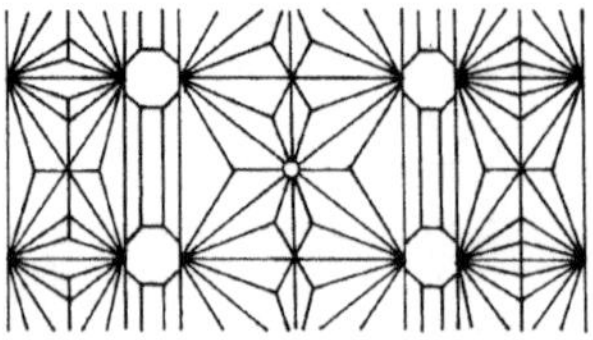

PELPLIN
ZISTERZIENSERKIRCHE

LINCOLN
›CRAZY VAULTS‹

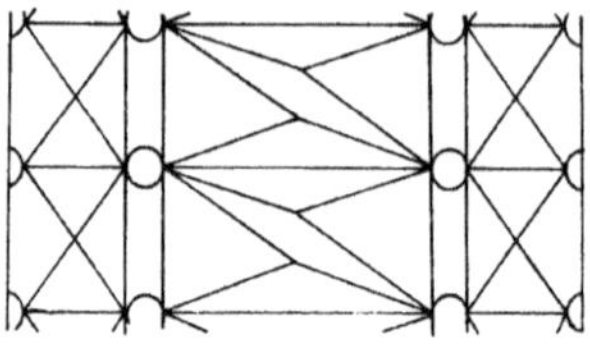

BRAUNSBERG
PFARRKIRCHE

LINCOLN
LANGHAUS

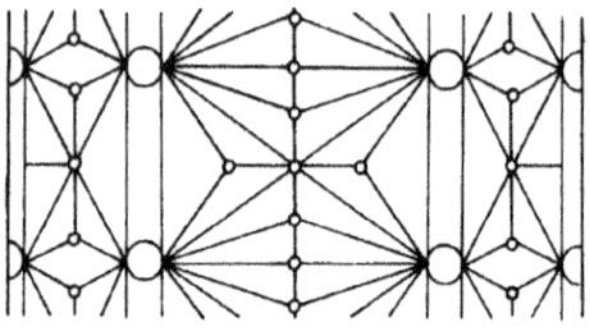

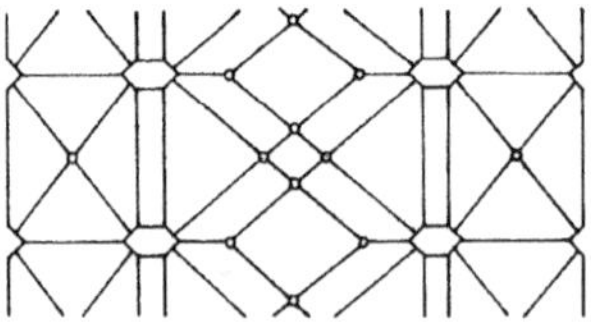

PRAG
DOMCHOR

EXETER
LANGHAUS

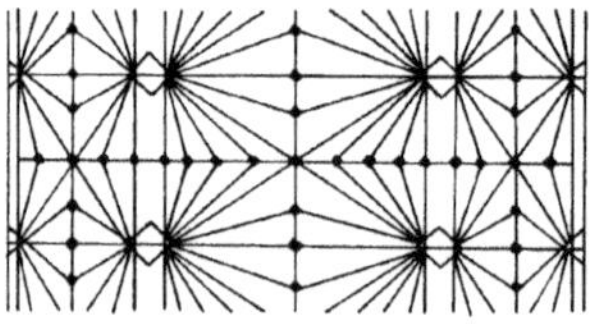

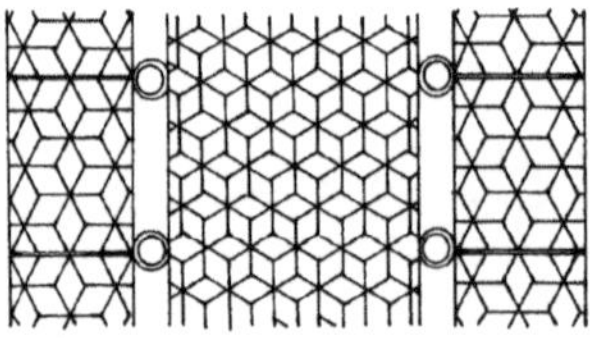

SCHWÄB.-GMÜND
HL. KREUZ

YORK
LANGHAUS

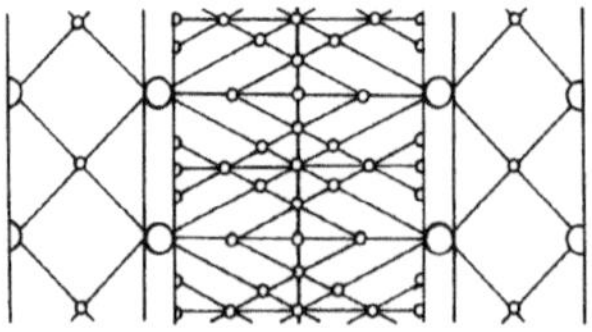

ANNABERG
ANNENKIRCHE

CAMBRIDGE
KINGS-COLLEGE-KAP.

NACH: UNGEWITTER G. u. MOHRMANN K., LEHRBUCH D. GOTISCHEN KONSTRUKTIONEN, BD. 1, LEIPZIG 1901 (= 4. AUFL.)
HART F., KUNST UND TECHNIK DER WÖLBUNG, MÜNCHEN 1965
REALLEXIKON ZUR DEUTSCHEN KUNSTGESCHICHTE (= HRSG.: SCHMITT O., u.a.), BD. 4, STUTTGART 1958

TRIFORIUM MA 149

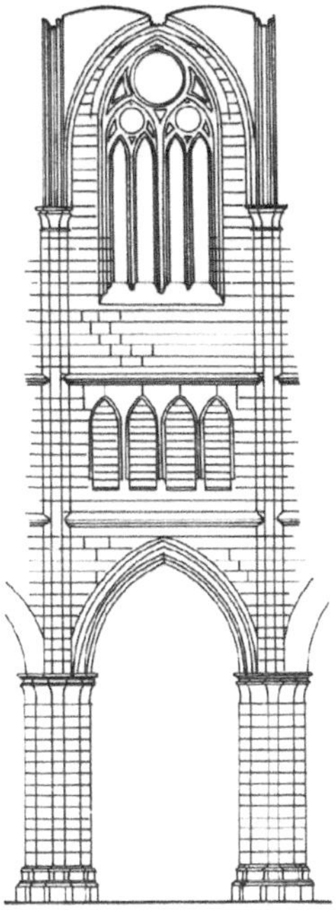

DIJON
ST. BÉNIGNE

BRÜSSEL
STE. GUDULE

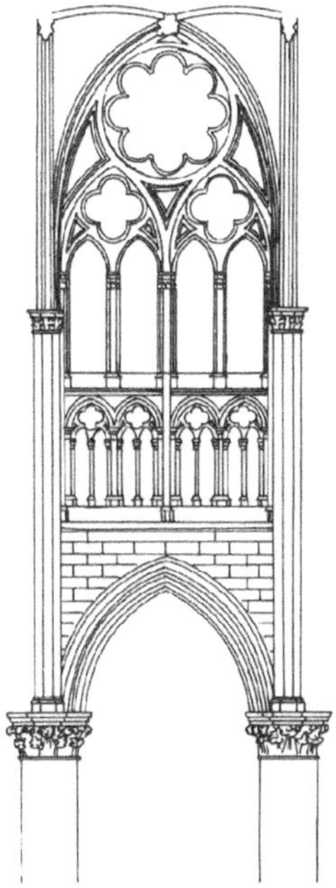

CHÂLONS
SCHIFF

CHÂLONS
KREUZFLÜGEL

NACH: UNGEWITTER G. u. MOHRMANN K., LEHRBUCH D. GOTISCHEN KONSTRUKTIONEN, BD.2, LEIPZIG 1901 (=4. AUFL.)

MEAUX

KATHEDRALE ST. ETIENNE

NORDQUERHAUS

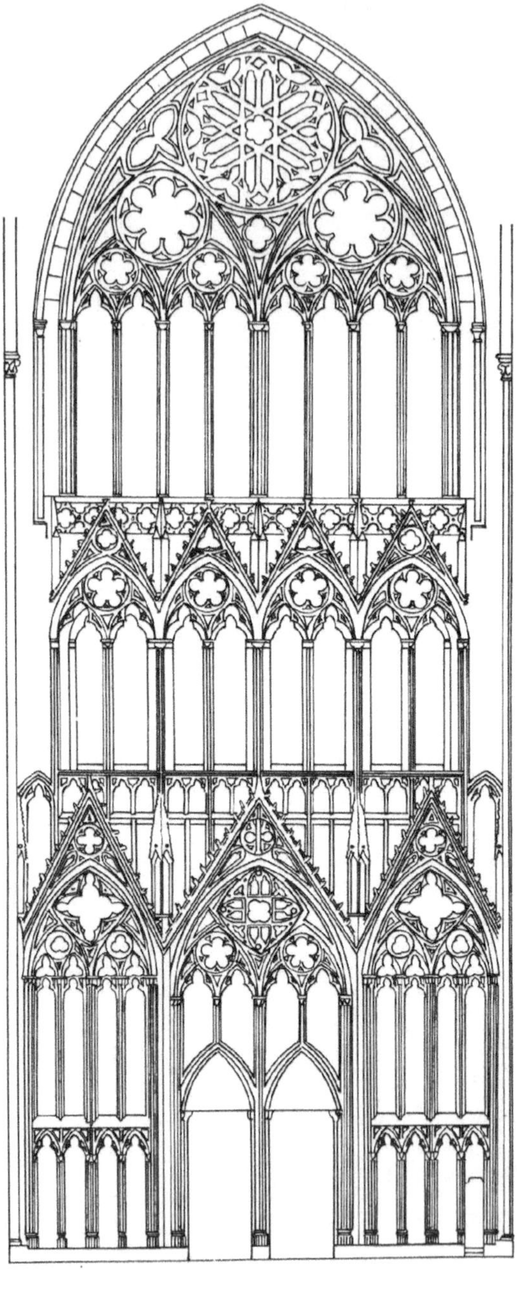

NACH: SIMSON O.VON, DAS MITTELALTER II (=PROPYLÄEN-KUNSTGESCHICHTE, BD.6), BERLIN 1972

FENSTERVERGLAS'G., KREISFÜLL'G. MA 151

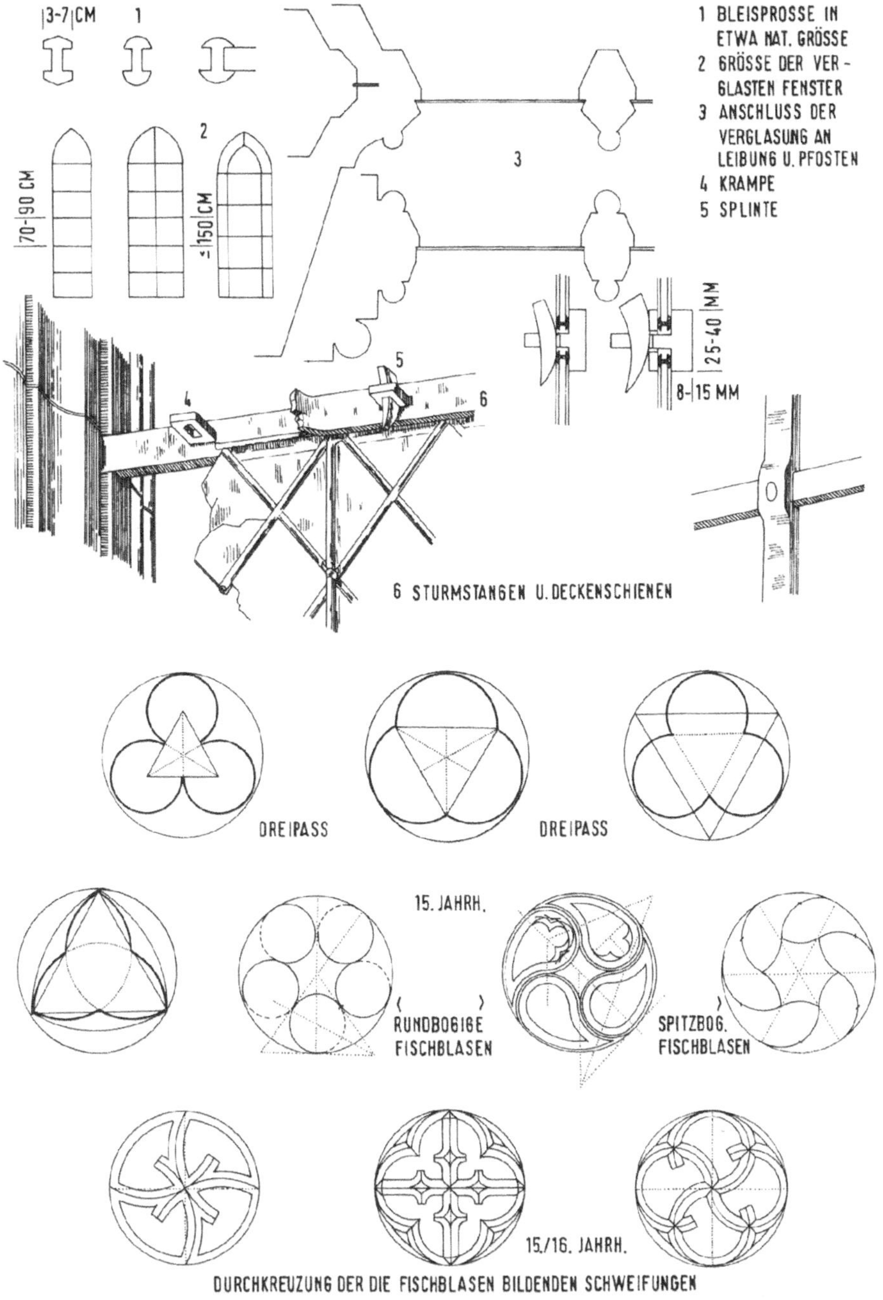

NACH: UNGEWITTER G. u. MOHRMANN K., LEHRBUCH D. GOTISCHEN KONSTRUKTIONEN, BD. 2, LEIPZIG 1901 (= 4. AUFL.)
REALLEXIKON ZUR DEUTSCHEN KUNSTGESCHICHTE (HRSG.: SCHMITT O., u.a.), BD. 4, STUTTGART 1958

BB 78

DACHSTUHL

MA 152

1

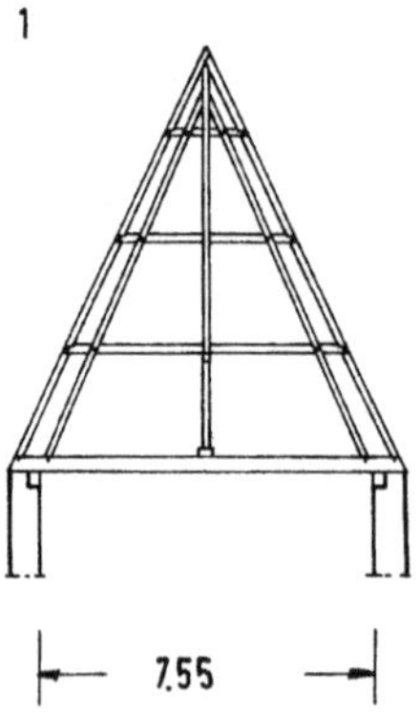

2

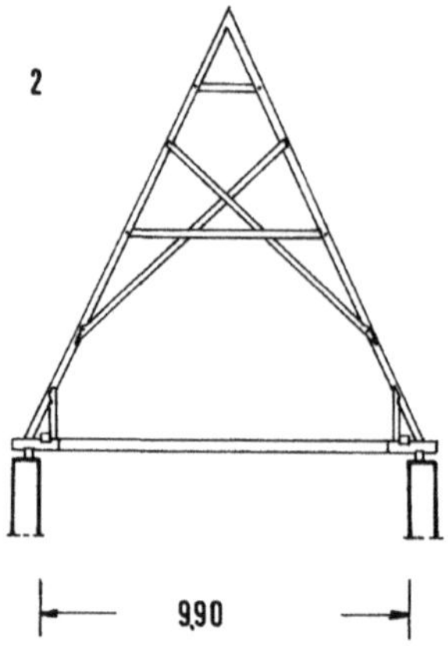

3

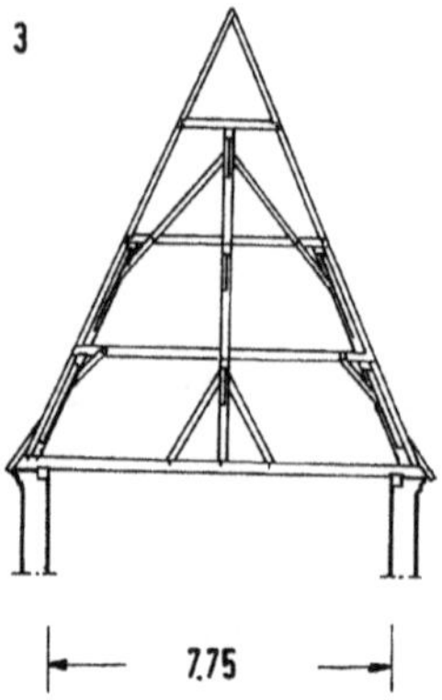

4

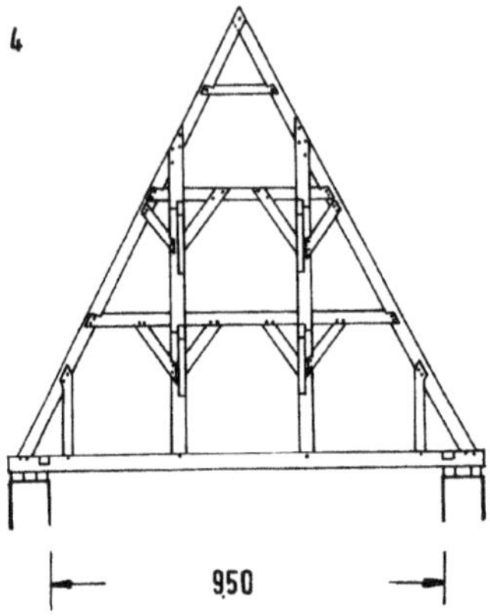

1 ARNSTEIN/LAHN 14. JAHRH.
STEHENDER DACHSTUHL MIT STREBEN VOM FUSS-BALKEN ZUR MITTELSTÜTZE

2 WETZLAR, DOM A. 14. JAHRH.
DACHSTUHL MIT KREUZSTREBEN ZWISCHEN DEN SPARREN

3 GROSS-UMSTADT (HESSEN) E. 15. JAHRH.
PFETTENDACH MIT MITTELPFOSTEN UND SEITLICH LIEGENDEN STREBEN

4 MAINZ, ST. STEPHAN 14. JAHRH.
ZWEIFACH STEHENDER DACHSTUHL MIT DREI KEHLBALKENLAGEN

5 KÖLN, DOM, SAKRISTEI 1278
DACHRINNE
NACH: SCHMITZ FR., DER DOM ZU KÖLN, KÖLN 1879

6 DANZIG, ALTSTÄDTER RATHAUS 1587-88
DACHSTUHL UND HOLZRINNEN

5

6

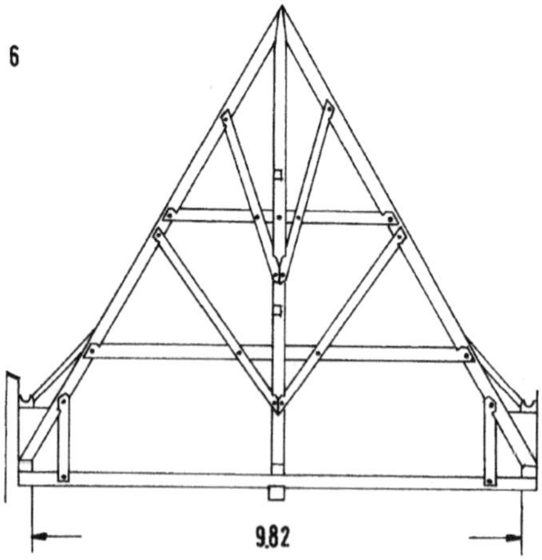

NACH: REALLEXIKON ZUR DEUTSCHEN KUNSTGESCHICHTE (=HRSG.: SCHMITT O., u.a.), BD. 3, STUTTGART 1954

DACHSTUHL

MA 153

REIMS, KATHEDRALE

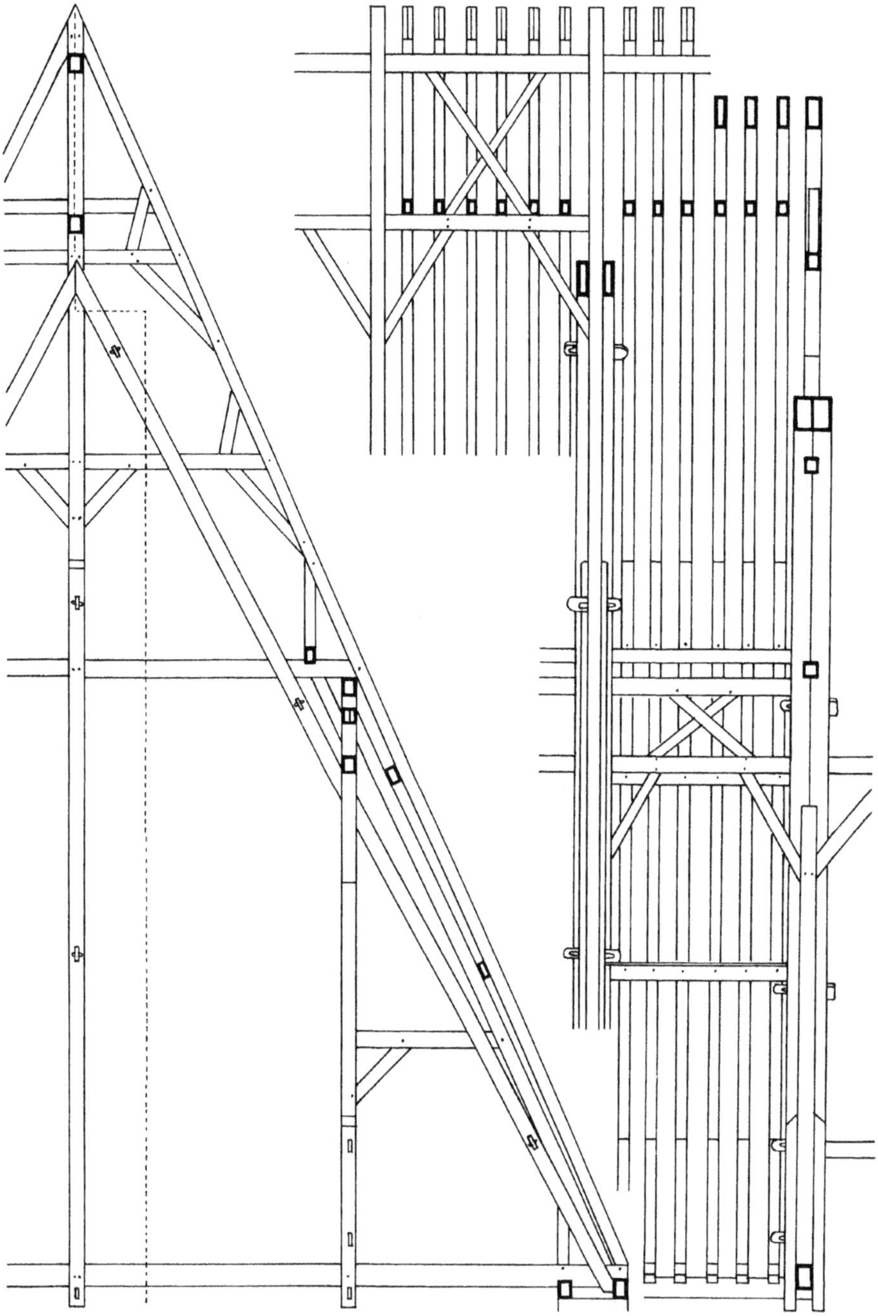

NACH: HASAK M., D. KIRCHENBAU D. MITTELALTERS (= HDB. D. A., TL., BD. 4, H. 3), LEIPZIG 1913 (= 2. AUFL.)

WF 78

LONDON

MA 154

WESTMINSTER-HALL (1399)

NACH: HASAK M., D. KIRCHENBAU D. MITTELALTERS(=HDB.D.A.,TL.2, BD.4, H.3),LEIPZIG 1913 (=2.AUFL.)

KAPITELLE U. KRABBEN MA 155

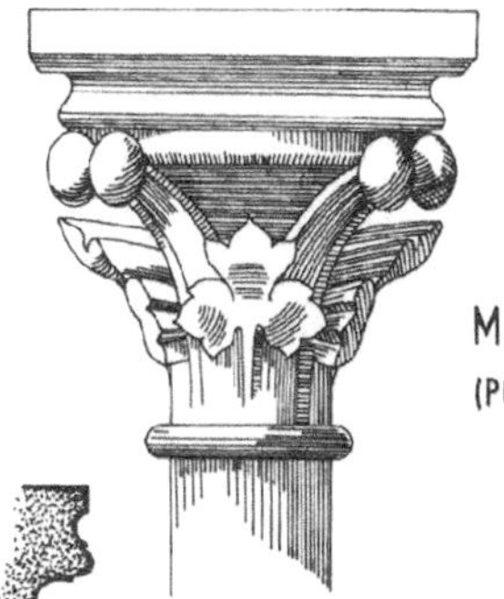

MAINZ, DOM
(PORTAL NÖRDL. KREUZFLÜGEL)

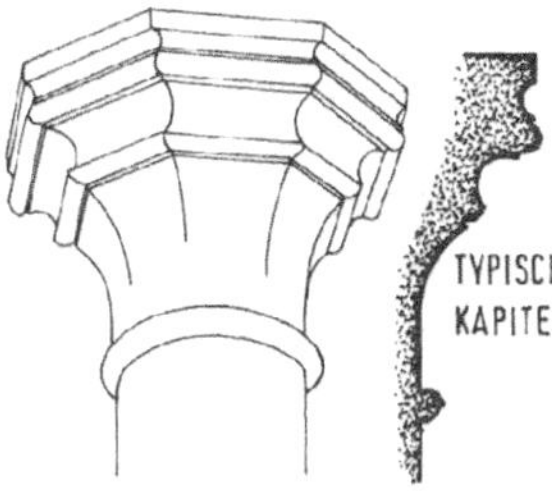

TYPISCHES KELCH-
KAPITELL IM 14./15. JH.

WIMPFEN IM TAL
DIENSTKAPITELL

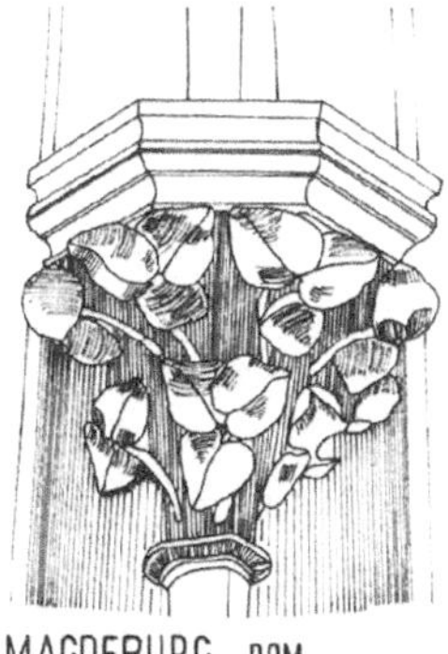

MAGDEBURG, DOM
KAPITELL DER PARADIESPFORTE

STRASSBURG, MÜNSTER (SÜDTURM)
LAUBBOSSE BZW. KRABBE

REIMS, KATHEDRALE
LAUBBOSSE BZW. KRABBE

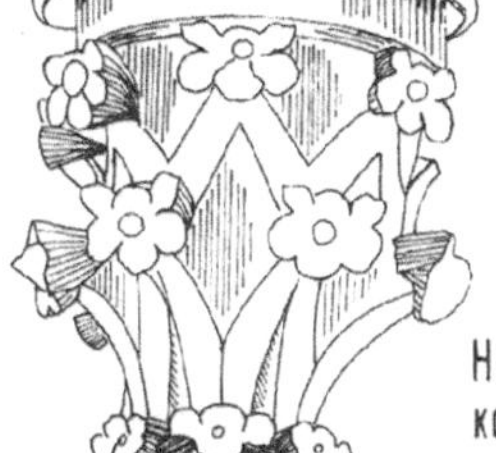

HAINA, ZISTERZIENSERKLOSTER
KONSOLE AM NW-VIERUNGSPFEILER

NACH: ADAMY R., ARCHITEKTONIK DES GOTHISCHEN STILS, HANNOVER 1889
BEHLING L., DIE PFLANZENWELT DER MITTELALTERLICHEN KATHEDRALEN, KÖLN 1964

BB/BÖ79

FIALE UND WIMPERG

NACH MATTHES RORICZER

NACH: UNGEWITTER G.u. MOHRMANN K., LEHRBUCH D. GOTISCHEN KONSTRUKTIONEN, BD. 2, LEIPZIG 1901 (= 4.AUFL.)

LAON (BAUHÜTTENBUCH DES VILLARD DE HONNECOURT) MA 157

KATHEDRALE

ANSICHT DES TURMES (HAHNLOSER T 19)

GRUNDRISS DES TURMES (HAHNLOSER T 18 A)

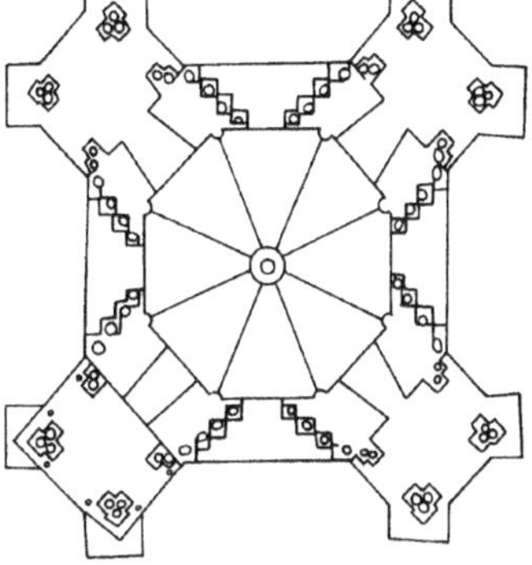

NACH: BINDING G. u. NUSSBAUM N., DER MITTELALTERLICHE BAUBETRIEB NÖRDLICH DER ALPEN..., DARMSTADT 1978 BB 78

ZIEGELFORMSTEINE

KLEEBLATTBOGENFRIES

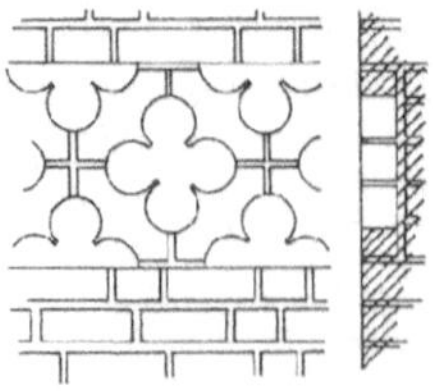

MASSWERKFRIES

TERRAKOTTAFRIES

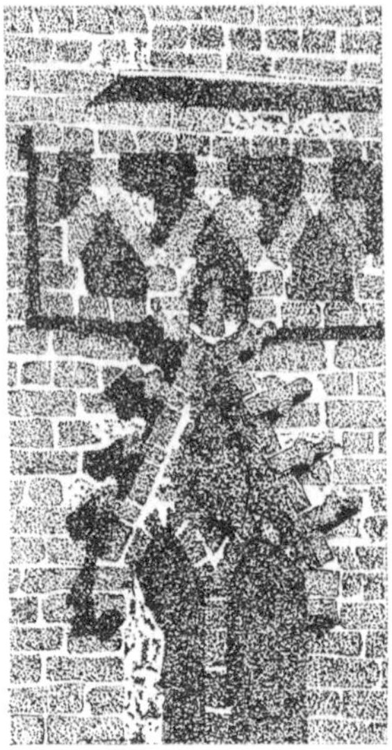

BELGARD, POMMERN

CHORIN, MARK BRANDENBURG
GIEBELABSCHLUSS

AUSKRAGUNG MIT VERSCH. TECHN. MÖGLICHKEITEN

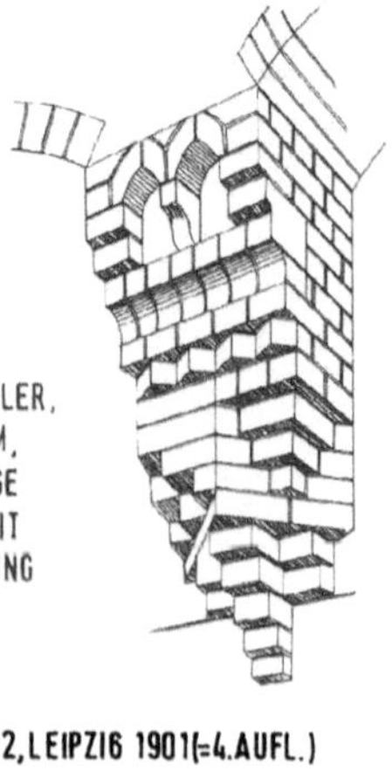

FORMSTEIN MIT RUND-STABBESETZTER KEHLE

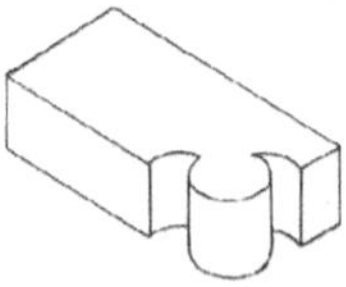

GEWÖLBEPFEILER, VIERKANTFORM MIT DIENSTBÜNDEL

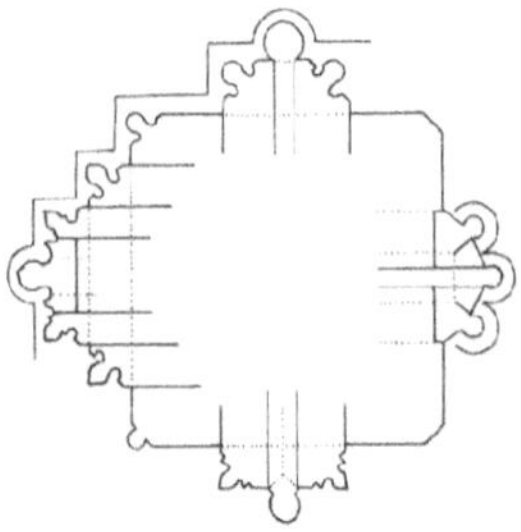

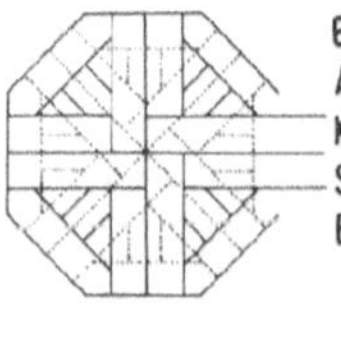

GEWÖLBEPFEILER, ACHTECKFORM, KREUZFÖRMIGE SCHICHTEN MIT ECKAUSFÜLLUNG

NACH: UNGEWITTER G. u. MOHRMANN K., LEHRBUCH D. GOTISCHEN KONSTRUKTIONEN, BD. 1 u. 2, LEIPZIG 1901 (=4. AUFL.)
STIEHL O., BACKSTEINBAUTEN IN NORDDEUTSCHLAND UND DÄNEMARK, STUTTGART 1923

BB/GU 79

SAINT-DENIS

MA 159

EHEMALIGE ABTEIKIRCHE
REKONSTRUKTION NACH:
J. FORMIGÉ

WESTFASSADE)

GRUNDRISS ⌄

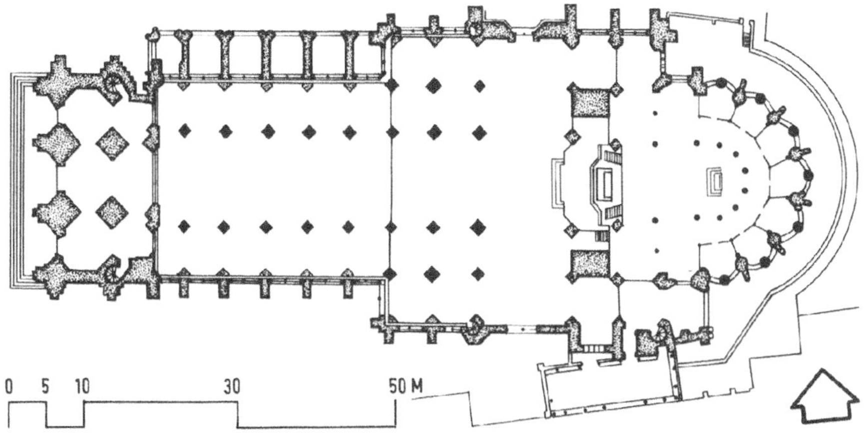

NACH: SIMSON O.VON, DAS MITTELALTER II (=PROPYLÄEN-KUNSTGESCHICHTE, BD. 6), BERLIN 1972

WF78

NOYON

MA 160

KATHEDRALE (UM 1170)

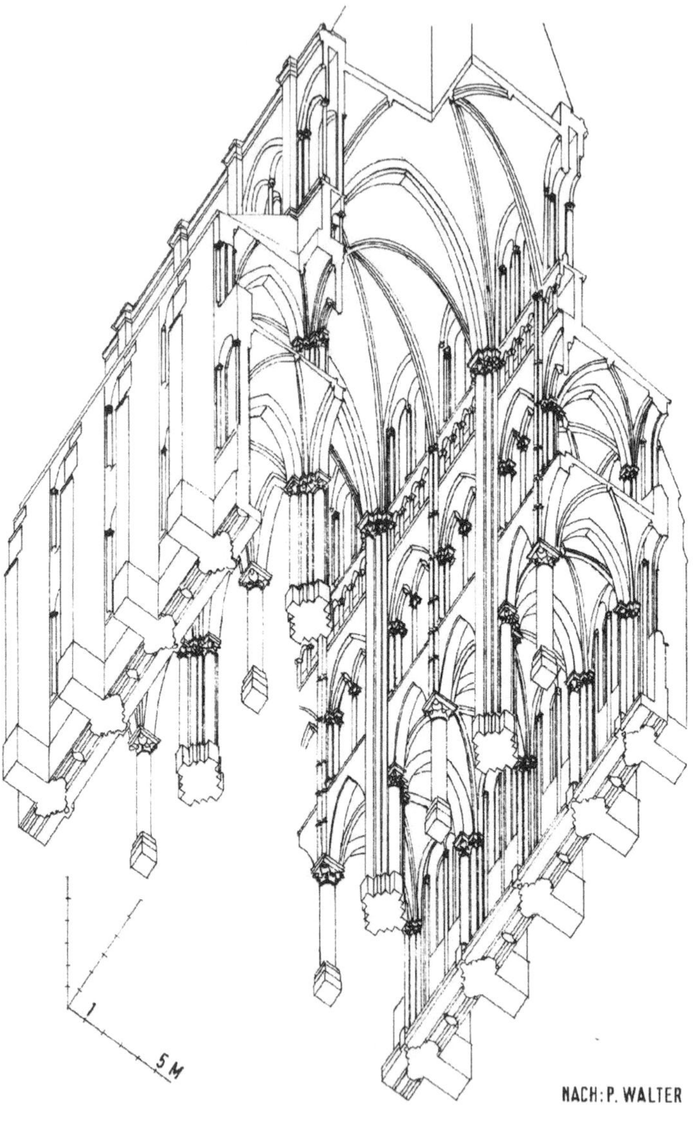

NACH: P. WALTER

NACH: GALL E., GOTISCHE BAUKUNST IN FRANKREICH U. DEUTSCHLAND, BD. 1, BRAUNSCHWEIG 1955

PARIS

KATHEDRALE

MA 161

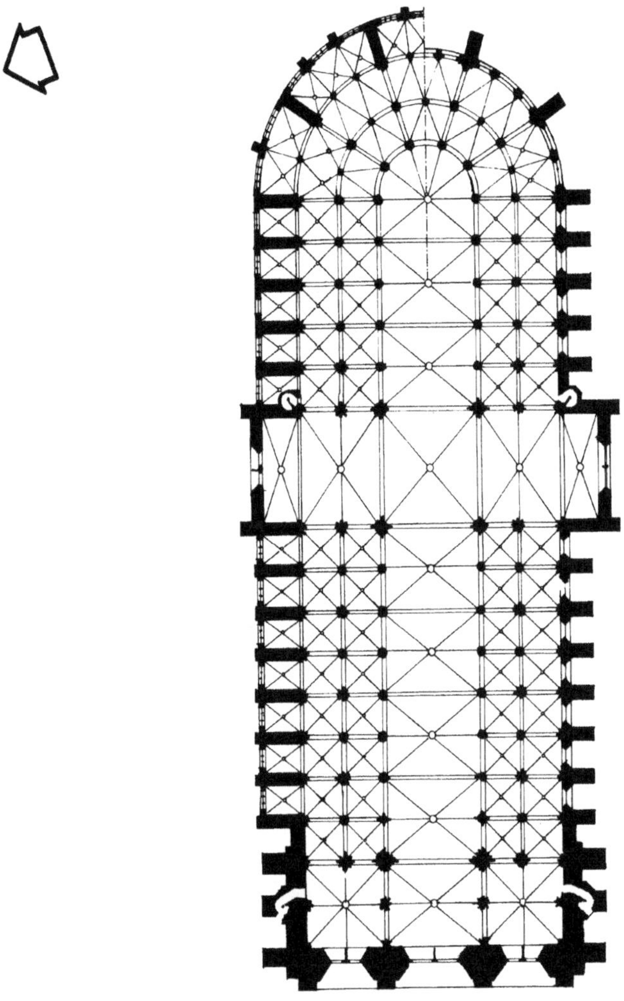

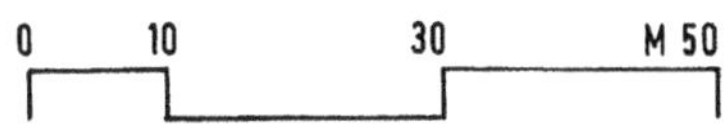

NACH: DEHIO, G. u. BEZOLD, G., DIE KIRCHL. BAUKUNST D. ABENDLANDES, BD. 4, HILDESHEIM 1969 (= NEUDR.) GR/AS 76

LAON

MA 162

KATHEDRALE

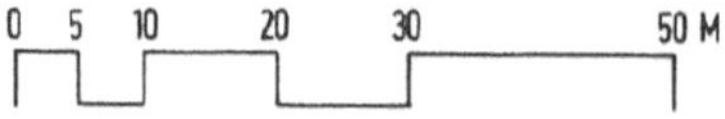

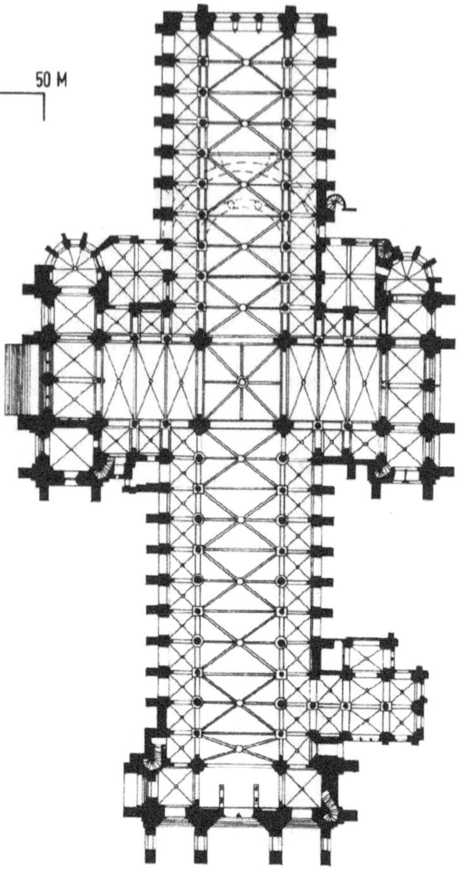

SECHSTEILIGES GEWÖLBE

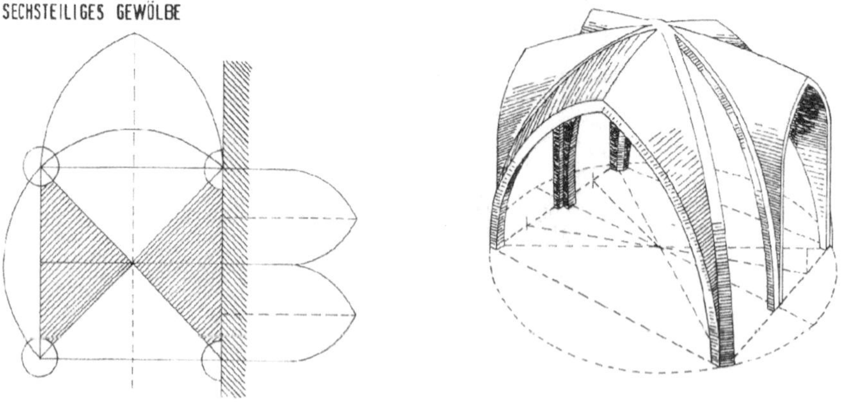

NACH: DEHIO G. u. BEZOLD G., DIE KIRCHL. BAUKUNST D. ABENDLANDES, BD. 4, HILDESHEIM 1969 (=NEUDR.)

LAON

MA 163

KATHEDRALE

NACH: HASAK M., D. KIRCHENBAU D. MITTELALTERS (= HDB. D. A., TL. 2, BD. 4, H. 3), LEIPZIG 1913 (2. AUFL.)

BB 78

CHARTRES

MA 164

KATHEDRALE

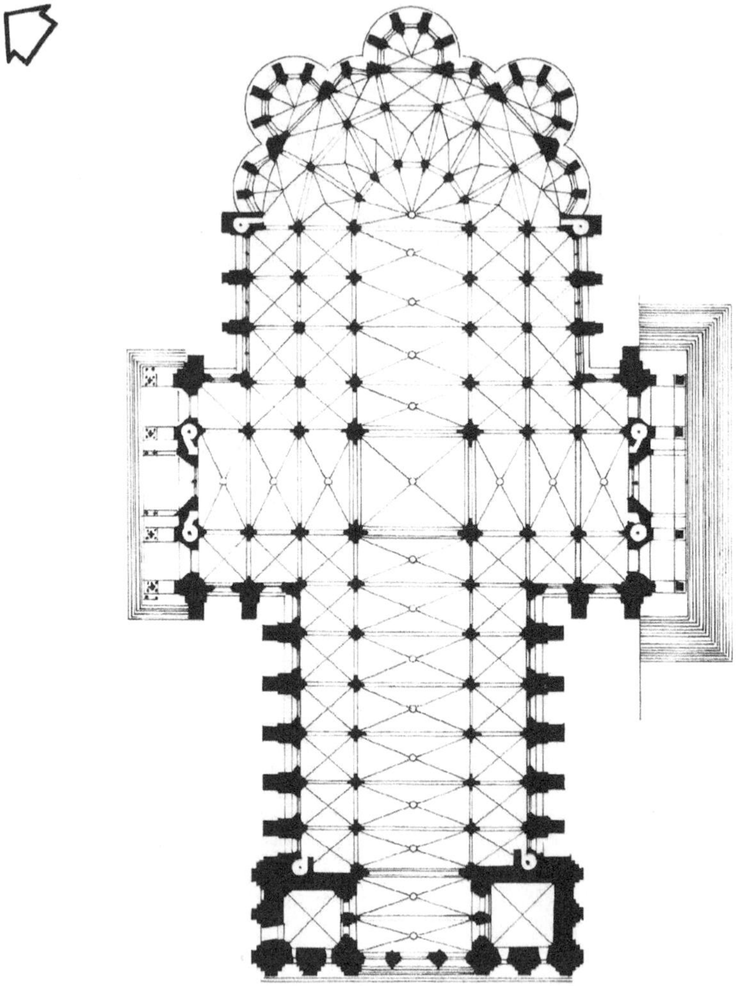

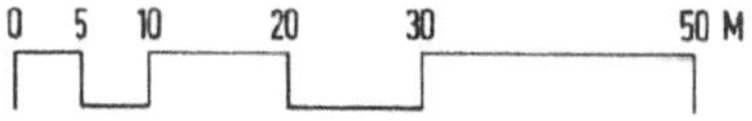

NACH: DEHIO G. u. BEZOLD G., DIE KIRCHL. BAUKUNST D. ABENDLANDES, BD. 4, HILDESHEIM 1969 (= NEUDR.)

KATHEDRALE

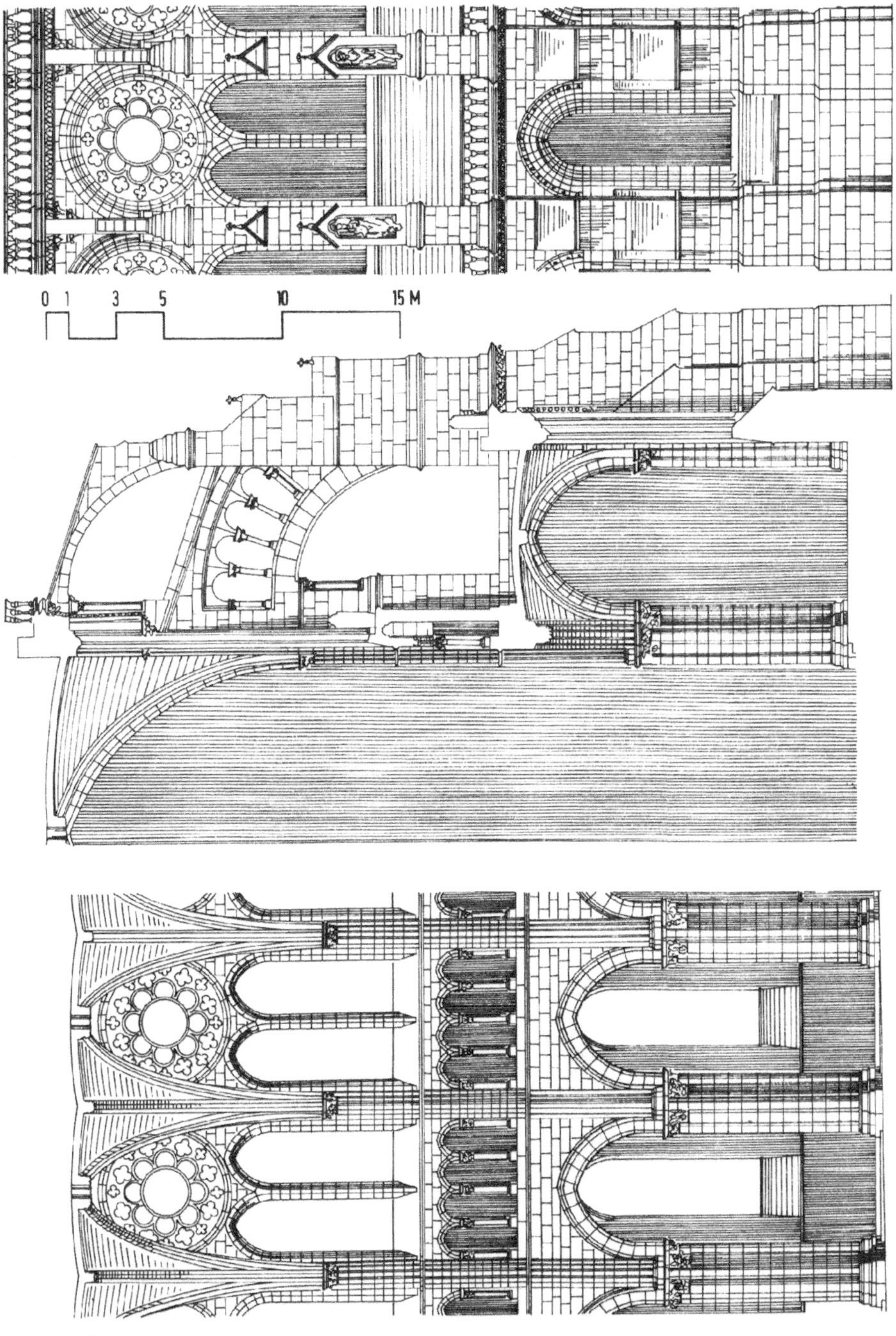

NACH: DEHIO G.u.BEZOLD G., D. KIRCHL. BAUKUNST D. ABENDLANDES, BD.3, HILDESHEIM 1969 (= NEUDR.)

REIMS

MA 166

KATHEDRALE

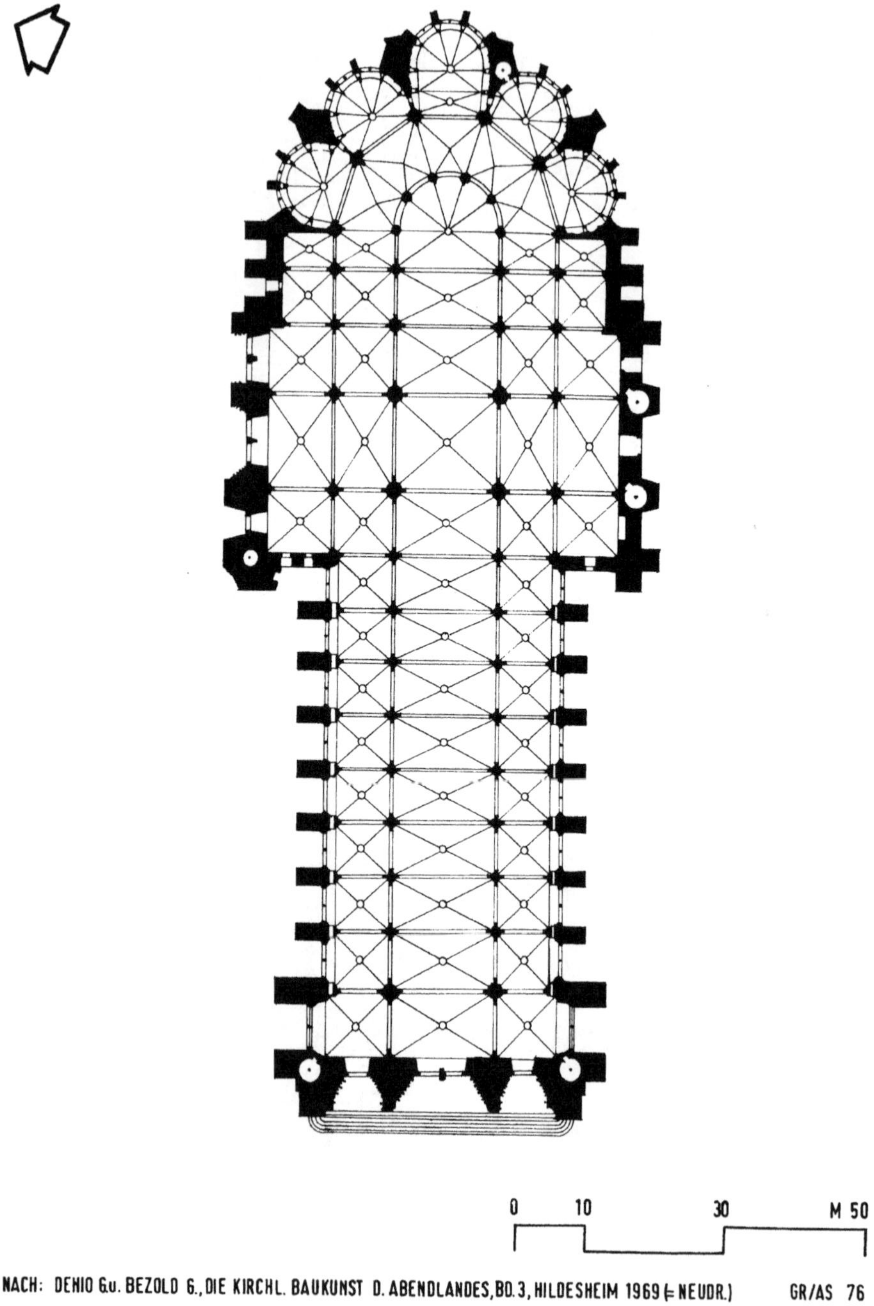

NACH: DEHIO G.u. BEZOLD G., DIE KIRCHL. BAUKUNST D. ABENDLANDES, BD. 3, HILDESHEIM 1969 (= NEUDR.)

GR/AS 76

REIMS MA 167

KATHEDRALE, WESTFASSADE

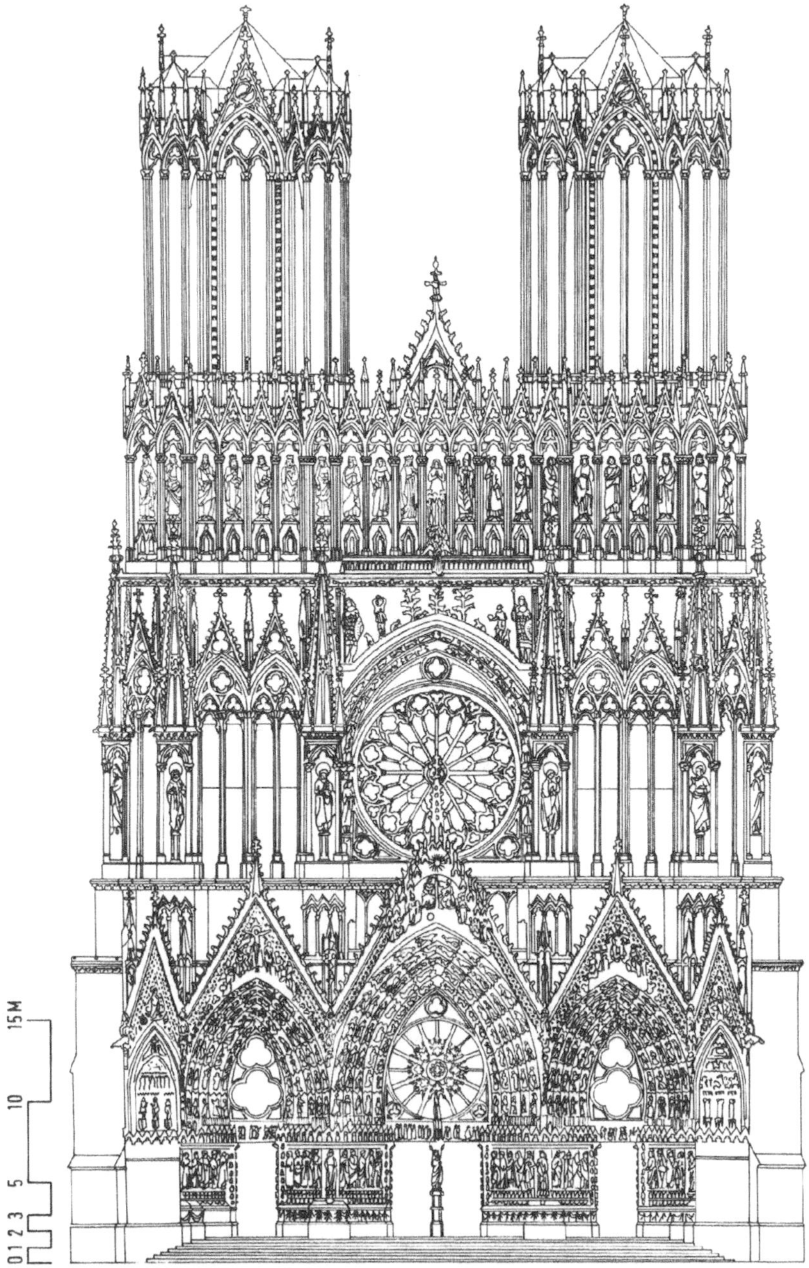

NACH: SIMSON O.VON,DAS MITTELALTER II (=PROPYLÄEN-KUNSTGESCHICHTE,BD.6),BERLIN 1972

AMIENS

MA 168

KATHEDRALE

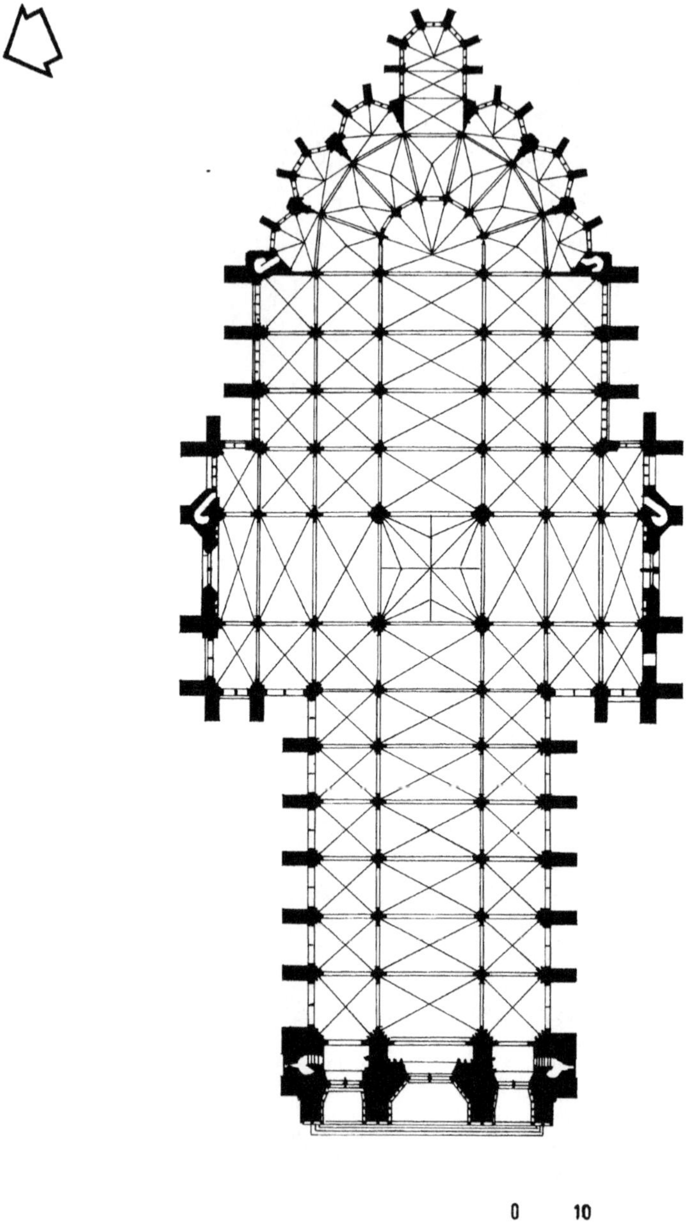

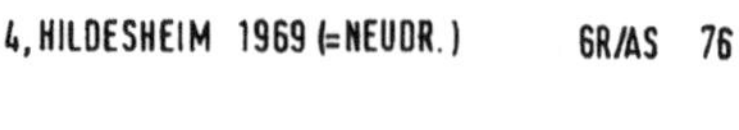

NACH: DEHIO G. u. BEZOLD G., DIE KIRCHL. BAUKUNST D. ABENDLANDES, BD. 4, HILDESHEIM 1969 (=NEUDR.)

GR/AS 76

BEAUVAIS

KATHEDRALE

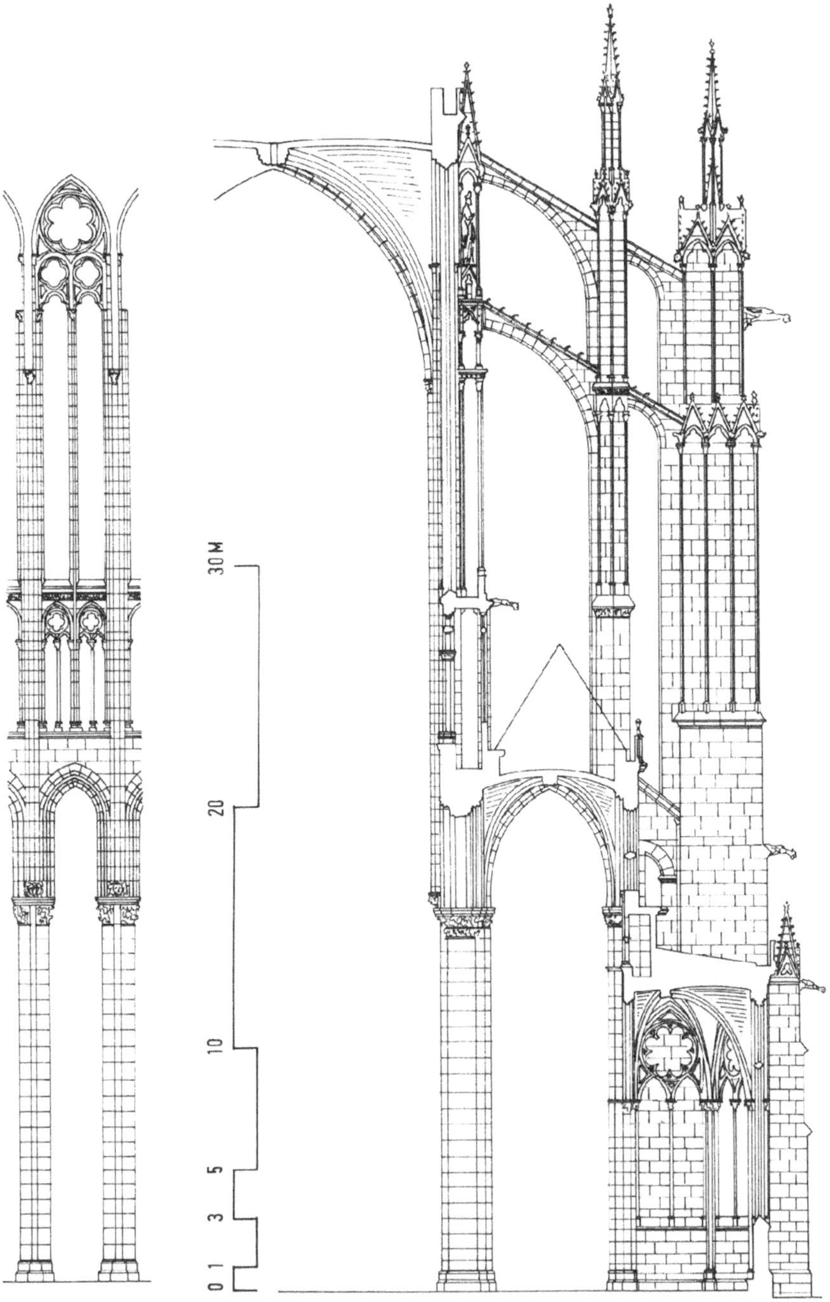

NACH: DEHIO G.u. BEZOLD G., DIE KIRCHL. BAUKUNST D. ABENDLANDES, BD. 4, HILDESHEIM 1969 (=NEUDR.)

PARIS

MA 170

SAINTE-CHAPELLE

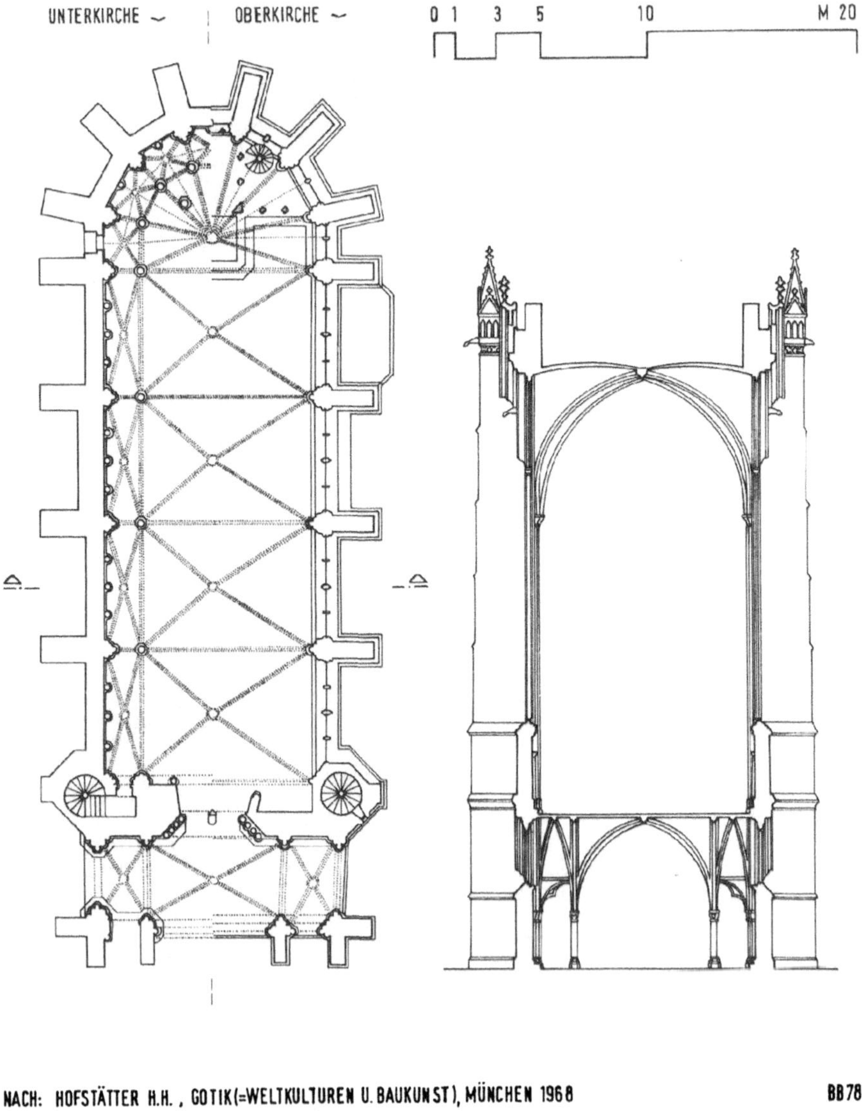

NACH: HOFSTÄTTER H.H., GOTIK(=WELTKULTUREN U. BAUKUNST), MÜNCHEN 1968

BB78

TOULOUSE

MA 171

JAKOBINERKIRCHE

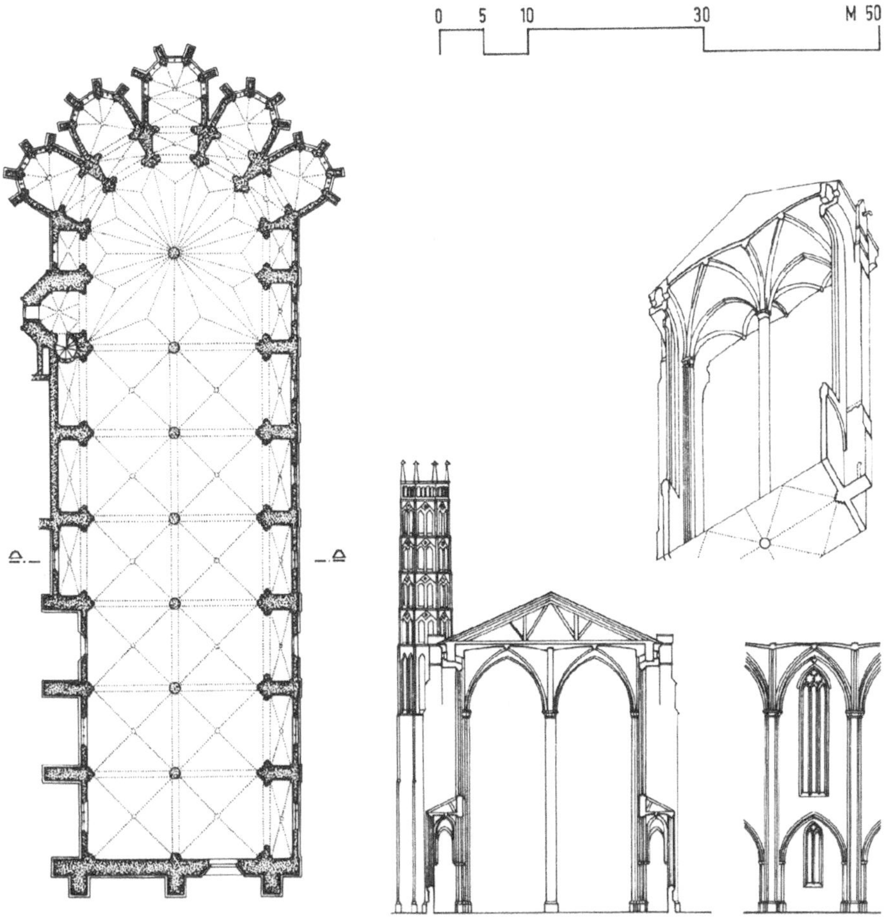

NACH: HOFSTÄTTER H.H.,,GOTIK(=WELTKULTUREN UND BAUKUNST),MÜNCHEN 1968

BB78

ALBI

MA 172

KATHEDRALE

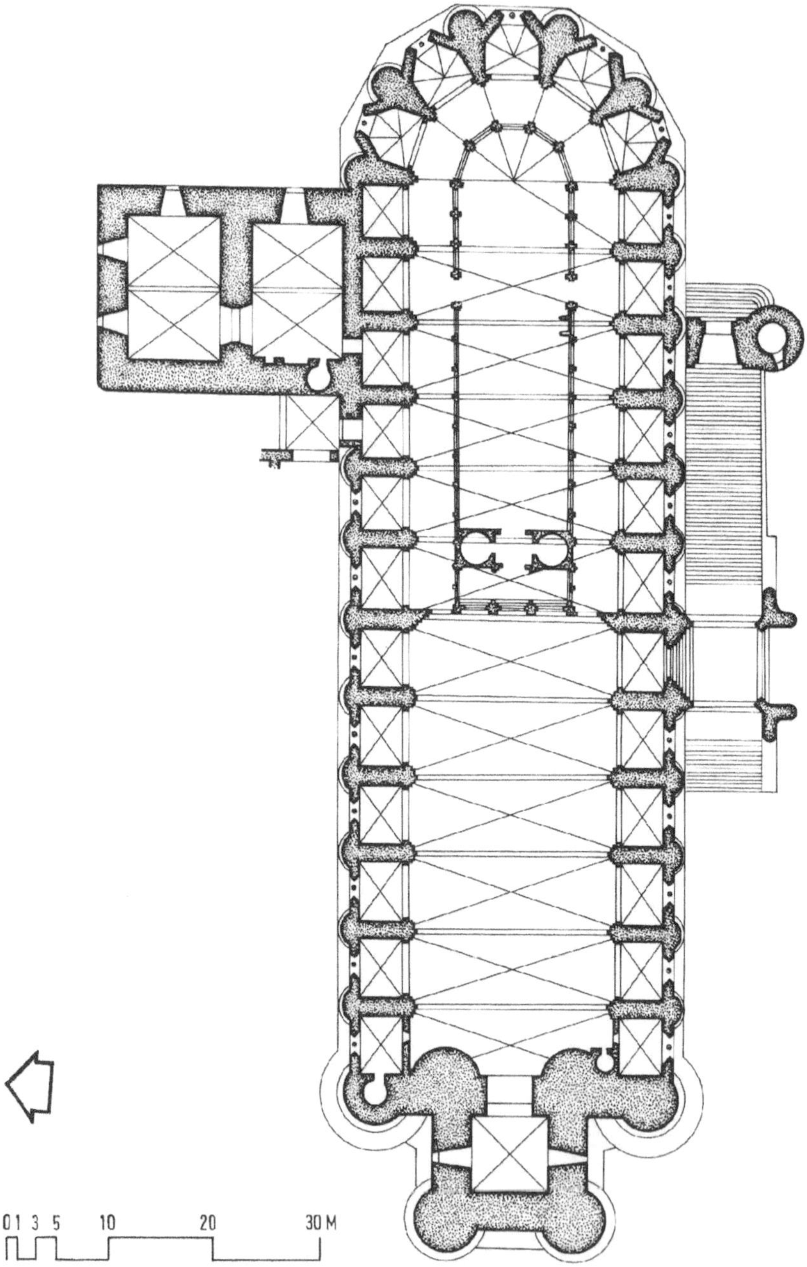

NACH: MÂLE É., LA CATHÉDRALE D'ALBI (=LES POINTS CARDINAUX, BD. 23), SAINTE-MARIE DE LA PIERRE-QUI-VIRE (YONNE) 1974 BB 78

ALBI

KATHEDRALE

NACH: HASAK M., D. KIRCHENBAU D. MITTELALTERS (=HDB. D. A., TL. 2, BD. 4, H.3), LEIPZIG 1913 (= 2. AUFL.)

LAON

KATHEDRALE

LIMBURG (LAHN) MA 174

ST. GEORG (DOM)

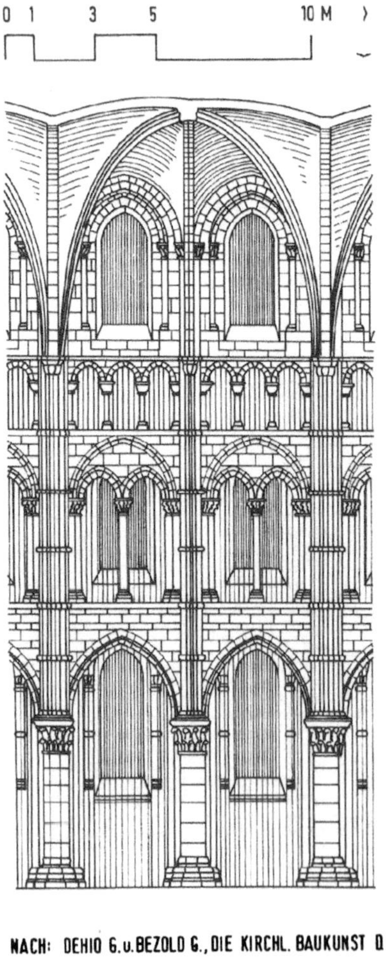

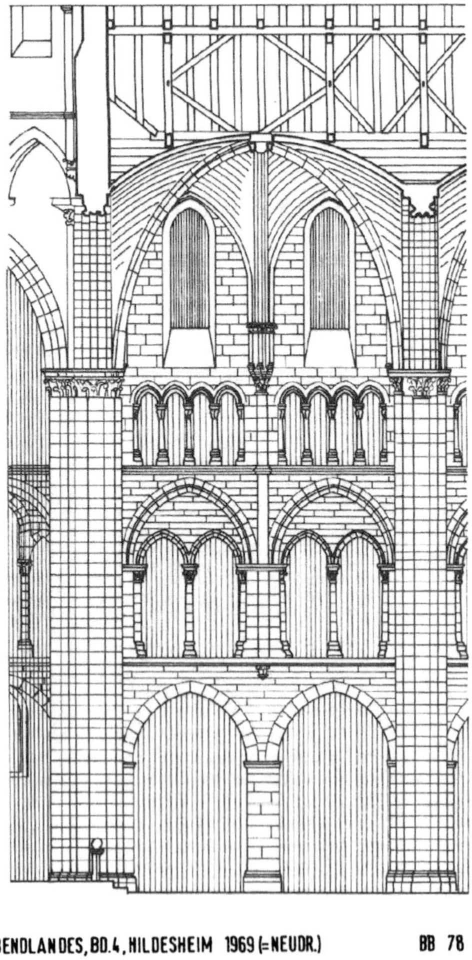

NACH: DEHIO G. u. BEZOLD G., DIE KIRCHL. BAUKUNST D. ABENDLANDES, BD. 4, HILDESHEIM 1969 (= NEUDR.)

MAGDEBURG

MA 175

DOM

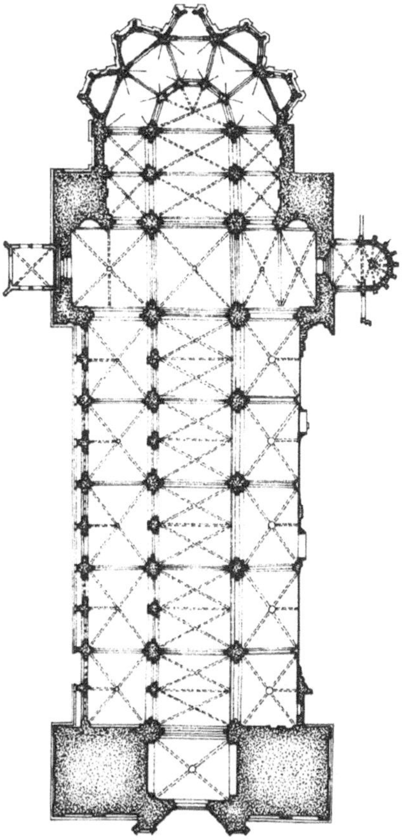

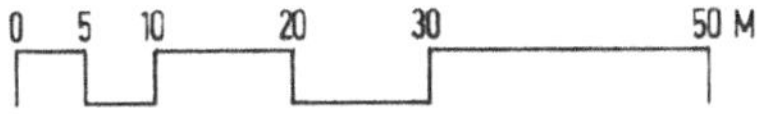

NACH: GLASSNER H. ,ZEHN DEUTSCHE DOME, BERLIN 1939

F177

KÖLN

ST. GEREON

SCHNITT DURCH DEN GOT. UMBAU DES DEKAGON

NACH: SIMSON O.VON, DAS MITTELALTER II, (=PROPYLÄEN-KUNSTGESCHICHTE, BD. 6), BERLIN 1972

WF 78

KOBERN (ALDENBURG) MA 177

MATTHIASKAPELLE

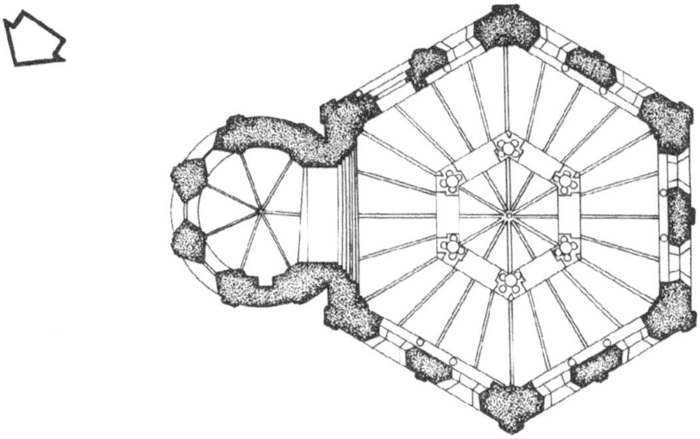

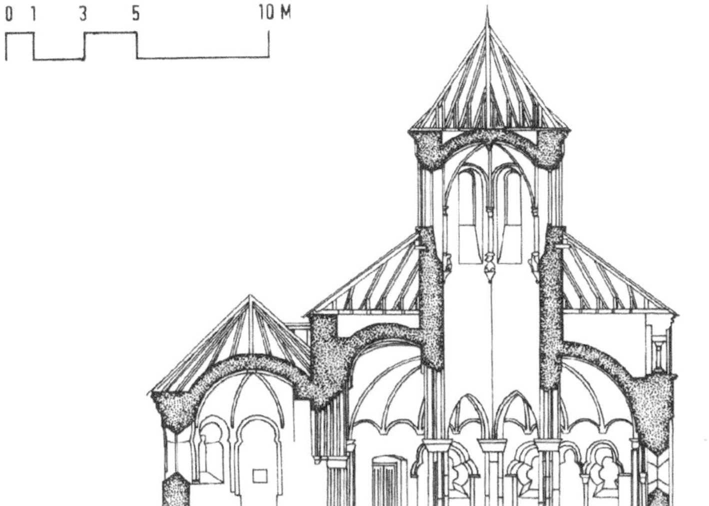

NACH: KUBACH H.E. u. VERBECK A., ROMANISCHE BAUKUNST AN RHEIN UND MAAS, BD. 1, BERLIN 1976

RA 78

TRIER

MA 178

LIEBFRAUENKIRCHE

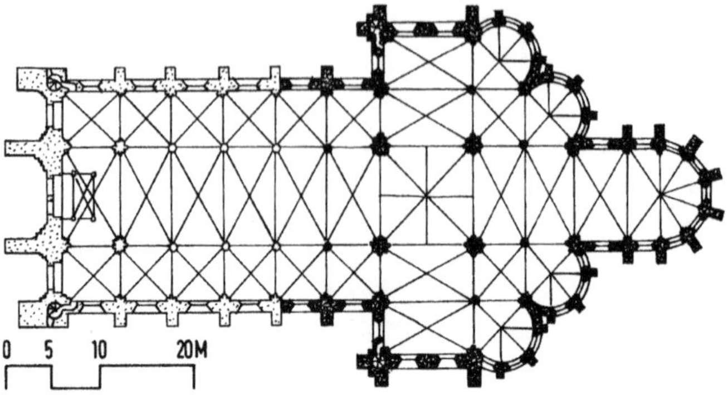

VERGLEICHSBAU: ST. YVED IN BRAINE

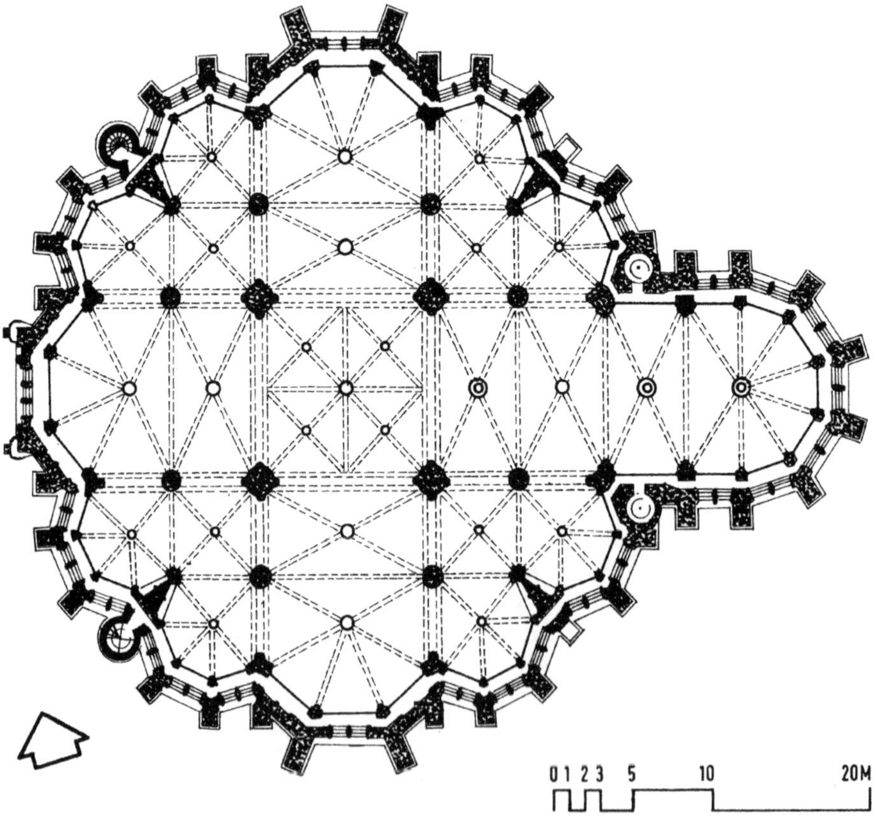

NACH: GALL E., DIE GOT. BAUKUNST IN FRANKREICH UND DEUTSCHLAND, TL.1 (=HDB.D. KUNSTGESCHICHTE), BRAUNSCHWEIG 1955^2 HO 93

BUNJES H./IRSCH N., u.a. (=BEARB.), DIE KIRCHLICHEN DENKMÄLER DER STADT TRIER..., DÜSSELDORF 1938 HS 77

WOLGAST

GERTRAUDENKAPELLE

BRUCK A.D. MUR

EHEM. HEILIG-GEIST-KIRCHE

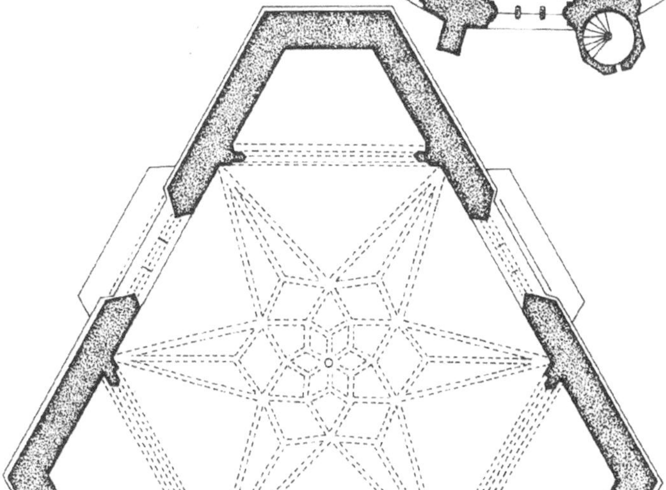

0 0,5 1 2 3M

NACH: GOTZ W., ZENTRALBAU U. ZENTRALBAUTENDENZ IN DER GOTISCHEN ARCHITEKTUR, BERLIN 1968

WF 78

KÖLN

MA 180

DOM

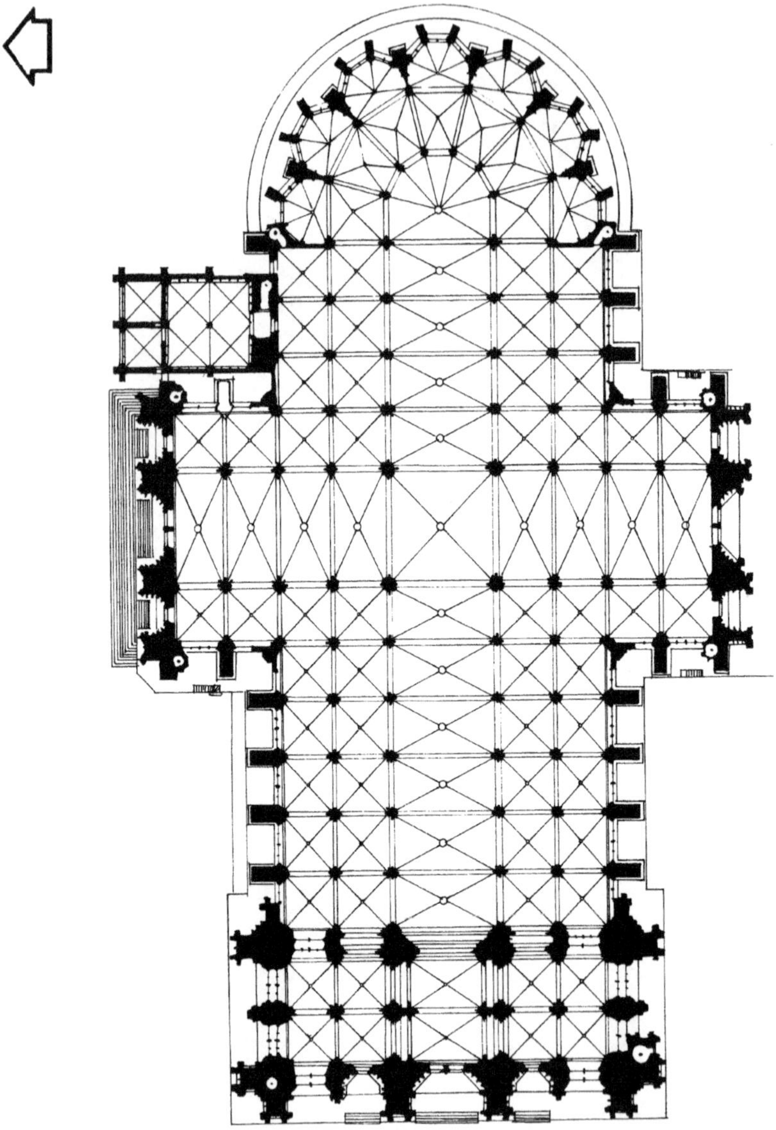

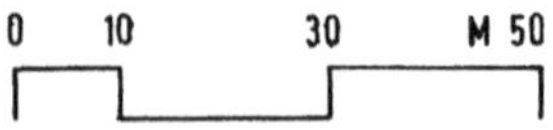

NACH: DEHIO G. u. BEZOLD G, DIE KIRCHL. BAUKUNST D. ABENDLANDES, BD. 4, HILDESHEIM 1969 (= NEUDR.)

GR/AS 76

MARBURG

MA 181

ELISABETHKIRCHE

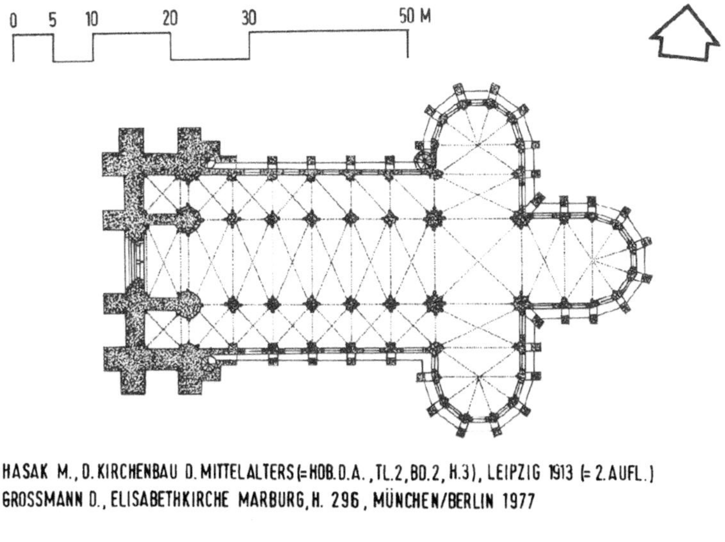

NACH: HASAK M., D. KIRCHENBAU D. MITTELALTERS (= HDB. D. A., TL. 2, BD. 2, H. 3), LEIPZIG 1913 (= 2. AUFL.)
GROSSMANN D., ELISABETHKIRCHE MARBURG, H. 296, MÜNCHEN/BERLIN 1977

KO 81

SCHWÄBISCH GMÜND

MA 182

HEILIG·KREUZ·KIRCHE

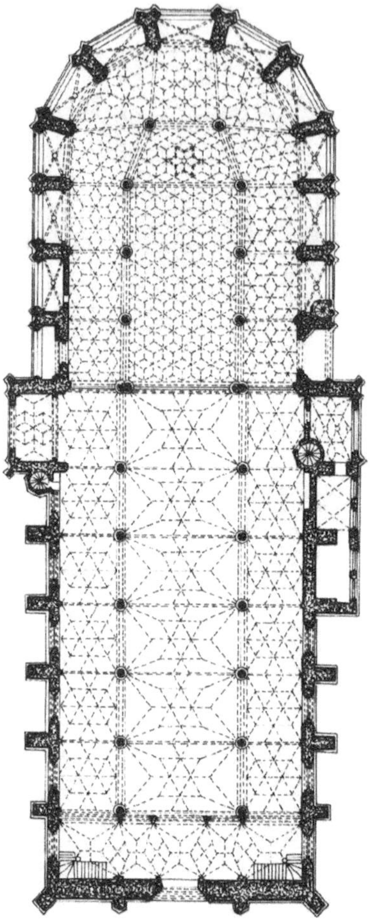

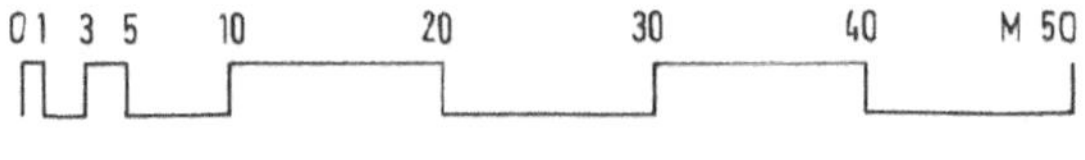

NACH: HOFSTÄTTER H.H. ,GOTIK(=WELTKULTUREN UND BAUKUNST),MÜNCHEN 1968

FM 77

SCHWÄBISCH GMÜND MA 183

HEILIG·KREUZ·KIRCHE

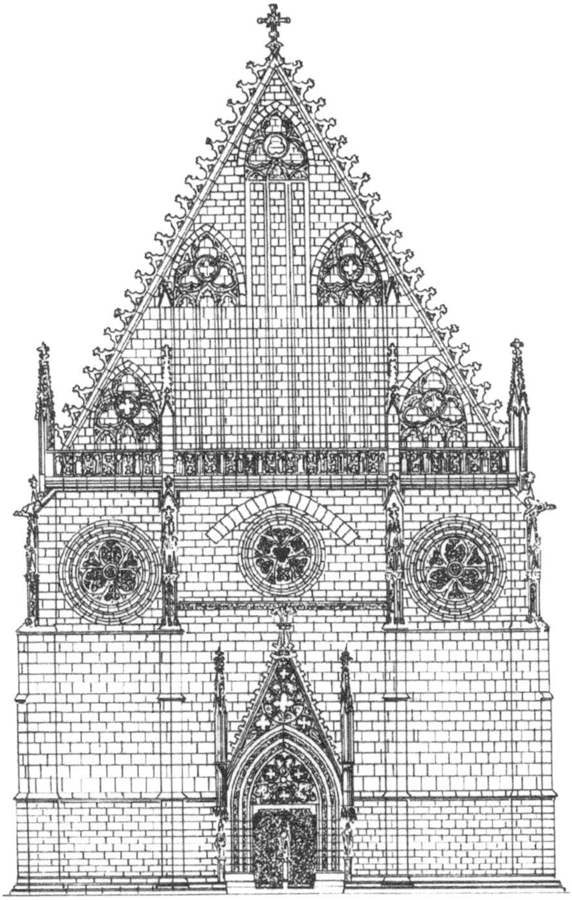

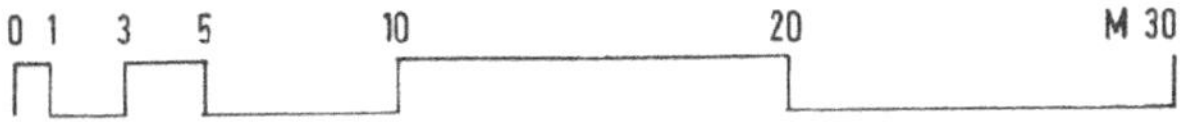

NACH: JANTZEN H., DIE GOTIK DES ABENDLANDES, KÖLN 1962

FM 77

SOEST

MA 184

MARIA ZUR WIESE

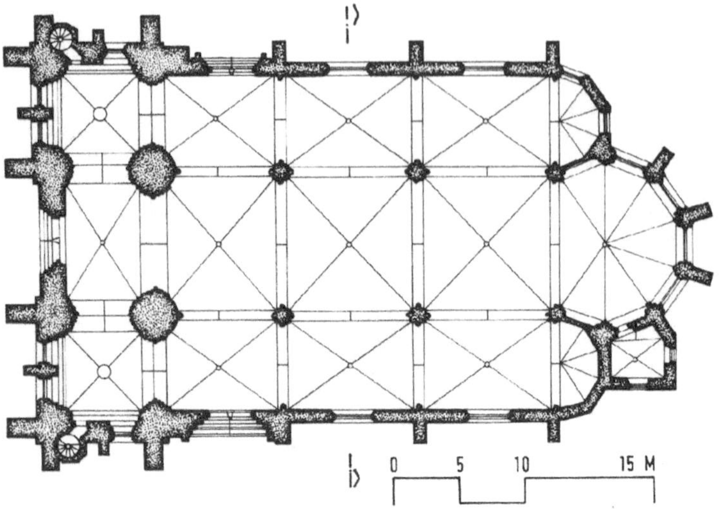

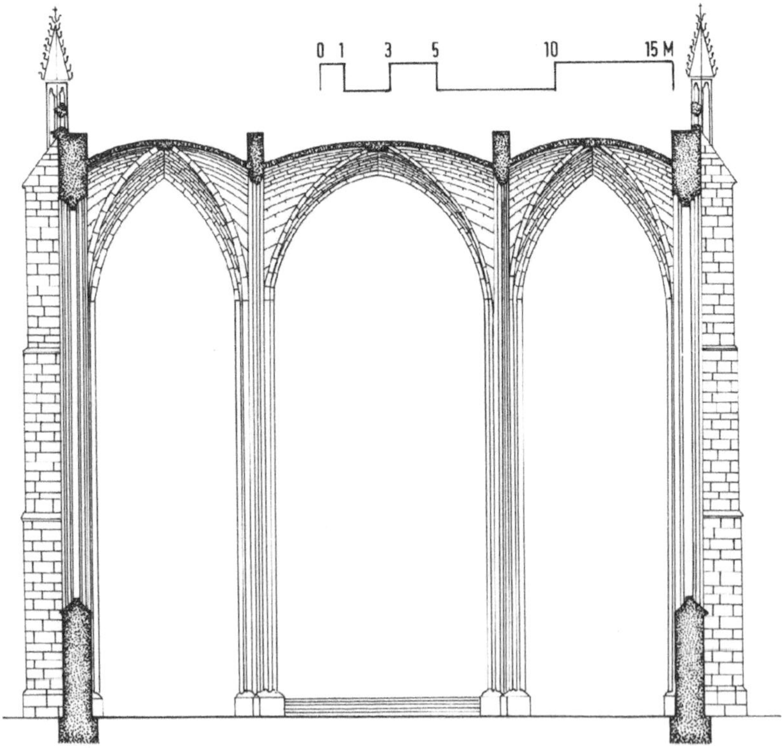

NACH: LUDORFF A. (=BEARB.), DIE BAU- UND KUNSTDENKMÄLER IM KREIS SOEST, MÜNSTER 1905
DEHIO G. u. BEZOLD G., DIE KIRCHL. BAUKUNST D. ABENDLANDES, BD. 4, HILDESHEIM 1969 (= NEUDR.)

WF 78

ANNABERG

MA 185

ST. ANNEN-KIRCHE

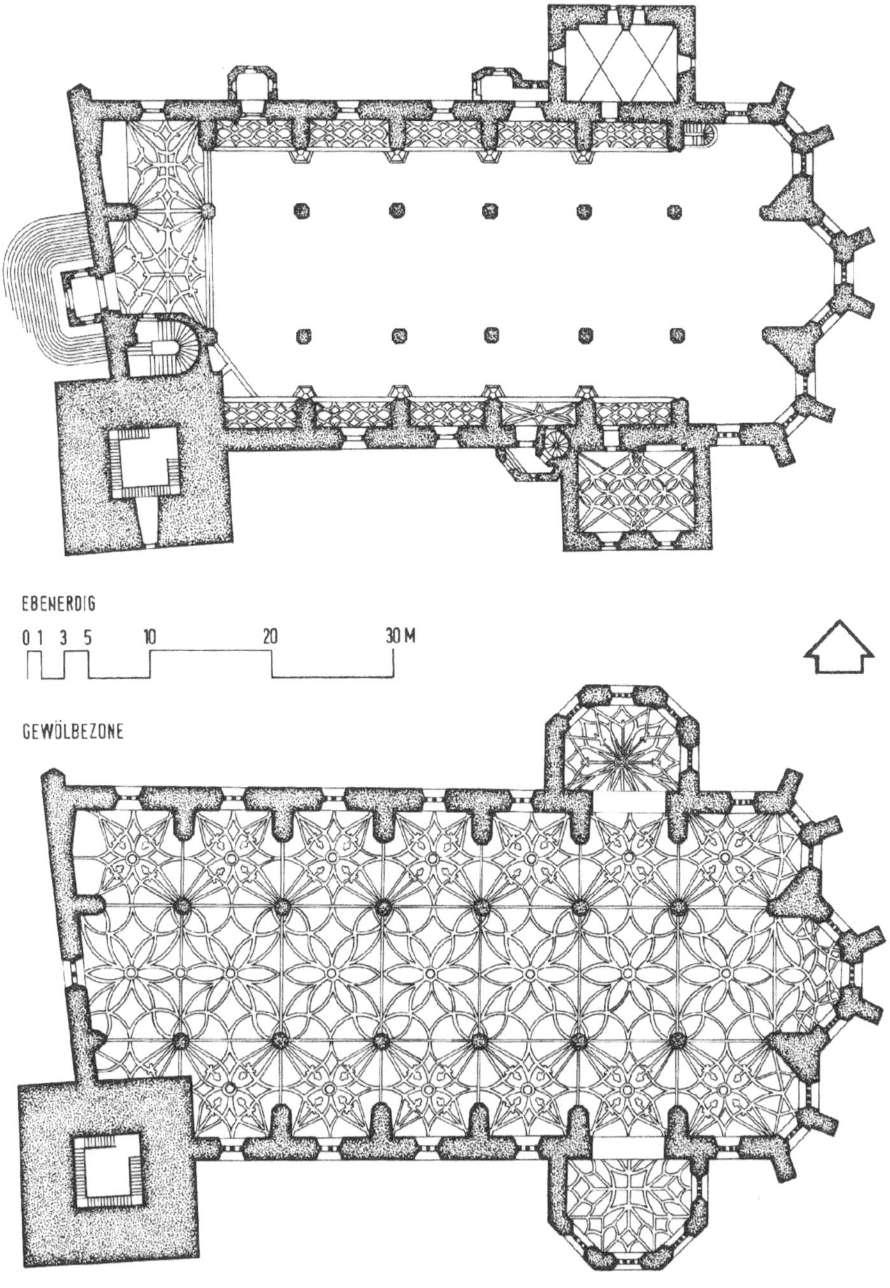

NACH: BIALOSTOCKI J., SPÄTMITTELALTER U. BEGINNENDE NEUZEIT (=PROPYLÄEN KUNSTGESCHICHTE, BD. 7), BERLIN 1972 BB 78

FREIBURG I.BR. MA 186

MÜNSTER

NACH: HASAK M., D. KIRCHENBAU D. MITTELALTERS (=HDB. D. A., TL. 2, BD. 4, H. 3), LEIPZIG 1913 (=2. AUFL.) KO 81

STRASSBURG MA 187

MÜNSTER

GRUNDRISS DES AUSGEFÜHRTEN HELMS

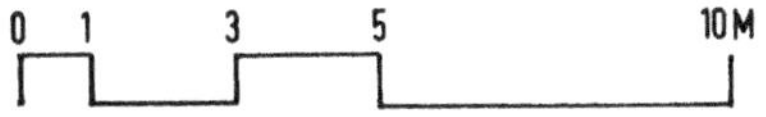

NACH: HAEUSSER J, LA CATHÉDRALE DE STRASBOURG, STRASSBURG 1973

ME77

HEISTERBACH

MA 188

KLOSTERKIRCHE

REKONSTRUKTION

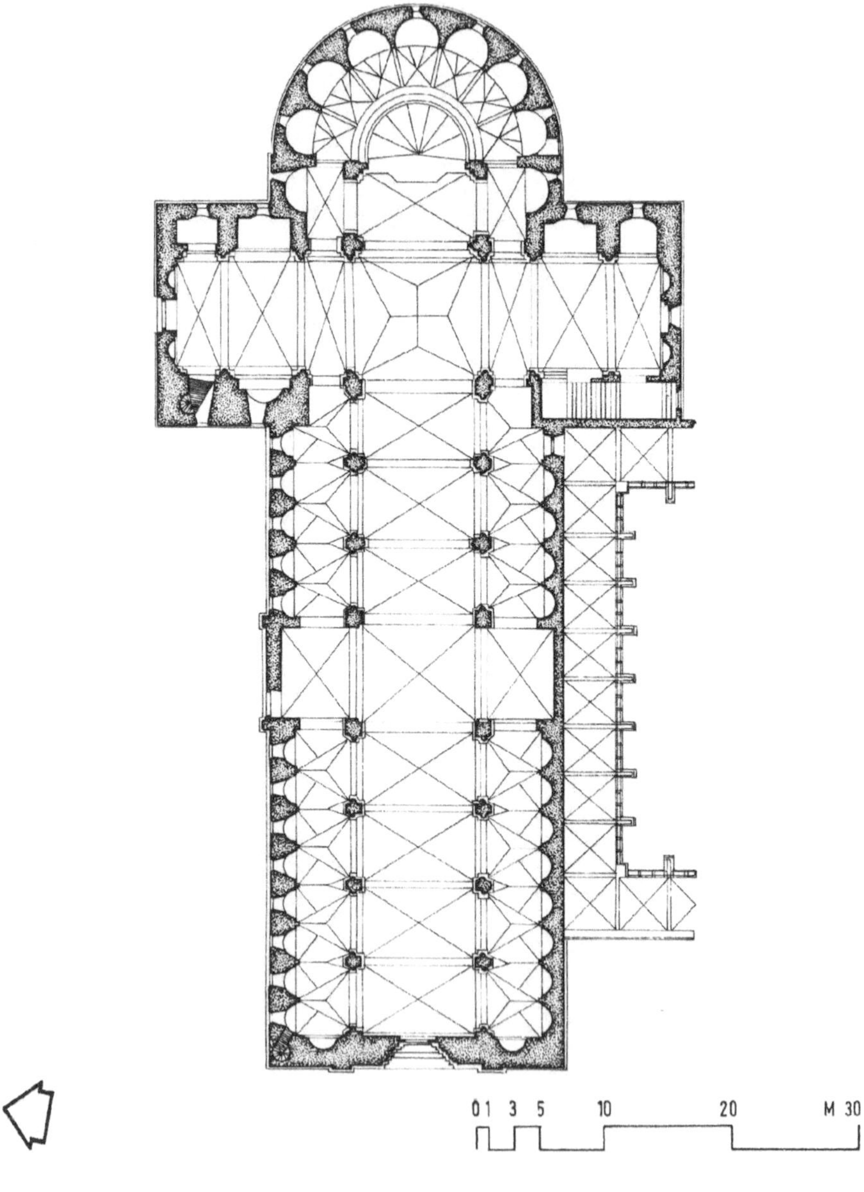

NACH: RENARD E.(=BEARB.),DIE KUNSTDENKMÄLER DES SIEGKREISES, DÜSSELDORF 1907

HEISTERBACH

MA 189

CHORRUINE

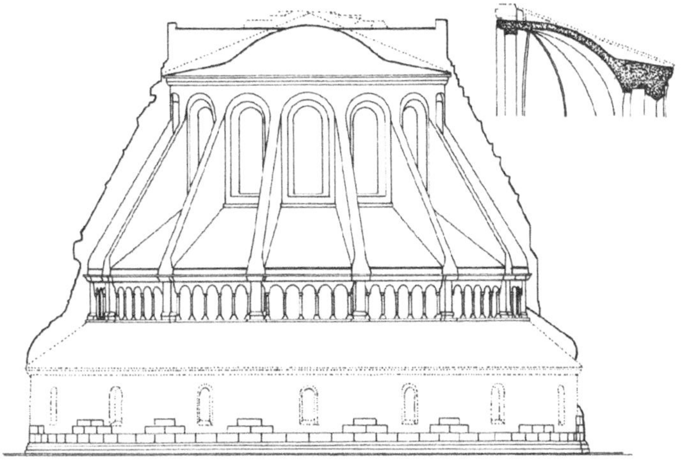

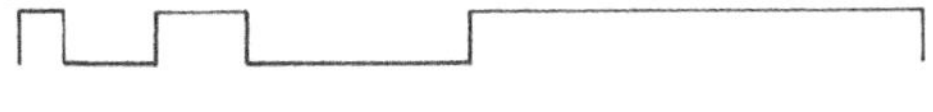

NACH: RENARD E. (=BEARB.), DIE KUNSTDENKMÄLER DES SIEGKREISES, DÜSSELDORF 1907

CHORIN

MA 190

KLOSTERKIRCHE

NACH: HASAK M.,D. KIRCHENBAU D. MITTELALTERS(=HDB.D.A.,TL.2, BD.4, H.3), LEIPZIG 1913 (=2. AUFL.)

BB 78

KAISERSLAUTERN

MA 191

ST. MARTIN (EHEM. MINORITEN-KLOSTERKIRCHE)

1 KIRCHE
2 GEBÄULICHKEITEN
3 KREUZGANG
4 GARTEN
5 HOF
6 BRAUHAUS

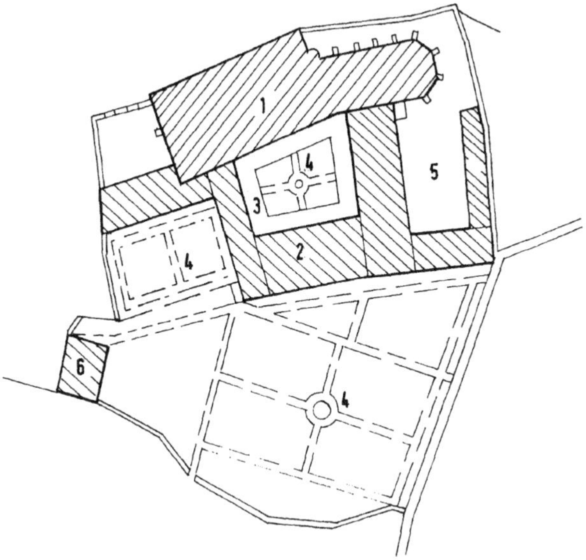

NACH: ECKARDT A. u. GEBHARD T. (=BEARB), STADT UND LANDKREIS KAISERSLAUTERN, MÜNCHEN 1942

SS 77

KAISERSLAUTERN MA 192

ST. MARTIN (EHEM. MINORITEN-KLOSTERKIRCHE)

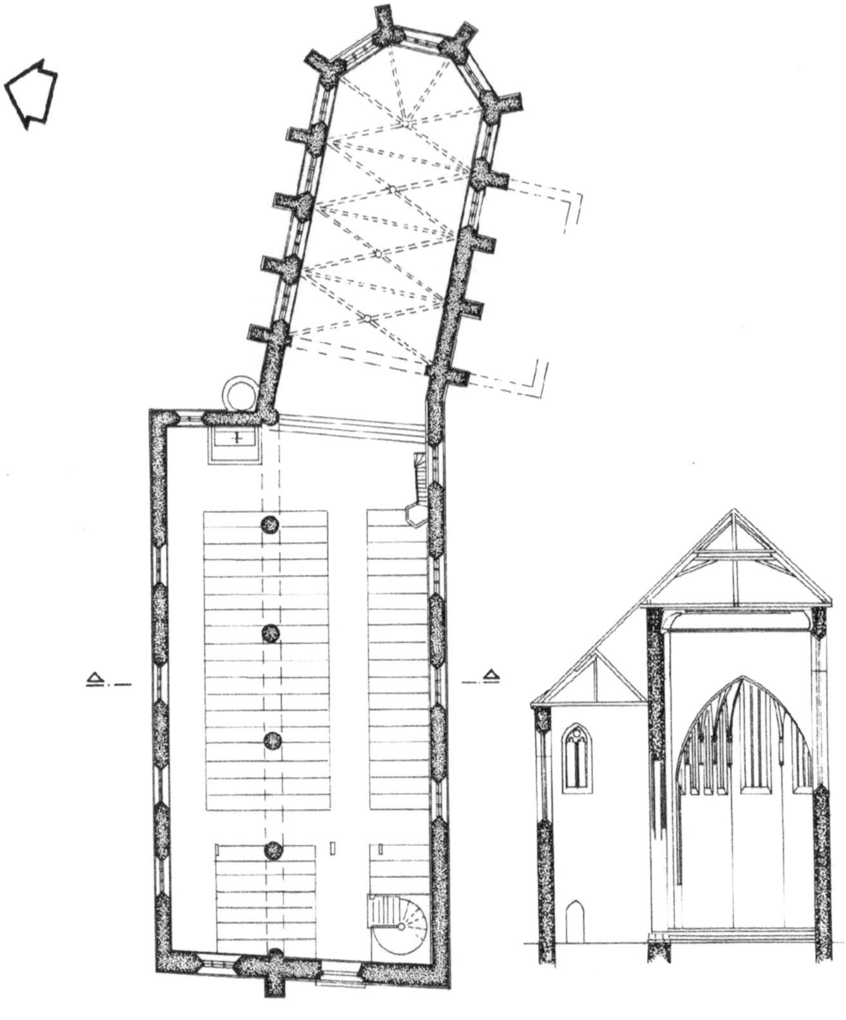

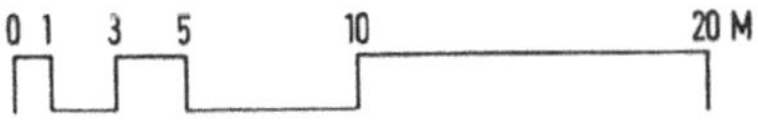

NACH: ECKARDT A. u. GEBHARD T. (=BEARB.), STADT UND LANDKREIS KAISERSLAUTERN, MÜNCHEN 1942

DURHAM

MA 193

KATHEDRALE

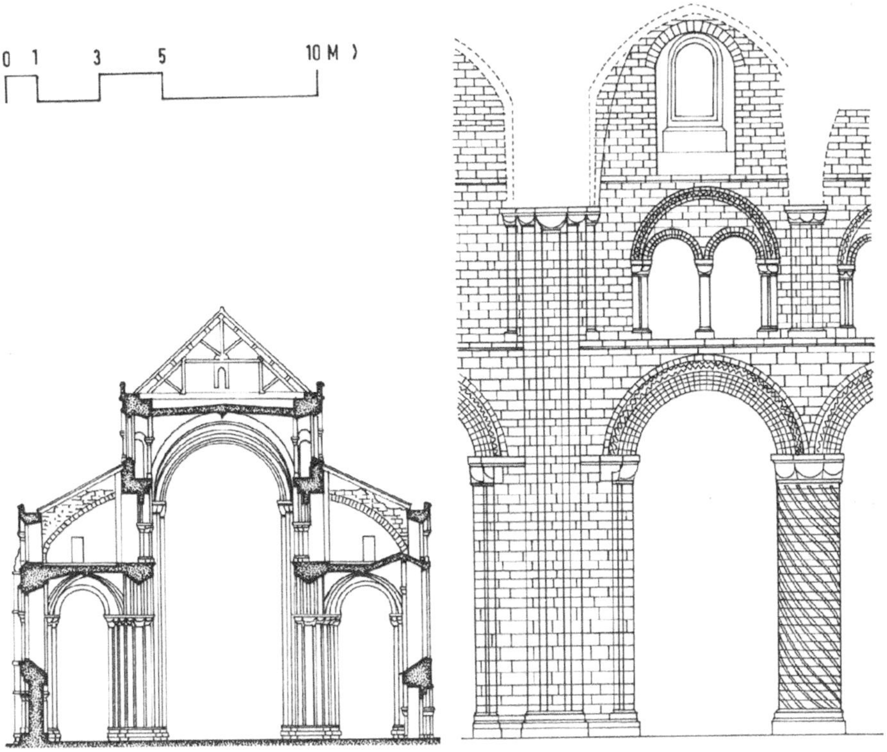

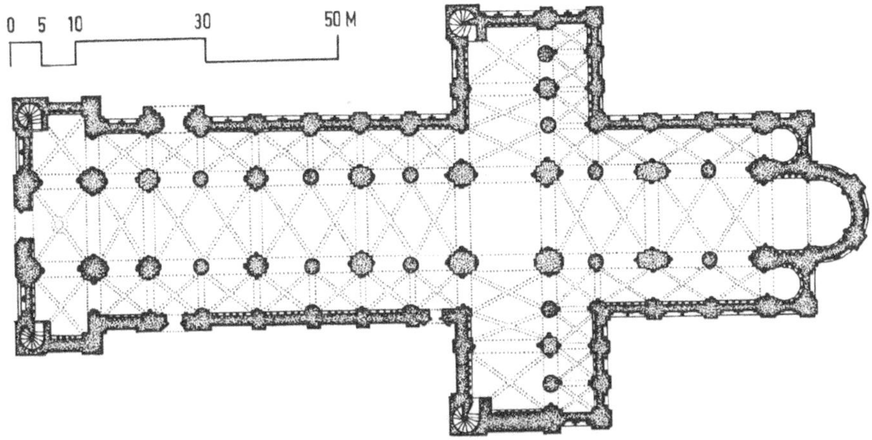

NACH: CONANT K.-J., CAROLINGIAN AND ROMANESQUE ARCHITECTURE 800-1200, MIDDLESEX (GB) 1959

LINCOLN

KATHEDRALE

MA 194

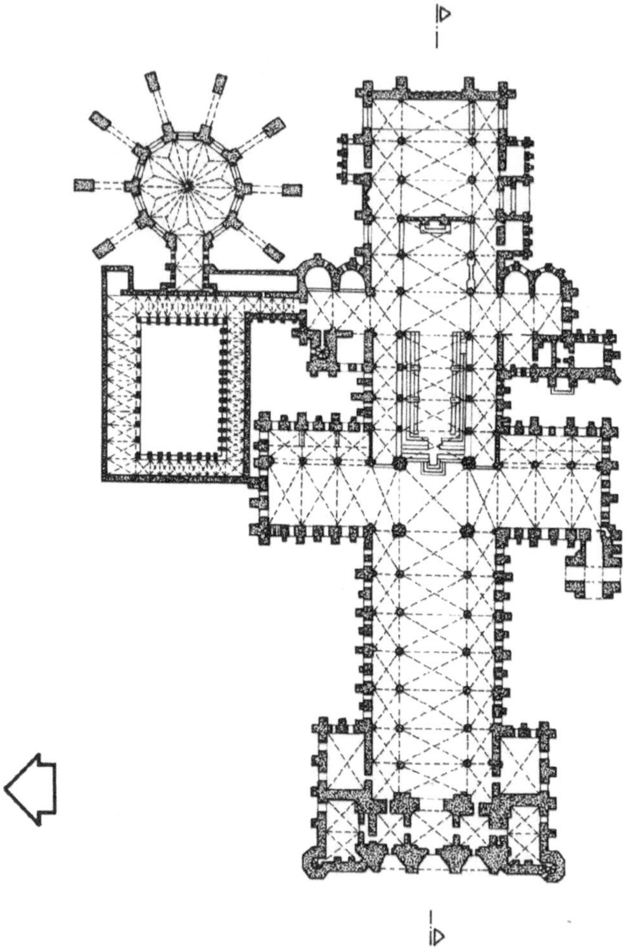

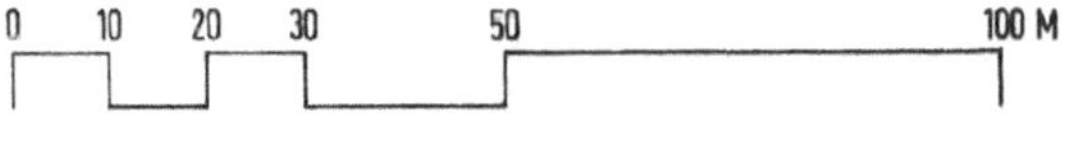

NACH: GRODECKI L., ARCHITEKTUR DER GOTIK (= WELTGESCHICHTE DER ARCHITEKTUR), STUTTGART 1976

LINCOLN

MA 195

KATHEDRALE

NACH: GRODECKI L., ARCHITEKTUR DER GOTIK (=WELTGESCHICHTE DER ARCHITEKTUR), STUTTGART 1976

MA 78

ELY

MA 196

KATHEDRALE

NACH: CONANT K.-J., CAROLINGIAN AND ROMANESQUE ARCHITECTURE 800-1200, MIDDLESEX (GB) 1959

SALISBURY

MA 197

KATHEDRALE

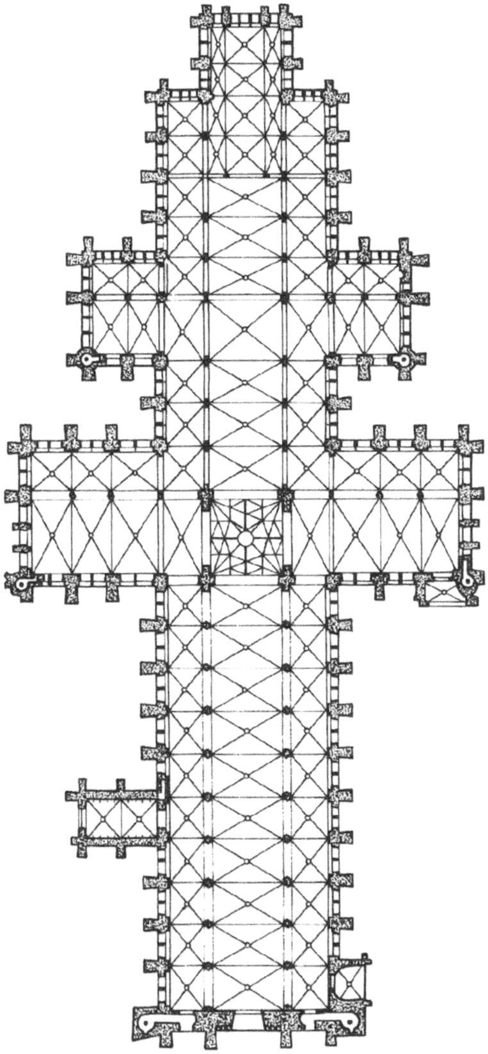

NACH: GRODECKI L., ARCHITEKTUR DER GOTIK(=WELTGESCHICHTE DER ARCHITEKTUR), STUTTGART 1976

BÖ77

LONDON

MA 198

WESTMINSTER ABBEY, SOG. KAPELLE HEINRICHS VII.

NACH: GRODECKI L., ARCHITEKTUR DER GOTIK (=WELTGESCHICHTE DER ARCHITEKTUR), STUTTGART 1976

CAMBRIDGE

MA 199

KAPELLE DES KING'S COLLEGE

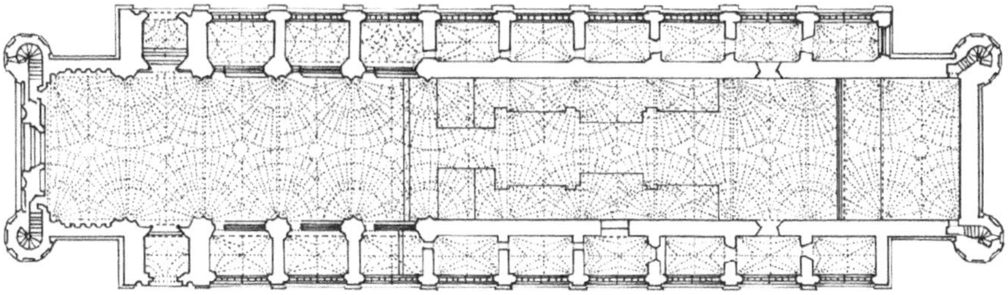

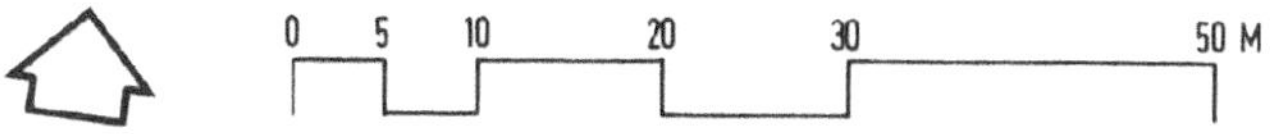

LONDON

WESTMINSTER ABBEY, SOG. KAPELLE HEINRICHS VII.

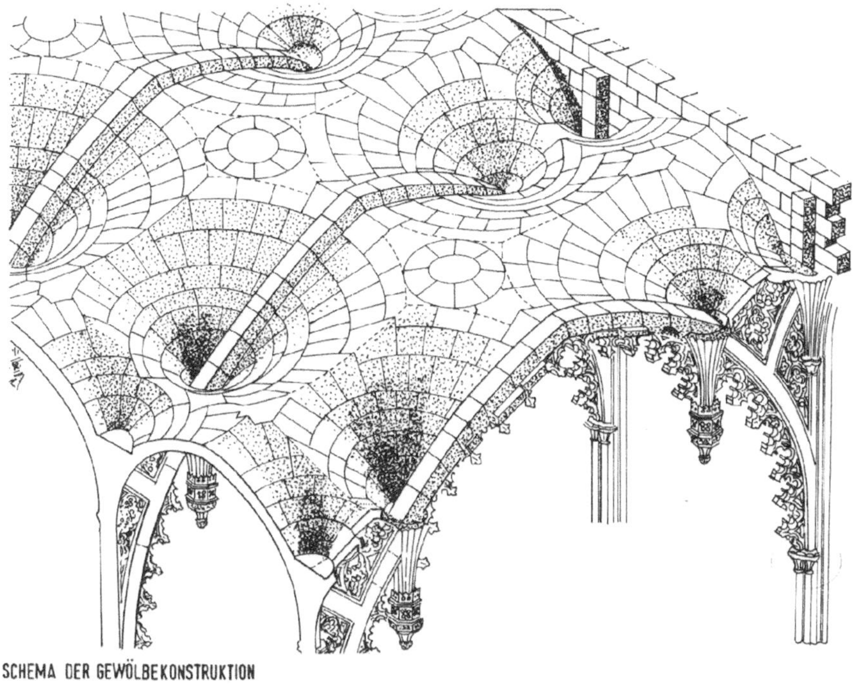

SCHEMA DER GEWÖLBEKONSTRUKTION

NACH: BIALOSTOCKI J., SPÄTMITTELALTER U. BEGINNENDE NEUZEIT (= PROPYLÄEN KUNSTGESCHICHTE, BD. 7), BERLIN 1972 WF 78

ASSISI

MA 200

S. FRANCESCO
UNTERKIRCHE

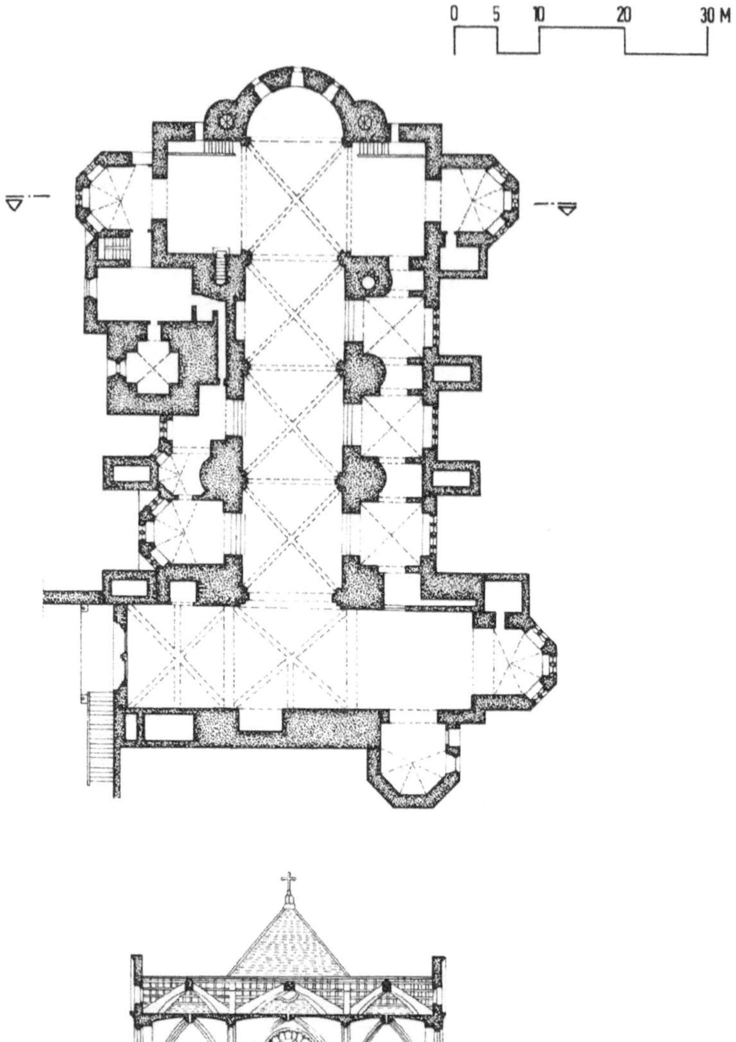

OBERKIRCHE
UNTERKIRCHE
KRYPTA

NACH: GRODECKI L., ARCHITEKTUR DER GOTIK (= WELTGESCHICHTE DER ARCHITEKTUR), STUTTGART 1976

FLORENZ

STA. CROCE

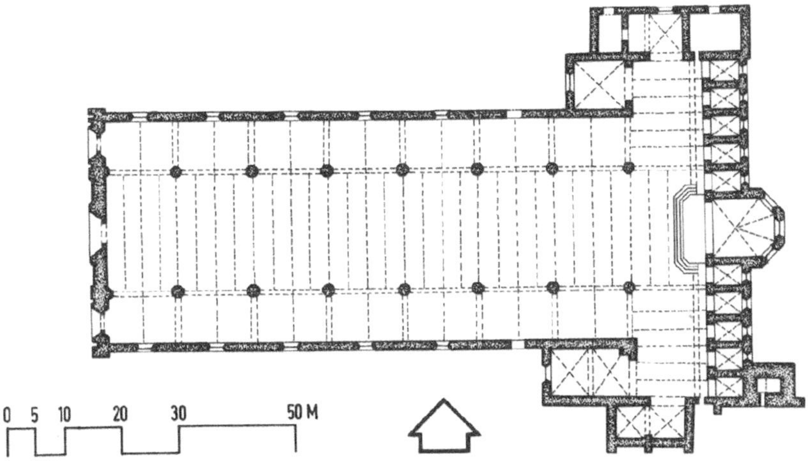

NACH: GRODECKI L., ARCHITEKTUR DER GOTIK (=WELTGESCHICHTE DER ARCHITEKTUR), STUTTGART 1976 BÖ/MA78

MAILAND

MA 202

DOM

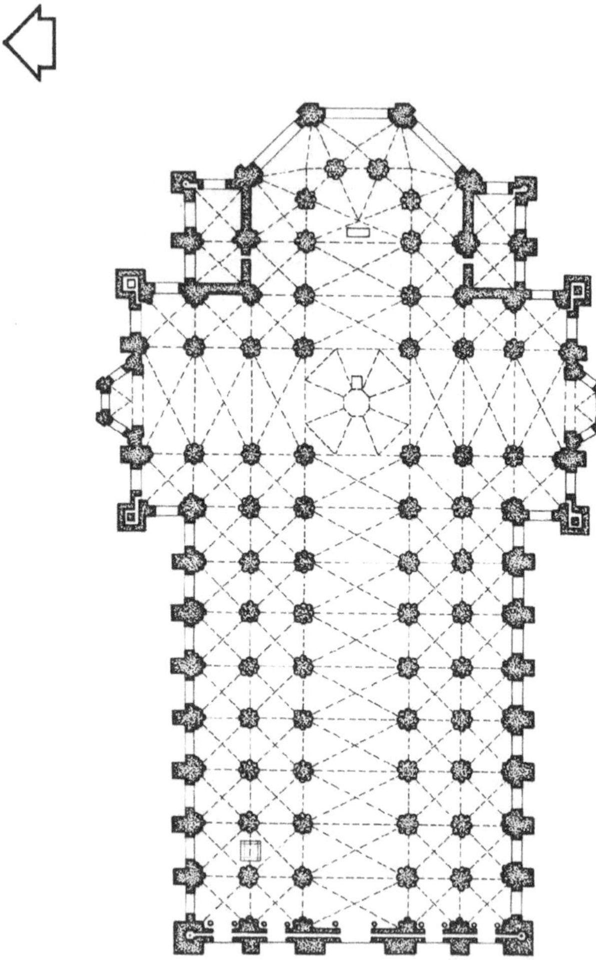

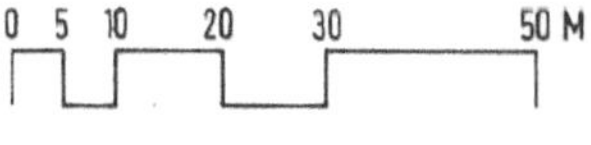

NACH: GRODECKI L., ARCHITEKTUR DER GOTIK(=WELTGESCHICHTE DER ARCHITEKTUR), STUTTGART 1976

MA77

BARCELONA

MA 203

STA. MARIA DEL PINO

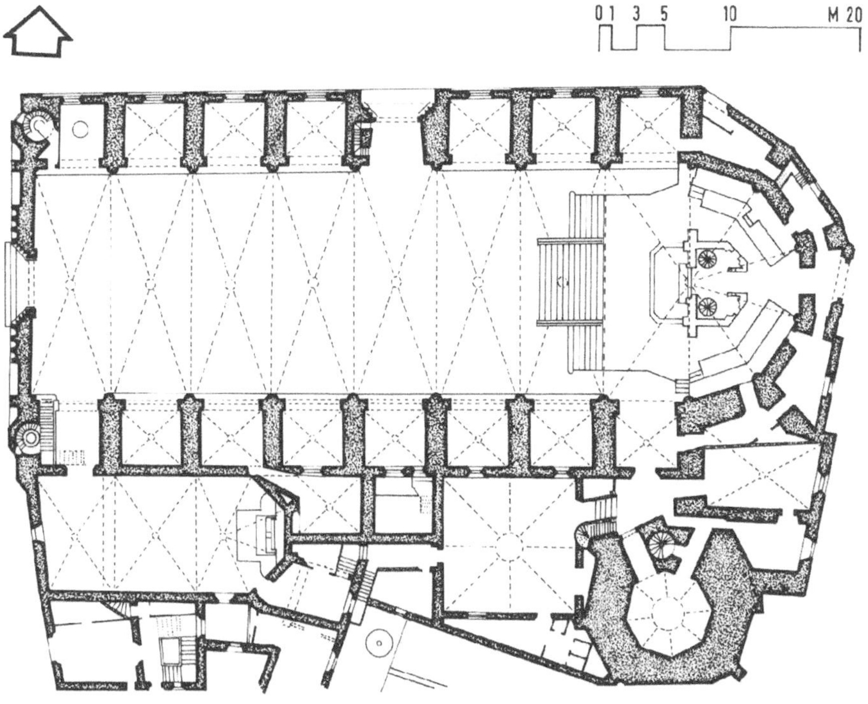

NACH: BIALOSTOCKI J., SPÄTMITTELALTER U. BEGINNENDE NEUZEIT (=PROPYLÄEN KUNSTGESCHICHTE, BD. 7), BERLIN 1972

BB 78

MAULBRONN

MA 204

ZISTERZIENSERKLOSTER

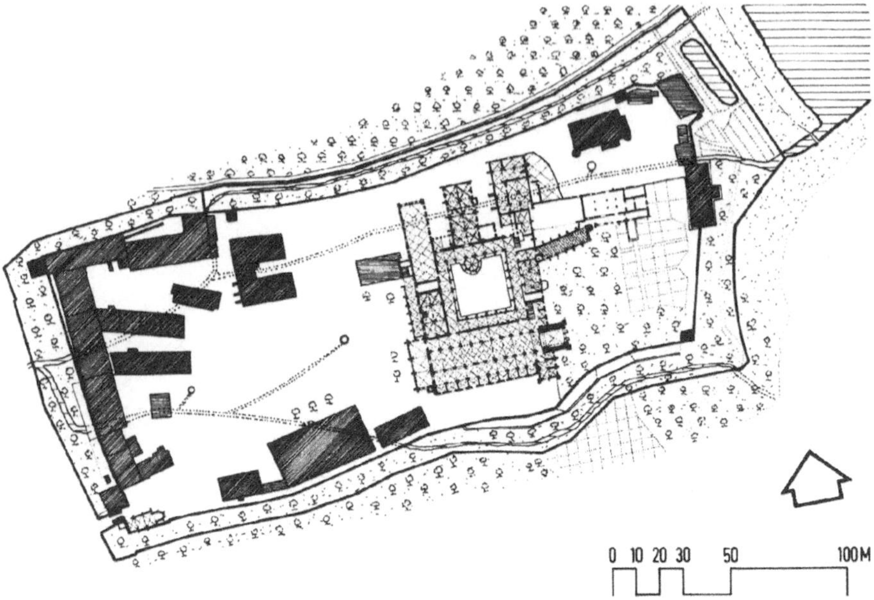

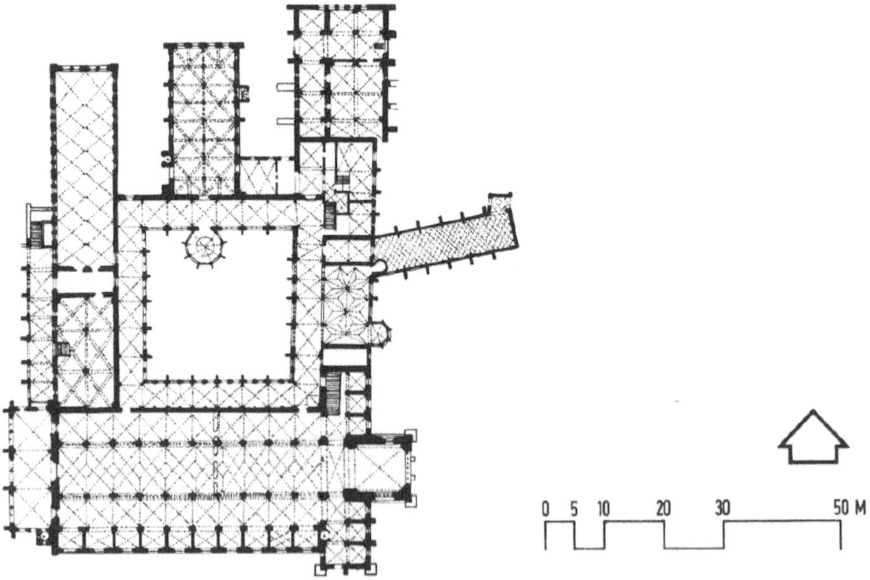

NACH: ESSENWEIN A.V.u. STIEHL O., DER WOHNBAU DES MITTELALTERS(= HDB.D.A., TL.2, BD. 4, H.2), LEIPZIG 1908(=2.AUFL.) MA 78

CLERMONT

KARTÄUSERKLOSTER (NACH VIOLLET-LE-DUC)

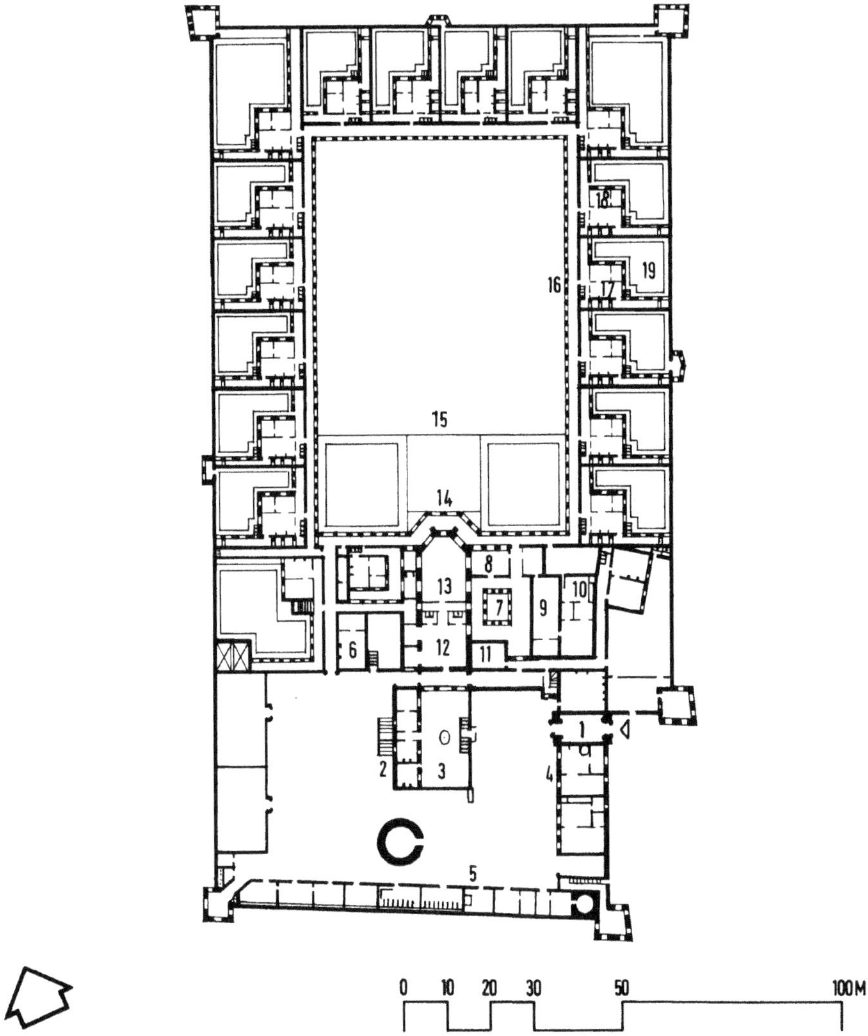

1 EINGANG	6 HAUS DES SUBPRIORS	10 BIBLIOTHEK	15 CLAUSTRUM MAJUS
2 HAUS DES PRIORS	7 CLAUSTRUM MINUS, KLEINER KLOSTERHOF	11 KAPELLE	16 KREUZGANG
3 VORHOF	8 KAPITELSAAL	12 VORDERKIRCHE	17 VORRAUM, GEHEIZT
4 GÄSTEHAUS	9 REFEKTORIUM	13 MÖNCHSKIRCHE	18 ZELLE
5 ZELLEN DER DONATEN		14 FRIEDHOF	19 GARTEN

NACH: BRAUNFELS W., ABENDLÄNDISCHE KLOSTERBAUKUNST, KÖLN 1969

EBERBACH

MA 206

ZISTERZIENSERKLOSTER (HOSPITAL)

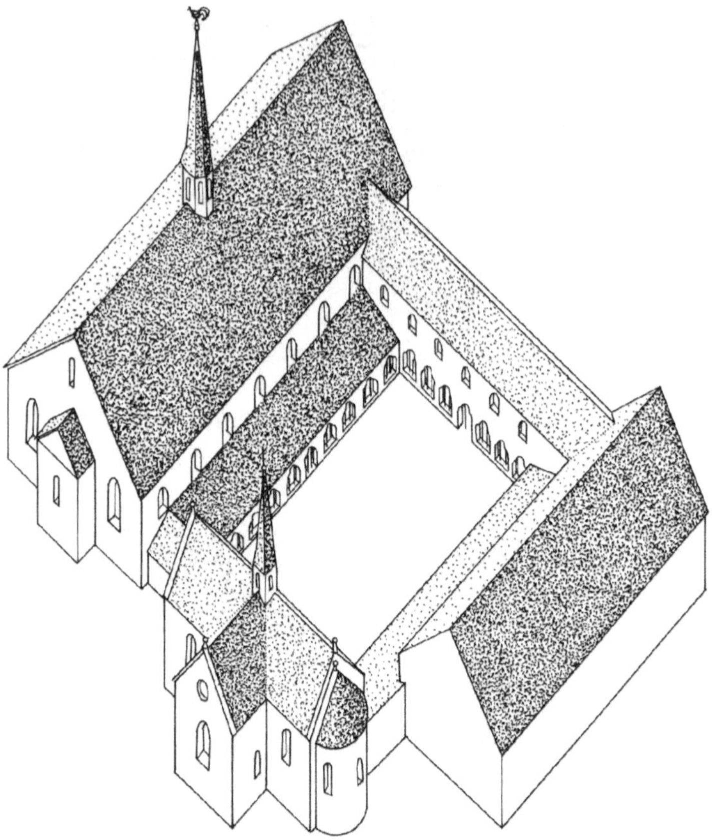

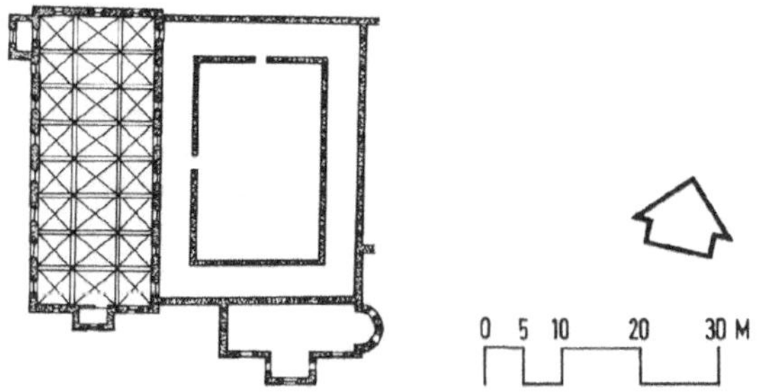

NACH: BRAUNFELS W., ABENDLÄNDISCHE KLOSTERBAUKUNST, KÖLN 1969

WF78

BEAUNE

MA 207

HÔTEL-DIEU

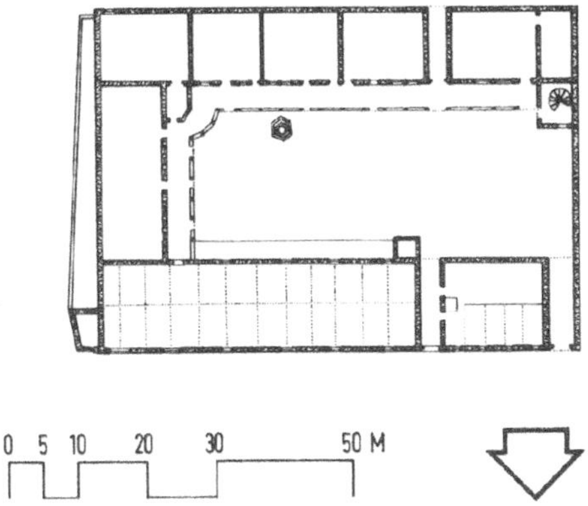

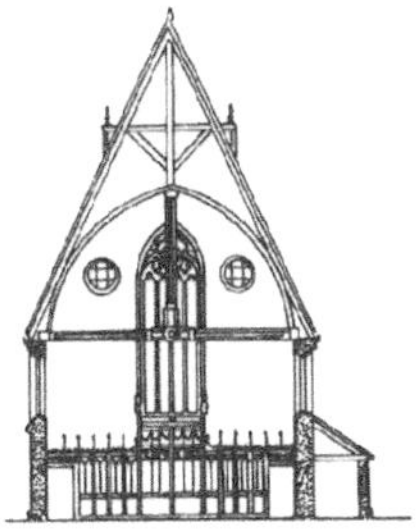

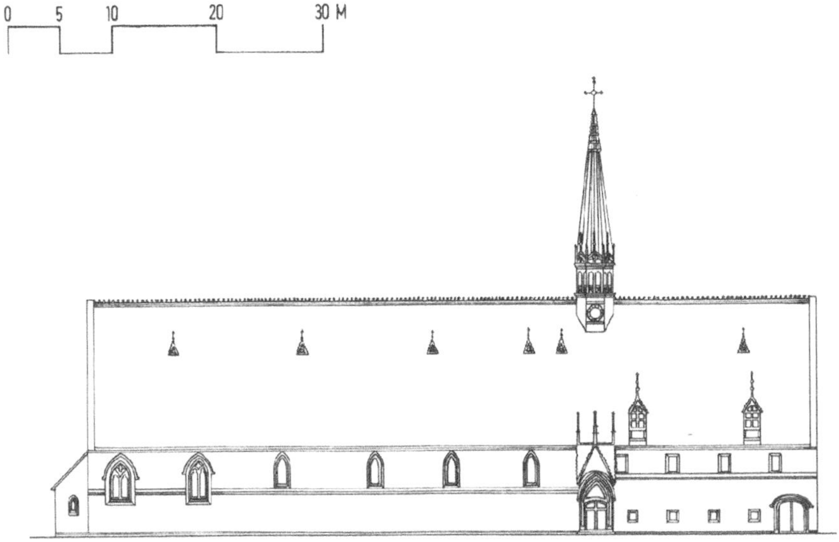

NACH: HOFSTÄTTER H.H., GOTIK(=WELTKULTUREN U. BAUKUNST), MÜNCHEN 1968

BB 78

AIGUES - MORTES

MA 208

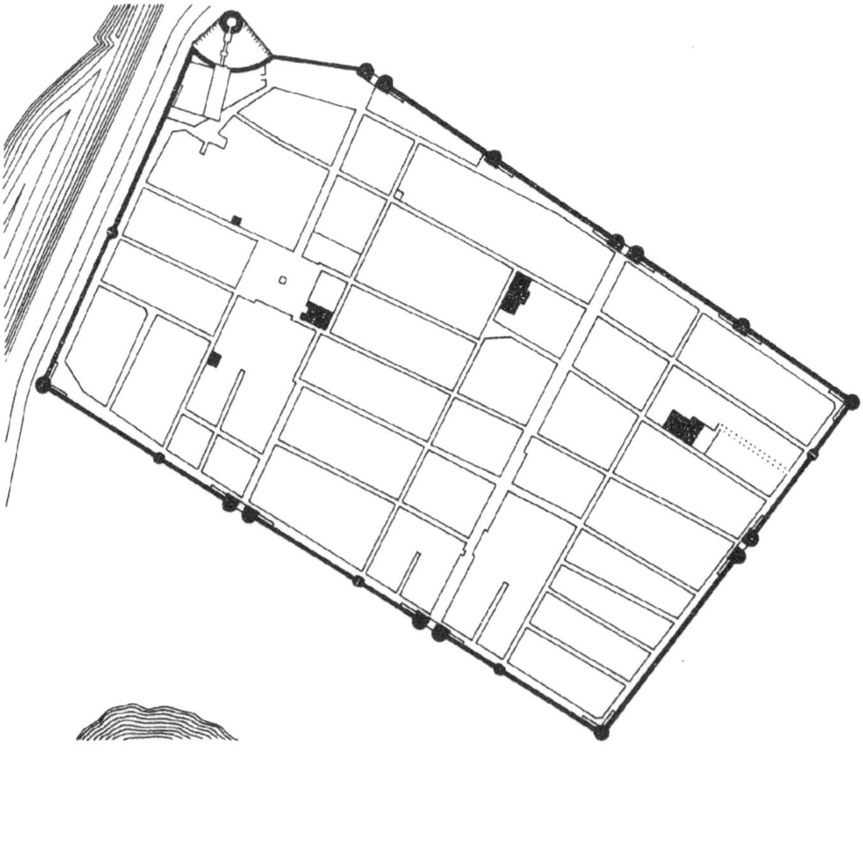

NACH: HOFSTÄTTER H.H., GOTIK (=WELTKULTUREN UND BAUKUNST), MÜNCHEN 1968

CARCASSONNE

MA 209

LA CITÉ

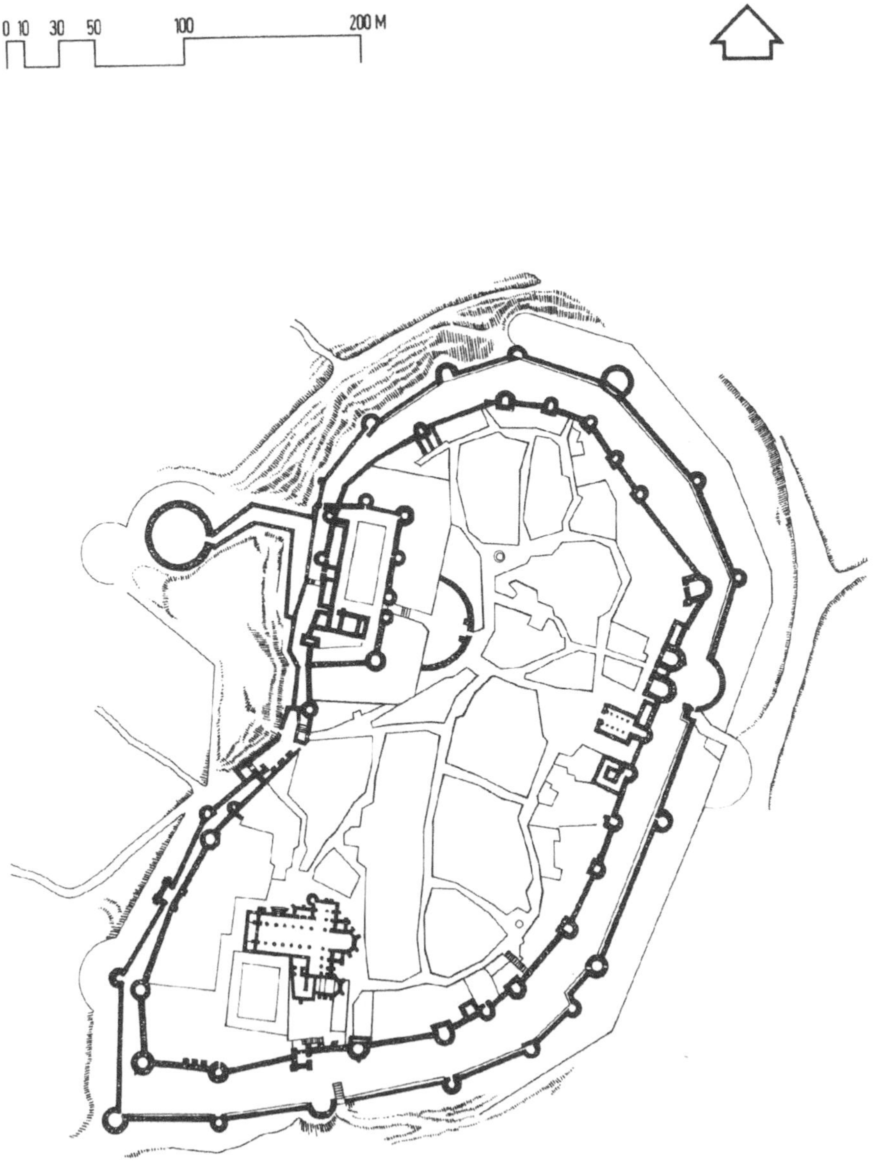

NACH: HOFSTÄTTER H.H., GOTIK (=WELTKULTUREN UND BAUKUNST), MÜNCHEN 1968

BB78

ROTHENBURG

MA 210

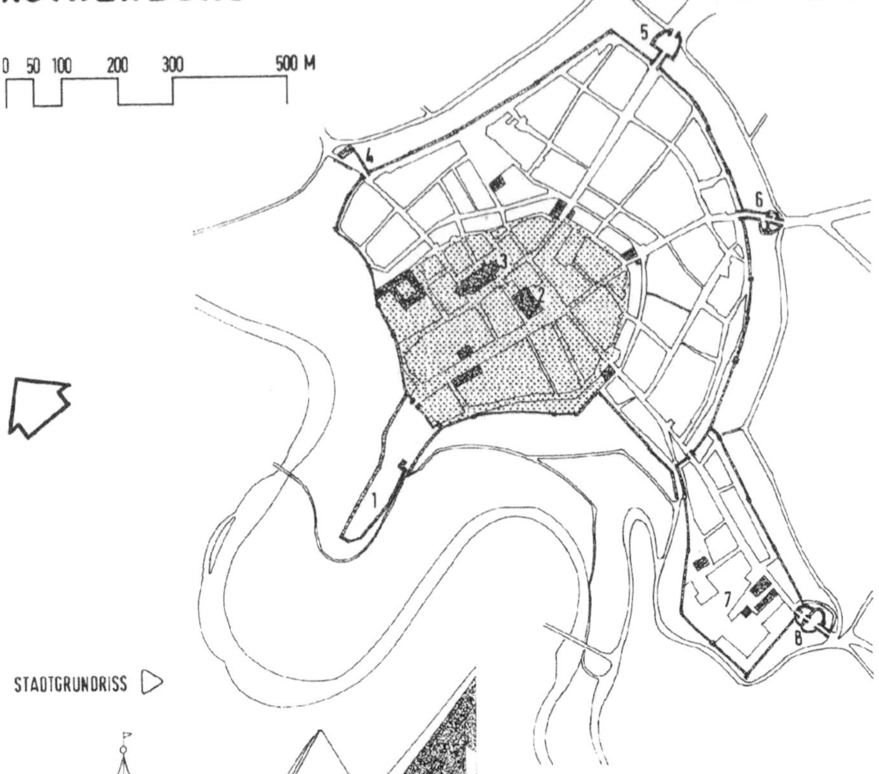

STADTGRUNDRISS ▷

▒ STADTKERN AUS DEM 12./13. JH.

1 EHEM. STAUFISCHE REICHSBURG, 1356 DURCH ERDBEBEN ZERSTÖRT, DANACH ABGETRAGEN
2 RATHAUS
3 EVANG. STADTKIRCHE ST. JAKOB
4 KLINGENTORBASTEI
5 WÜRZBURGER TOR
6 RÖDERTOR
7 SPITAL
8 SPITALTOR MIT -BASTEI

STADTMAUER MIT WEHRGANG AM KLINGENTOR ◁

NACH: RESS A. (=BEARB.), STADT ROTHENBURG O.D.T., KIRCHLICHE BAUTEN, MÜNCHEN 1959

SM 78

NACH: RESS A. (=BEARB.), STADT ROTHENBURG O.D.T., KIRCHLICHE BAUTEN, MÜNCHEN 1959

SM 78

FACHWERKBAU

GEFÜGEARTEN

STOCKWERKBAU GESCHOSSBAU

LIMBURG A.D.L.

RÖMER 2.4.6 „GOTISCHES HAUS"

REKONSTRUKTION ZUSTAND 1289 NACH LIPPERT

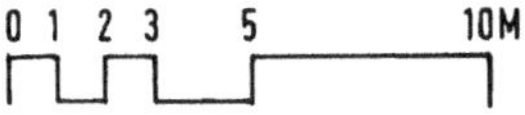

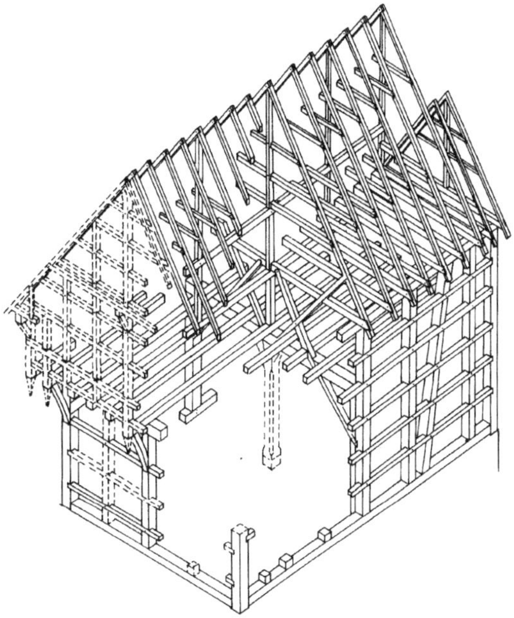

ESSLINGEN

WEBERGASSE 8

SCHNITT UND LINKE TRAUFE DACHWERK, ZUSTAND 1287

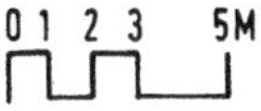

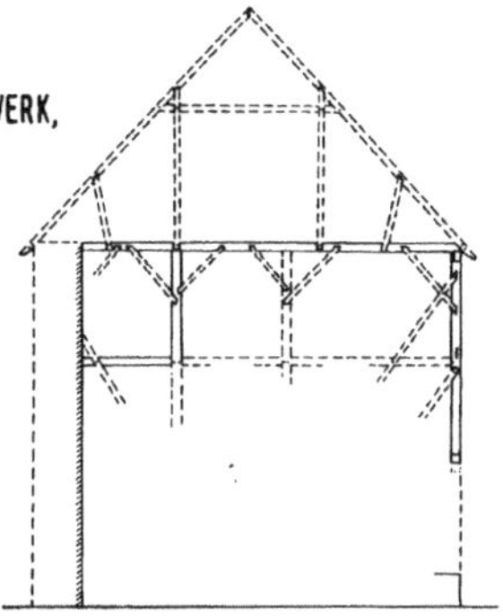

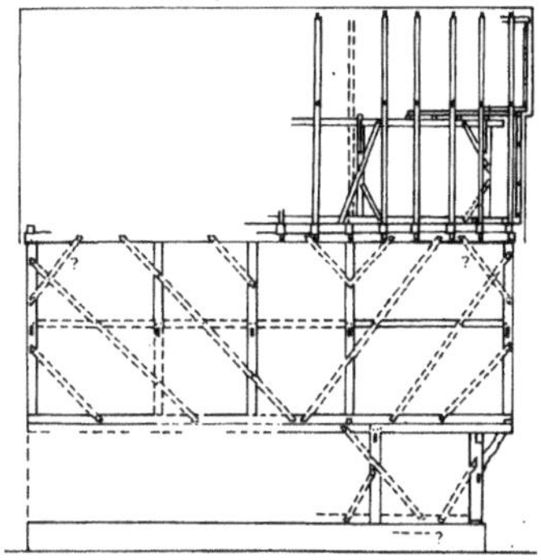

NACH: GROSSMANN G.U., DER FACHWERKBAU, KÖLN 1986

BENTMANN R., D.„GOTISCHE HAUS" RÖMER 2.4.6 IN LIMBURG, IN: DENKMALPFLEGE IN HESSEN, 1, WIESBADEN 1990

ALSFELD MA 212

HERSFELDER STRASSE 10/12

REKONSTRUKTION DES URSPRÜNGLICHEN QUERBINDERGEFÜGES, ZUSTAND 1375

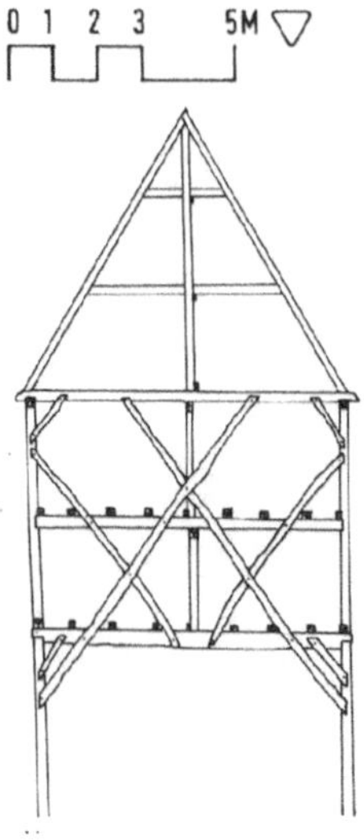

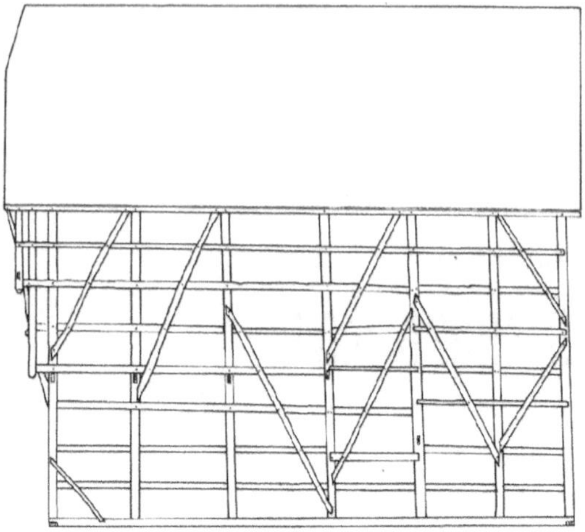

OBEN LINKS: QUERSCHNITT DURCH VORDEREN HAUSTEIL MIT DIELE

OBEN RECHTS: RECHTE TRAUFE UND VORDERGIEBEL

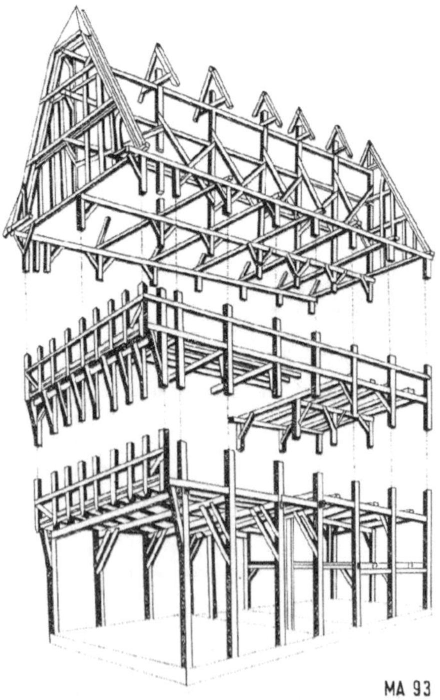

REKONSTRUKTION DES GEFÜGES NACH WINTER ▷

NACH: GROSSMANN G.U., DER FACHWERKBAU, KÖLN 1986 MA 93

BINDING G. u.a., KLEINE KUNSTGESCHICHTE DES DEUTSCHEN FACHWERKBAUS, DARMSTADT 1975 KF 77

BREMEN ROSTOCK MA 213

GROSSENSTRASSE 45

GROSSE WASSERSTRASSE 30

GOTISCHE HAUSGIEBELFORMEN BEI ROSTOCKER HÄUSERN, ABER AUCH IN MECKLENBURG ALLGEMEIN (NACH SUHR)

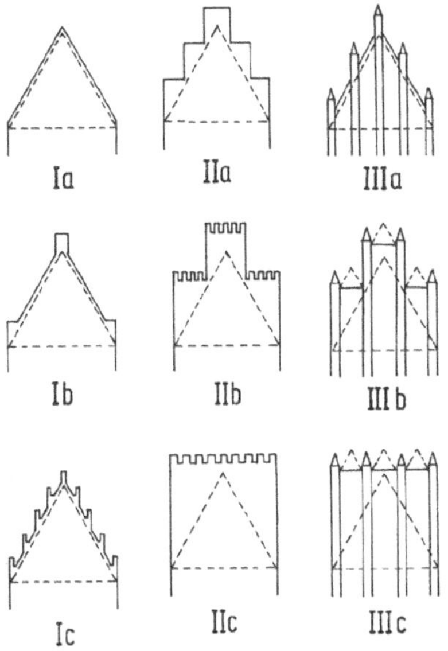

Ia DREIECKSGIEBEL	IIa STAFFELGIEBEL	IIIa PFEILERGIEBEL
Ib „SCHULTERGIEBEL" MIT FIRSTAUFSATZ	IIb ZINNENSTAFFEL-GIEBEL	IIIb PFEILERSTAFFEL-GIEBEL
Ic DREIECKSGIEBEL M. FIALENBESATZ	IIc ZINNENSCHILD-GIEBEL	IIIc PFEILERSCHILD-GIEBEL

NACH: HAUKE K., DAS BÜRGERHAUS IN MECKLENBURG UND POMMERN (= D. DT. BÜRGERHAUS, BD. XXII), TÜBINGEN 1975

STEIN R., DAS BÜRGERHAUS IN BREMEN (= D. DT. BÜRGERHAUS, BD. XIII), TÜBINGEN 1970

ROSTOCK

MA 214

WOKRENTERSTRASSE 40

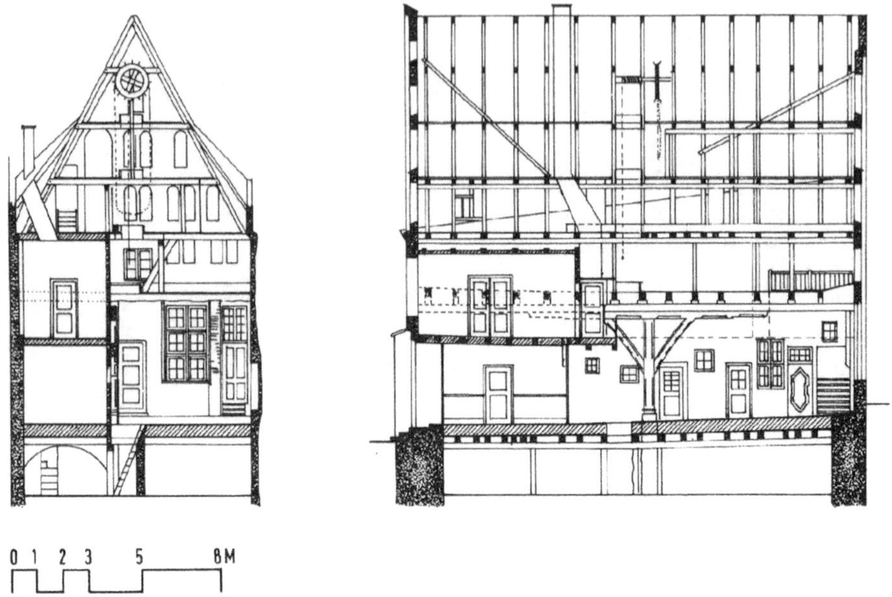

ERDGESCHOSS

OBERGESCHOSS

NACH: HAUKE K., DAS BÜRGERHAUS IN MECKLENBURG UND POMMERN (= D. DT. BÜRGERHAUS, BD. XXII), TÜBINGEN 1975

KONSTANZ

MA 215

ZOLLERNSTRASSE 35 „ZUM KINDLE"

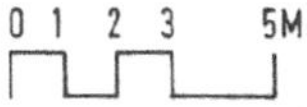

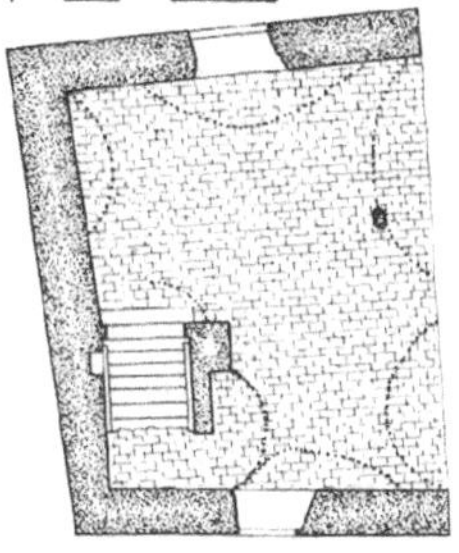

KELLERGESCHOSS

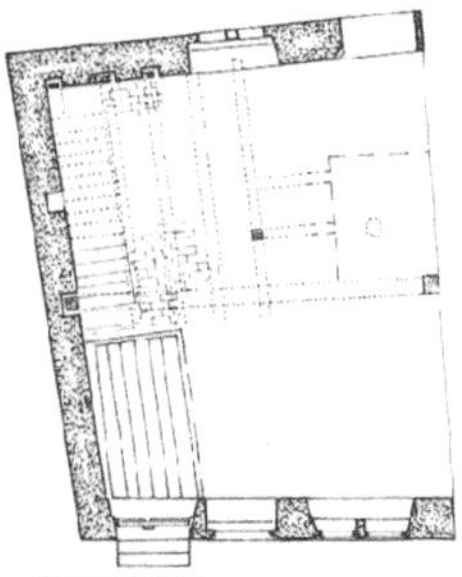

ERDGESCHOSS

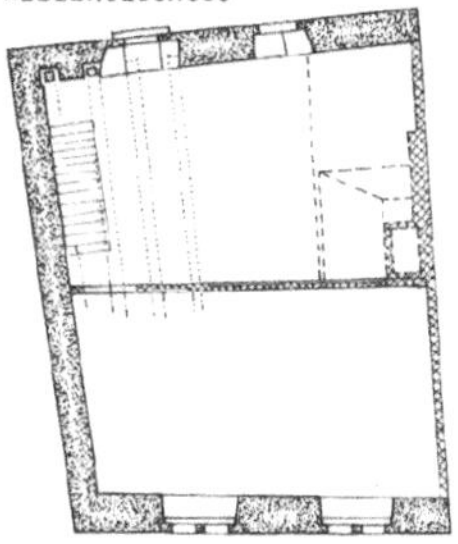

2. OBERGESCHOSS

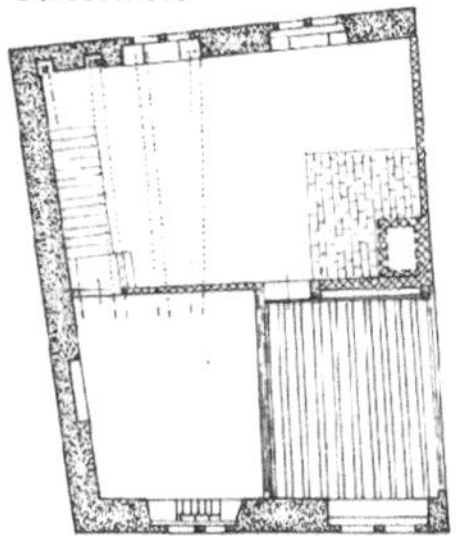

3. OBERGESCHOSS

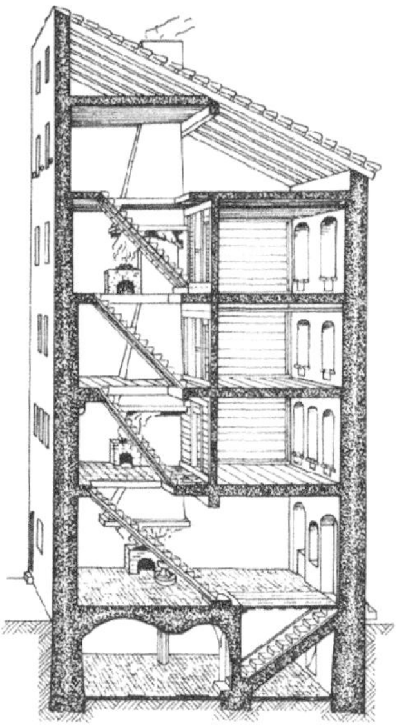

SCHNITT

LÜBECK

„GANG"

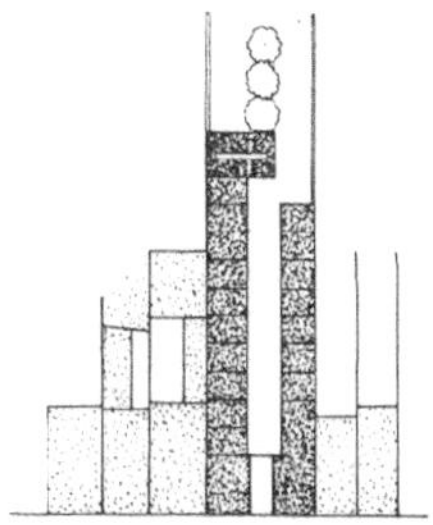

NACH: KRETZSCHMAR F. u. WIRTLER U., DAS BÜRGERHAUS IN KONSTANZ, ETC. (= D. DT. BÜRGERHAUS, BD. XXV), TÜBINGEN 1977 — MA 93

GRUBER K., DIE GESTALT DER DEUTSCHEN STADT, MÜNCHEN 1952 — BB 78

HILDESHEIM MA 216

KNOCHENHAUER - AMTSHAUS

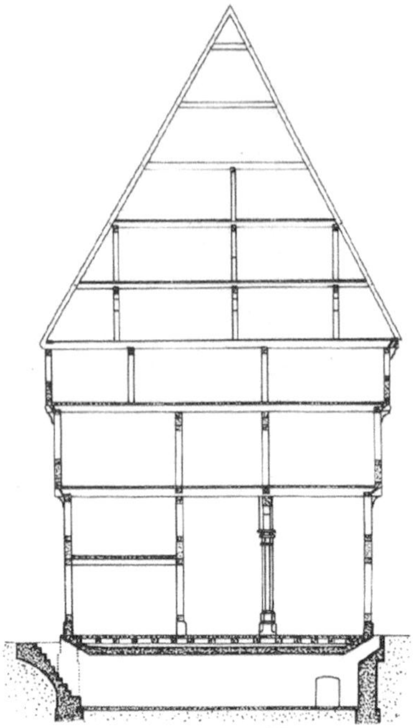

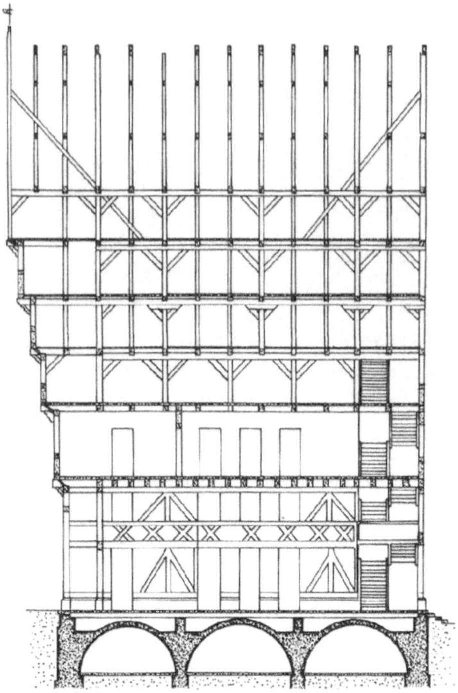

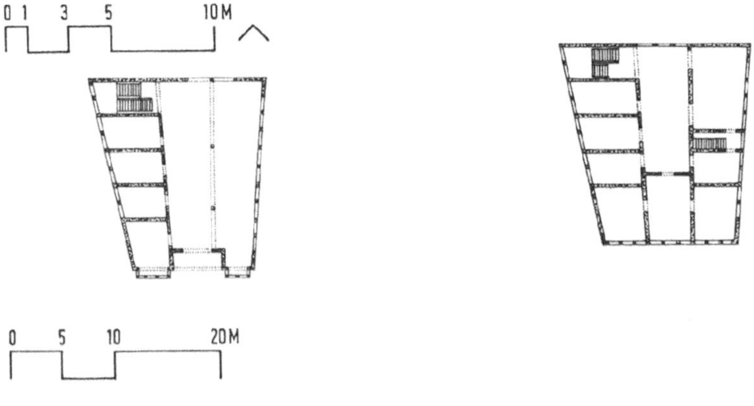

NACH: ESSENWEIN A.V. u. STIEHL O., DER WOHNBAU DES MITTELALTERS(=HDB. D.A., TL.2, BD.4, H.2), LEIPZIG 1908(=2.AUFL.)

NÜRNBERG

RATHAUS

MA 217

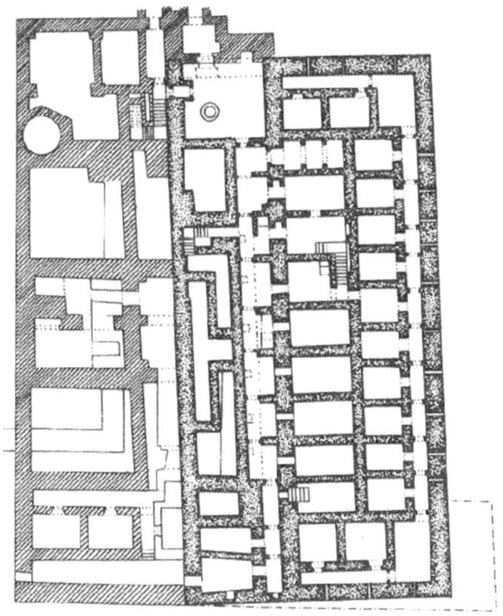

KELLERGESCHOSS

OBERGESCHOSS

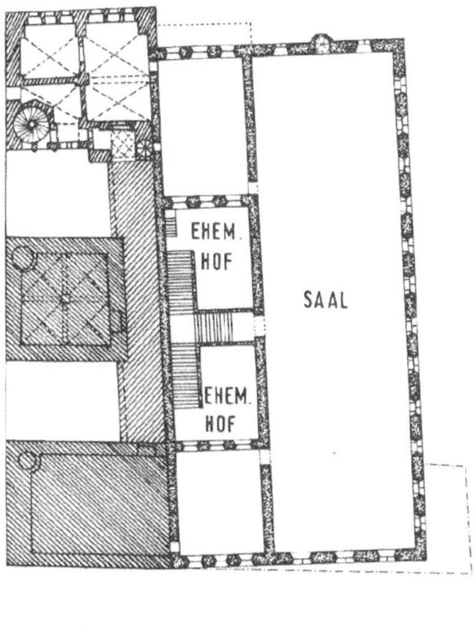

0 2 5 10 20 30 M

NACH: ESSENWEIN A.V. u. STIEHL O., DER WOHNBAU DES MITTELALTERS(=HDB.D.A.,TL. 2,BD.4,H.2),LEIPZIG 1908(=2.AUFL.) CN 77

SIENA MA 218

PIAZZA DEL CAMPO

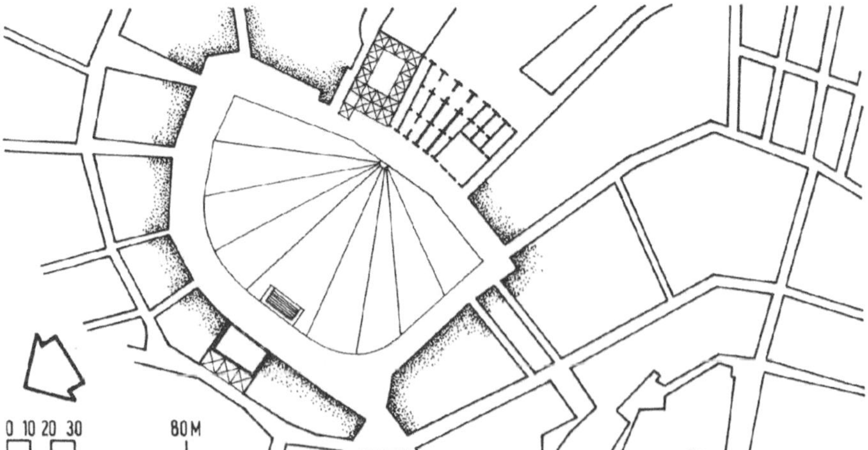

NACH: FAVOLE P., PIAZZE D'ITALIA, MAILAND 1972

BB78

THORN

MA 219

RATHAUS

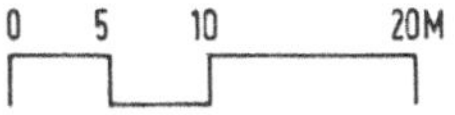

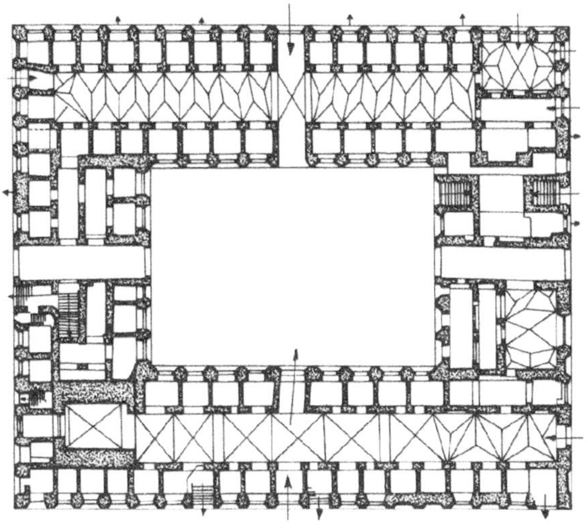

ERDGESCHOSS

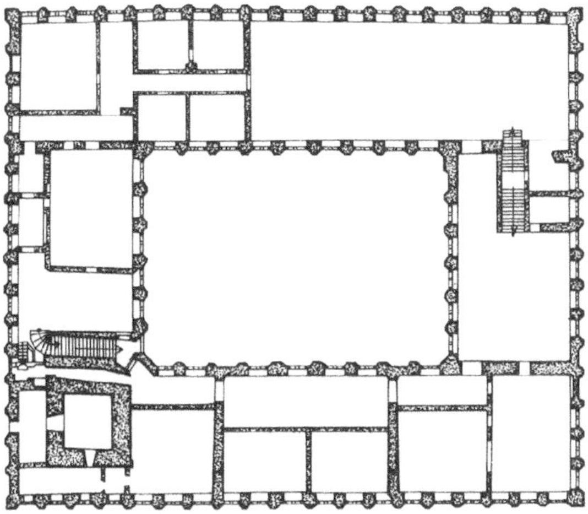

OBERGESCHOSS

NACH: GRUBER K., DIE GESTALT DER DEUTSCHEN STADT, MÜNCHEN 1952

JU 78

THORN **MA 220**

RATHAUS

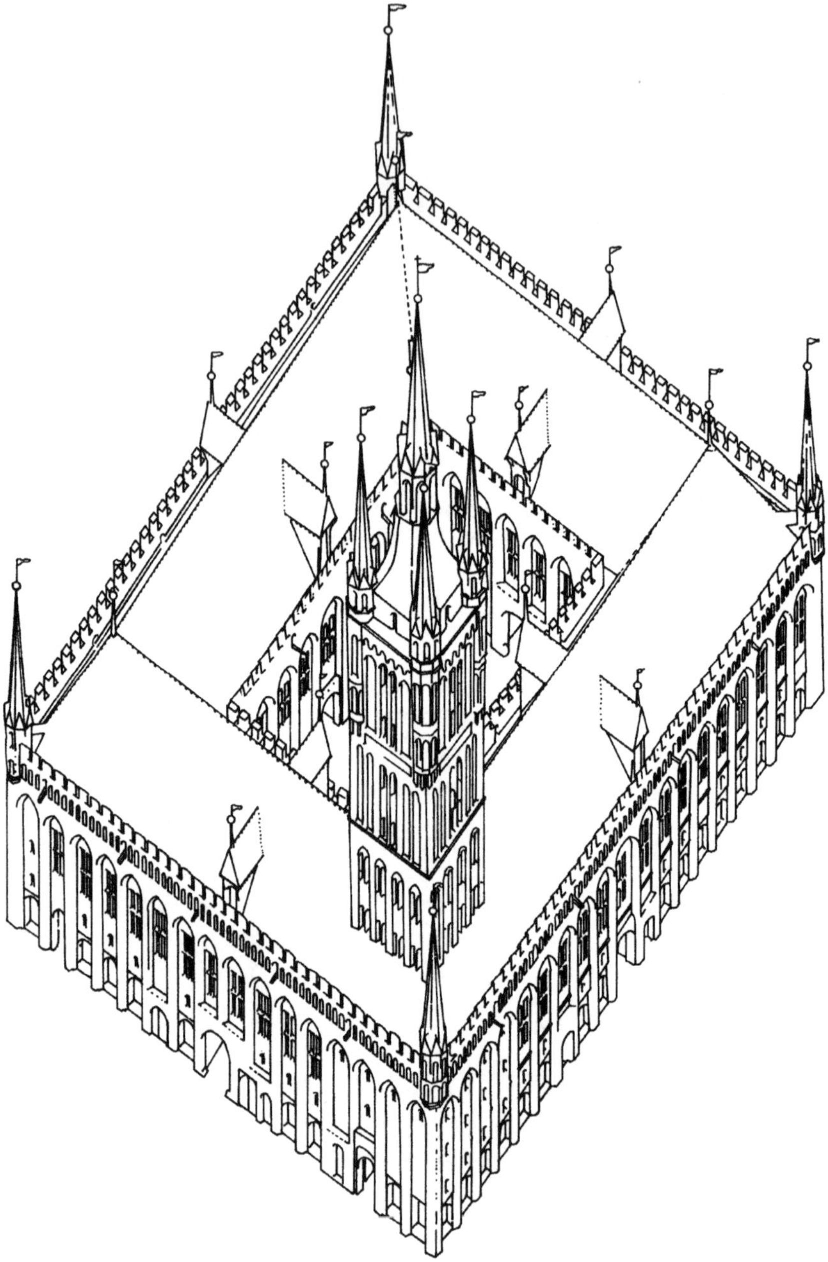

NACH: GRUBER K., DIE GESTALT DER DEUTSCHEN STADT, MÜNCHEN 1952 JU78

KÖLN

MA 221

GÜRZENICH

OSTANSICHT

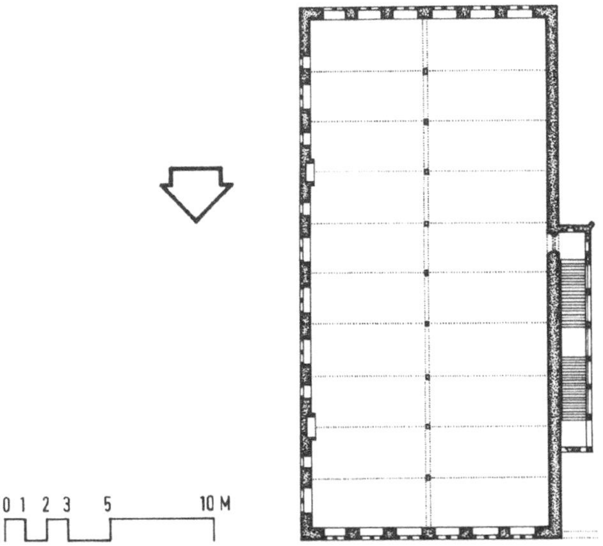

OBERGESCHOSS

NACH: ESSENWEIN A.V. u. STIEHL O., DER WOHNBAU DES MITTELALTERS (=HDB.D.A, TL. 2, BD.4, H.2), LEIPZIG 1908 (=2. AUFL.) BB 78

KRAK DES CHEVALIERS

MA 222

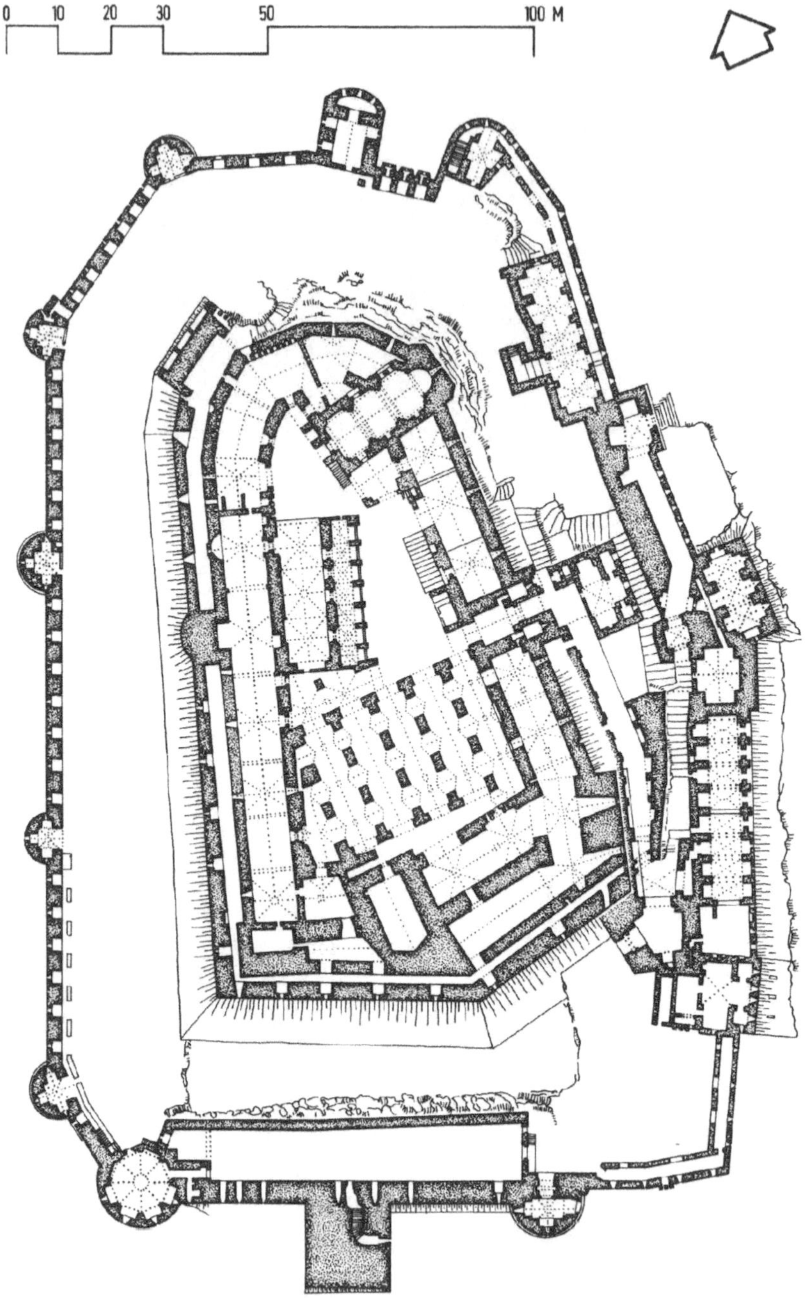

NACH: HOFSTÄTTER H.H., GOTIK(=WELTKULTUREN UND BAUKUNST), MÜNCHEN 1968

BB78

KRAK DES CHEVALIERS MA 223

NACH: DESCHAMPS P., LES CHÂTEAUX DES CROISÉS EN TERRE SAINTE, LE CRAC DES CHEVALIERS, PARIS 1934 BB78

SPÄTSTAUFISCHE KASTELLANLAGEN MA 224

AUGUSTA, KASTELL

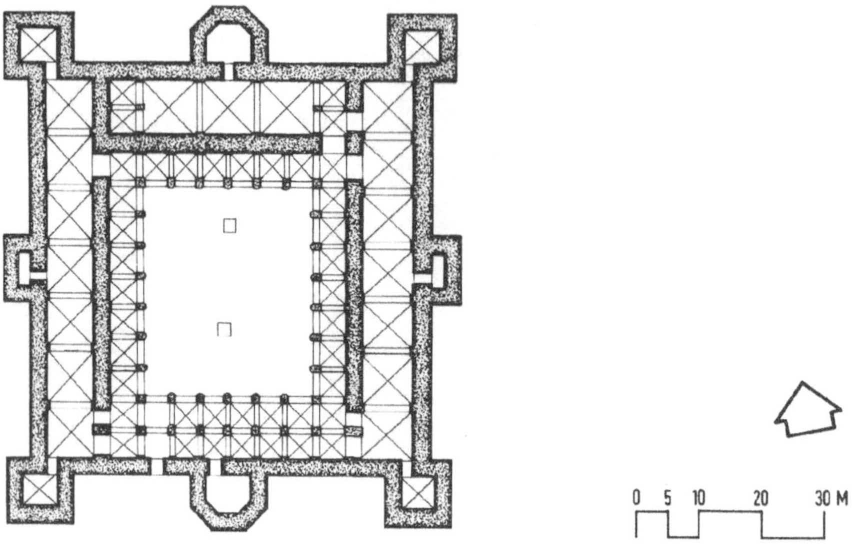

CASTEL DEL MONTE

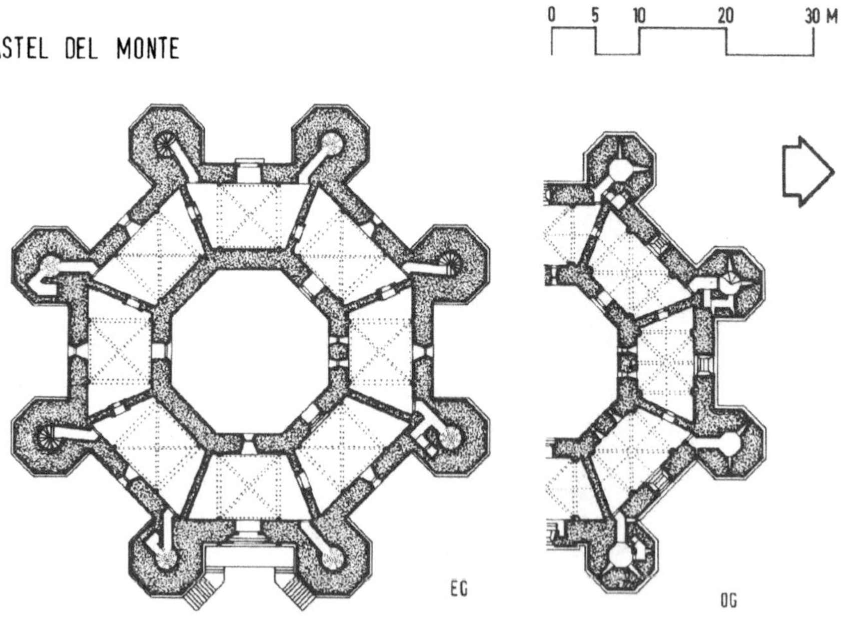

NACH: WILLEMSEN C.A. u. ODENTHAL D., APULIEN, LAND D. NORMANNEN, LAND D. STAUFER, KÖLN 1966 (=2. AUFL.)
HOFSTÄTTER H.H., GOTIK (=WELTKULTUREN UND BAUKUNST), MÜNCHEN 1968

BB78

ELTZ

MA 225

BURG

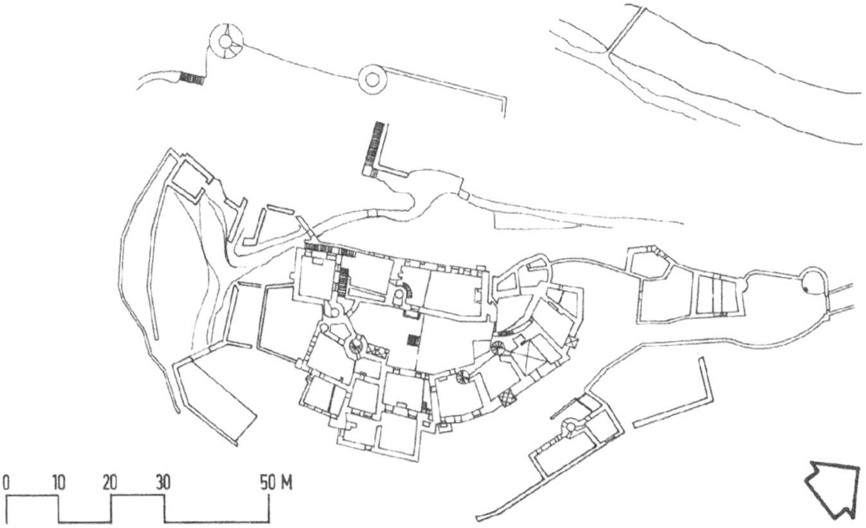

NACH: BACKES M., BURGEN UND SCHLÖSSER AN MOSEL UND SAAR, NEUWIED 1964
ESSENWEIN A.V. u. STIEHL O., DER WOHNBAU DES MITTELALTERS (=HDB.D.A., TL.2, BD.4, H.2), LEIPZIG 1908 (2. AUFL.) BB/TR 78

MARIENBURG

NEUES SCHLOSS MIT HOCHMEISTERPALAST

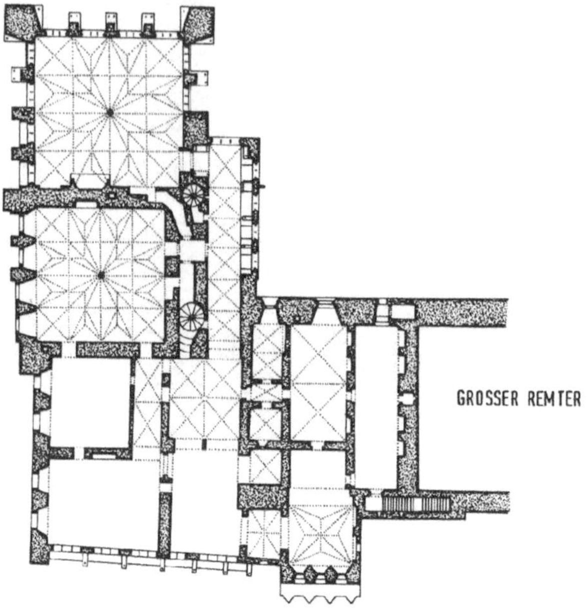

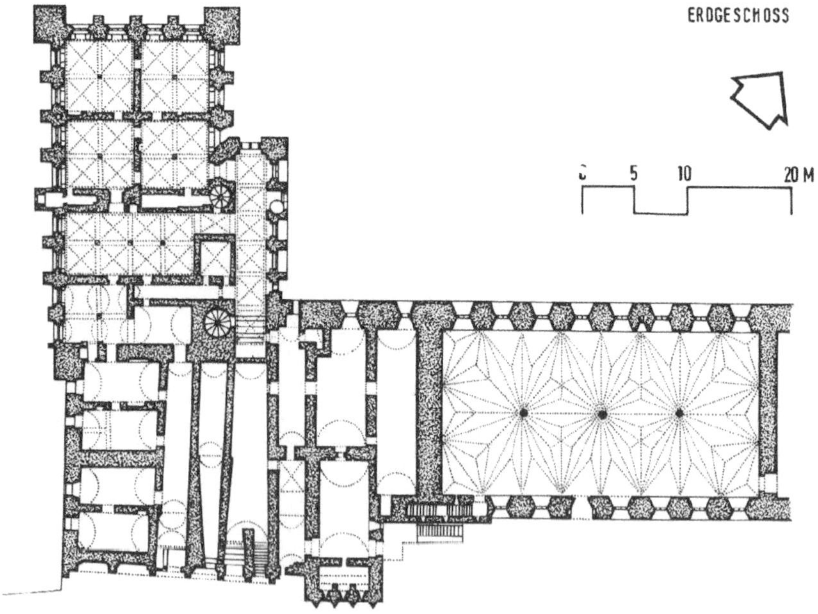

NACH: ESSENWEIN A.V. u. STIEHL O., DER WOHNBAU DES MITTELALTERS (= HDB. D. A., TL. 2, BD. 4, H. 2), LEIPZIG 1908 (= 2. AUFL.) BB 78

HOCHMEISTERPALAST

NACH: ESSENWEIN A.V. u. STIEHL O., DER WOHNBAU DES MITTELALTERS (= HDB. D. A., TL. 2, BD. 4, H. 2), LEIPZIG 1908 (= 2. AUFL.)

MEISSEN MA 228

ALBRECHTSBURG

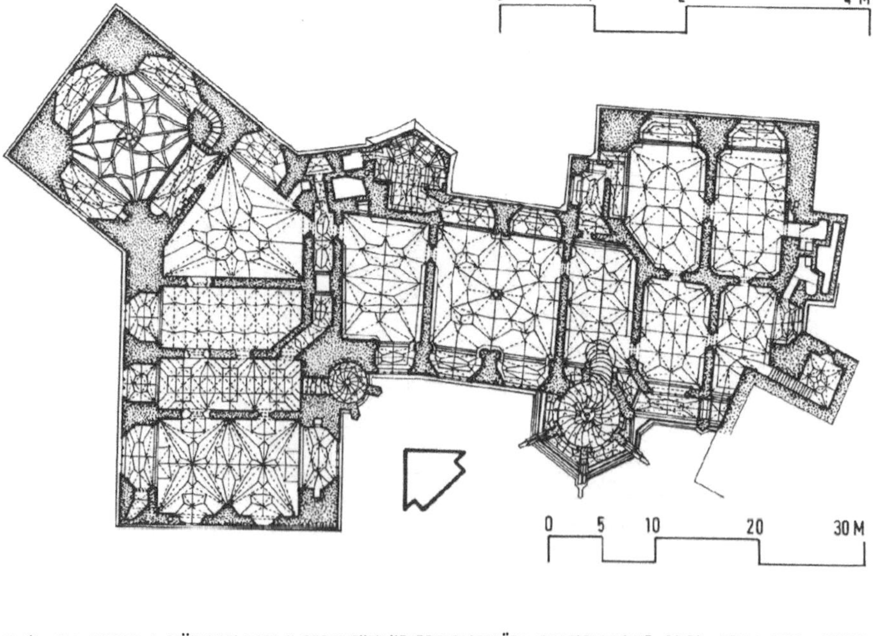

NACH: BIALOSTOCKI J., SPÄTMITTELALTER U. BEGINNENDE NEUZEIT (=PROPYLÄEN-KUNSTGESCHICHTE, BD.7), BERLIN 1972 WF 78

URBINO

MA 229

PALAZZO DUCALE

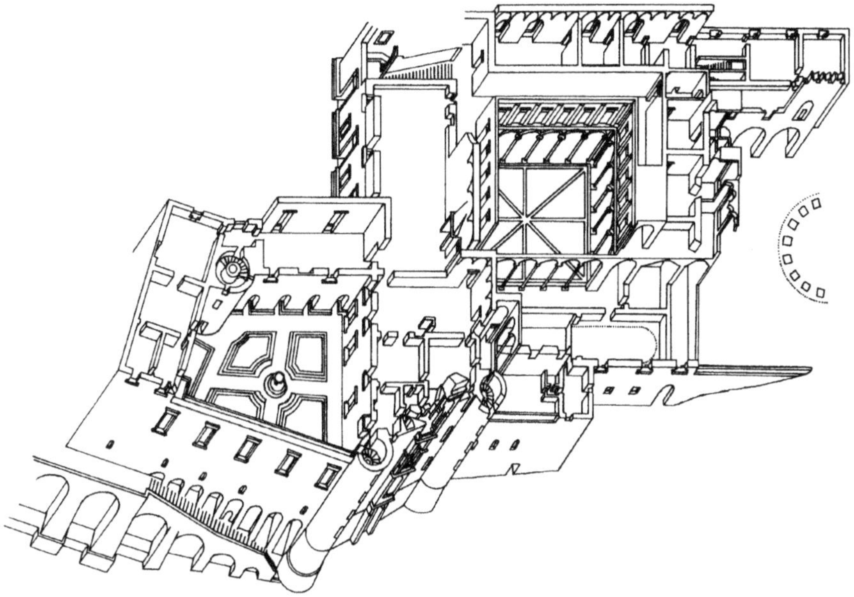

NACH: BIALOSTOCKI J., SPÄTMITTELALTER U. BEGINNENDE NEUZEIT(=PROPYLÄEN-KUNSTGESCHICHTE, BD. 7), BERLIN 1972 BB78

Baugeschichte politisch Schinkel, Stadt Berlin, Preußische Schlösser

Zehn Aufsätze mit Selbstkommentaren

von Goerd Peschken

1993. 223 Seiten (Bauwelt Fundamente, Bd. 96) Kartoniert.
ISBN 3-528-08796-X

Die für diesen Band zusammengestellten Aufsätze von Goerd Peschken sind ausnahmslos Berliner Themen gewidmet – für die jüngere deutsche Geschichte und Baugeschichte ist Berlin nun einmal ein besonders geeignetes Feld. Die Sammlungen enthält Arbeiten über Karl Friedrich Schinkel, dessen Werk Peschken lange und intensiv beschäftigt hat, über Mietshaus, Villa und Park, sowie über preußische Schlösser, insbesondere Schlüters Berlin Schloß. Peschken hat Baugeschichte zunehmend als „Hilfswissenschaft" der Geschichtswissenschaft verstanden: „Ohne Reflexion des Ganzen", schreibt er im Vorwort, „würde Baugeschichte mich nicht sehr interessieren."

Verlag Vieweg · Postfach 58 29 · D-65048 Wiesbaden

vieweg

GPSR Compliance

The European Union's (EU) General Product Safety Regulation (GPSR) is a set of rules that requires consumer products to be safe and our obligations to ensure this.

If you have any concerns about our products, you can contact us on ProductSafety@springernature.com

In case Publisher is established outside the EU, the EU authorized representative is:

Springer Nature Customer Service Center GmbH
Europaplatz 3
69115 Heidelberg, Germany

Batch number: 10816188

Printed by Printforce, the Netherlands